EXPLOSION
폭발의 이해와 조사실무

Crime Scene Investigator

이승훈 지음

도서출판 동화기술

머리말

연휴, 황사는 다 어디로 갔는지… 참으로 화창하고 쾌적한 날씨입니다. 일을 하고 싶지 않으나 해야만 하는, 이렇게 또 원고를 마무리하며 자판을 두들기고 있어야 하는 필자는 이 시간 힐링을 하고 있을 많은 사람들이 샘이 나서 화창한 날씨에 투정을 부리고 있습니다.

최근 루어낚시에 맛을 들인 필자는 안타깝게도 강과 바다에서 나를 기다리고 있을 물고기 친구들을 만나러 가지 못해 안달이 났지만 독자들에게 보다 나은 책이 될 수 있도록 소중한 시간을 쏟아붓고 있습니다.

필자는 몇 년 전 '화재조사 이론과 실무'라는 책을 집필한 바가 있습니다. 당시 책을 낼 때의 마음은 미천한 지식과 경험을 드러내는 것이 부끄러웠고 독자들의 평가를 기다리며 조마조마했었는데 지금도 역시 같은 마음으로 일상을 보내고 있습니다.

화재와 폭발의 조사 분야는 한 분야로 치부할 수 있을 만큼 교집합이 더 많은 분야입니다. 그렇지만 이 분야들을 한 권의 책에서 다루기에는 어려울 정도로 방대하다 할 수 있겠습니다.

필자는 얼마 전 '화재조사 이론과 실무'의 3판을 개정하기 위해서 정리했던 원고의 상당 부분 중 겨우 일부만을 포함시킬 수 있었고 그 외 대부분은 지면의 한계로 인해 소개하지 못했었던 아픔이 있었습니다. 이때의 계기를 통해서 폭발 분야에 대하여 별도의 책을 집필해야겠다는 결심을 하게 되었고 그렇게 하면 '화재조사 이론과 실무'는 더욱 화재조사에 충실한 개정이 가능할 것이고, 폭발 분야 또한 별도의 책에서 더 풍부하게 다룰 수 있겠다는 생각이 들었습니다.

그 후 이 책을 소개하기까지 결코 짧지 않은 시간이었으며 쉽지 않은 과정이었지만 큰 보람도 느낄 수 있었습니다. 이곳까지 올 수 있도록 도움을 주시고 관심을 가져주신 분들께 진심으로 감사드립니다.

필자는 이 분야의 책을 집필하지만 전문가라고 말할 자신은 없습니다. 필자와는 비교할 수 없을 정도로 뛰어난 실무자들과 학자들도 많이 계시다는 것과 스스로 제가 가진 경험이 미천하다는 것을 잘 알고 있습니다. 이 책에는 폭발과 폭발 현장 조사 분야를 이미 선도하였던 많은 선구자들의 경험과 지식이 포함되어 있으며 일일이 거론하기 어려울 만큼 많은 부분에서 그들의 연구와 경험을 인용하였습니다. 모두에게 감사드립니다.

필자는 그분들의 업적을 통해서 많은 것을 배웠지만 필자의 무능함으로 인해 충분히 녹여내어 자세히 설명하지는 못한 것 같습니다. 조금 더 나은 책으로 만들기 위해서 많은 시간과 노력을 쏟았음에도 역시 아쉬움이 남는 것은 어쩔 수 없는 필자의 부족한 역량 때문인 것으로 생각됩니다.

학자나 전문가의 정리가 아니기 때문에 이 책에는 잘못되거나 부족한 부분이 많이 있으리라고 생각됩니다. 만일 지금 이 글을 읽고 계신 분께서 그것을 발견했다면 더 늦은 후학을 위해서라도 이 책을 개선할 수 있도록 꼭 지적해 알려주길 당부드립니다.

2016. 5. 8.

저자 이승훈

차 례

CHAPTER 1

폭발의 정의

주택 또는 산업공정에서 발생하는 폭발은 사고가 발생한 장소는 물론 인접지역의 인명 및 시설기반을 파괴시키는 매우 위험한 현상이다. 일상적인 의미의 폭발에 대하여 우리는 주변의 사고사례 등을 통해 이미 잘 알고 있으며, 그것에 대하여 설명할 수도 있다. 그러나 학문적으로 폭발을 정의하고 있는 사전적인 의미를 살펴보면 정의가 화학반응에 의한 폭발 특히 연소반응에 의한 폭발로 한정하여 설명되고 있는 경우가 많으며 실무에서 폭발로 분류되고 있는 다양한 현상들을 모두 포함시킬 만한 정의를 찾아보기 힘들다. 다음은 여러 사전에서 폭발을 정의하고 있는 내용을 발췌한 것이다.

1.1 한국어 위키백과[1]

폭발(爆發)은 에너지의 부피가 극적으로 갑작스럽게 증가하면서 방출하는 것을 말하며 주로 높은 온도를 일으키며 기체를 발생시킨다. 이러한 폭발은 충격파를 만들어 낸다.

1.2 영어 위키백과[2]

An explosion is a rapid increase in volume and release of energy in an extreme manner, usually with the generation of high temperatures and the release of gases. Supersonic explosions created by high explosives are known as detonations and travel via supersonic shock waves. Subsonic explosions are created by low explosives through a slower burning process known as deflagration.(폭발은 체적과 에너지방출이 급격하게 증가하는 것으로 통상적으로 높은 열과 가스 방출을 동반한다.

1 http://ko.wikipedia.org '폭발' 2015. 5. 2. 검색
2 http://en.wikipedia.org '폭발' 2015. 5. 2. 검색

고폭약에 의해 발생하는 초음속 폭발(supersonic explosion)은 폭굉으로 알려져 있고, 초음속 충격파를 통해서 전달된다. 아음속 폭발(subsonic explosion)은 저폭약의 느린 연소속도로 나타나며 이는 폭연으로 알려져 있다.)

1.3 산업안전대사전[3]

폭발은 일반적으로 압력의 급격한 발생 또는 개방한 결과로 인해 폭음을 수반하는 파열(破裂)이나 가스 팽창이 일어나는 현상을 말하며, 사고인 경우에는 폭발과 연소(화재)가 연쇄적으로 발생하는 일이 많다. 폭발의 종류는 다음과 같은 형식이 있으며, 통상 단일 현상으로 보이지만, 탄진 폭발과 같이 메탄의 2차 폭발 때문에 비산하는 탄진의 2차폭발 등 복합현상도 있다.

1. 가연성가스 · 증기의 폭발(아세틸렌, 수소, 가솔린 유증 등).
2. 분해폭발성가스의 폭발(아세틸렌, 산화 에틸렌 등).
3. 가연성 미스트의 폭발(분출한 작동유, 디젤기관 내 경유의 액적 연소 등).
4. 가연성분진의 폭발(플라스틱 분말, 곡물분진, 탄 분진, 금속분말 등).
5. 증기운 폭발(LP가스 스탠드 파괴 시와 같은 fireball을 수반하는 폭발).
6. 고체 · 액체의 분해폭발(화약류, 유기과산화물 등).
7. 수증기폭발(용융금속 · 용융염과 물의 접촉이나 보일러 폭발과 같은 급격한 물의 비등).
8. 기타(전선폭발, 반응폭주 등)

폭발의 전파속도는 음속 이하이지만 음속을 초과하는 과격한 폭발을 폭굉이라고 한다.

1.4 화학용어사전[4]

극히 단시간에 압력의 발생 또는 해방으로 폭발음을 발생하여 용기가 파열하거나 기체가 팽창하여 물체의 파괴가 발생하는 현상. 진공 병이나 보일러의 폭발은 물리적 폭발이고, 가연성 기체, 증기, 가연성 분진 등과 공기의 혼합계, 화약류의 폭발은 화학적 폭발이다. 화학적 폭발은 발열 분해반응으로 발생한 열과 반응을 촉진하는 반응 중간체가 반응계 내에 축적되어 연쇄적으로 반응이 가속된 결과로 발생한다고 생각된다.

3 폭발 [explosion, 爆發] (산업안전대사전, 2004.5.10, 도서출판 골드)

4 폭발 [爆發, explosion] (화학용어사전, 2011.1.15, 일진사)

1.5 화학대사전[5]

폭발음을 수반하는 심한 물리적 또는 화학적 변화를 일반적으로 폭발이라고 부르고 있으나, 화학 반응론에서 말하는 폭발은 연소 현상의 한 형태이며, 심한 연소를 막연하게 폭발이라고 하는 경우가 많다. 보다 엄밀히 말하면, 폭발은 폭연과 폭굉(爆轟)으로 구분된다. 폭연은 폭발적 연소라고 하는 의미로 단순히 연소라고 해도 좋으며, 폭발성 매체 속으로 전해지는 화염의 속도가 그 내부로 전해지는 소리의 속도보다 작은 경우에 해당하며, 한편 폭굉은 전파 속도가 초음속인 경우에 해당한다. 초음속으로 진행한다고 하는 것은 그 파면(波面)의 끝에 충격파가 형성되어 있다는 것을 의미하므로, 폭굉파라고 하는 것은 충격파 및 거기에 이어 연소파가 합성되는 것으로 볼 수 있다.

보통 연소에는 반응 개시에서 최종 생성물까지의 과정이 느려, 즉 충돌에 의한 반응의 효율이 낮아서 그 때문에 화염면에서는 온도의 급한 기울기가 생기지만 압력은 미연층(未燃層)과 거의 같다. 그러나 반응 속도가 점점 빨라지면 거기에서 나오는 압력파가 점점 겹쳐져 나중에는 충격파를 형성하게 된다. 결국 압력의 불연속면이 생성된다. 그러면 충격파의 강한 압축 효과 때문에 기체의 온도는 상승하고, 반응 효율은 높아져 급속하게 발열해서 충격파의 전파를 유지할 수 있게 된다. 이것이 폭굉이다.

폭굉파의 속도는 매초 수천 미터 이상이나 되고, 파면 압력은 가스 폭발로는 수천 기압, 폭약으로는 수만 기압 이상이나 된다. 가연성 기체를 가늘고 긴 관에 넣어 한쪽 끝을 점화하면 관이 짧을 때는 연소만으로 끝나지만, 관이 긴 경우엔 도중에서 폭굉으로 전이하는 경우가 많다. 또 관의 지름이 너무 작으면 벽면으로의 열손실이 커져 연소도 폭발도 전해지지 않게 되는 한계가 있다. 폭발 한계의 측정에서는 이런 것들을 유의할 필요가 있다

1.6 두산백과[6]

급속히 진행되는 화학반응에서, 반응에 관여하는 물체가 급격히 또한 현저하게 그 용적을 증가하는 반응이다. 그 조건은 연소의 조건을 갖추고 있으며, 또한, 폭발물질이 산소와 화합하는 가연성 물질이고, 산소화합물이 혼합되어 있어야 한다. 보통 열폭발과 연쇄폭발로 구분되는데, 전자의 대표적인 예가 기체의 폭발이다. 그러나 폭발은 대부분 산소와의 반응이므로 보통은 기체의 발생에 수반되는 연소반응의 속도가 가연

5 폭발 [爆發, explosion] (화학대사전, 2001.5.20, 세화)

6 폭발 [explosion, 爆發] (두산백과)

성 물질(可燃性物質)이 있는 한 증대하는 현상을 가리키는 경우가 많다. 폭발은 연소를 거쳐 진행되므로, 폭발이 일어나는 조건은 연소가 일어나는 조건을 갖추고 있어야 한다. 즉, 폭발물질은 산소와 화합하는 가연성 물질이어야 할 것, 또는 물질 자신이 산소원자를 함유하고 있든가 산소화합물이 혼합되어 있어야 할 것이 필요하다. 또, 연소의 반응열이 빠르게 다량으로 발생하고, 생성가스도 다량이어야 한다는 것도 조건이 된다.

다이너마이트 · 흑색화약 · TNT · 뇌홍(雷汞) · 테르밋 · 각종 탄화수소 등은 이러한 조건들을 만족시키므로 폭발물이 된다. 폭발에 의한 급격한 열의 발생은 생성가스의 압력을 급격히 높이고, 그 결과 빛 · 충격파 · 폭음 등을 발생한다. 이렇게 해서 생기는 고압을 폭압(爆壓)이라 하는데, 폭압은 다시 물질을 단열압축(斷熱壓縮)하여 고열을 발생시킨다.

이 고열은 폭발을 잇달아 전하여 폭발을 확대시켜 간다. 이 현상을 폭굉(爆轟:detonation)이라고 한다. 따라서 폭발은 물질을 가열(점화)함으로써 일어나는 것 외에, 압축하거나 충격을 가해서 단열압축을 일으켜도 일어난다. 화약이나 폭약을 기폭시킬 때 기폭제를 사용하는 것은 그 좋은 예이다. 기체의 폭굉에서 폭발파의 속도는 4,000m/sec, 압력은 50atm, 온도는 2,500~5,000°C에 이른다. 폭발은 보통 열폭발과 연쇄폭발로 대별된다. 연소가 열폭발로까지 충분히 진행하기 위해서는 반응에 의한 열의 발생속도가 주위로 산일(散逸)하는 열의 그것보다 빠르기 때문에 온도가 상승하여 반응속도가 격심하게 증대해야 한다. 기체의 폭발은 열폭발의 대표적인 보기이다

1.7 과학백과사전[7]

압력의 급격한 발생이나 해방으로 인해 용기(容器)가 파열하거나, 또는 기체의 급격한 팽창에 의해 폭발음이나 파괴작용을 수반하는 현상. 주로 분해나 연소 등 화학반응의 급격한 진행에 따른 부피의 급격한 증가에 의한다.

가장 잘 알려진 예로는 트리니트로톨루엔(TNT)이나 니트로글리세린, 다이너마이트 등의 폭발이 있다. 니트로글리세린은 급격히 가열하면 분해가 일어나 대량의 기체가 발생한다. 물질의 분해 반응의 형태는 ① 완만한 분해 ② 연소 ③ 폭연(爆燃) ④ 폭굉(爆轟)으로 크게 나뉘는데, 그 중 폭발과 관련되는 것은 ③과 ④이다.

폭연 장작이나 석탄이 타는 경우처럼, 한 분자의 반응열이 차례로 이웃 분자로 전해

7 대한민국 과학컨텐츠, Scienceall.com '폭발' 2015. 5. 2. 검색

져 가열 · 분해가 일어나는 것이다. 총포 안에서의 화약의 폭발 등이 그 예로, 폭속(爆速 ; 전파속도)은 매초 300m 이하인 것이 많다.

폭굉 폭발의 전파속도가 매질(媒質) 속의 음속보다 훨씬 크고, 강한 충격파를 생기게 하는 경우이다. TNT의 경우, 폭속은 장전비중(裝塡比重) 1.59에서 매초 6,700m이며, 뇌산수은(雷汞)은 매초 5,400m(장전비중 4.5), 아지드화납은 매초 5,300m(장전비중 4.6)이다. 보통 폭속이 매초 1,500m 이상인 경우를 폭굉이라고 하며, 이 경우, 전화(傳火)와 연소의 과정이 일체화되어 구별할 수 없다. 폭굉이 일어나면 기체의 압력은 수천atm, 온도는 수천 °C가 된다. 혼합기체에서 폭굉이 일어날 때는 그 범위가 어느 일정한 영역에 한정되지만, 아세틸렌이나 메탄 · 프로판 등의 탄화수소는 상당히 넓은 혼합 범위에 걸쳐 폭굉을 일으키기 쉽다. 탄갱 내의 가스폭발(메탄에 의한) 또는 아파트나 맨션 등의 도시가스나 프로판가스에 의한 폭발은 이러한 예이다. 수소와 산소의 혼합기체도 넓은 범위에서 폭굉하기 쉬운데, 특히 수소 2부피와 산소 1부피를 혼합한 폭명기(爆鳴氣)는 격심한 폭발을 일으키므로 수소폭명기라고 한다.

분진(粉塵) 폭발 보통 연소나 폭발 등을 일으킬 것 같지 않은 고체 물질이라도 미세한 분말 상태에서 공기와 혼합해 있을 경우, 점화나 정전기의 불꽃 등으로 폭발하는 일이 드물지 않다. 이것을 분진폭발이라고 한다. 탄갱의 탄진(炭塵) 폭발사고 등이 잘 알려져 있는데, 밀가루 창고 등도 화재시에 분진폭발을 일으키기 쉽다. 이 경우, 폭발의 가능성은 입자의 크기가 700μm 이하이면 위험해지고, 100μm 이하에서는 매우 위험하다. 폭발한계는 입자의 지름이 작을수록 낮은데, 대개의 경우 1m당 10~50mg이며, 최소 발화에너지는 10~80mJ(2.5~20mcal)이다.

연쇄폭발 폭발성의 혼합기체는 열폭발보다 훨씬 저온인데도 폭발을 일으킬 수 있다. 이것은 연쇄반응 때문이며, 연쇄폭발이라고 한다. 수소와 산소의 연쇄반응의 기구(機構)를 보면 다음과 같다.

$$4C_3H_5N_3O_9 \rightarrow 6N_2 + 12CO_2 + O_2 + 10H_2O$$

연쇄 개시반응(H + OH + HO)에 의해 수소원자가 생기고, 이로 인해 연쇄이동(H + OOH + O, O + HOH + H, OH + HHO + H)에 의한 반응이 진행되어(H + O + $3H_2HO$ + 3H) 1개의 수소원자에서 3개의 수소원자가 발생하고, 이것이 다시 연쇄이동으로 되돌아가 반응에 관여하는 사이클에 의해 순식간에 기하급수적으로 반응이 진행된다.

이와 같이 연쇄반응이 일어나는 데는 반응기체의 압력이 중요하다. 압력이 너무 낮으면 반응중간체인 원자나 라디칼의 충돌기회는 줄지만, 너무 높으면 라디칼끼리의 재결합 등이 일어나 연쇄는 끊어진다. 따라서 연쇄반응이 일어나는 상한과 하한이 생기게 된다.

열폭발 산화제(酸化劑)와 연료의 혼합물, 예컨대 산소와 수소의 혼합기체에 대한 방전(放電), 가열, 급격한 압축 등으로 폭발이 일어날 때, 반응속도가 커지면 반응에 의해 열이 발생하는 속도가 주위에 열을 방산시키는 속도보다 커져 반응열의 축적이 일어나 폭발하는 것을 열폭발이라고 한다.

1.8 폭발의 정의에 대한 저자의 견해

이 책에서 풀어나갈 설명에 앞서 필자의 견해를 기반으로 폭발을 간단히 정의하자면 '폭발이란 급격한 압력의 방출'이다. 기존의 사전이나 자료에서 폭발의 정의에 대하여 살펴보면 전체적인 폭발반응을 설명하기에는 너무 한쪽에 치우친 세부적인 메커니즘을 다루고 있으며 특히 화학반응에 의한 폭발 특히 연소반응에 의한 폭발로 그 의미를 한정하여 설명하는 경우가 많다.

물리적 폭발은 화학적 폭발과 외관상 유사한 형태를 나타내는데 폭발이라는 용어가 화학이나 연소라는 개념이 포함되어 있지 않으므로 물리적 폭발을 포함하여 정의되어야 한다. 또 사전의 정의는 거대한 압력의 방출, 충격파의 발생, 건물의 파괴, 붕괴를 초래하는 현상이라는 결과적으로 규모가 큰 폭발만을 정의하고 있다. 풍선이 터지고(물리적 폭발), 전선의 합선 시 발생하는 폭음(전기적 폭발)의 원리, 가스레인지의 지연점화 시 '퍽' 하는 플래시연소(섬광화재), 놀이용 폭죽에서 화약으로 물체가 추진되는 것, 폭음이 발생하는 것 등은 대규모 피해를 발생시키지 않기 때문에 일상적인 용어로서 폭발에 포함되기 어렵다. 그러나 대규모 피해를 발생시키는 폭발과 동일한 메커니즘에 의한 현상이므로 학문이나 기술분야에서 다루는 전문용어로서 폭발의 정의는 이를 포함하여야 한다.

특히 작은 현상들의 메커니즘을 이해하는 것은 폭발의 전반을 이해하는 데에 큰 도움이 될 것이다.

이상 폭발의 정의에 대한 필자의 의견은 어떠한 정의가 맞다, 틀리다의 논쟁을 떠나 앞으로 이 책에서 이와 같은 관점에서 설명해 나갈 것이므로 이해를 돕고자 첨언하였다.

CHAPTER

2 관련 이론

폭발은 근본적으로 폭발의 근원이 되는 물질의 물리적 화학적 성질에 기인한 것이다. 물질은 원소 자체로서 또는 상태에 따라서 에너지를 함축하고 있을 수 있으며, 조건에 따라서 그 에너지를 방출할 수 있고, 또 더 좋은 조건에서는 매우 빠르게 방출할 수도 있다. 폭발을 이해하기 위해서 중요한 관련이론은 물질의 상변화, 기체관련 법칙과 산화반응에 의한 것으로 앞으로 설명해 가는 폭발에 대하여 조금 더 이해를 돕기 위해서 정리를 하였다. 공학 분야의 어떤 학문에서도 이 분야에 대한 설명이 빠지지 않는 것처럼 역시 폭발에서도 간과할 수 없다.

기초에 대한 이해는 중요하다. 이미 여러 분야에서 다루었던 만큼 다소 지루할 수 있는 중복되는 설명일 수 있겠지만 이를 간과한다면 폭발 전반에 대한 또는 깊은 이해를 얻을 수 없다. 이후에 설명되는 폭발현상을 이해하기 위해 가장 기본적이며 핵심적인 과학이론들을 선택하여 정리하였다. 부족한 부분에 대하여는 독자 스스로 관련전문서적을 찾아보고 노력해서 더 정확하고 자세한 이론을 정리하기 바란다.

과거의 사례를 살펴보면 폭발실험 중 누구도 알 수 있는 간단한 기초이론을 간과하여 불의의 사고가 발생하곤 하였다. 심지어는 대학 실험실에서 조차도 그러하다. 이로 인해 사망하고 중상을 입는 심각한 사고가 주변에서도 발생한 적이 있다. 이 책을 읽고 있는 독자들에게는 그러한 일이 발생하지 않길 바란다.

결과적인 폭발 현상을 직접 경험하는 것은 더 많은 경험적인 지식을 얻을 수 있겠지만 직접 경험한 사람들은 대부분 이미 이 세상 사람이 아니거나 심각한 장애를 얻게 된다. 또 결과에 집중하여 공부하는 것은 동일한 결과를 보이는 현장에 대하는 잘 이해할 수 있을 것이나 조금 다른 결과를 보이는 현장에 대하여는 이해하기 어려울 수도 있다. 필자는 결과적인 효과보다는 현상이 발생하는 원인과 과정에 대하여 더욱 집중하길 권장한다. 기본에 충실한 것은 동일하지 않은 유사 현상에 대하여도 이해할 수 있는 힘이 될 것이다.

2.1 물질의 구성

물질의 성질을 가지는 최소단위는 분자이며 분자는 원자로 이루어져 있다. 물의 분자구조는 H_2O이며 물분자를 이루는 원자는 수소(H)와 산소(O)로 구성되어 있다. 물분자(H_2O)는 물의 성질을 나타내지만 그것을 이루는 수소와 산소원자는 각 물의 성질을 나타내지는 않으며 각자의 독특한 성질을 가진다. 또 분자들은 같은 원자들로 구성되었다고 하여도 어떠한 모습으로 결합하느냐에 따라서 각각 독특한 성질을 가진다.

원자라는 용어는 물질의 궁극적 입자라는 뜻을 가리키며, 원자의 영어명인 'atom'이라는 말도 그리스어의 비분할(非分割)을 의미하는 'atomos'에서 유래한 것이다. 즉, 물질을 분할하는 과정을 반복하면 더 이상 분할할 수 없는 입자를 얻게 되며 이를 원자(atom)라 부른 것이다. 그러나 전자, 양성자, 중성자 등의 존재가 밝혀지면서 원자가 단일하고 불가분(不可分)한 입자가 아니며 복잡한 구조를 가진다는 것을 알게 되었다.

원자는 전기적으로 양(+)의 성질을 갖는 양성자와 음(−)의 성질을 갖는 전자, 전기적으로 중성을 갖는 중성자로 구성된다. 각 전기적인 성질이 평형을 이루기 때문에 정상적인 상태에서는 중성을 띤다. 원자의 구성단위인 전자는 박리나 마찰 등으로 인해 다른 곳으로 이동하여 정전기를 축적할 수 있는데 이러한 정전기는 가스나 인화성 물질의 유증에 점화원으로 작용할 수도 있다. 물질은 분자간의 결속력에 따라서 기체, 액체, 고체의 상태로 존재하게 된다.

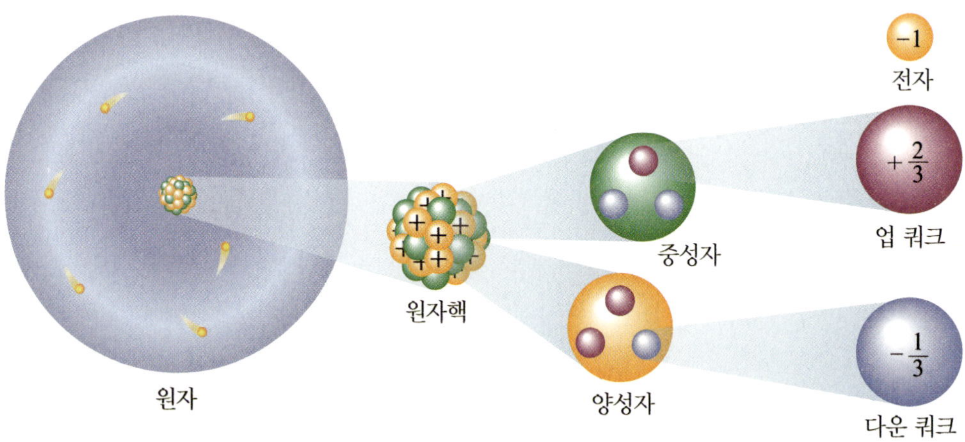

원자핵 : (+)전하
전자 : (−)전하

양성자 : (+)전하
중성자 : ()

업 쿼크 : $+\frac{2}{3}$, 다운 쿼크 : $-\frac{1}{3}$
전자(렙톤) : −1

그림 2.1 원자의 구성

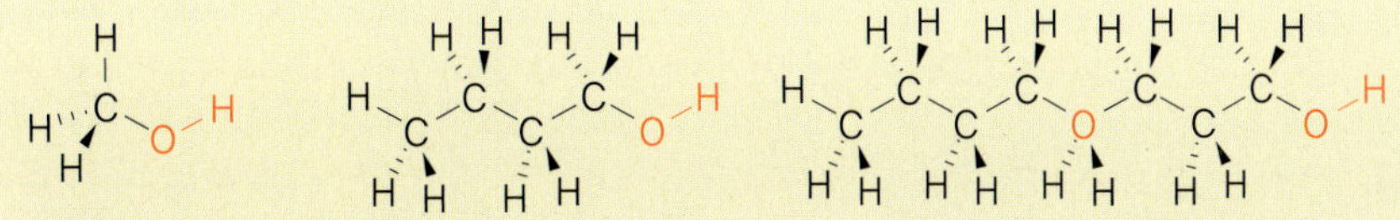

그림 2.2 물질들은 같은 원자들로 구성되었다고 하여도 어떠한 모습으로 결합하느냐에 따라서 각 독특한 성질을 가진다.

2.2 물질의 상

일반적으로 상온 상압에서 철은 고체, 물은 액체, 공기는 기체이다. 그러나 압력, 온도 등 조건은 물질 분자의 상호간 결속력에 영향을 미치는데 이에 따라서 고체, 액체, 기체 중 한가지의 상태로 존재하며 조건이 변화할 경우 상도 변화하게 된다. H_2O의 고체상은 얼음이며 액체상은 물, 기체상은 수증기이다. 각 물리적인 성질은 다르지만 물질로서는 H_2O임에는 변함이 없다.

2.2.1. 고체상

별도의 용기에 담아두지 않아도 일정한 형태와 부피를 유지할 수 있는 단단한 특징을 가지는 물체를 고체라고 한다. 성질을 설명하자면 흘러내리지 않고, 대기 중에서 확산되며 날아가지 않는다. 모래, 암석, 금속, 나무, 고무, 플라스틱 등이 주변에서 쉽게 볼 수 있는 고체의 예이다. 고체는 압력을 가해도 부피의 변화가 거의 없다. 고체는 온도가 높아짐에 따라서 액상이나 기상으로 상변화를 하게 된다. 액체로 상변화하는 것을 융해라고 하고 융해되는 온도를 융점, 녹는점, 기체로 상변화하는 것을 승화라고 하고 이온도를 승화점이라고 한다. 보통 물질의 상변화는 고체에서 융해 되어 액체로 상변화를 거쳐 기체로 상변화를 하지만 나프탈린이나 드라이아이스 등 몇몇의 물질은 액상을 거치지 않고, 바로 승화(昇華)하여 기체가 된다. 일반적인 경우 물은 수증기가 되기 위해 용해와 기화의 과정을 거치지만 바로 승화하기도 한다. 겨울철 0°C 이하에서도 빨래가 마르거나 눈사람이 녹지 않음에도 불구하고 크기가 작아지는 것은 승화작용에 의한 것이다. 고체가 기체로 승화하는 데에 있어서도 포화증기압이 작용하여 압력이 높은 상태에서 더 이상 승화하지 않는다.

분자는 고체로 존재할 경우 일정한 규칙 또는 질서에 의해서 분자 간에 결합하여 일정한 결정을 구성하는데 우리가 일상적으로 고체를 경험하게 되는 것은 이 결정의 집합 상태를 보게 되는 것이다. 결합력이 뛰어나기 때문에 용기에 보관하지 않아도 그 형태를 유지하고 있는 것이다. 그러나 온도가 변하여 물질에 에너지가 가해지면 결합력을 잃고 액체나 기체로 상이 바뀌어 흘러내리거나 대기 중으로 확산되어 날아가 버리기도 한다.

2.2.2. 액체상

물이나 기름과 같이 자유롭게 유동하고 담겨진 용기의 모양에 따라 그 모양이 변하며 일정한 형태를 가지지 않는 물질의 상태를 말한다. 낮은 곳을 향해 흐르며 가장 낮은 곳으로 모여 고일 수 있다. 고체와 마찬가지로 압축해도 거의 부피가 변하지 않는 성질을 가진다. 물질이 고체에서 액체로 변화하는 현상을 융해(融解) 또는 용해(鎔解), 그 온도를 융점 또는 녹는점이라고 한다. 고체에서 융해된 액체는 온도가 내려감에 따라서 다시 고체로 상변화하기도 하는데 이를 응고(凝固)라고 하고, 그 온도를 응고점 또는 어는점이라고 한다. 온도 또는 압력에 의해 기체로 변화하는 것을 기화 또는 증발이라고 하며 이온도를 기화점 또는 끓는점이라고 한다. 기체는 또다시 냉각되면 액체상으로 변하는데 이를 응결, 액화라고 한다. 액체는 높은 압력 상황에서도 압축률이 낮은 편으로 압력에 따른 용적의 변화가 크지 않다.

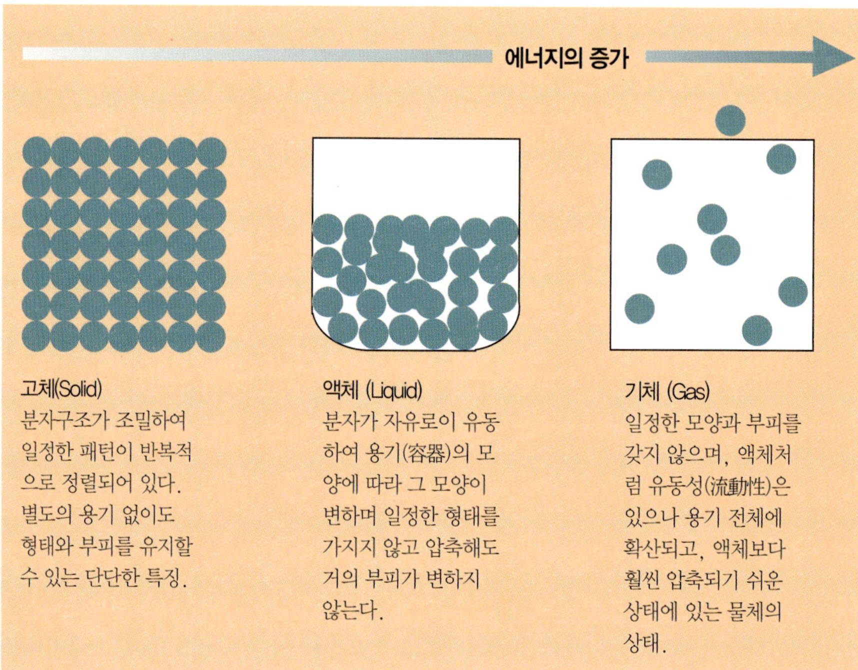

그림 2.3 고체, 액체, 기체의 특성 – 밀도가 낮은 상으로 변할수록 에너지가 증가하며 반대로 밀도가 낮은 상으로 변할 때에는 에너지를 방출한다.

고체는 분자들이 서로를 붙잡고 3차원 격자형태의 구조체를 형성한다. 그렇기 때문에 용기가 없는 상태에서도 형태를 유지하여 견고한 단단한 성질을 나타낸다. 고체상태의 분자는 서로 가까이 있을 때 분자 간 인력에 의해 끌어당긴다. 또한 분자가 매우 가까이 접근하였을 때는 척력이 발생하여 분자 간 간격이 일정한 위치에 고정된다. 고정된 분자들은 마치 거대한 스프링과 같은 힘에 의해서 위치를 거스르는 큰 운동을 할 수는 없지만 각자 평형을 이루는 위치에서 끊임없이 진동을 하고 있다. 진동의 속도는 온도에 따라서 달라지는데 온도가 높아질수록 진동이 커지며, 충분히 온도가 상승하였을 때는 서로를 고정시키던 분자간의 힘을 깨고 구조체로부터 이탈하게 되는데 이 시점을 용해의 시작이라고 볼 수 있다. 구조체가 와해되면 서로 고정되어 있던 위치에 고정되지 않고 자유롭게 회전하고 이동할 수 있는 액체가 된다. 액체는 용기 등 한정된 공간 내에서 자유롭게 운동하는 것이다.

분자 간의 힘은 고체 비하여 매우 약하지만 기체에 비하면 매우 강력한 편으로 액체의 분자가 차지하는 공간은 고체와 크게 다르지 않다. 일반적으로 고체에서 액체로 상변화하면 부피가 조금 상승하지만, 액체에서 기체로 상변화하면 수천 배까지도 체적이 증가하며 물의 경우는 드문 예외가 된다. 액체에서 더욱 온도가 상승하면 분자들의 운동이 더욱 격렬해지면서 액체상태의 분자 결합 또한 와해되어 용기 밖으로 분리되어 날아가게 되는데 이를 증발이라고 하며 기체상태가 된다. 기체의 분자들은 서로 멀리 떨어져 있으며 분자들 사이에 질서는 없다 기체분자들은 서로 불규칙하게 운동하며 충돌한다. 여기에 온도를 더욱 높이게 되면 분자간의 거리는 더욱 멀어져 밀도가 낮아진다.

기체는 액체나 고체 비하여 에너지가 매우 높은 상태이며. 같은 기체상태라고 하여도 밀도가 낮은 상태는 밀도가 높은 상태에 비하여 에너지가 높은 상태이다. 따라서 다시 밀도가 높은 상태가 되거나 액체, 고체로 되기 위해서는 에너지를 방출해야만 한다.

2.2.3. 기체상

고체와 달리 일정한 모양과 부피를 갖지 않으며, 액체처럼 유동성(流動性)이 있으며 용기 전체에 확산된다. 용기를 개방하여 놓았을 때는 확산운동에 의해 용기 밖으로 확산되어 빠져나간다. 수증기는 물체에 비하여 1,603배로 체적이 증가하는데 그만큼 밀도가 현저히 낮은 압축되기 쉬운 상태가 된다. 대부분의 물질은 고온 · 저압으로 하면 기체로 변한다. 액체는 기화에 의해 기체로 변하고, 고체는 승화에 의해서 바로 기체로 변한다. 또한 이 반대의 변화도 일어난다. 통상 액면에서 기체로 변하는 것을 기화 또는 증발이라고 하는데 물을 끓이다 보면 물속에서도 기포가 올라오는 것을 볼 수 있다. 기화는 액체 내부에서도 일어난다는 것을 알 수 있다. 액체가 전면적으로 기체로 변하는 현상은 급격한 상변화라고 한다. 급격한 상변화는 증발온도를 초과하는 액체가 압력에 의해 액체상태로 억압되어 있다가 압력이 해제되는 일순간에 모두 기화되는 것을 말하는데 물리적 폭발 시에 종종 발생하며 또한 그 원인이 되기도 한다.

기체는 고체나 액체에 비하여 밀도가 매우 낮다. 단위량의 물을 얼리거나 얼음을 용해시켰을 때에 큰 부피 변화가 없으나 100°C의 물이 액체상태에서 수증기로 상변화하게 되면 약 1,603배로 그 체적이 증가한다(기체의 부피는 온도에 비례하므로 고온의 수증기의 경우 더욱 많은 부피를 차지하게 된다).

기체는 압력이 높아지거나 온도가 내려감에 따라서 다시 액체나 기체로 상변화하는데 액체로 상변화하는 것을 응축(凝縮)이라고 하고, 액체의 변화과정이 없이 바로 고체로 상변화하는 것을 승화라고 한다. 승화의 용어는 고체에서 기체로의 상변화, 기체에서 고체로의 상변화하는 것에 동일하게 사용한다.

2.3 상변화

2.3.1. 상변화

모든 물질은 압력, 온도 등 조건에 따라서 고체, 액체, 기체 중 한가지의 상태로 존재하며 조건의 변화에 따라서 현재의 상이 다른 상으로 변화하는데 이를 상변화라고 하며 이때에는 체적이 감소하거나 증가하면서 열에너지를 방출하거나 흡수하는데 이때 흡수 및 방출되는 열을 잠열이라고 한다. 물질 상태의 변화에 따라서 물리적인 외관적 성상 및 특성이 변할 수 있으나 화학적 조성과 특성은 변하지 않는다.

물질은 상태에 따라서 에너지를 흡수하거나 방출할 수 있다. 밀도가 높은 방향으로 상변화가 일어날 때에는 물질이 가지고 있던 에너지를 방출하며 밀도가 낮은 방향으로 상변화가 일어날 때에는 에너지를 흡수한다. 물질이 밀도가 높아지면서 에너지를 방출할 때에는 주변의 온도를 높이는데 이러한 현상은 단열압축에 의한 온도상승 현상 또는 상변화시 발생하는 잠열을 통해 알 수 있다. 물질이 에너지를 방출하기 때문에 주변의 온도가 높아지는 것이다. 반대로 물질이 에너지를 흡수할 때에는 에너지를 흡수하여 주변의 온도를 냉각시키는데 냉방기기의 증발기 또는 단열팽창 현상에 의한 온도하강, 상변화시 발생하는 잠열을 통해서 알 수 있다.

알코올-솜으로 피부를 소독할 때 차가움을 느끼게 되는 것은 알코올이 증발하는 과정에서 주변의 열을 흡수하기 때문이며, 휴대용 부탄연소기를 사용할 때 용기가 점차적으로 차가워지는 것은 용기 내부에서 액상의 부탄이 기화되는 현상으로 인해 주변의 열을 빼앗아 가기 때문에 발생한다.

잠열은 밀도가 높은 상태에서 낮은 상태(고체 → 액체 → 기체)로 변환될 때 주변의 에

■ **물리적 특성** 물질이 상변화하는 과정에서 물질의 외관, 융점, 밀도, 점도, 증기밀도 등과 같이 관찰 또는 측정될 수 있는 물질의 고유한 성질은 변한다.

■ **화학적 특성** 연소열, 인화점, 발화점, 연소범위, 최소착화에너지 등과 같이 화학적인 변화가 일어나려는 경향에 의해 설명되는 물질의 고유한 성질을 말한다. 물질의 상변화는 화학적인 원자 조성과 그 비율 등 구성에는 영향을 미치지 않는다.

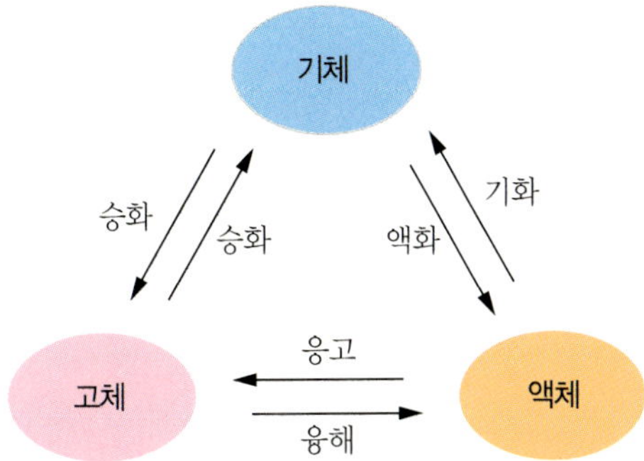

그림 2.4 물질의 상변화

너지를 흡수하고, 반대로 밀도가 낮은 상태에서 높은 상태(기체 → 액체 → 고체)로 변환될 때 에너지를 방출한다.

- 냉장고나 에어컨 등 냉각기계는 이러한 기화와 액화에 의해 발생되는 잠열을 이용한 것으로 상온에서 쉽게 증발하는 냉매를 고압의 액상으로 분출시켜 급격히 팽창, 증발되는 과정에서 열을 흡수하게 되고 냉장고 내부를 낮은 온도로 유지하게 되며, 다시 팽창된 기체를 기기의 외부에서 압축시키는 과정을 반복한다. 따라서 열을 흡수하는 과정의 증발기는 냉동실 내부에, 열을 방출하는 과정의 응축기는 열이 발생하므로 기기의 외부에 설치한다.
- 위 냉장고나 에어컨의 냉각 과정을 반대로 진행하면 난방장치로 사용될 수 있다. 최근 사용하고 있는 냉온풍기는 위 과정을 계절에 따라 순방향, 역방향을 전환하여 사용하는 기기이다.

2.3.2. 잠열과 현열

그림 2.5의 그래프는 −20°C의 얼음을 가열하여 변화하는 온도를 나타낸 것이다. 지속적인 가열에도 불구하고, b~c구간과 d~e구간에서는 온도가 상승하지 않는 것을

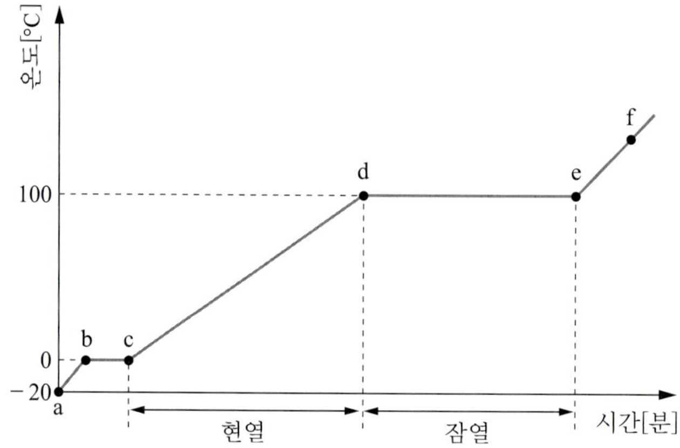

그림 2.5 −20°C 얼음이 가열되는 동안의 온도변화

볼 수 있는데 이는 얼음에서 액체로 변하는 동안(b~c), 액체에서 기체로 변하는 동안(d~e) 가열되는 에너지가 잠열에 의해 상변화하는 데에 소모되는 에너지와 평형을 이루어 완전히 변화할 때까지 온도가 고정되는 구간이 발생하게 된 것이다. 가열되는 에너지를 높일수록 평형을 이루는 구간이 짧아지며 상변화가 이루어지는 동안에는 온도가 상승하지 않는다.

그래프에서 볼 수 있는 것처럼 가열되는 모든 에너지가 물질의 온도를 높이는데 사용되는 것은 아니다. 에너지의 일부는 물질이 상변화하는 에너지로 온도가 상승하지 않으며 상변화하는 데에 사용된다.

(1) 잠열(潛熱, latent heat)

얼음이 녹거나 물이 증발하는 것과 같이 상변화하는 데에 사용되는 열로 이 부분에서는 지속적인 가열에도 불구하고 물질의 온도변화가 발생하지 않는다. 잠열에는 액체와 기체의 상변화사이에는 응축잠열과 증발잠열이 있다. 1kg의 액체를 증발시키기 위해서는 필요한 양의 에너지가 흡수되어야 하는데 이를 증발잠열이라고 하고 이렇게 증발된 기체가 다시 응축될 때에는 물질의 온도 변화가 없는 상태에서 동일한 양만큼의 열을 방출하는데 이를 응축잠열이라고 한다. 마찬가지로 고체와 액체사이의 상변화 과정에서도 융해잠열, 응고잠열이 존재한다. 위 그림에서 잠열이 발생하는 구간은 얼음이 물로 변하는 구간 b~c(융해잠열)와 물이 수증기로 변하는 구간 d~e(기화잠열)이다. 냉각소화의 방법에 있어서 물 1g이 기화되는 데에 소요되는 증발잠열은 539.6cal로 매우 높은 편이어서 물은 냉각소화에 적합한 재료이다. 또 그만큼 증발 과정에서 많은 에너지를 흡수하기 때문에 주변을 냉각시키는 능력이 크다.

- 물의 비점은 100°C이며 물이 끓는 동안에는 외부에서 더 많은 에너지를 가한다고 하여도 잠열로 사용되어 완전 증발될 때가지 100°C를 유지한다.
- 라면을 끓일 때 이미 끓고 있는 라면에 가스레인지의 화력을 높이면 더 빨리 면발을 익힐 수 있을까? 정답은 'No'이다. 라면이 담긴 물이 이미 끓고 있다면 화력을 높인다고 하여도 가중된 화력은 모두 잠열로 사용되며 온도를 높이지는 못한다. 단지 국물을 더 빠르게 졸이게 될 뿐이다.
- 극저온의 실험환경을 요하는 초전도체 등 실험에서는 질소를 사용한 냉각 챔버를 이용하는데 질소수조 내부에 챔버를 설치하면 외부의 온도변화에 상관없이 질소가 증발하는 동안 챔버의 내부는 질소의 비점인 −196°C를 일정하게 유지한다. 이는 질소의 증발잠열을 이용한 장치이다.
- 보통의 보일러는 연소 후 발생한 수증기와 이산화탄소 등 연소생성물이 연통을 통해서 바로 빠져나가는데 보일러의 종류 중 콘덴싱(Condensing) 보일러는 연통으로 빠져나가는 연소생성물 중 수증기를 응축하여 잠열을 회수하는 방식의 보일러이며 그만큼의 열효율이 좋아 에너지를 절약할 수 있다.
- 비등액체증기폭발(BLEVE, Boiling Liquid Expanding Vapor Explosion)를 논할 때 과포화 상태의 액체가 담긴 용액이 가열될 때 용기의 기상부에서 파괴가 시

그림 2.6 액상이 남아 있는 부분은 액체의 증발잠열에 의해 냉각되어 응축된 수증기가 용기의 표면에 붙어 얼음이 얼어 있다.

작되는 원인이 되기도 한다. 그림 2.6은 화재현장에 방치된 LPG 가스용기의 모습이다. 용기의 흔적은 액상부와 기상부의 구분이 극명한 차이를 보인다. 이것은 화재현장에서 화염에 의해 가열되는 동안에도 용기의 내부에서 증발이 발생하면서 용기를 냉각하기 때문이다. 용기 내부의 액상부는 완전히 증발할 때까지 잠열에 의해 약 −42.07°C(주성분을 이루는 프로판의 끓는 점)의 온도를 유지하게 되기 때문에 기상부의 용기 표면이 완전히 변색, 부식이 진행될 정도로 가열되는 상황에서도 아무런 영향을 받지 않게 된다. 기상부는 잠열에 의한 보호를 받지 못하기 때문에 가열되면서 연화되기 때문에 항상 기상부에서 파열이 시작된다. 이러한 현상은 액상부가 완전히 증발할 때까지 지속된다. 표면이 화염에 직접적으로 노출되지 않는다면 한여름 화재현장과 같이 아무리 뜨거운 곳에서도 오히려 얼음이 맺히는 경우가 많다.

모든 물질은 밀도가 낮은 상으로 변하기 위해서는 에너지를 흡수해야하며 반대로 밀도가 높은 상으로 변하기 위해서는 에너지를 방출해야 한다.

(2) 현열(顯熱, sensible heat)

물질에 전달된 에너지가 물질의 온도를 높이는데 사용되는 열을 말한다. 그림 2.5에서 현열이 발생하는 구간은 얼음의 온도를 높이는 구간 a~b와 물의 온도를 높이는 구간 c~d, 증기의 온도를 높이는 구간 e~f가 된다. 물질의 상태 및 상변화와 관련하여 다음과 같은 실험을 생각해보자.

30°C의 물이 1기압을 유지하고 있는 피스톤과 실린더에 담겨져 있고 이는 버너에 의해 가열되고 있다. 가열에 의해 물이 약 50°C까지 상승하였을 때 온도 상승에 따른 부피가 조금 상승하였지만 여전히 내부는 1기압을 유지하고 있다. 현재까지 물은 액체상태이며 증발되지 않은 상태이기 때문이다. 100°C가 넘지 않고서는 물은 끓을 수 없다. 이때의 물은 압축액체(compressed liquid) 또는 과냉액체(subcooled liquid)라고 한다. 이는 쉽게 기화되지 않는 액체라는 뜻이다.

가열에 의해 물은 100°C까지 상승하였다. 이 상태는 여전히 물이지만 여기에 조금이라도 열이 가해져 온도가 상승하면 끓기 시작하는데 이 상태의 물은 포화액체(saturated liquid)라고 한다. 포화액체는 기화되기 쉬운 액체상태를 말하는 것이다.

온도가 더욱 높아져 물이 끓기 시작하면 더욱 강하게 가열한다고 하여도 물이 모두 증발될 때가지는 증발잠열에 의해 액상의 물은 지속적으로 100°C의 상태를 유지한다. 가열되어 기화된 증기의 압력은 피스톤을 밀어 올리게 되는데 이때의 압력을 포화증기압이라고 한다.

증발은 끓는점 이상에서만 발생하는가?

컵에 담아둔 물은 비점이 100°C이다. 이는 상온에서도 시간이 지나면 그 양이 줄어드는데 물은 어디로 간 것인가? 끓지는 않지만 액면에서 발생하는 증발에 의해 그 양이 줄어든 것이다. 낮은 온도에서는 높은 온도에 비하여 증발량이 낮아진다. 그러나 0°C 이하의 온도에서도 눈사람은 승화작용에 의해 부피가 줄어드는데 끓는점 이하라고 하여 증발이 발생하지 않는 것은 아니다. 따라서 보관 중이던 액체가연물의 유증에 의한 폭발 가능성을 배제할 수 없는 상황이 된다.

비점(끓는점)과 관련하여 끓는다는 것은 액체가 액체 표면에서는 물론 액체 내부에서도 기화가 활발하게 일어나는 현상을 말한다. 비점 이하에서도 활발하지는 않지만 액체의 표면에서는 증발이 이루어진다. 또한 상온에서 물을 컵에 담아 두었을 때 끓지는 않지만 조건에 따라서 물이 차있는 컵 내벽에 기포가 부착되는 것을 보았을 것이다. 활발하지는 않지만 수중에서도 기화는 발생한다.

이 상태에서 완벽히 단열시킨 상태로 유지한다면 증기와 액체는 같은 비율로 공존하는 상태로 남아 있지만 여기에서 온도가 조금이라도 낮아진다면 증기는 곧 바로 액체로 된다. 이때의 증기를 포화증기라고 한다. 쉽게 액화될 수 있는 상태라는 것이라는 의미이다. 물이 한 방울도 남지 않을 때까지 증발하기 전까지는 실린더 내에는 포화증기액이 공존한다. 기체로 상변화가 모두 끝난 후에는 비로소 전달되는 열에너지가 증기의 온도를 상승시키게 되는데 증기의 온도가 높아진 후 다시 열손실이 발생한다고 하여도 1기압에서는 100°C 이하로 낮아지기 전에는 응축되지 않는다. 쉽게 응축되지 않는 이때의 증기 상태를 과열증기라고 한다. 이렇게 과열된 증기가 다시 20°C의 물로 되돌아가려면 지금까지 물에 전달되었던 에너지를 반대로 다시 방출해야만 한다. 방출되는 에너지의 양은 제공되었던 에너지와 정확히 일치한다(에너지 보존의 법칙).

2.4 기체관련 이론

물질 중 특히 기체와 관련된 이치를 깨닫는 것은 연소 또는 물리적, 화학적 폭발을 이해하고, 조사하거나 이러한 현상에 대응하는 데에 있어서 매우 중요하다. 용기 속에 넣어 둔 기체 분자는 모든 방향으로 활발한 운동을 하고 있기 때문에 용기벽에 충돌하여 힘을 주는데 용기에 압력을 가해 부피가 줄어들면 기체 분자들이 움직일 수 있는 공간이 좁아져서 벽에 더 자주 충돌하게 되므로 기체의 압력이 커지게 된다(기체의 압력이란 분자의 충돌에 의하여 용기벽의 단위넓이에 작용하는 힘을 말한다). 고체에서 압력에 대응하는 용어는 응력(Stress)이다. SI 단위계에서 압력을 나타내는 단위는 [Pa, Pascal]이며 1Pa는 $1m^2$당 1N의 힘이 가해지는 것을 나타낸다. 밀폐된 용기 내에서 기체의 압력은 압축이나 온도 상승으로 높아질 수 있으며, 반대로 팽창이나 온도 저하로 낮아질 수 있다.

$$P = F/A$$

여기서, P : 파스칼[Pa]로 나타낸 압력

F : 뉴턴[N]으로 나타낸 힘

A : 제곱미터[m^2]로 나타낸 면적이다.

2.4.1. 기체의 압력, 온도, 부피

(1) 보일의 법칙

일정한 온도에서 일정량의 기체의 부피는 압력에 반비례한다. 반비례하기 때문에 그 압력이 증가하면 그 부피가 줄어드는데 다음은 압력과 부피의 곱이 일정한 값을 나타낸다는 보일의 법칙에 관련된 공식이다.

$$PV = k$$

여기서, P : 압력

V : 부피

k : 상수로 항상 일정하다.

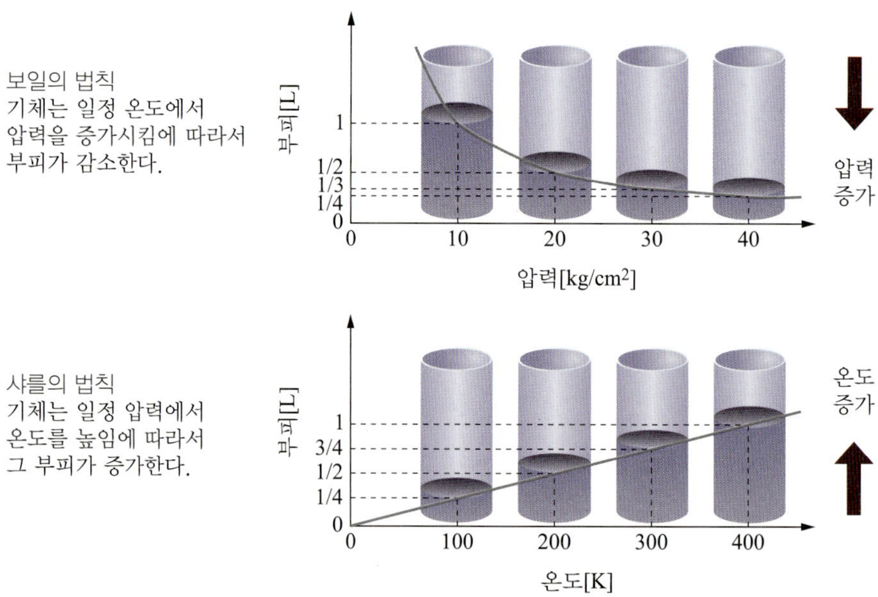

그림 2.7 보일의 법칙과 샤를의 법칙

일정온도에서 1기압일 때 부피가 2L인 기체가 있을 때 2기압일 때는 부피가 1L로 줄어든 다는 것을 말한다.

- 컴프레서를 이용해 대기 중의 공기를 작은 탱크 안으로 몰아 보관하는 것
- 대기 중에서 팽팽한 농구공을 깊은 물속으로 끌고 들어갔을 때 농구공의 부피가 줄어드는 것은 이와 관련된 현상이다.
- 부피의 압축과 팽창에 의해 기체의 압력이 변하며 그 변화량은 일정하다.

(2) 샤를의 법칙

온도와 기체의 부피에 관한 법칙으로 기체팽창의 법칙이라고도 하며, 일정한 압력에서 기체의 부피는 그 종류와는 관계없이 절대온도에 정비례한다는 법칙이다. 즉, 압력이 일정할 때 기체의 부피는 종류에 관계없이 온도가 1°C 올라갈 때마다 0°C일 때 부피의 1/273씩 증가한다는 것이다. 일정한 압력일 때 기체 분자의 운동은 온도가 높아짐에 따라 활발해져서 용기의 벽에 충돌하는 힘이 증가하므로 부피가 증가하거나 부피가 증가하지 못하면 압력이 증가하게 된다.

$$V = V_0 \times (1 + t/273)$$

여기서, V : 부피
t : 온도,
V_0 : 0°C에서의 부피

- 찌그러진 공을 따뜻한 물에 담그면 펴지며 팽팽해지는 것은 온도상승에 의해 내부 공기의 부피가 팽창하였기 때문이다.
- 온도 상승에 따른 기체의 부피팽창은 대류의 원인이 된다. 팽창한다는 것은 밀도가 낮아짐을 의미한다. 따라서 상대적으로 밀도가 높은 주변의 대기보다 가벼워지는 상태가 되므로 따뜻한 공기는 위로 상승하게 된다. 열기구가 가열에 의해 하늘로 올라가는 것을 예로 들 수 있다.

2.4.2. 기체반응의 법칙

기체사이에 화학반응이 일어날 때 같은 온도와 같은 압력에서는 반응하는 기체와 생성되는 기체의 부피 사이에 일정한 정수의 비가 성립한다는 법칙으로 1805년 게이뤼삭(Gay-Lussac, Joseph Louis, 1778년 12월 6일~1850년 5월 9일)이 발표하였다. 이 법칙이 발표되던 19세기 때에는 분자의 존재가 아직 알려지지 않았기 때문에 기체 반응의 법칙을 원자 모형으로 설명할 수가 없었다. 예를 들어, 수소와 산소가 반응하면 수증기가 만들어지는데, 이때의 정수비는 2 : 1 : 2이다. 이것을 만족시키기 위해 원자

모형으로 설명하면 반응식이 2H+O → H_2O가 되어서 산소 원자가 쪼개지기 때문에 돌턴의 원자설에 위배되어 설명을 할 수가 없었다. 1811년 아보가드로가 분자설을 주장함으로서 기체 반응의 법칙이 성립하게 되는데, 분자 모형으로 설명하면 수소와 산소가 반응하여 수증기가 되는 반응은 다음과 같이 된다. 이때도 역시 정수비는 2 : 1 : 2가 된다. 그러면 반응식은 $2H_2 + O_2 \rightarrow 2H_2O$로 되어서 원자 모형으로 설명을 할 수 없었던 기체 반응의 법칙이 분자모형으로 성립하게 되며 돌턴의 원자설과도 부합한다.

1. 수소와 염소가 반응하여 염화수소를 생성하는 반응
   $H_2 + Cl_2 \rightarrow 2HCl$ 부피비율 1 : 1 : 2
2. 수소와 질소가 반응하여 암모니아를 생성하는 반응
   3H2 + N2 → 2NH3 부피비율 3 : 1 : 2

(1) 돌턴의 원자설

과학분야에서 원자론을 최초로 제기한 이는 영국의 화학자 존 돌턴(John Dalton, 1766년 9월 6일~1844년 7월 27일)으로 알려져 있다. 돌턴의 원자설은 '질량보존의 법칙', '정비례의 법칙'을 설명하기 위해 세워진 돌턴의 학설로서 오늘날의 원자론의 바탕이 된다.

돌턴의 원자설의 주요 골자는 다음과 같다.

1. 물질은 원자라고 부르는 더 분할할 수 없는 작은 입자로 구성되어 있다.
2. 같은 원소의 원자들은 동일하며, 같은 성질들을 갖고 있다.
3. 화합물은 다른 원소들의 원자들로 구성되어 있으며, 작은 정수비로 결합되어 있다.
4. 화학반응은 단순히 원자들이 자리를 옮겨서 다른 조합을 이루는 것이다.

이 원자설은 오늘날 물질에 대한 생각으로서 보편적으로 인정받고 있으며 이로 인하여 원자는 물질의 성질을 갖고 있는 가장 작은 기본 입자로 규정할 수 있다.

(2) 아보가드로의 분자설

돌턴이 질량보존의 법칙과 일정성분비의 법칙을 설명하기 위해 원자설을 제안하였고, 그 후 1808년 게이뤼삭의 기체반응의 법칙을 발견하였다. 그런데 기체반응의 법칙을 돌턴의 원자설로 설명하는 것은 모순이 되었다. 따라서 새로운 가설이 필요하게 되었으며 아보가드로에 의해 '분자설'이 제안되었다.

주요 골자는 다음과 같다.

1. 기체는 분자라는 입자로 이루어져 있다.

2. 분자는 원자 몇 개가 결합하여 이루어진 입자이다.
3. 모든 기체는 같은 온도와 압력 하에서, 같은 부피 속에는 같은 개수의 분자가 존재한다.

이렇게 제안된 가설에 의해 기체반응의 법칙은 훌륭하게 설명되었고 이 가설이 사실로 확인되어 아보가드로의 법칙이 탄생하게 되었다.

분자로 설명할 때

1. 염화수소의 반응 : $Cl_2 + H_2 \rightarrow 2HCl$
2. 수증기의 반응 : $2H_2 + O_2 \rightarrow 2H_2O$
3. 암모니아의 반응 : $3H_2 + N_2 \rightarrow 2NH_3$

원자로 설명할 때(1/2는 쪼개졌다는 뜻)

1. 염화수소의 반응 : $Cl + H \rightarrow HCl$
2. 에테인의 연소반응 $2C_2H_6 + 7O_2 \rightarrow 4CO_2 + 6H_2O$ 부피비율 2 : 7 : 4 : 6
3. 수증기의 반응 : $2H + O \rightarrow H_2O$
4. 암모니아의 반응 : $3H + N \rightarrow NH_3$

(3) 아보가드로의 법칙

아보가드로에 따르면 기체는 종류에 관계없이 온도와 압력이 같을 때 같은 부피 속에 같은 수의 분자가 들어 있다. 실제로 기체는 0°C, 1기압(표준상태)에서 기체 분자 1mol이 차지하는 부피는 기체의 종류에 관계없이 항상 22.4L를 차지한다. 여기에서 1mol이란 원자, 분자 및 이온과 같이 작은 수를 세는 단위로 6.02×1023을 말하며 아보가드로를 기념하기 위해서 이 수를 아보가드로의 수라고 한다. 즉, 분자량이 2인 수소 기체나, 수소 분자량의 22배인 이산화탄소 기체 1mol의 부피는 같다.

2.4.3. 포화증기압

액체와 증기가 공존하여 평형상태에 있을 때 증기가 포화되어 있어 액체 또는 고체에서 증기로 상화변화 되지 않는다. 따라서 포화되었을 때 증기의 존재 비율은 최대로 되고 그때의 증기압을 포화증기압이라 한다. 다시 조금 더 이해가 쉽게 설명하면 밀폐된 용기에 물질을 담아두었을 때 물질 표면으로부터 증기가 발생하여 용기의 내부를 채우게 된다. 용기내부에서 어느 정도 증발된 후에는 계속해서 증발이 일어나지는 않는데 이 상태를 포화상태라고 하고 이러한 현상은 압력과 관계가 있으며 이때의 압력을 포화증기압이라고 한다. LPG 용기 내에서 액상과 기상이 같이 존재하는 상태를 예로 들면 용기 내에는 이미 LPG의 기체가 포화되어 있기 때문에 더 이상 액상 LPG가 기화되지 않는다. 이때 압력을 LPG의 포화증기압이라고 한다. 포화증기압은 물질의 고유한 성질중의 하나로 물질의 종류에 따라서 다르다. 대기가 증기를 가질 수 있는 능력 즉 포화증기압은 온도에 따라 비례하며, 주어진 온도, 압력에서 가질 수 있는 최대의 증기를 가질 때 대기는 포화상태에 있다고 한다.

포화증기압

물질은 온도와 압력에 따라서 기체, 고체, 액체 중 한 개의 상으로 존재하거나 2개 이상의 상으로도 존재할 수 있다. 다음은 물의 상이 평형을 이루는 곡선이다. 이곡선의 경계선에서는 2개의 물질의 상으로 존재하며 삼중점(triple point)에서는 모든 상으로 존재할 수 있다. 물질은 삼중점에 있을 때 세 상이 공존한다.

평형을 이룬다는 것은 A상에서 B상으로 변화하는 양과, B상에서 A상으로 변화하는 양이 동일하여 어느 쪽의 상이 더 이상 증가하거나 감소하지 않는 것을 말하며 이 상태를 포화상태라고 말한다.

흔히 볼 수 있는 휴대용 부탄 가스용기를 예로 들어 보자 부탄은 상온, 상압에서 기체상태로 존재하지만 부탄 가스용기를 흔들어 보면 출렁 거리며 액체상태로 존재하는 것을 알 수 있다. 이것은 기체상태의 가스에 압력을 가하여 액체상태로 만든 것이다. 이렇듯 주변의 환경 조건에 따라서 물질은 상이 변화되는데, 평형상태에 도달하였을 때에는 변화하지 않으며, 이를 포화상태가 되었다고 한다.

부탄은 20°C에서 약 1kg/cm의 압력이 되었을 때 포화상태에 도달하는데, 압력이 낮아지면 액체가 기화되고, 압력이 높아지면 기체가 액화된다. 만일 가스용기가 포화곡선의 특정 지점에서 온도가 높아지면 내부의 액체가 기화되는데, 기화되는 양이 많아질 때 풍선처럼 용기의 체적이 늘어나지 않는다면 내부의 압력이 증가한다. 견고한 용기 내에서는 온도에 따라서 압력이 자연스럽게 조절되어 계속해서 평형을 이루는데 이때의 기화와 액화의 평형을 유지하는 압력을 포화증기압이라고 한다. 만일 온도가 계속해서 상승할 경우 발생하는 압력을 견디지 못하면 가스 용기는 폭발하게 되는 것이다.

- 알코올이나 시너 등 비점이 낮은 물질이 담긴 병을 마개 없이 방치하였을 때 모두 증발하여 사라지게 되는데 마개를 막아두었을 때는 오랫동안 보존할 수 있다. 이는 마개에 의해 용기 내부에 포화증기압을 유지함으로써 증발을 막기 때문이다.
- 방향제 뚜껑의 개방정도를 이용하여 사용기간을 조절하는 것도 포화증기압을 이용한 원리이다.
- 샴페인이나 맥주 또는 탄산음료의 뚜껑을 개방하던 순간을 상기시켜 보자. 펑하는 소음과 함께 개방이 되면 내부에서 기체가 발생하며 기포가 올라오고 거품이 용기

위로 넘치기도 한다. 이는 압력에 의해 물에 녹아 있던 탄산가스가 마개의 개방으로 인해 압력이 낮아지면서 일시에 끓어오르는 현상이다.

- 액상과 기상을 보관하는 LPG 용기의 경우 액상부와 기상부는 포화증기압으로 같은 압력이 유지된다.
- LPG 용기 내부에는 액상과 기상이 함께 존재하는데 액상이 완전히 증발하지 않는 이상은 액상이 완전히 충전되어 있을 때와 동일하게 여전히 포화증기압을 이루고 있기 때문에 액상이 완전히 소모되지 않는 한 내부 압력은 동일하다(용기 내부에 20kg의 액상 LPG 가스가 있는 상황과 사용 후 1g의 액상이 남아 있는 상태의 압력은 포화증기압으로 동일하다).
- 이미 포화증기압을 이루고 있는 LPG 용기에서는 더 이상 액상이 증발을 하지 않지만 가스의 사용으로 기상이 일부 배출되면 그 해소된(낮아진) 압력만큼의 증발이 다시 발생하므로 동일 온도에서 용기 내부의 압력은 포화증기압으로 항상 일정하다.
- 대형 부탄가스 탱크 내부 압력과 휴대용 가스레인지에 들어가는 작은 부탄가스 캔의 내부 압력은 같다. 포화 증기압은 해당 물질의 특성이므로 용기의 크기와 관계없이 온도별로 동일하다. 단, 혼합가스의 경우에도 조성비율이 같으며 같은 온도라면 용기의 크기와 관계없이 각 용기 내부의 압력은 동일하다.
- 포화증기압은 온도에 비례하므로 온도가 높아지면 증발량이 많아져 용기의 내압이 상승하게 된다. 화재현장에서 LPG나 휴대용 부탄가스 용기가 물리적으로 폭발하는 것은 용기가 가열되어 증가하는 가스의 포화증기압을 견디지 못하고 파열되는 것이다.
- LPG의 주성분인 부탄의 끓는점은 −0.5°C이다. 그러나 압력을 가한 상태에서는 상온에서도 액상을 유지할 수 있게 된다. 물도 압력을 가한 상태에서는 대기압에서의 끓는점인 100°C가 넘은 상태에서도 증발하지 않는 액체상을 유지할 수 있다. 약 5kg/cm^2 압력의 고압온수보일러는 이러한 원리를 이용해 물을 약 150°C의 액체상태로 이용할 수 있다.
- 일반냄비에 밥을 했을 때 보다 압력밥솥에 밥을 했을 때 더욱 빠르게 익는 것은 압력을 가하면 끓는점이 높아지므로 물을 더욱 높은 온도로 유지할 수 있기 때문이다. 대기압에서 100°C에 끓어오르는 물은 완전히 증발되기 전까지 계속해서 이온도를 유지하지만 고압상태에서는 그 이상의 높은 온도에서도 증발하지 않기 때문에 음식물을 더욱 높은 온도로 가열할 수 있다.
- 높은 산에 등산을 가서 냄비에 밥을 지을 때 쌀이 설익게 되는 것은 고도에 따른 낮은 기압으로 인해 물이 100°C 이전에 끓어 낮은 온도로 쌀이 가열되기 때문이다.

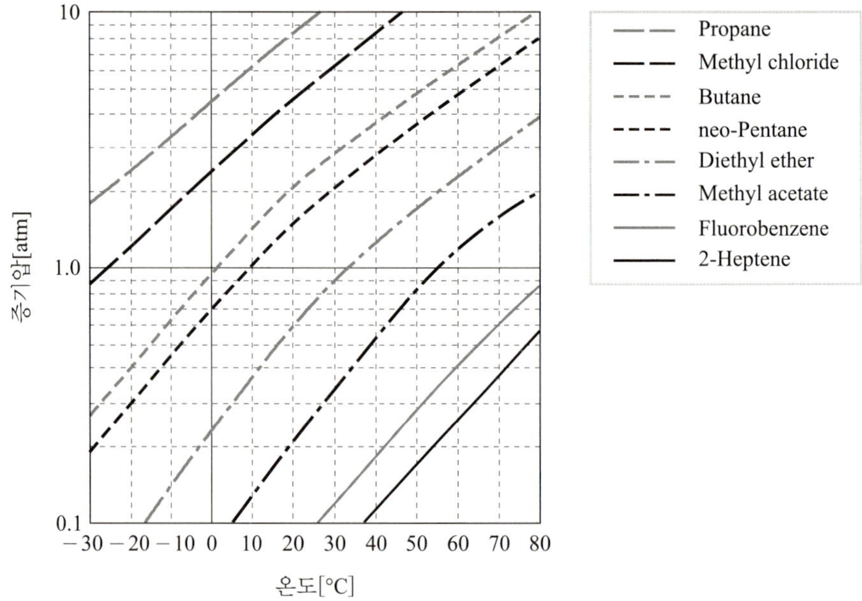

그림 2.8 온도에 따른 증기압의 변화

표 2-1 물질의 포화증기압

Substance	Vapor pressure [SI units]	Vapor pressure [Bar]	Vapor pressure [mmHg]	Temperature [°C]
Tungsten	100Pa	0.001	0.75	3203
Ethylene glycol	500Pa	0.005	3.75	20
Water(H_2O)	2.3kPa	0.023	17.5	20
Propanol	2.4kPa	0.024	18.0	20
Ethanol	9kPa	0.09	67.5	20
Methyl isobutyl ketone	26.48kPa	0.2648	198.62	25
Freon 113	37.9kPa	0.379	284	20
Acetaldehyde	98.7kPa	0.987	740	20
Butane	220kPa	2.2	1,650	20
Formaldehyde	435.7kPa	4.357	3,268	20
Carbonyl sulfide	1.255MPa	12.55	9,412	25
Propane	2.2MPa	22	16,500	55
Oxygen(O_2)	54.2MPa	542	407,936	20
Nitrogen(N_2)	63.2MPa	632	475,106	20

포화증기압과 관련된 조사사례

아파트 단지에서 마을 잔치 후 뒤풀이를 하기 위해 회관에 모여 음식을 조리하던 중 폭발 사고가 발생하였다. 폭발의 원인은 조리에 사용하는 휴대용 부탄가스 용기가 파열되는 물리적 폭발이었다. 용기가 파열되면서 누출된 가스에 곧 화염이 옮겨 붙었다. 소규모 파이어 볼을 형성하며 가까운 곳에 있던 어린이를 포함한 주민 5명은 크게 화상을 입었다. 가스용기의 물리적 폭발사고를 두고 원인을 조사하며 실시 한 인터뷰에서 관계자들은 테이블 위에 세워 두었던 용기가 갑자기 폭발하였다는 진술을 하였다.

부탄가스 용기에는 내부의 압력이 상승할 경우 상부경판의 주름이 펼쳐지며 용기의 용적을 늘려 내부압력을 일부 줄일 수 있도록 설계되어 있다. 통상적으로 용기가 내부의 압력으로 인해 파열되는 것은 이와 같이 상부경판의 주름이 펴진 후에도 계속해서 압력이 상승하여 결국 파열되는 것이다. 이 사건의 파열된 용기에도 상부경판의 주름이 펼쳐져 있는 것을 확인할 수 있었다. 설계대로 보았을 때 상부경판이 펼쳐지는 변형압력은 규정상 1.3MPa(약10000mmHg)이다. 이 사건에서 파열용기의 상부경판이 변형된 점을 고려한다면 내부 압력이 최소 1.3MPa를 초과하였던 것으로 추론할 수 있다. 그런데 여기서 아래의 n-butan의 온도-포화증기압 곡선 그래프를 고려하여 부탄가스의 온도별 포화증기압을 살펴보면 변형 시 용기 내부의 온도는 약 100°C 이상으로 상승하였다는 것을 확인할 수 있다. 부탄가스 내부온도가 100°C 상승한 점으로 보아 파열 용기는 연소기의 화염과 매우 근접한 곳에 놓여 있었을 것을 추정해 볼 수 있다. 이러한 사고는 부탄가스 사용자들이 용기의 온도가 낮아져 출력이 줄어들었을 때 압력을 높이기 위해서 버너의 화염에 용기를 가열시키는 경우 종종 발생한다.

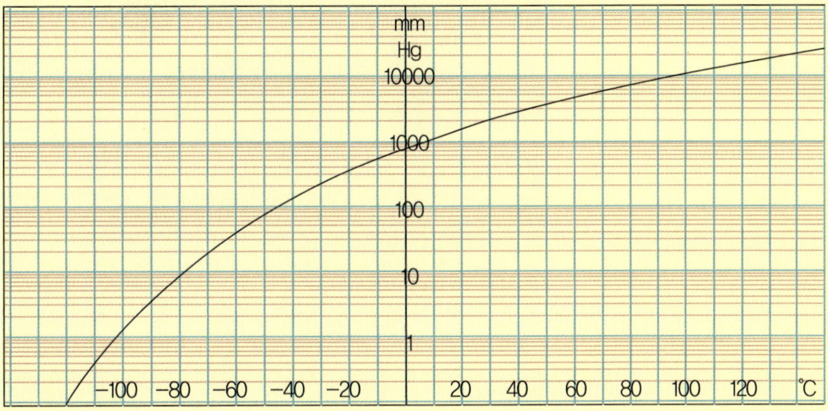

Vapor pressure of *n*-butane. From formula: $\log_{10} P_{mmHg} = 6.83029 - \dfrac{945.90}{240.0+T}$ obtained from *Lange's Handbook of Chemistry*, 10th ed.

그림 2.9 n-butan의 온도-포화증기압 곡선

실제로 에버레스트산 정상에서의 대기압은 250mmHg 정도이며 이때 물의 끓는점은 71°C이다 (대기압=1atm=760mmHg).

2.4.4. 상대습도 절대습도

(1) 상대습도

현재의 공기가 포함할 수 있는 최대의 수증기량 즉 포화수증기량과 현재의 수증기량의 비율을 퍼센트[%]로 나타낸 것으로 포화수증기량은 온도에 따라서 변하기 때문에 공기가 포함한 수증기량이 동일하다고 하여도 상대습도는 온도에 따라 다른 값을 나타낸다.

$$\text{상대습도} = \frac{\text{현재 수증기량}}{\text{포화수증기량}} \times 100$$

(2) 포화수증기량

예를 들어 일기예보에서 현재 습도가 100%라고 한다면, 모든 공간이 물로 가득 차

그림 2.10 천정의 에어컨에서 나오는 차가운 바람이 부딪혀 유리벽의 일부를 냉각하고 있다. 외부의 더운 공기는 반대쪽 유리벽에서 냉각되어 부분적으로 이슬이 맺혀 있다.

있다는 뜻이 아니라 현재 공기 중에 있는 수증기량이 현재 온도의 포화수증기량과 같다는 뜻이다.

더운 공기가 찬 표면에 닿으면 공기의 온도가 내려간다. 온도가 내려가면서 상대습도가 100%에 도달하게 된다. 더 이상 기체상태로 존재할 수 없는 수증기가 응결되어 차가운 표면에 달라붙는다. 이 현상을 '김이 서린다, 이슬이 맺힌다.'라고 표현한다. 김이 서리는 현상은 여러 곳에서 볼 수 있다. 추운 겨울날 유리창 표면에 김이 서리게 된다. 이는 습기를 많이 포함한 방 안의 더운 공기가 차가운 유리창과 만나 온도가 떨어지면서 포화수증기량이 낮아져 즉 더 이상 물을 기체 상태로 가지고 있을 수 없는 상태가 되어 수증기가 응결되어 일어나는 현상이다. 여름철 차가운 음료를 담아 둔 유리잔에 이슬이 맺히는 것도 같은 현상이다.

(3) 절대습도

공기 $1m^3$ 중에 포함된 수증기의 무게를 [g]으로 나타낸다. 수증기밀도 또는 수증기농도라고도 하는데, 공기 중의 수증기의 포화정도를 나타내는 상대습도와는 의미가 다르다.

절대습도는 기온에 따라 수증기가 공기에 포함될 수 있는 최대값이 정해져 있으며, 그 값은 기온이 높으면 커지고 낮으면 작아진다. 단위부피당 수증기의 양이 일정하다면 상대습도는 온도에 따라서 다르게 나타나지만 절대습도는 변화가 없다. 일반적으로 기온이 높은 여름철에는 절대습도가 높고, 기온이 낮은 겨울철에는 낮다.

- 여름철 실내 온도를 낮추는 에어컨에는 응축수를 담기 위한 물통이 달려있고, 때때로 물이 차오르면 물통의 펌프 소음으로 시끄럽기도 하다. 에어컨에는 왜 물통이 필요한 것일까? 에어컨은 여름철 실내 공기를 시원하게 만들어 주는 기계로 실내의 더운 공기를 흡입하여 내부의 냉각장치를 통과시키며 공기의 온도를 낮춘다. 이 때 공기의 온도가 낮아짐에 따라서 수증기를 포함할 수 있는 양이 줄어드는데 포화상태가 되면 대기 중의 수증기가 응축되기 때문이다. 이 때문에 에어컨은 제습의 기능도 수행한다.

(4) 공동현상

공동현상 또는 캐비테이션(Cavitation)은 빠른 속도로 액체가 운동할 때 액체의 압력이 증기압 이하로 낮아져서 액체 내에 증기(기포)가 발생하는 현상이다. 물속에 담겨 있는 주사기 의 피스톤을 빠른 속도로 잡아당겼을 때 실린더 내부에는 물로 가득 차지 않고 비어 있는 공간이 발생한다. 이는 수중에서 낮은 기압으로 인해 물의 일부가 기화되어 공간을 차지하기 때문에 발생한다. 차가운 물에서도 배가 지나갈 때 배의 뒤로 거품이 일듯 기포들이 만들어지는 것은 물속에서 프로펠러가 빠르게 움직일 때 프로펠러의 동작에 의해 부분적으로 낮은 기압을 형성하고 이때 포화증기압 보다 낮아질 경우 기화된 수증기가 기포로 보이는 것이다. 이와 같이 액체내부에서 비어있는 곳(액체가 아닌 증기로 채워진 곳)이 발생하는 현상을 공동현상이라고 한다.

2.4.5. 단열팽창, 단열압축

기체는 직접 가열 또는 냉각하지 않아도 외부와 열을 차단한 상태에서 기체에 압력을 높여 압축하거나 압력을 낮춰 팽창시키는 것으로 그 온도를 조절할 수 있다. 물질의 기체분자는 밀도가 높아지면 에너지를 방출하고, 밀도가 낮아지면 에너지를 흡수하게 되는데 밀폐된 기체에 압력을 가하면 에너지를 방출하기 때문에 주변의 온도를 상승시키며 이것이 단열압축 현상이다. 반대로 압축되었던 기체가 압력이 해소되어 밀도가 낮아지면 에너지를 흡수하게 되어 주변의 온도를 떨어뜨리는데 이러한 현상을 단열팽창이라고 한다. 단열압축과 단열팽창의 원리를 주변에서 볼 수 있는 것은 에어컨의 원리를 떠올릴 수 있다. 압축기를 통해 압축된 냉매를 급작스럽게 증발시키면 단열팽창 현상에 의해서 주변의 열을 흡수하면서 주변은 차가워지게 된다. 냉매는 증발 이후 다시 압축되는 과정을 거치게 되는데 이때는 흡수했던 열을 다시 방출하게 되므로 건물 외부에 설치하게 된다. 에어컨 실외기는 건물 외부에 설치되며 냉매의 압축행정과 관련된 과정을 수행한다.

자연에서 단열팽창은 구름이 생성되는 원리를 예로 들어 설명되곤 한다. 지면에서 데워진 대기가 높은 곳으로 상승하게 되면 기압이 낮아져 팽창하게 됨으로써 냉각되는데 이 때문에 수증기가 응결되므로 구름이 만들어지게 된다. 이와 같이 자연상태에서도 단열압축과 단열팽창에 의한 온도변화는 발생하고 있으며 실린더나·탱크 등 인위적인 압력변화는 더욱 큰 온도의 상승과 하강을 만들 수 있다. 디젤엔진은 휘발유엔진과는 달리 점화플러그가 없으며 분사된 디젤의 미스트와 공기를 적절한 비율로 혼합한 상태에서 피스톤으로 압축시켜 단열압축에 의해 발생되는 열에 의해 점화–폭발시킨다. 또한 엔진의 노킹(Knocking)현상[8]은 단열압축에 의한 것으로 엔진열화의 원인이 된다.

8 [자동차] 실린더의 점화플러그에서 점화된 후 화염은 연소실을 가로 지르며 번져 나간다. 그러나 화염이 연소실의 가장 먼 부분에 도달하기 전에 혼합기의 나머지 부분에서 단열압축에 의한 발화가 일어난다. 이와 같은 두 화염면이 충돌하게 되면 매우 급속하게 압력 상승이 일어나게 되어, 이 결과로 "핑잉"총탄 날아가는 소리)과 같은 고음의 금속 노크성의 소음이 발생한다. 이상 폭발은 엔진을 손상시킬 수 있으며, 피스톤에 대한 심한 충격은 베어링이나 엔진 부품에 큰 하중을 가하게 되고, 피스톤을 갈라지게 하거나 파괴할 수도 있다. 심한 폭발은 제어할 수 없는 조기 점화를 야기시킨다. 피스톤 상부에 구멍을 낼 수도 있다.

그림 2.11 CNG 버스 연료탱크의 파괴

에너지는 기체의 분자에 저장하거나 기체의 분자로부터 에너지를 회수할 수 있다. 기체분자를 압축시켜 저장되었던 에너지를 회수할 수 있으며 다시 팽창하는 과정을 통해 기체의 분자에 에너지를 저장할 수 있다. 이것은 에너지 입장에서 설명한 것이다. 반대로 기체 입장에서 설명하자면 압축되는 경우에는 에너지를 방출해야 하며 팽창할 때에는 주변의 에너지를 흡수한다.

위 사진(그림 2.11)은 CNG(Compressed Natural Gas)버스의 연료탱크가 파괴되면서 고압의 천연가스가 외부로 분출되었을 때의 모습이다. 메탄이 주성분인 천연가스는 무색의 투명한 성질의 연료이다. 흰색으로 보이는 것은 무엇일까? 이것은 고압상태의 천연가스가 대기 중으로 분출되어 팽창되면서 단열팽창 효과에 의해 주변의 에너지를 흡수하여 주변 대기의 온도를 낮추게 되는데 이때 대기 중에 포함되어 있던 수증기가 응결되어 육안으로 관찰되는 것이다.

단열압축과 단열팽창은 압축과 팽창되는 과정에서만 에너지가 이동하며 압축과 팽창이 완료된 상태에서는 에너지를 방출하거나 흡수하지 않기 때문에 온도 변화도 없다. 검증되지 않은 자료들 중에는 단열압축에 의한 발열에 대하여 기체가 압축되어 체적이 좁아지기 때문에 운동을 하는 분자의 충돌이 잦아지고 충돌에 의한 마찰열이 발생하는 것으로 설명되어 있는 것도 있다. 만약 이와 같다면 기체는 지속적으로 운동을 하기 때문에 압축과정은 물론 압축된 상태에서도 계속해서 열이 발생해야 하는데 인간에게 무한한 무공해 에너지원이 될 수 있을 것이나 실제는 그렇지 않다. 또한 그와 같은 논리로는 반대의 경우인 단열팽창에 대한 설명이 곤란하다.

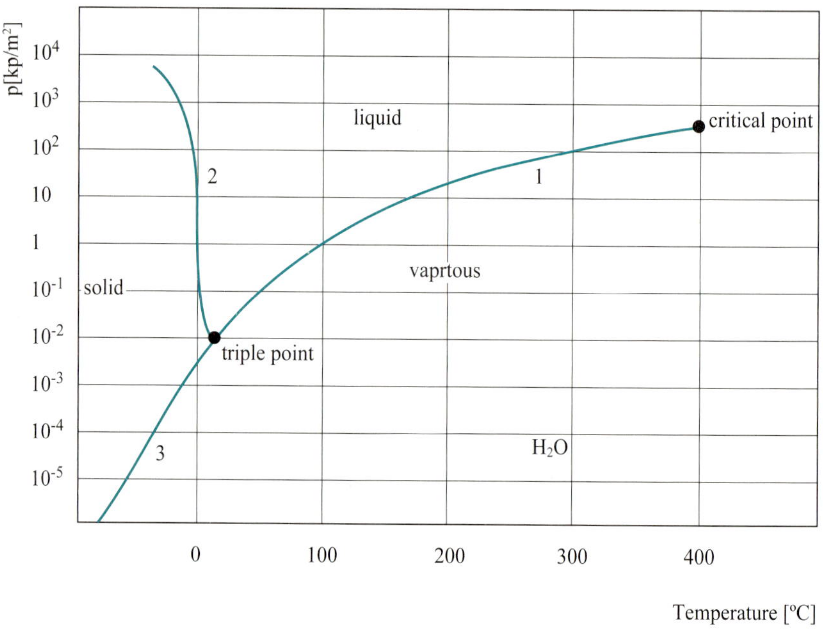

그림 2.12 증기압 곡선

2.4.6. 임계점(Critical point)

물질에 있어서 어느 쪽으로도 상이 변하지 않는(또는 A상에서 B상으로 전환되는 양과 B상에서 A상으로 변하는 양이 동일하여 각 상의 총량이 일정하게 유지되는) 평형상태는 온도와 압력에 의해 결정되며 온도 · 압력을 변화시키면 상변화가 일어난다. 대부분의 기체는 상온에서 압력을 가하면 액체로 변하지만 어떤 기체는 다른 상태로 되기 위해서 온도와 함께 압력이 모두 특정 조건 이상이 되어야 한다. 온도가 어떠한 정도보다 높으면 더 이상 압력에 따른 상태변화가 일어나지 않는데, 이런 상태가 되는 온도를 임계온도, 압력은 임계 압력이라고 말한다. 기체상과 액체상, 고체상은 온도와 압력에 따라 어떠한 상태를 유지하는데 이를 도표화하면 위 그림과 같이 몇 개의 특이점이 나타난다. 기체상과 액체상, 고체상이 모두 공존할 수 있는 삼중점(triple point)이 그 하나이고 액체상과 기체상의 상전이가 더 이상 일어나지 않는 영역도 있는데 이것이 임계점이다. 임계점이 나타내는 압력을 임계압력(critical pressure), 온도를 임계온도(critical temperature)라고 한다. 임계온도 이하의 영역에서는 도표 상에 두 상의 경계가 형성되어 기체상과 액체상의 상전이가 일어난다. 하지만 임계온도 이상의 영역에서는 두 상이 서로 나눠지지 않는 초임계유체(supercritical fluid) 상태가 된다. 예를 들면 −119°C가 임계온도인 산소는 이보다 높은 온도에서는 아무리 높은 압력을 가한다고 하더라도 기체는 액화하지 않는다.

임계 온도(Critical temperature) 임계온도 이상에서는 아무리 압력을 가한다고 하여도 액화시킬 수 없다. 부탄가스의 임계온도는 152.01°C 이기 때문에 보통의 상온에서도 압력을 가하면 액화시킬 수 있다. 따라서 우리는 별도의 장치가 없어도 부탄을 단지 압축하는 것만으로도 휴대용 부탄가스 용기에 액체상태로 보관하며 사용할 수 있다. 그러나 질소의 임계온도는 −147.0°C로 상온에서는 아무리 압력을 높인다고 하여도 결코 액체질소를 만들 수 없다. 액체질소는 임계온도 이하로 낮추는 별도의 장비가 설치된 용기에서 보관할 수 있다.

표 2-2 물질별 임계온도 및 임계압력

Substance	Critical temperature	Critical pressure
Argon	−122.4°C(151K)	48.1arm(4,870kPa)
Ammonia	132.4°C(405.5K)	111.3arm(11,280kPa)
Bromine	310.8°C(584.0K)	102arm(10,300kPa)
Caesium	1,664.85°C(1,938.00K)	94arm(9,500kPa)
Chlorine	143.8°C(417.0K)	76.0arm(7,700kPa)
Fluorine	−128.85°C(144K)	51.5arm(5,220kPa)
Helium	−267.96°C(5.19K)	2.24arm(227kPa)
Hydrogen	−239.95°C(33.2K)	12.8arm(1,300kPa)
Krypton	−63.8°C(209K)	54.3arm(5,500kPa)
Neon	−228.75°C(44.4K)	27.2arm(2,760kPa)
Nitrogen	−146.9°C(126K)	33.5arm(3,390kPa)
Oxygen	−118.6°C(155K)	49.8arm(5,050kPa)
CO_2	31.04°C(304.19K)	72.8arm(7,380kPa)
N_2O	36.4°C(309.5K)	71.5arm(7,240kPa)
H_2SO_4	654°C(927K)	45.4arm(4,600kPa)
Xenon	16.6°C(289.8K)	57.6arm(5,840kPa)
Lithium	2,950°C(3,220K)	652arm(66,100kPa)
Mercury	1,476.9°C(1,750.1K)	1,720arm(174,000kPa)
Sulfur	1,040.85°C(1,314.00K)	207arm(21,000kPa)
Iron	8,227°C(8,500K)	
Gold	6,977°C(7,250K)	5,000arm(510,000kPa)
Aluminium	7,577°C(7,850K)	
Water	373.946°C(647.096K)	217.7arm(22,060kPa)

임계 압력(Critical pressure) 임계온도에서 기체를 액화시키는데 필요한 가장 낮은 압력이다. 액체와 기체로 나눌 수 없는 상태로 증기압력곡선은 이 지점까지만 그릴 수 있다. 임계압력이란 기체를 액화시키는 데에 필요한 최소 압력을 말한다. 따라서 임계압력이 48.1atm인 아르곤(Argon)은 그 압력이하에서는 더 이상 온도가 낮아진다고 하여도 상변화가 발생하지 않고 기체상태로 존재한다. 간단히 임계온도에서 기체를 액화시키기 위한 최소한의 압력이라고 설명할 수도 있다. 상온이하의 임계온도를 갖는 물질들의 특수 용기에서 저온을 유지하기 위한 장치가 고장이 난다면 이는 곧 물질이 기화되어 체적이 팽창하면서 용기를 파괴하는 물리적 폭발이 발생하게 된다. 예를 들어 LPG의 주성분인 부탄가스(n-butane)의 임계온도는 152°C이기 때문에 상온에서도 압력만 가하면 쉽게 액화시킬 수 있다. 따라서 일반적으로 압력이 유지될 수 있는 용기(휴대용 부탄가스 용기 등)라고 한다면 냉각기능이 없다 하더라도 상온에서 액상의 LPG를 보관할 수 있다. 우리가 일반적으로 휴대용 부탄연소기에서 사용하는 것이 바로 이러한 용기이다. 그러나 위에서 설명한 산소(임계온도 −119°C)의 경우에는 냉각기능이 없는 용기에는 기체상의 고압산소만 보관이 가능하며 액화산소의 경우에는 용기 자체에 압력을 유지하는 것 외 임계온도 이하로 냉각시켜 줄 수 있는 것이 가능한 용기에만 보관할 수 있다. 액상의 산소를 보관 중 탱크의 냉각기능이 작동하지 않는다면 아무리 높은 압력을 유지할 수 있는 용기라고 하더라도 액상을 유지할 수 없다. 보관 중 냉각기능이 멈춘다면 액상이 기상으로 급격히 상변화하여 용기는 물리적으로 폭발하고 말 것이다.

- LNG(액화천연가스, Liquified Natural Gas)는 메탄가스가 주성분인데 이 가스의 임계온도는 −82.1°C이다. 따라서 위 LPG와 같이 압력만 유지되는 용기에는 액상의 천연가스를 담을 수 없다. 수송이나 저장 시에는 부피를 줄이기 위해 낮은 온도를 유지할 수 있는 특수한 시설에서 액상의 천연가스를 보관하지만 일반 수용가에 공급할 때는 기화시켜 기상의 가스를 공급하고 있기 때문에 사용자들에게는 냉각을 위한 별도의 장비가 필요하지 않다.

2.5 연소

화학적 폭발사고의 대부분을 차지하는 가스, 액적, 분진 폭발 등은 연소폭발이다. 화학적 폭발을 이해하기 위해서는 기초가 되는 연소에 대한 이해가 필요하다.

일반적으로 연소의 정의를 '빛과 열을 수반하는 급격한 산화반응'이라고 하는데 산화반응은 연소반응 외에도 일상적으로 금속이 녹이 슨다던지, 종이가 누렇게 변색되는 것도 산화반응에 의한 것이다. 그러나 그 반응속도가 느려 열과 빛이 육안으로 관찰되지 않는 것이다. 따라서 금속이 녹이 스는 정도의 산화반응은 빛과 열을 발생시키는 정도의 연소와 구분된다. 만일 외부와 완벽히 단열된 공간에서 산화반응이 일어난다면 변색되는 종이나 부식되는 금속에서 발생하는 열을 감지할 수 있을 것이나 빛을 발하지는 않는다. 난방기로 주로 사용되는 전기를 이용한 석영관 히터, 열선에 의한 히터는 빛과 열을 발생시키기는 하지만 화학적인 산화반응이 발생하지 않으므로 연소반응과 구분된다.[9] 그렇다면 연소폭발은 무엇인가? 연소를 설명하기 위해서 저자는 "연소는 급격한 산화반응이다"라고 하였는데 연소 폭발을 설명하자면 "폭발은 급격한 연소반응이다"는 것으로 간단하게 설명할 수 있다. 즉 연소와 연소폭발은 연소속도에 의한 현상적 차이일 뿐 그 메커니즘은 연소 그 자체이다. 연소가 급격하게 일어나기 때문에 일반적으로 연소가 가지고 있는 부수적인 효과인 열과 빛뿐만 아니라 인식할 수 있는 수준의 압력과 압력파가 발생한다. 연소 열 등에 의해서 기체의 체적이 급격히 늘어나면서 압력도 증가하고, 압력의 급격한 증가로 인하여 압력파가 발생하며 심한 경우 충격파도 발생하게 된다. 이 압력은 연소속도에 따라서 소음정도로 인식될 수도 있으며, 구조물이 파괴되는 높은 수준의 압력이 될 수도 있다. 그러나 이것은 어디까지나 정도의 차이일 뿐 그 메커니즘을 이해하는 데에는 큰 차이가 없다. 폭발을 이해하기 위해서는 그것의 기초가 되는 연소와 산화반응에 대하여 더욱 자세한 이해가 필요하다.

2.5.1. 산화반응

모든 물질은 더 이상 나눌 수 없는 원자로 이루어져 있으며 원자가 결합하여 분자를 이루는데 분자는 해당 물질의 성질을 나타내는 최소단위로 볼 수 있다. 예를 들어 물의 분자인 H_2O는 수소(H)와 산소(O) 원자로 구성되어 있다. 여기서 물분자를 이루는 산소와 수소의 원자는 물의 성질을 가지고 있지 않다. 대부분의 원자는 같은 또는 다른 원자와 화학적으로 결합하여 물질을 이루는데 산소가 아닌 원자가 산소원자와 결합하는 것을 산화반응이라고 한다.

가연물을 이루고 있는 물질의 분자는 열, 전기, 화학적 에너지 등이 가해졌을 때 원자로 쪼개지고(분해) 또 다른 원자와 결합(화합)한다. 이 때 반응이 일어나게 한 에너지를 활성화 에너지라고 한다. 이어서 불안정해진 상태에서 쪼개진 원자들은 다시 보다 결합력이 높은 산소와 결합(화합, 산화)하게 된다.

원자들이 쪼개지거나 합해지는 과정에서 주변의 에너지를 흡수하거나 발생시키는데 쪼개지는 과정을 분해반응, 합해지는 과정을 화합반응, 열을 발생시키는 반응은 발열

9 김만건, 김진표, 2006, 전기화재 감식공학, 성안당

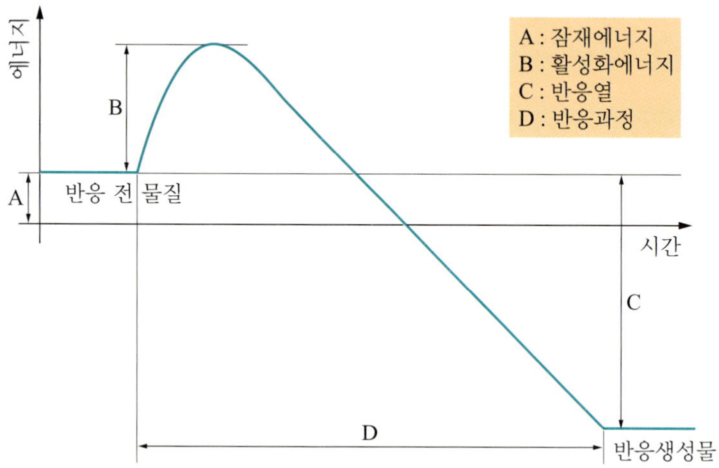

그림 2.13 화학반응

반응, 열을 흡수하는 반응을 흡열반응이라고 한다. 반응 시 필요한 활성화 에너지가 반응열보다 클 경우에는 반응이 지속되지 않으므로(자립반응이 발생할 수 없으므로) 화재 또는 폭발이 발생할 수 없다. 대부분 가연물의 연소반응은 반응열이 활성화 에너지보다 크기 때문에 일부는 미연소가연물을 활성화시키면서 그 범위를 확대시켜 나가고, 주변으로도 열을 전달하는 반응이 지속될 수 있다.

2.5.2. 활성화 에너지

어떠한 물질이 화학적으로 분리(분해)되거나 결합(화합)되기 위해서는 어떠한 장벽(요구되는 에너지)을 넘어설 수 있어야만 하는데 이 장벽을 넘을 수 있는 힘을 활성화 에너지라고 한다. 예를 들어 반응성이 높은 산소(O)와 수소(H)를 같은 곳에 보관한다고 하여도 산화반응은 발생하지 않는다. 이 수소가 산소와 결합(H_2O)하기 위해서는 열과 같은 어떠한 에너지가 필요한데 연소에 있어서 이러한 에너지를 제공한 원인을 점화원이라고 부른다. 마찬가지로 연소폭발에 있어서도 점화원이라고 부른다. 상대적으로 반응을 일으키기에 높은 활성화 에너지가 필요한 물질은 반응속도가 느리며 낮은 활성화 에너지가 요구되는 물질의 반응 속도는 빠르다. 원자가 쪼개지는 분해과정에서는 활성화 에너지가 반응에 의한 에너지 보다 크고, 원자가 결합하는 화합과정에서는 반응에 의한 에너지가 활성화 에너지보다 크다.

반응 전 물질은 잠재적 에너지를 내포하고 있는 상태이다. 활성화 에너지는 잠재적 에너지를 방출할 수 있도록 하는 역할을 하여 잠재적 에너지를 반응열로 방출시킨다. 가

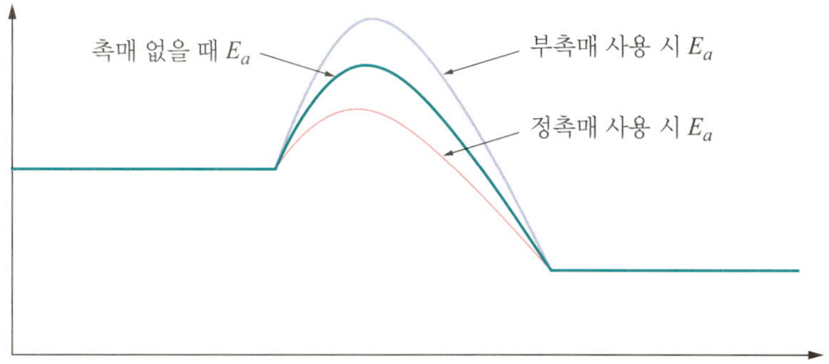

그림 2.14 촉매와 활성화 에너지의 영향

연물은 활성화 에너지에 비하여 반응열이 높은 것으로 앞선 분자의 반응으로부터 발생한 반응열이 인접한 분자에 활성화 에너지로 전달되어 최초의 점화원이 제거된 이후에도 변함없이 연쇄반응이 지속되는 물질을 말한다. 반응열보다 높은 활성화 에너지를 요구하는 물질은 연쇄적으로 반응할 수 없어 점화원이 제거된 이후에는 연소가 멈추기 때문에 화재 또는 폭발의 가연물이 될 수 없다.

2.5.3. 촉매

활성화 에너지는 반응의 속도를 결정하는데 중요한 역할을 한다. 물질이 반응하는데 있어서 어떠한 물질이 반응에 관여하게 되면 그 반응속도가 느려지거나 빨라지는데 그러한 물질을 촉매라고 부른다. 캠핑을 가서 라면을 조리하기 위해 물을 끓이던 때를 상기해 보자. 바람이 불어 버너의 화염이 충분히 온도를 올리지 못하는 경우가 있는데 라면 물이 끓어오르기 전 낮은 온도에서도 라면 스프를 넣으면 끓어오르는 것을 볼 수 있다. 또한 끓기 시작한 때에도 라면 스프를 넣으면 더욱 격렬하게 끓는 현상을 목격한 적이 있을 것이다.

이때 100°C에서 끓어오르는 물에 라면 스프를 넣음으로써 물을 비등시키는데 필요한 활성화 에너지를 낮추는 역할을 하였다. 따라서 일반적인 환경에서는 끓지 않는 정도의 낮은 온도에서도 끓어오르게 된 것이다. 즉 라면 스프는 물을 비등시키는 데에 있어서 정촉매로써의 역할을 하게 된 것이다.

- **정촉매** : 물질의 활성화 에너지를 낮춰 반응의 속도를 빠르게 해주는 촉매
- **부촉매** : 물질의 활성화 에너지를 높여 반응의 속도를 느리게 해주는 촉매. 역촉매, 억제제라고도 부른다.

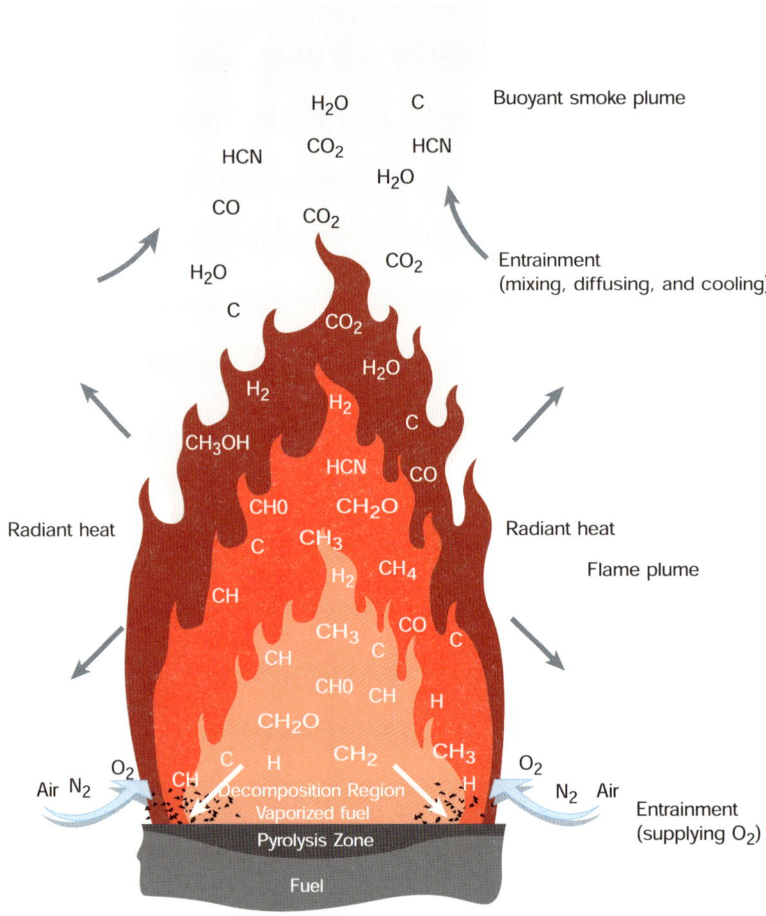

그림 2.15 가연물로부터 열분해되어 발생한 가연성 가스가 상승하며 산화하고, 화염 위로 연소 생성물이 올라가는 것을 볼 수 있다. (화염은 산화반응이 일어나고 있는 대역에서 부수적으로 보이는 효과라고 볼 수 있다.)

2.5.4. 반응속도

물질이 반응을 시작하여 최종생성물로 반응이 이루어지는 속도를 말한다. 연소를 이해함에 있어서 급격한 산화반응이란 반대의 경우인 철(Fe)에 녹이 스는 상대적으로 느린 반응속도와 연소 중에 일어나는 반응속도를 상기해보면 이해가 어렵지 않을 것이다. 반응이 급속히 일어난다면 분자들이 결합하는 속도가 빠르다는 것을 의미하며 빠를수록 위험한 반응이 될 수 있다. 연소반응과정에서는 가연물 분자가 분해되는 과정에서는 열을 흡수하고 다시 산소와 결합하는 과정에서 열을 방출시킨다.

연소에 의한 화학반응식의 예시

탄소(C) $C + O_2$ + 활성화 에너지 → CO_2 + 빛과 열

메탄올(CH_3OH) $CH_3OH + 3/2O_2$ + 활성화 에너지 → $CO_2 + 2H_2O$ + 빛과 열

에탄올(C_2H_5OH) $C_2H_5OH + 3O_2$ + 활성화 에너지 → $2CO_2 + 3H_2O$ + 빛과 열

산화반응에서 중요한 것은 반응열의 역할 때문이다. 일정한 열이 가해지면 대부분의 물질들은 산소와 쉽게 결합하며 반응열이 발생하는데 이열은 물질이 산소와 화합하는 데에 필요한 에너지보다 크기 때문에 나머지 열을 주변으로 전달하며 연쇄적으로 반응을 지속시키고 반응범위가 커질 경우 더욱 높은 열을 발생시켜 결국 화재에 이르게 되며 그 반응이 급격할 정도로 빠르게 진행된다면 이를 폭발이라고 부른다. 개방된 공간에서 산소는 대기로부터 지속적으로 공급되므로 가연물이 존재하는 한 연쇄반응은 가연물이 완전히 소진될 때까지 지속된다.

일상적으로 화염이라고 하는 것은 자세히 들여다보면 화염자체가 존재하는 것이 아니라 기체가연물이 산소와 결합하는 반응대에서 열과 빛으로 보이는 부수적인 효과라고 볼 수 있다. 연소할 때에 발생하는 빛과 열은 가연물 분자가 산소와 결합하는 산화반응 시에 발생하는 에너지가 방출되는 현상이다(그림 2.15).

2.5.5. 질량 보존의 법칙

연소반응은 물론 어떠한 화학반응도 질량보존의 법칙을 따르므로 반응 전 물질을 구성하는 원소는 반응을 통해 새로운 생성물을 구성하는 원소로 모두 사용된다. 원소가 반응과정에서 사라지거나 생성되는 것이 아니다. 따라서 질량보존의 법칙은 반응 전과 반응 후의 질량이 보존된다는 내용이며 1774년 프랑스의 화학자 라부아지에(Antoine-Laurent de Lavoisier, 1743년 8월 26일~1794년 5월 8일)에 의해서 발견되고, 란돌트(Landolt, Hans Heinrich, 1831년 12월 5일~1915년 3월 15일, 실험 1908년)와 외트

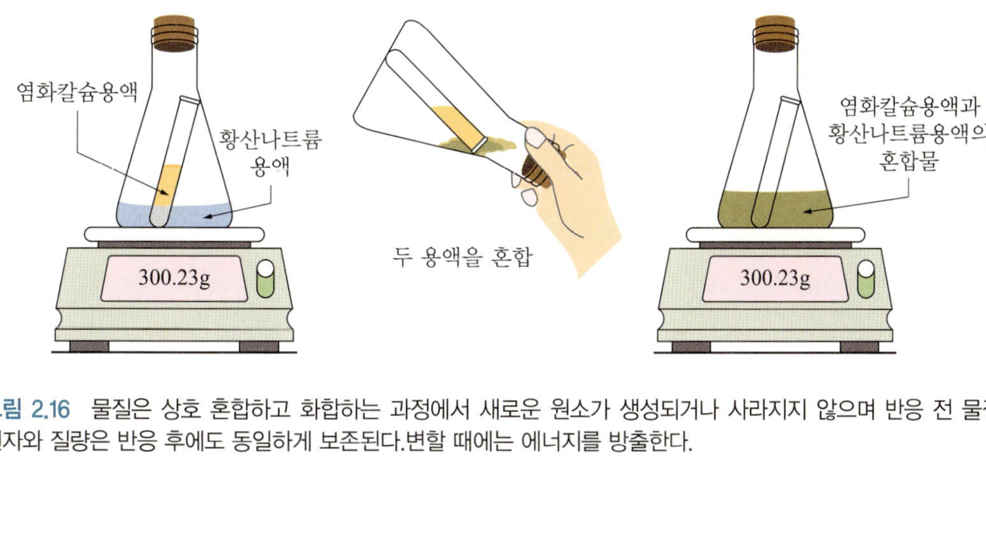

그림 2.16 물질은 상호 혼합하고 화합하는 과정에서 새로운 원소가 생성되거나 사라지지 않으며 반응 전 물질의 원자와 질량은 반응 후에도 동일하게 보존된다.변할 때에는 에너지를 방출한다.

질량보존의 법칙은 반응 후에도 반응 전과 동일한 질량을 나타낸다는 것인데 기체의 연소 반응에 의해 압력이 발생하는 이유는 무엇인가? 우리는 일상에서 일어나는 사고들을 통해서 수소 또는 메탄가스 등 일반적인 가연성 가스가 탱크 내에서 산소와 반응하면 폭발이 발생하여 용기가 파괴되고 주변에 파편이 비행하는 폭발현상을 간접적으로 경험하거나 경험하지 않더라도 일반적인 상황으로 간주할 만큼 잘 알고 있다. 질량 보존의 법칙은 반응 전 물질의 질량과 반응 후 반응물의 질량은 동일하다는 것인데 탱크 내에서 압력을 발생시킨 이유는 무엇인가? 물질의 양이 증가한 것은 아닐까? 우리는 조금 전에 기체에 관한 이론에서 온도에 따른 체적의 팽창에 대하여 설명을 읽었다. 탱크 내부에서 물질의 질량이 증가한 것이 아니라 연소 반응으로 인하여 발생한 반응열이 기체 반응물의 온도를 증가시켜 체적이 팽창한 것이며 이로 인해 압력이 증가하고, 용기가 이 압력을 견디지 못해 파열되면 파편을 만들고 비산시키는 현상이 발생한다. 이러한 측면에서 본다면 화학적 폭발에 있어서 폭발의 직접적인 원인은 물리적 반응이며 화학적 반응은 물리적 반응을 발생시킨 선행원인이 된다고 말할 수도 있을 것이다.

뵈시(Eötvös Loránd, 1848년 7월 27일~1919년 4월 8일, 실험1909년)에 의해 실험적으로 검토되어, 실험의 오차범위 내에서 충분히 성립된다는 것이 증명된 법칙이다. 다만, 아인슈타인의 상대성이론에 의하면, 반응열의 출입에 따르는 반응계의 에너지증감에 의해서 극히 미소하지만 반응계의 질량은 변화를 받으므로, 엄밀히 말하자면 이 법칙은 성립하지 않으며, 이런 뜻에서 이 법칙은 근사적인 법칙이라고 지적되었다. 그러나 방대한 반응에너지의 출입을 수반하는 원자핵반응 등과는 달리, 보통의 화학반응에서는 계(系) 전체의 질량에 비해서 그 영향이 무시할 수 있을 정도로 작으므로 이 법칙은 성립되는 것으로 생각해도 무방하다. 사실상 란돌트의 실험에서는 항상 2×10^{-7}~10^{-8} 정도의 오차로써 성립된다는 것이 확인되었다.

질량보존의 법칙은 화학에서 정량분석(定量分析)의 기본이 되는 중요한 법칙이다. 반응 후의 물질은 반응 전 물질의 새로운 조합이며 그 원소와 질량은 반응전과 동일하게 그대로 유지된다.

2.5.6. 연소

연소가 이루어지기 위한 조건은 가연물, 산소, 점화원이 동일한 시간과 동일한 장소에 공존함으로써 만족된다. 이 중 한 가지 조건이라도 부족하다면 연소는 이루어질 수 없기 때문에 이들을 연소의 3요소라고 한다. 또한 화재 또는 화학적 폭발의 원인을 판단할 때에도 이들 각 요소의 동시, 동소 존재사실이 입증되어야 한다.

철이 연소를 개시하기 위해서는 얼마정도의 활성화 에너지가 필요할까? 우리는 맹렬했던 화재현장에서도 연소되지 않고 남아 있는 쇳덩이들을 보면서 철은 연소하지 않는 비가연물로 알고 있다. 또 9V 전지가 가지고 있는 에너지는 매우 낮기 때문에 일반적인 가연물을 연소시키지 못한다고 생각하기도 한다. 그러나 아래의 실험은 9V 전지의 전극을 접촉시키는 것만으로도 철이 연소하는 것을 확인할 수 있다. 실험에 사용된 철은 매우 가는 극세사 형태로 솜뭉치처럼 되어 있는 철사 수세미이다. 비록 일반적인 가연물에 점화를 시키기 어려운 배터리의 전류량이지만 이에 대하여 매우 연소하기 좋은 가연물 조건이 만족되면서 연소반응이 지속되는 것을 볼 수 있다. **연소의 3요소인 산소, 가연물, 점화원은 연소를 일으키기 위해서 상호 유기적인 관계를 가진다.**

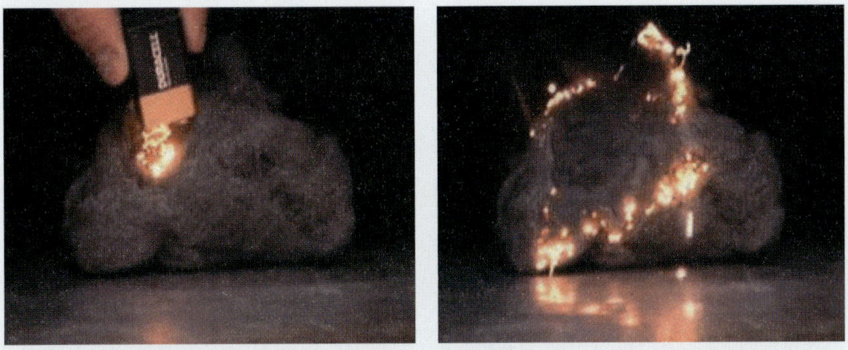

그림 2.17 가는 철사 수세미에 전지를 접촉 후 연소가 전파되는 모습

연소의 3요소인 산소, 가연물, 점화원은 연소를 일으키기 위해서 상호 유기적인 관계를 가진다. 점화가 용이하지 않은 가연물은 보통의 에너지와 산소농도 속에서는 연소반응을 개시할 수 없으나 높은 점화 에너지나 고농도 산소환경에서는 점화가 가능하다. 반대의 예로 일반적인 가연물에 점화를 일으키기 어려울 정도로 낮은 에너지일지라도 가연성 가스나 솜뭉치 등 가연성이 높은 가연물에는 연소반응을 개시할 수 있다. 즉 연소는 가연물 조건, 에너지 조건, 산소 조건이 상호 유기적으로 만족될 때에만 연소가 발생할 수 있다. 실험이나 인위적인 공정이 아닌 자연환경에서는 대기 중 산소가 21%의 조건이 고정되어 있으므로 이에 상응하는 가연물조건과 에너지조건의 상호 보완적인 만족이 필요하다.

예를 들어 철은 화재현장의 강력한 화염에서도 별다른 변화를 보이지 않기 때문에 일반적으로 비가연물로 알려져 있다. 그러나 철이 분진으로 매우 작은 미립자 상태로 존재할 때 폭발의 위험성이 있으며 미립자 상태가 아니어도 높은 산소농도 상태에서는 빛과 열을 방출하며 연소한다(그림 2.17).

(1) 연소의 3요소

① 가연물

연소가 가능한 물질이나 물건을 가연물이라고 하며 이 범위는 칼륨, 마그네슘, 나트륨 등 금속과 대부분의 유기화합물 등이 포함된다. 일반적으로 비가연물로 알려진 철(Fe)도 특정조건에서는 연소폭발이 가능하므로 가연물의 범주는 환경과 조건에 따라서 그 폭이 넓어질 수 있다. 그러므로 가장 넓은 의미에서 **가연물은 산소와 발열화학반응을 일으키는 물질이라고 설명할 수 있다.**

a. 가연물의 가연성

가연성은 연소가 잘 이루어질 수 있는 물질의 성질을 말하는 것으로 각 물질의 고유한 성질이며 다음과 같은 성질이 있는 물질일수록 가연성이 높다.

- **산소와 친화력이 높은 것** : 화학적 활성도가 높아 산소와 쉽게 반응하는 성질은 그렇지 않은 물질에 비하여 가연성이 높다.
- **활성화 에너지가 적은 것** : 활성화 에너지는 가연물을 연소시키는 점화에너지에 해당한다. 활성화 에너지가 적을수록 반응은 빠르게 진행되며 이러한 물질은 낮은 에너지로도 연소를 개시할 수 있다.
- **열전도율이 낮은 것** : 열전도율이 낮다는 것은 그만큼 열을 확산시키지 않고, 한 곳에 집중된 상태로 유지할 수 있다는 것을 의미한다. 열전도율이 높은 것은 점화원의 에너지를 주변으로 전도시키기 때문에 연소에 불리한 조건이 된다.
- **질량대비 표면적이 큰 것** : 가연물의 질량대비 표면적은 폭발을 이해하기 위해서 중요한 요소이다. 연소반응은 어디까지나 산소와 화학적으로 결합하는 것을 의미한다. 가연물의 표면적이 크다는 것은 대기중의 산소와 반응 가능한 영역이 넓다는 것을 의미하므로 연소에 있어서 유리한 조건이 된다. 가연물의 형태는 연소에 많은

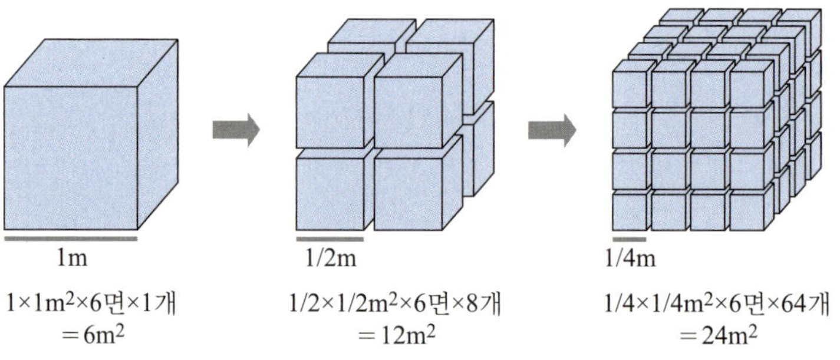

그림 2.18 $1m^3$의 정육면체 가연물의 표면적은 $6m^2$이 된다. 이를 64개의 정육면체로 쪼개었을 때의 표면적은 $24m^2$이 된다. 질량대비 표면적이 높은 상태이고 가연물이 잘게 잘라져 있을수록 연소가 용이하다.

그림 2.19 부직포 공장에 쌓인 섬유먼지 – 작은 스파크나 전기 아크 등 에너지가 작은 점화원은 입자가 큰 가연물을 발화시키기에는 부족하지만 사진과 같은 섬유먼지는 고체이지만 매우 미세한 먼지 형태로 질량대비 표면적이 매우 넓은 상태이다. 이들은 스파크나 순간적인 아크에도 충분히 발화할 수 있는 상태이다. 점화 후 성기게 쌓인 먼지를 통한 연소속도는 매우 빠르며 공기 중에 부유할 때에는 분진폭발의 위험도 발생한다. (사진 : 현대하이카손해사정 위험관리연구소 이상현 조사관 제공)

영향을 미친다. 통나무 10kg을 통째로 연소시키는 것과 그 통나무를 잘게 잘라 나무 젓가락처럼 만들어 연소시키는 것은 큰 차이를 보일 것이다. 이는 가연물의 형태에 따라서 산소와의 접촉면적이 넓어지기 때문이다. 단위질량당 표면적에 대한 연소용이 조건은 고체에서만 적용되는 것이 아니라 액체에서도 적용된다. 액체의 분무연소에 있어서도 미립자의 크기가 작을수록 연소가 용이하다. 그러한 점에서 물질의 상에 따라 연소가 용이한 순서는 분자의 밀도가 낮은 기체 > 액체 > 고체 순이다.

- **건조도가 높은 것** : 건조된 가연물에 비하여 수분을 함유한 가연물이 연소하기 위해서는 열분해 이전에 수분을 건조시키는 데에 필요한 별도의 열에너지와 시간이 소요되므로 건조도가 높을수록 연소에 있어서 유리한 조건이 된다.
- **발열량이 큰 것** : 단위-가연물 당 연소 시 발생하는 열량이 많으면 주변 물질을 활성화시키는 데에 필요한 에너지를 그만큼 많이 전달할 수 있게 된다. 따라서 가연물의 연소확산속도가 빠르고 연소가 용이한 조건이 된다.

이상의 조건들은 연소의 반응이 활성화되는 가연물 조건들이다. 연소의 정의가 빛과 열을 수반하는 산화반응이라고 정의한다면 화학적 폭발은 급격한 연소반응이다. 위와 같은 조건들이 우월할 경우에 연소반응을 더욱 빠르게 진행시킬 수 있는데 특히 위 그림과 같이 가연물이 기체 상태이거나 또는 고체일 경우에도 매우 작은 미립자 형태로 산소와 혼합되어 있을 경우에는 화학적 폭발의 조건이 만들어진다.

② 산소

앞서 언급한 바와 같이 산소는 연소의 필수 요건이다. 가연물을 연소시키는 데에 산소의 양이 많을수록 연소반응의 활성도는 비례하고 산소가 부족하거나 소진될 시에는 소극적인 연소를 하거나 연소가 중단된다. 또한 산소가 부족한 공간에서는 좀처럼 발화현상이 시작되지도 않는다. 구획실 화재에서 실내의 산소농도가 약 16% 이하로 감소하는 경우에는 화염연소가 중단되는 것으로 알려져 있다(이때 훈소가 가능한 가연물의 경우는 훈소로 전환되고 훈소가 불가능한 가연물일 경우 연소가 완전 중단된다).

a. 산화제

산화제란 물질 자체는 불연성이지만 산소를 함유하고 있는 화합물로 가열, 충격, 마찰에 의해 산소를 발생시키며 다른 가연물의 연소에 산소를 공급할 수 있는 물질을 말한다. 제1류위험물은 산화성 고체로 염소산염류, 과염소산염류, 과산화물, 질산염류, 과망간산염류, 무기과산물류 등이 있다. 제6류 위험물은 산화성 액체로 과염소산, 질산 등이 있다. 이들은 자신은 불연성을 띄지만 산소를 다량함유하고 있으며 분해 시 산소를 방출시켜 다른 가연물의 연소를 돕는다.

b. 자기반응성물질

제5류 위험물로 분류되어 있으며 분자 내에 산소를 함유하고 있어 충격이나 가열로 인해 열분해하며 산소를 발생시키는데 발생되는 산소의 양으로 자기 연소 시 필요한 산소를 스스로 공급할 수 있기 때문에 자기연소물질이라고 한다. 저산소농도의 분위기에서도 지속적으로 연소가 가능하다. 이와 같은 물질은 폭약의 주성분으로 사용되며 그 물질자체는 폭발성 위험물질로 취급되고 있다. 모든 공업용 산업용 폭발물들은 물질내부에 산소를 포함하고 있기 때문에 진공상태 또는 우주공간, 물속에서도 반응을 일으킬 수 있다. 분자 단위에서 연소가 가능하므로 연소속도가 매우 빠르다. 나이트로글리세린(NG), 나이트로셀룰로오스, 질산에틸, 트라이나이트로톨루엔(TNT), 아조벤젠, 질산메틸 등이 있다.

c. 대기 중 산소의 성질

대부분의 연소에 필요한 산소는 대기 중에 산소농도가 약 21Vol%이므로 대기 중에서는 별도의 산소공급이 없다고 하여도 연소가 가능하다. 다만 구획실 등 제한된 공간에

표 2–3 공기의 조성 비율

구 분	산소(O_2)	질소(N_2)	이산화탄소(CO_2)	아르곤(Ar)	수소(H_2)
부피[Vol%]	20.99	78.03	0.0030	0.9933	0.01
중량[Wt%]	23.20	75.47	0.046	1.28	0.001

* Ne, He 등은 0.001Vol% 이하로 삭제
* 통상 대기 중 O_2 질량분율은 23Wt%, 부피분율은 21Vol%로 사용한다.

서 화재가 발생하여 신선한 공기의 유입이 제한된다면 산소의 부족으로 질식소화되고 만다. 대기 중의 산소농도는 도시지역과 산림지역 등 환경에 따라서 약 +, −1Vol% 가량의 차이가 있으나 통상적인 공기 중 산소농도를 말할 때는 21Vol%를 말한다(도심 중앙 약 20.5∼20.8Vol%, 설악산 저지대 약 21.6Vol%). 대기중의 산소 21%는 가스나 유증, 분진의 확산 폭발에 있어서 산화재로서의 역할을 충분히 수행한다.

누출된 이후 공기와의 혼합비율에 의해서 가연물 입자의 주변에 산소의 입자가 얼마나 있느냐에 따라서 폭발이 발생할 수도 발생하지 않을 수도 있다. 이와 같이 공기(산소)와 섞여 있는 정도를 혼합비율이라고 하며 혼합비율 중 폭발이 발생할 수 있는 범위를 연소범위라고 말한다. 연소범위에 대하여는 추후 더욱 자세히 설명될 것이다.

- **압력이 높을수록 단위부피당 산소의 양이 많다** : 따라서 압력이 높은 조건일수록 연소에 필요한 최소발화에너지도 낮아지며 연소도 활발하게 진행된다. 대기의 압력은 물질의 연소범위에도 영향을 미친다. 높은 산을 등반하는 산악인들이 별도의 산소공급 장치를 지니고 등반하는 것은 무산소등반시 고지대의 압력이 낮아 호흡량 대비 산소가 부족하여 충분한 대사가 어렵기 때문이다. 차량도 터보 차져(Turbo charger)가 장착되어 있지 없다면 저지대를 운행할 때에 비하여 고지대를 운행할 때는 출력이 현저하게 줄어들 것이다.
- **차가운 공기일수록 단위부피당 산소의 양이 많다** : 대기 중에 차가운 공기라는 것은 더운 공기에 비하여 분자의 운동량이 축소되므로 밀도가 높아진다. 따라서 단위 체적당 밀도가 높은 만큼 산소의 양도 많다. 예를 들어 자동차 부품 중 인터 쿨러(Inter cooler)[10]라는 것은 엔진 실린더에 공기를 공급하는 장치로 공기를 냉각시켜 분자간의 간격을 좁힘으로써 압축시키는 역할을 하는데 이는 더욱 좋은 엔진의 효율을 발휘한다. 사람이 사우나 및 찜질방 등의 더운 내부에서 답답함을 느끼고 찬 공기를 마시면 상쾌함을 느끼는 것도 이와 같은 이유 때문이다. 이는 곧 똑같은 양의 가연성 가스가 누출되어 동일한 혼합비율을 가지고 공기 중에 희석되어 있더라도 환경의 온도에 따라서 폭발력이 달라질 수 있음을 뜻한다. 차가운 기온 상태의 환경에서 폭발력이 높아진다.

③ 점화에너지

가연물과 산소가 존재한다고 하여도 이 조건만으로는 스스로 반응을 시작하지 못한다. 산소와 가연성이 높은 수소를 함께 보관한다고 하여도 점화에너지가 존재하지 않으면

10 엔진의 성능을 높이기 위해 실린더 내에 압력으로 공기를 과급하는 장치

산화반응이 일어나지 않는다. 점화원은 이들의 반응이 시작될 수 있도록 활성화시켜주는 에너지의 근원을 의미한다. 통상적으로 열에너지를 의미하며 이러한 열에너지는 화학적, 전기적, 생물학적, 물리적 등 다양한 작용에 의해 만들어질 수 있다. 점화라는 말은 착화라는 말과 혼용되어 사용되기도 한다. (필자는 '점화'라는 용어를 사용할 것을 추천한다. 이 현상과 관련하여 주로 사용되는 용어이며, '착화'라는 용어는 불이 옮겨 붙는다는 뜻의 용어로도 사용되기 때문이다.)

가스의 확산폭발에 있어서 우리들이 살아가고 있는 환경에는 일상적으로 발생하는 정전기, 전기 자동제어 장치에서 반복적으로 개폐되는 스위치에서 발생하는 전기적인 아크 및 스파크 등은 쉽게 확산된 가스에 점화원으로 작용할 수 있다. 따라서 산소나, 점화원이 제어되는 특별한 환경이 아닌 곳에서 발생한 가스 등의 확산폭발 사고의 원인조사는 산소 또는 점화원이 아니라 가연성 물질의 누출에 대하여 포커스를 맞추어 이루어지고 있다.

a. 최소점화에너지(MIE, Minimum Ignition Energy)

최소점화에너지 또는 최소착화에너지라고도 부르며 가연물의 연소를 활성화시키기 위해 소요되는 최소의 활성화 에너지량을 말한다. 주로 예혼합상태의 가연물을 발화시키는데 필요한 에너지를 말하지만 용어자체가 기체에 국한된 것은 아니다. 기체의 최소

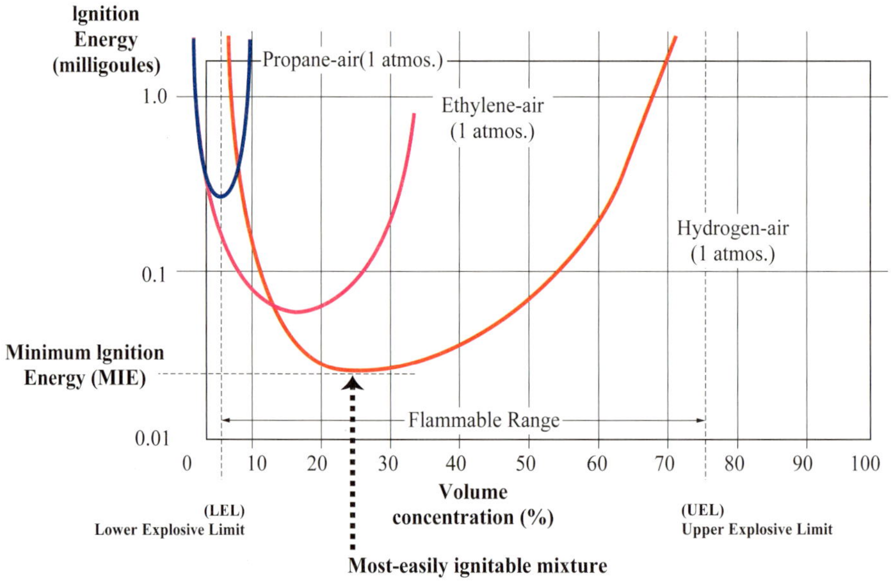

그림 2.20 혼합비율에 다른 최소점화에너지의 변화, 화학양론비 부근에서 최소점화에너지가 가장 낮다.

화학양론조성비

연소성물질과 공기 중의 산소 혼합비가 상호 균형을 이루어 완전연소(반응물이 남지 않고 완전하게 반응) 후 산소 및 연소물질이 남지 않는 상태의 정확한 비율을 말하며 C_{st}[Vol%]로 표시한다.

예) 프로판의 연소식을 살펴보면 $C_3H_8 + 5O_2 \rightarrow 3CO_2 + 4H_2O$와 같이 완전한 반응이 일어나기 위한 프로판과 산소의 반응물질 비율이 존재하는데 반응식과 같이 두 개의 반응물이 연소 후 반응생성물로서 이산화탄소와 물을 생성하였으며 산소나 프로판이 전혀 남지 않았다. 이때 요구되는 산소를 공기 중 산소농도 21%로 계산하여 가연물과 공기의 비율 구할 수 있는데 이 비율을 프로판의 C_{st}[Vol%](화학양론조성비)라고 한다.

화학양론비의 분자식

기체연료는 화학양론조성비에서 최소발화에너지가 가장 적고, 연소속도는 가장 빠르게 나타난다. 반대로 혼합비율이 화학양론조성비에서 연소하한계, 연소상한계 방향으로 가까워질수록 최소발화 통해 화학양론조성비를 구할 수 있다.

$$C_nH_mO_\lambda F_k + \left(n + \frac{m-k-2\lambda}{2}\right) O_2 \rightarrow nCO_2 + \left(n + \frac{m-k}{2}\right) H_20 + kHF$$

$$C_{st} = \frac{100}{1 - 4{,}773\left(n + \dfrac{m-k-2\lambda}{2}\right)} \text{[Vol\%]}$$

점화에너지는 실험 조건에서 전기스파크나 아크에 의한 점화를 통해 측정하며 일반적으로 줄[J]로 나타내고 혼합가연물의 최소점화에너지는 매우 작으므로 1J의 1/1000인 밀리줄[mJ] 단위를 사용한다.

$$\text{MIE} = \frac{1}{2}(CV^2)$$

여기서, *MIE* : 최소점화에너지[Joule]

C : 콘덴서 용량(F)

V : 전압[Volt]

일반적으로 알려진 물질의 최소점화에너지는 1atm 조건에서의 최소점화에너지를 말하며 이는 가연물의 조건 또는 산소조건 등 경우에 따라서 연소에 요구되는 활성화 에너지는 달라질 수 있다. 연소가 용이한 조건이 되면 최소점화에너지는 낮아지고 반대로 연소가 어려운 조건에서는 최소점화에너지가 높아진다.

가연물이 누출되었을 때 다양한 혼합비율 속에서 점화원이 주어진다고 하여도 어떤 경우는 연소 또는 폭발이 가능하며 어떤 경우에는 연소하지 않는다. 다양한 혼합비율 중 연소가 가능한 범위를 연소범위라고 말한다. 연소 범위 내에서도 혼합비율에 따라서 최소점화에너지는 다르게 나타나는데 화학양론조성비 부근에서 가장 작은 최소점화에너지를 가지며 여기에서 하한계나 상한계로 갈수록 최소점화에너지는 커진다.

(2) 확산연소와 예혼합연소

확산연소란 기체가 연소되어지는 과정 중의 한가지로 기체상태의 가연물이 존재할 때 대기 중의 산소와 확산되어 가며 결합하는 연소과정을 말한다. 화재 시에 보이는 연소형태, 우리가 눈으로 관찰할 수 있는 활활 타오르는 화염이라고 일컫는 것들은 대부분 확산연소의 범주에 해당된다. 예혼합연소는 주로 폭발이 발생한다. 연소기구 등에서는 확산화염보다 효율을 좋게 하기 위해서 연소에 필요한 산소량의 일부를 미리 혼합하는 부분 예혼합 방식의 연소를 사용하기도 한다.

① 확산연소

확산이란 밀도 차이나 농도 차이가 있는 유체의 입자들이 스스로 운동하여 농도(밀도)가 높은 쪽에서 농도(밀도)가 낮은 쪽으로 분자가 퍼져 나가는 현상을 말한다. 확산운동은 물컵에 떨어진 잉크방울이 점차적으로 퍼져나가 결국 물컵 전체가 균일한 색상을 띄게 되는 것을 확산된다고 이야기 한다.

확산연소에 있어서 확산의 과정은 가연성 기체가 산소의 방향으로 진행하고, 산소가 가연성 기체방향으로 진행하며 서로 섞이는 과정을 말한다. 상호 역방향으로 확산되어 그 혼합비가 연소범위를 이루면 그 범위 내에서 연소하고 그 반응이 이루어지고 있는 곳을 연소반응대라고 한다. 따라서 반응대에서 멀어질수록 연료방향으로는 산소부족, 연료과잉 상황이 되며 산소방향으로는 산소과잉, 연료부족 상황이 되어 연소할 수 없게 되므로 각 반응이 위축되고 온도는 낮아진다. 확산된 가연성 기체와 산소의 혼합기체는 점화원이 주어졌을 때 매우 빠르게 연소하며 이에 비하여 확산과정은 매우 느리다. 따라서 확산연소에서 단위량의 가연성 기체를 완전히 연소시키는 시간은 확산속도에 의해 좌우 된다. 만일 산소의 농도가 낮거나 어떠한 장애에 의해 산소의 공급이 원활하지 못하면 화염이 길어진다. 산소의 공급이 원활하지 못하면 생성된 기체연료가 연소하기 위해 더욱 많은 확산과정이 요구되는데 이 때문에 화염은 더욱 길어지게 된다.

확산연소는 기체연료의 연소방법으로 분류되나 연소직전 가연물의 상태를 의미하며 가연물의 원래의 상이 상온에서 기체로 존재하는 것만을 지칭하는 것은 아니다. 고체

가연물의 열분해에 의해 발생한 열분해가스, 액체가연물의 증발에 의한 유증이 대기 중에 확산되어가며 연소하는 것도 확산연소에 포함된다.

눈으로 관찰할 수 있는 활활 타오르는 화염은 제공된 가연물이 확산되어 가는 과정을 보여준다. 연소되기 위해서 요구되는 확산과정은 가연물이 연소하는 데에 더욱 긴 시간이 소요된다는 것은 그만큼 에너지가 분산되는 것이므로 가연물이 가진 열은 시간적, 공간적으로 분산된다.

② 예혼합연소

가연물이 산소와 미리 혼합된 상태에서 연소하는 것으로 이미 산소와 골고루 섞여있기 때문에 연소를 위해 별도의 확산과정을 요하지 않는다. 따라서 화염의 길이가 매우 짧으며 강력하다. 순간적으로 강력한 온도와 압력을 생성하는 화학적 폭발(연소폭발)은 예혼합연소의 대표적인 예이다. 별도의 확산과정을 필요로 하지 않기 때문에 점화되는 순간 즉시 반응하며 주변으로 에너지를 전파시키면서 각 입자들이 연쇄적으로 연소한다.

자동차 엔진에 공기와 연료를 주입해 혼합시킨 상태에서 점화-폭발하여 강력한 힘을 얻는 것과 건물 내에서 세어 나온 가스가 공기 중에 희석되어 체류하던 중 점화원에 의해 순간적으로 폭발하며 구조물이 파괴되는 것도 예혼합연소의 예이다. 더불어 예혼합연소의 개념은 폭발에만 적용되는 것은 아니며 연소이전 혼합범위를 조절하는 부분 예혼합연소의 구분도 있다. 일반적으로 우리들이 사용하는 담배라이터, 버너, 용

그림 2.21 산소공급 정도에 따른 분젠버너 화염의 다양한 모습. (a) 1차 혼합기의 차단, (b) 공기구멍 절반 개방 (c) 공기구멍 거의 개방, (d) 공기구멍 완전 개방(소음을 동반한 짧은 파란불꽃)

그림 2.22 가스렌지의 50% 예혼합 화염과 가스통에서 분출되는 가스의 확산화염

접기 등은 용도에 맞는 적절한 화력을 생산하기 위해 연소이전 가연물과 공기의 혼합비율을 조절하는 연소공학적으로 디자인된 기구들이다. 이러한 혼합비율을 이용해 효과적으로 디자인된 기구로 주변에서 흔히 볼 수 있는 것은 분젠버너를 예로 들 수 있다.

③ 확산연소와 예혼합연소의 화염 온도

가스레인지의 화염은 우리가 주변에서 가장 쉽게 보아왔던 부분 예혼합연소의 화염이다. 가스레인지는 분젠버너를 사용하여 연소에 필요한 공기의 약 40~50%가량을 미리 혼합하여 염공으로 보내고 버너에서 확산되면서 나머지 필요한 산소를 취하는 형

우리는 종종 라이터를 켜서 손바닥에 가까이 가져가 보는 장난을 친 적이 있다. 그 때 라이터의 불꽃이 손바닥에 몇 초간 머문다고 하여도 크게 뜨거움을 느끼거나 화상을 입지도 않는다. 그러나 폭발현장에서는 불과 몇 밀리세컨드 동안 잠시 섬광을 일으키고 소화되어 버리는 폭발에서도 재실자들은 화상을 크게 입는 경우가 많다. 이것은 예혼합정도에 따라서 높은 온도를 생성하기 때문이다. 예혼합 연소는 제공된 연료가 이미 산소와 혼합되어 있기 때문에 점화에너지가 주어지는 즉시 일순간에 연소하므로 시간적 공간적으로 집중된 높은 열에너지가 생성되는 것이다.

프로판(C_3H_8) 가스 1mol을 연소시킬 때 확산연소하였을 때 걸리는 시간을 10초라고 가정하고 이를 예혼합시켜서 폭발시켰을 때 연소하는 시간을 0.1초라고 가정해 보자.

프로판의 열량 171.0kJ/mol 이므로 전부 연소되었을 경우에는 171kJ의 열을 발생시킨다. 이것이 10초에 걸쳐서 연소되는 경우에는 17.1kJ의 열이 10초 동안 지속되는 것을 말하며 0.1초에 걸쳐서 연소되는 경우에는 1710kJ의 열이 0.1초 동안 지속되는 것을 말한다. 시간은 짧지만 100배의 높은 열에 노출되는 것이다. 이것이 일반적인 확산화염에 의해서 화상을 입지 않을 지라도 확산폭발 화염에 노출되는 경우에는 매우 짧은 시간이지만 비교적 심한 화상을 입게 되는 이유이다.

태의 버너이다. 가스의 예혼합연소의 특징 중 하나는 화염이 파란색으로 보인다는 것이다. 그림 2.22는 국내의 시위현장에서 종종 볼 수 있는 가스통 화염방사기이다. LPG 용기의 밸브를 열고 불을 붙여 밸브를 통해 분출되는 가스가 확산연소하고 있는 모습을 볼 수 있다. 이 사진의 화염의 연료는 동일한 LPG임에도 불구하고 가스레인지의 화염과 확연히 구분되는 붉은색의 모습을 보이고 있다.

위 그림들(그림 2.22)의 두 화염의 불꽃 중 온도가 높은 화염은 가스레인지의 화염이다. 더 많은 양의 산소가 제공되었기 때문에 가연물의 산화반응이 더욱 맹렬이 일어나고 있음을 알 수 있다. 가스레인지 화염이 약 50%의 예혼합 상황에 그치는 반면에 어떠한 구획실에서 가스가 누출되어 산소와 충분히 혼합되어 있는 경우 점화원이 주어지면 폭발이 발생하는데, 이때는 이미 완전한 예혼합 상황에서 연소하는 것이므로 그 온도는 더욱 높다고 볼 수 있다.

(3) 연소범위

연소의 종류는 확산연소와 예혼합연소로 구분할 수 있는데 확산연소는 가연물이 확산되어 가는 과정과 함께 연소되는 것을 말하며 예혼합연소는 연소이전 공기와 이미 혼합되어 있는 상태에서 연소되는 것을 말한다.

예혼합연소에서 가연물과 공기가 혼합된 비율에 따라서 점화원이 주어졌을 때에 연소가 되거나 연소되지 않는데 연소될 수 있는 혼합비율의 범위를 연소범위라고 말한다. 연소범위는 상온 대기압 상태의 일정체적에서 가연물이 차지하는 비율을 %로 나타낸다.

연소범위 중 연소가 가능한 최소농도를 연소하한계(LFL, Lower Flammable Limit)라고 하고, 연소가 가능한 최고의 농도를 연소상한계(UFL, Upper Flammable Limit)라고 한다. 연소범위는 폭발범위라는 말과 동의어로 혼용하여 사용하기도 한다. 역시 폭발상한계, 폭발하한계라는 말도 혼용하여 사용한다. 그러나 이것은 어떠한 부분에서는 동의가 아니므로 용어를 구분하여 사용하길 권장한다. 폭발 범위보다는 연소범위라는 말로 표현하길 권장하는 것은 필자만의 의견은 아니다.

연소범위는 가연물의 위험성을 평가하는 성질 중 하나로 범위가 넓을수록 위험성이 높다. 연소범위 내에서도 농도에 따라서 최소착화에너지가 다르게 나타난다.

연쇄반응이란 이미 반응한 입자가 발생시키는 에너지를 인접한 입자에 전달하여 반응이 지속적으로 이어져 가는 것을 말한다. 연소범위에 대하여 가연물의 분포와 관련하여 살펴보면 연소범위는 가연물과 공기가 공간 내에 완전하게 농도차이가 없이 혼합되었을 때의 상태를 말한다. 균일하게 섞여 있다면 가연물의 비율이 높다는 것은 공간

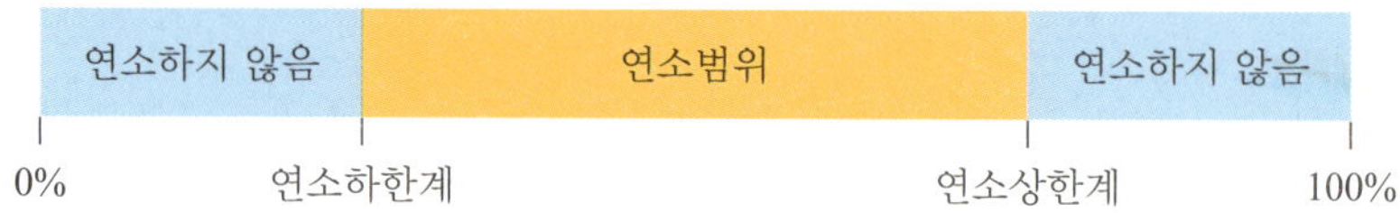

그림 2.23 가연물 입자와 공기 혼합비율에 따른 연소범위

내 입자의 분포 밀도가 높아지는 것이므로 혼합기체 중 연소할 수 있는 가연물 입자의 거리가 가까운 상태가 되는 것이다. 가연물의 비율이 낮을수록 가연물 입자의 밀도가 낮아지는 것으로 혼합기체 중 연소할 수 있는 가연물 입자의 거리가 멀리 떨어진 상태가 되는 것이다.

입자간의 거리가 너무 멀게 되면 입자간의 에너지 전달율이 떨어지므로 연쇄적인 반응을 일으킬 수 없다(연소하한계 미만 상태). 반대로 입자간의 거리가 가깝게 되면 가연물이 연소하는 데에 필요한 산소 분자를 주변으로부터 충분히 취할 수 없는 상태가 되므로 이 또한 연소하지 않는다(연소상한계 초과 상태).

살펴보면

- **연소하한계** : 연소할 수 있는 가연물 혼합비율의 최소의 한계
- **연소하한계 이하의 비율** : 가연물 입자간의 거리가 너무 멀어 미연소 입자에 점화에너지를 전달하지 못하므로 연소가 지속되지 못한다. 산소과잉, 연료부족의 상황
- **연소상한계** : 연소할 수 있는 가연물 혼합비율의 최대의 한계
- **연소상한계 이상의 비율** : 가연물 간의 입자간의 거리는 가까우나 계속해서 반응이

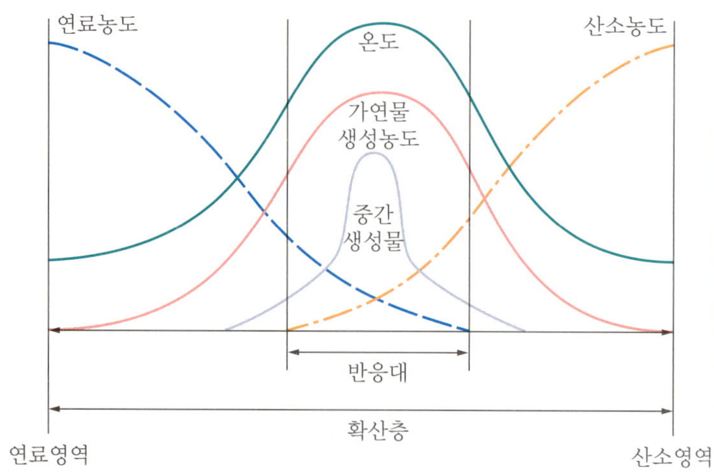

그림 2.24

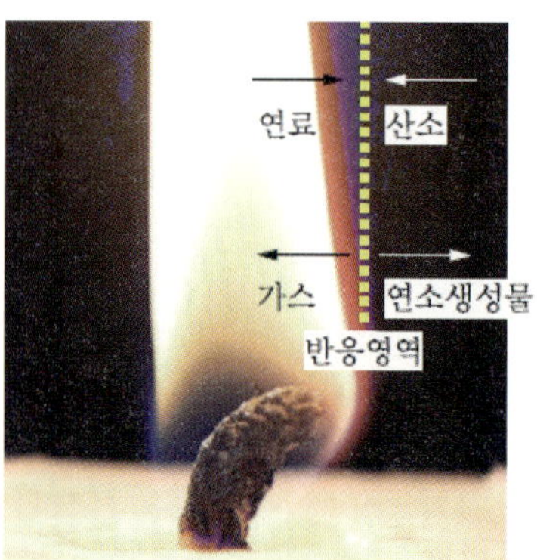

그림 2.25 반응대의 변화

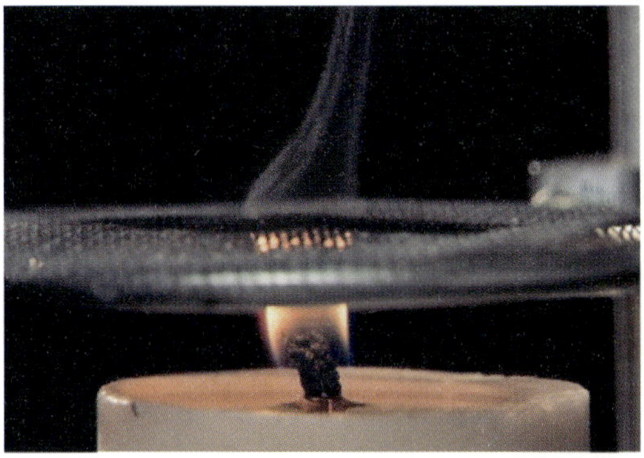

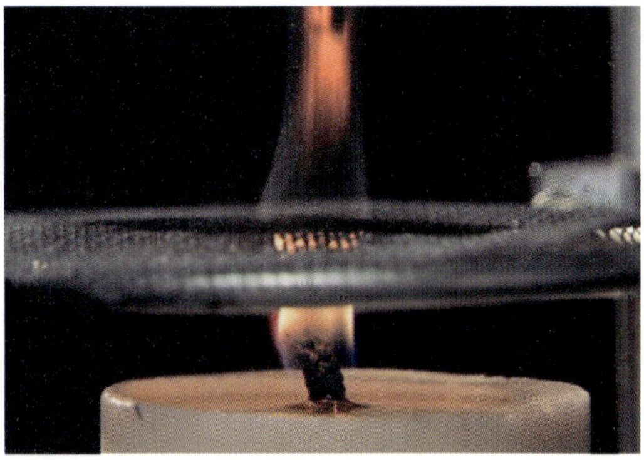

그림 2.26 철망에 의해 화염이 절단되는 모습과, 다시 화염이 발생하는 모습

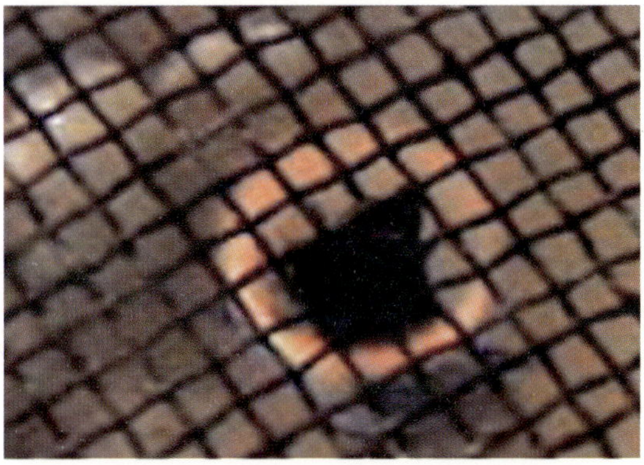

그림 2.27 철망으로 절단된 화염의 단면

일어날 만큼의 산소가 충분하지 않으므로 연소가 지속되지 못한다. 산소부족, 연료 과잉의 상황

가연물이 연소하기 위한 확산과정은 얼마나 필요한 것인가? 확산연소에서 가연물은 확산되어 연소범위에 이를 정도로 주변의 공기와 충분히 혼합되어야 연소가 가능하다. 그림 2.26, 2.27은 확산연소를 설명할 때 대표적으로 거론되는 촛불의 내부를 관찰한 것이다.

그림 2.27은 촛불 위에 철망을 올려놓았을 때 철망에 의해 반응열을 빼앗기면서 화염이 절단된 모습을 위에서 촬영한 것이다. 촛불의 내부에는 화염이 없다. 화염은 심지를 둘러싸고 주변에만 존재하고 있는 것을 보여주고 있다. 촛불의 심지와 가까운 부분은 심지로부터 끌어 올린 가연물이 증발하여 주변으로 확산시키는 과정이 이루어지고 있는 부분이다. 촛불의 단면 중 (화염의 바깥)-(화염)-(심지)의 산소와 가연물의 혼합비율을 설명해 보자면(산소과잉, 연료부족, 연소하한계 미만)-(연소범위 내)-(산소 부족, 연료 과잉, 연소상한계 이상) 이다.

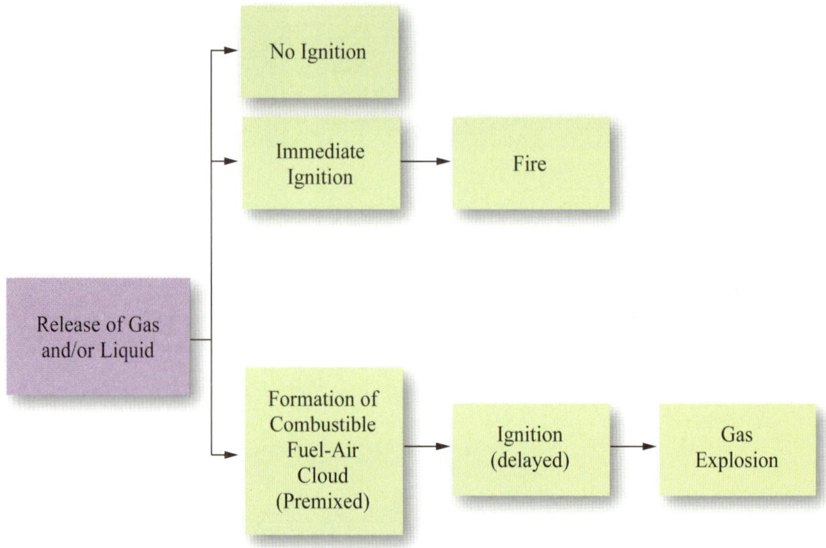

그림 2.28 가연성 가스의 누출에 대한 점화여부 및 시기에 따른 3가지 이벤트

일반적으로 연소범위라는 말은 예혼합연소 또는 폭발에서 주로 다루어지며 확산연소에서는 좀처럼 언급되지 않기 때문에 연소범위라는 것이 오직 예혼합연소 또는 폭발에서만 필요한 것으로 오해할 수도 있다. 확산연소와 예혼합연소는 연소범위 내에서 연소하다는 점에서는 동일하며 둘간의 차이는 연소범위 내로 혼합되는 과정이 점화이전인가 점화 이후인가에 의해서 구분된다.

그림 2.28에서와 같이 가연성 가스가 누출되거나 가연성 액체의 유증이 발생하였을 때 점화여부 또는 점화시기에 따라서 발생할 수 있는 3가지 이벤트는 다음과 같다.

1. 누출이후 점화되지 않으면 확산으로 인해 점화 농도가 낮아지며 연소와 관련된 아무런 일도 발생하지 않을 것이다.
2. 누출 즉시 점화가 이루어지면 확산연소를 하며 폭발과 같은 압력상황은 발생하지 않는다. 주변 가연물로 착화 또는 인화되어 화재가 발생할 수 있다.
3. 누출후 가연성 연료-공기 혼합기를 형성한 후 점화되면 연소범위 내로 혼합된 혼합기의 양 또는 혼합비율(농도)에 따라서 섬광화재가 발생하거나, 폭발이 발생할 수 있으며, 섬광화재 또는 폭발 이후 화재로 진행될 수 있다.

(1) 연소범위의 영향인자

연소범위의 논리만을 그대로 적용하여 $10m^3$의 공간에서 프로판가스가 누출되어 공간에 존재하는 공기와 골고루 혼합되었다고 본다면 프로판가스의 연소범위가 2.1~

표 2-4 물질의 연소범위 (1atm, 25°C)

가스명	연소범위[용량%]		가스명	연소범위[용량%]	
	하한	상한		하한	상한
프로판	2.1	9.5	메 탄	5	15
부 탄	1.8	8.4	일산화탄소	12.5	74
수 소	4	75	황화수소	4.3	45
아세틸렌	2.5	81	사이안화수소	6	41
암모니아	15	28	산화에틸렌	3.0	80

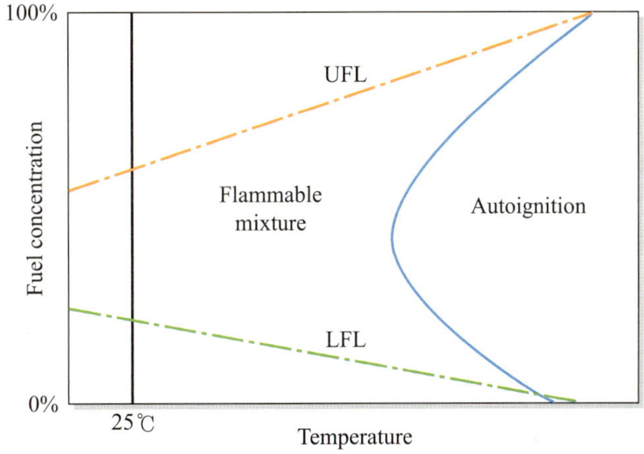

그림 2.29 온도에 따른 연소범위의 변화

19.5%이므로 $10m^3$의 공간에서 누출량이 $0.21m^3$ 이상 $0.95m^3$ 이하인 정도에서만 폭발하고 그 범위에 도달하지 못하거나 범위를 초과하는 경우에는 폭발, 연소하지 않는다. 위 표에서 나타내는 각 물질들의 연소범위는 공간 내 누출된 가연물이 농도 구배가 없이 완전히 균일하게 혼합된 상태의 조건, 상온상압조건(1atm, 25°C)에서의 물질의 고유한 성질이며 연소환경에 따라서 범위의 폭이 넓어지거나 좁아지기도 한다. 연소범위에 영향을 미치는 요인들로는 다음과 같다.

1. 온도가 높아질수록 폭발 범위는 넓어진다.
2. 압력이 높아지면 하한값은 크게 변하지 않으나 상한값은 높아진다.
3. 고온고압의 경우 폭발 범위는 더욱 넓어진다.
4. 혼합기를 이루는 공기의 산소농도가 높을수록 연소범위는 넓어진다.

(2) 혼합가스의 연소범위

특정가스의 연소범위는 그 물질의 고유한 성질이므로 동일한 압력 및 온도에서는 항상 일정하다. 이러한 가스가 여타 다른 가스와 혼합될 경우에는 그에 따른 연소범위도 변화하게 되는데 그 값을 구하는 공식은 다음과 같다.

$$LFL_{\text{mix}} = \frac{100}{C_1/LFL_1 + C_2/LFL_2 + \ldots + C_i/LFL_i}$$

공식의 C_1, C_2, ⋯, C_i는 각 혼합가연물의 비율[Vol%]이 된다(Kuchta, 1985.)

이 공식은 연소하한계를 계산할 때 비교적 근사한 값을 얻을 수 있지만 상한계는 일치하지않는 경우가 있다. 따라서 상한계 계산에는 잘 사용하지 않지만 대략적인 경향을 알기 위해서 사용하는 경우도 있다.

(3) 혼합기의 연소 속도

가연성 혼합기체의 연소속도는 반응대가 미연소 연소연료를 향해서 전파되는 속도를 말한다. 여러 가지 조건에 의해서 그 속도는 영향을 받을 수 있으며, 이 속도는 즉 폭발의 위력과 비례한다.

일반적으로 탄화수소-공기 혼합기체의 연소속도는 약한 점화원에 점화되었을 때 3~4ms^{-1} 의 느린 층류화염으로 시작하며 폭발이 전파되는 지역이 밀폐되지 않았거나 장애물이 없다면 20~253~4ms^{-1} 이상의 속도까지는 증가하지 않을 것이며 과압도 발생하지 않을 것이다. 건축물이나 공정장치가 있는 곳에서의 화염은 수백ms^{-1} 까지 가속화 될 수 있다. 가스가 연소될 때 온도가 증가하며 가스는 8~9배까지 팽창할 것이다. 이때 팽창에 의해서 주변의 미연소가스는 밀려나고 난류 흐름장이 생성된다. 화염이 난류 흐름장으로 전파될 때 유효한 연소율이 증가할 것이고, 화염 앞 부분의 미연소가스에는 유속과 난류가 증가할 것이다. 이러한 매커니즘은 화염면의 이동속도를 증가시키고 높은 폭발 압력을 발생시키며 경우에 따라서 폭굉으로 전이될 수 있다[11].

혼합기의 연소속도는 장애물과 밀폐상황에 의해서 가속화되어 더욱 빠르게 성장한다. 밀폐 조건은 연소가 일어나고 있는 공간의 압력을 증가를 야기한다. 일반적인 구획실에서는 창문이나 출입문 등 개구부가 있을 수 있는데 이러한 반밀폐 구조는 완전한 밀폐조건을 제공하지 않지만 여전히 반밀폐 상황의 정도에 따라 화염면 이동속도 증가에 영향을 미친다.

11 이수경, 2009, 가스폭발방지공학, 도서출판 아진

2.5.7 장애물에 의한 폭발의 전파 속도

장애물들은 오히려 폭발이 전파되는 과정을 가속화 시키고 압력이 증폭되어 파괴에 대한 피해도 증가시킨다. 2005년 Burncefield에서 300t 의 가솔린이 흘러 약 12000m^{2}의 범위에 확산된 유증이 폭발하였던 사건이 발생하였다. 당시 예상치 못한 방향에

그림 2.30 당시의 폭발사고 현장

그림 2.31 Buncefield 폭발 사고 현장의 모습, 탱크와 주변에는 조밀하게 자란 나무 등 식물들이 길게 자리하고 있다.

서 더욱 큰 압력피해가 발생한 것에 대하여 의문을 갖고 연구를 하였는데 그 결과를 'INVESTIGATION TECHNIQUES USED TO DETERMINE THE MASSIVE VAPOR CLOUD EXPLOSION AT THE BUNCEFIELD FUEL DEPOT[12]' 라는 논문을 발표하였으며 원인으로는 조밀하게 자라고 있는 나무와 풀들 때문이라는 것을 밝혔다. 다음은 GEXCON에서 개발한 폭발 시뮬레이션 FLAGS를 이용하여 사건을 분석한 시뮬레이션의 장면들이다

그림 2.31은 폭발 이전에 촬영된 Buncefield 탱크의 모습이다. 대형 탱크와 주변에는 조밀하게 자란 나무 등 식물들이 길게 자리하고 있다. 사건에서 폭발을 증폭시킨 것은 조밀하게 자리하고 있는 나무들에 의한 결과인 것으로 확인되었다.

연구자들은 컴퓨터 시뮬레이션 이후 20m의 비닐하우스 터널을 만들고 내부에 식물을 배치하여 프로판-공기 혼합기체의 폭발 실험을 수행하였다. 실험은 아무런 장애물을 설치하지 않은 실험(Test1), 터널에 1, 2열의 0.3~0.5m의 비교적 작은 식물을 배치한 상태의 실험(Test2, 3), 터널에 1, 2열의 0.4~0.6m 높이의 식물을 1열, 2열을 배치한 상태의 실험(Test4, 5) 총 5회의 폭발 실험을 수행하였으며, 그 결과는 그림 2.36에

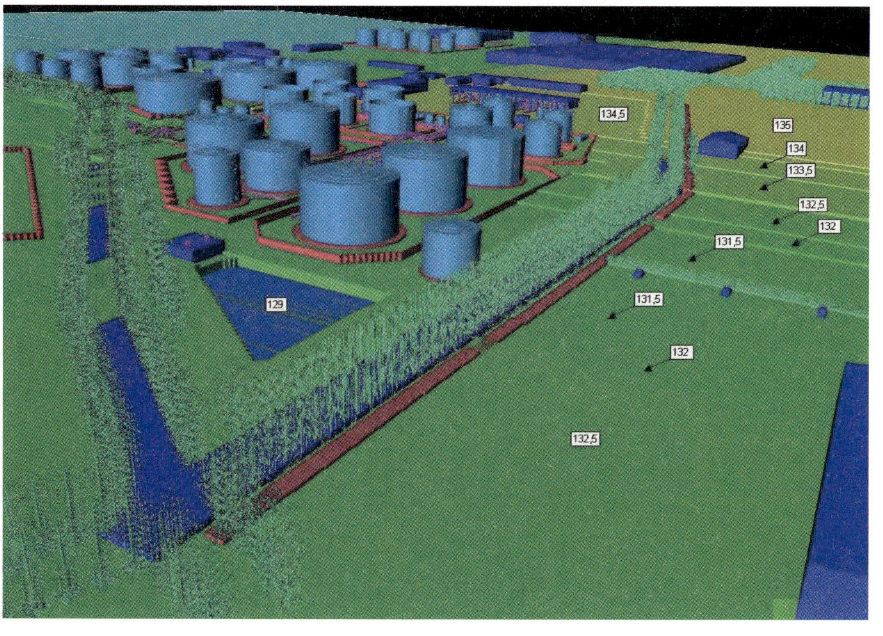

그림 2.32 Simulation Geometry, 시뮬레이션에서는 탱크의 주변에 있는 나무를 재현하였다.

12 INVESTIGATION TECHNIQUES USED TO DETERMINE THE MASSIVE VAPOR CLOUD EXPLOSION AT THE BUNCEFIELD FUEL DEPOT, Scott G. Davis∗μ<, Peter Hinze, Olav R. Hansen and Kees van Wingerden

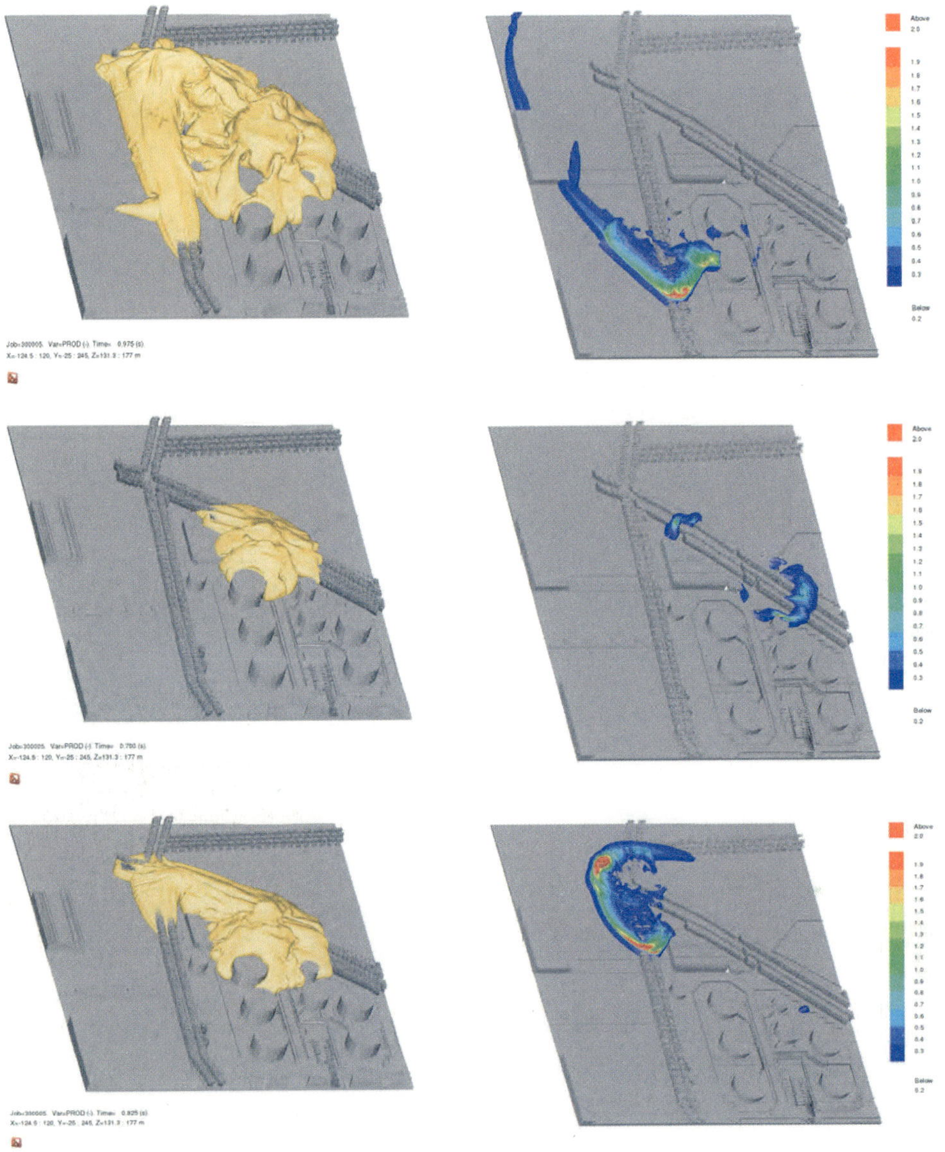

그림 2.33 FLACS explosion simulation of the Buncefield depot with modeling the dense vegetation along the surrounding roads. Flame propagation (left) and resulting overpressures in bars (right).

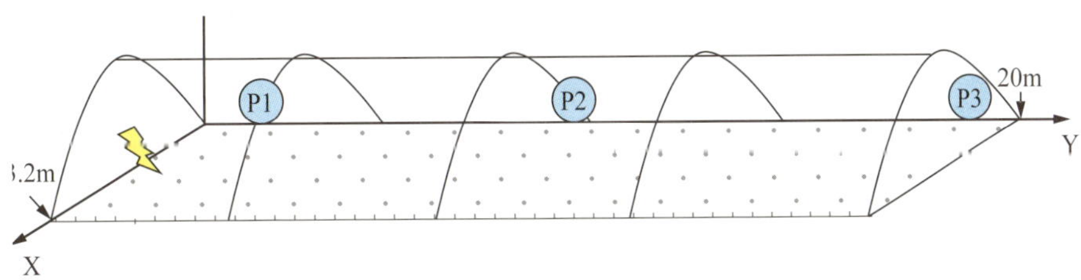

그림 2.34 실험 세트

그림 2.35 Vegetation used in tests 1 (top left; reference test, no vegetation), 2 (top, right; 70 small bushes of the type Potentilla Fruticosa 'Goldfinger'), 4 (bottom, left; 20 larger bushes (1 row)) and 5 (bottom, right; 40 larger bushes (2 rows)).[13]

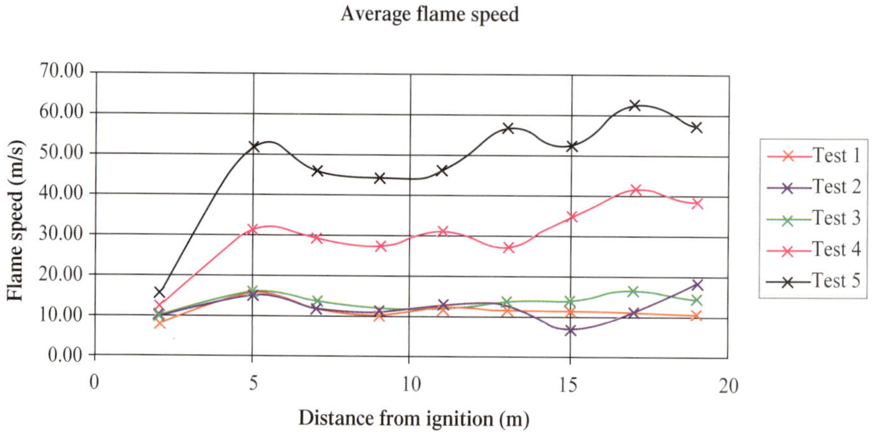

그림 2.36 화염전파 속도

서 보는 것과 같이 식물 즉, 장애물이 많을수록 폭발의 연소속도와 압력이 증가하는 것을 확인하였다.

13 A study on the effect of trees on gas explosions, Jan Roar Bakkea, Kees van Wingerdena, Pol Hoorelbekeb, Bob Brewertonc

실험 결과에 의하면 장애물이 없는 상태의 실험인 Test1에서의 최고속도는 10~15m/s로 관찰되었지만 장애물이 많은 Test5에서는 최고 63m/s 까지 빨라지는 등 주목할 만한 결과를 보여줬다.

장애물에 의해서 화염면의 이동속도가 증가하는 이러한 현상의 결정적인 원인에 대하여는 장애물 뒤에서 발생하는 난류에 의한 것으로 알려져 있다.

제목 : Flame acceleration due to turbulence produced by obstacles

자자 : Moen, I.O. , Donato, M. , Knystautas, R. , Lee, J.H.

초록 : This paper reports on an investigation of the influence of obstacles on the propagation of freely expanding cylindrical flames. The flame speed is found to depend critically on the obstacle configuration and flame speeds up to 130 m/sec in stoichiometric methane-air mixtures are readily achieved by placing appropriate turbulence producing obstacles in the flame path. This is ~ 24 times the flame speed observed with no obstacles. The dramatic influence of obstacles is interpreted in terms of the positive feedback coupling between the flame itself and the turbulence and flow field distortions produced by the obstacles. It is also shown that the flame is unable to maintain its large turbulent flame speed without repeated obstacles to provide flow field distortions and turbulence continuously.

위 논문에서는 메탄-공기의 혼합기의 연소에서 장애물이 없을 때에 비하여 장애물이 있을 경우 화염면 이동속가 약24배 증가한 현상이 관찰되었으며 이를 장애물에 의한 난류의 영향인 것으로 해석하였다.

장애물은 난류를 일으켜 화염면을 외곡시켜 결과적으로 반응 표면적을 더욱 넓게 만들기 때문에 연소의 속도가 증가하는 것으로 알려져 있다. 난류 폭연에서 연소율을 증가시키는 메커니즘 중 하나는 큰 난류 와류에 의해 화염선단을 주름지게 하는 것이다. 다음 **그림 2.37**은 주름진 화염선단을 보여주고 있다[14].

장애물에 의한 영향은 장애물의 크기, 모양, 배치에 따라서 영향의 정도가 다르게 나타난다.

14 이수경, 2009, 가스폭발방지공학, 도서출판 아진, p59

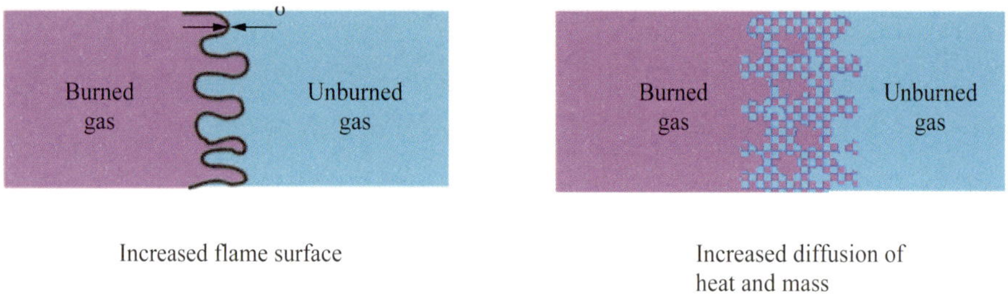

그림 2.37 와류의 크기가 두께(δ)보다 클 때 얇은 화염면(winkled flame front), 와류의 크기가 두께(δ)보다 작을 땐 난류화염 brush(turbulent flame brush)[15]

2.6 압력

중력이 작용하는 지구 내에서 유체의 수평방향으로는 압력이 동일하다. 이는 정지해 있는 액체의 수면이 수평을 이루고 있다는 점도 이러한 유체의 성격 때문에 보이는 현상이다. 그러나 수직 방향으로는 깊은 곳의 유체는 더 많은 유체가 그 위에서 누르고 있기 때문에 깊이에 비례하여 압력이 높아진다. 네델란드의 수학자 Simon Stevin(1548~1620년)은 다음과 같은 그림으로 '동일한 유체 안에서 같은 높이의 지점들은 동일한 압력을 가진다'는 것을 설명하였다.

기체는 밀도가 낮기 때문에 높이에 따른 압력차가 크지 않으므로 높이에 따른 압력변화는 무시된다. 만일 용기에 담겨져 있다면 용기 전체에 미치는 힘의 크기는 동일한 것으로 간주된다. (일반적으로 용기 내부의 압력은 높이에 따른 압력의 차이가 크지 않기 때문에 동일한 수준으로 간주된다.)

유체의 압력이 수평방향으로는 항상 일정하다는 사실의 결과로 갇혀있는 유체에 가해지는 압력은 유체 내의 모든 곳의 압력을 같은 양만큼 증가시킨다는 파스칼의 법칙이 발견되었다. 또 파스칼은 유체에 의해서 표면에 가해지는 압력의 힘은 표면적에 비례한다는 사실을 파스칼의 원리로 밝혀냈다. 이 원리는 다이빙을 하는 사람이 물에 떨어질 때 손끝을 모으고 일자로 몸을 세워 접촉면적을 작게 하여 입수하게 되면 적은 물이 튀기며 충격이 적지만 접촉 면적이 비교적 큰 배나 등으로 떨어지면 더 많은 물이 튀기며 충격 때문에 고통스러워하는 것을 보면 알 수 있다. 또 눈이 많이 내린 산을 걸을 때 눈 속으로 발이 빠지는 것을 방지하기 위해 설피라는 눈신발을 신으면 눈에 발이 빠지지 않는다. 넓은 설피의 바닥은 눈에 가해지는 압력을 분산시켜 동일한 무게의

15 Gas Explosion Handbook, Dag Bjerketvedt, Jan Roar Bakke, Kees van Wingerden, GexCon, Fig.5-3

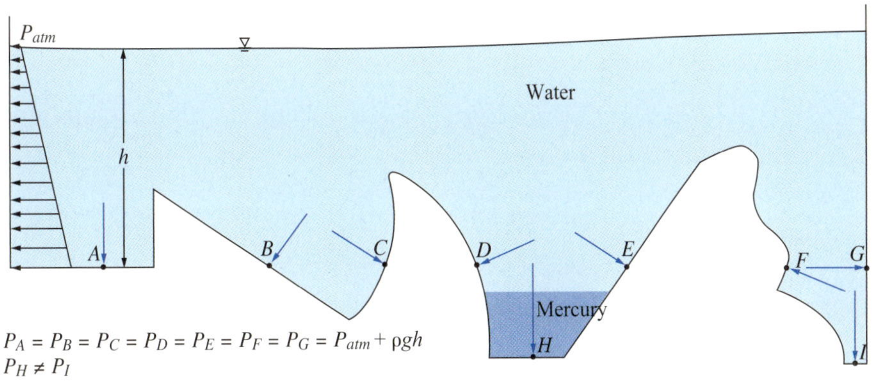

그림 2.38 정지한 유체 내에서 압력은 용기의 형상이나 면의 각도 등에 무관하다. 단지 수직거리에 변화에 따라서 깊이에 비례한다.

사람도 적은 압력을 전달하므로 따라서 눈에 빠지지 않는 것이다.

파스칼의 이러한 원리는 작은 힘으로도 자동차를 들어 올릴 수 있는 유압식 리프트 등과 같은 많은 발명품들을 만들어 냈다. 예를 들어 면적비 A2/A1는 유압식 리프트의 이상적인 기계적 이득이라고 한다. 예를 들어 면적비 (A2/A1)가 10:1인 유압식 자동차 잭을 사용한다면 사람이 100kgf(981 N)의 힘만으로 1000kgf 인 자동차를 들어 올릴 수 있다.

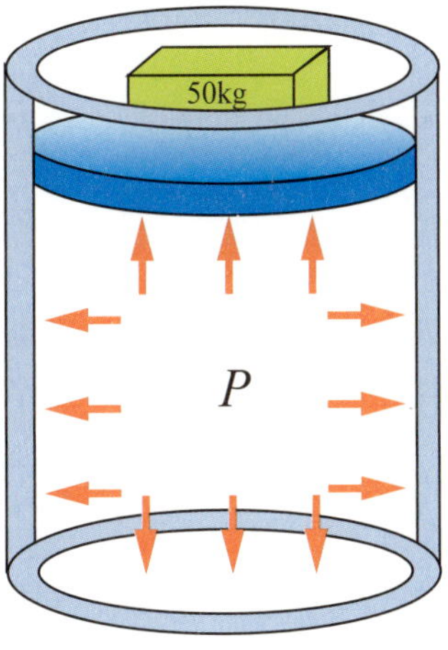

그림 2.39 압력은 모든 면에 동일하게 미친다.

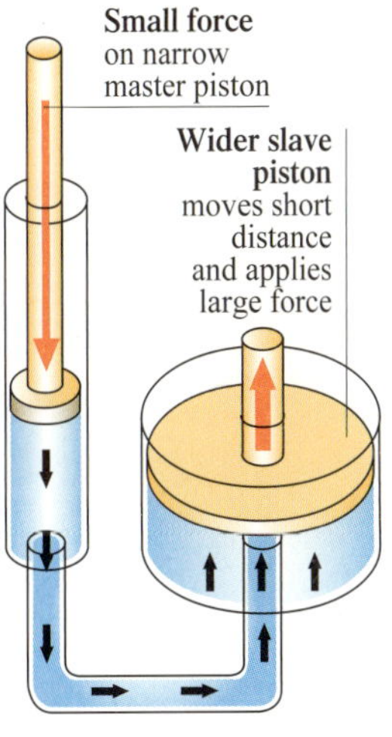

그림 2.40 유입 실린더의 원리

2.6.1. 압력의 단위

압력을 수로 나타낸다면 단위 면적당 미치는 힘으로 나타내며 다음과 같은 단위를 사용한다. CGS단위계로는 [dyn/cm^2], MKS단위계로는 [N/m^2](=[Pa]:파스칼)이 쓰이는데, 기상학에서는 [hPa](헥토파스칼) · bar(바) · [mbar](밀리바), 공업상으로는 [atm] 또는 [kgW/cm^2]가 주로 쓰인다. 액주(液柱)가 밑면에 미치는 압력은 액체의 밀도와 액주의 높이의 곱이 되므로, 액체를 지정(수은 · 물 · 알코올 등)해서 액주의 높이로 압력의 크기를 나타내는 [mHg](수은주 미터) · [mmHg](수은주 밀리미터)의 단위로 표시하기도 한다[16].

2.7 파동

2.7.1. 파동

파동은 폭발에 있어서 높은 비율을 차지하는 중요한 요소이다. 눈에 보이지 않는 압력파와 충격파를 설명한다면 쉽게 이해할 수 없을 것이다. 그러나 우리가 주변에서 쉽게 인식할 수 있는 파동에 의한 효과들은 많다. 자연스럽게 관찰해왔던 호수 또는 목욕탕의 물결을 떠올린다면 지금부터 이어지는 설명이 조금 더 쉽게 이해될 것이다.

파동은 매질 내의 한 점에서 생긴 매질의 진동 상태가 매질을 통해서 퍼져 나가는 현상을 말한다. 공간상의 한 점에서 서로 순환적으로 변환되는 두 가지 형태의 에너지가 존재할 때, 이를 진동자(振動子, oscillator)로 볼 수 있다. 파동은 시간과 공간으로 주어지는 한 점에서 정의되는 물리량 g(t,x)이 변화하는 것이다. 주변에 있는 다른 한 점이 이와 동일한 성질을 가지면, 이 두 진동자 간에 커플링(coupling)이 일어나고, 시간의 흐름과 함께 에너지가 주변의 진동자로 전파될 수 있다. 이러한 식으로 에너지가 퍼져나가는 것을 파동이라고 한다. 즉 파동은 매질을 통해 운동이나 에너지가 전달되는 현상이다. 시간이 지나면 공간상으로 퍼져나가지만 매질 자체는 운동을 매개할 뿐 직접 이동하지 않는다. 잔잔한 수면에 돌을 던지면 돌이 빠진 지점이 흔들리고 그곳으로부터 물결이 퍼져나가는 것을 볼 수 있다. 그러나 물의 이동은 없고 물의 움직임만이 전파된다. 호수에 빠진 축구공을 물가로 보내기 위해 공 주변에 돌을 던져 파동을 일으켜 보지만 파동은 이동하지만 축구공은 물결을 따라서 위, 아래로 움직일 뿐 물가로 좀처럼 이동하지 않는다. 이것은 매질이 직접 이동하는 것이 아니라 위, 아래로 움직이는 운동에너지가 매질을 통해서 전파되는 것이기 때문이다. 이처럼 파동은 자연계 많

16 압력 [pressure, 壓力] (두산백과)

그림 2.41 수면파

은 곳에서 볼 수 있다. 일상에서 경험하게 되는 파동은 빛, 물결, 소리 등이 있다. 파동은 전파과정에서 에너지의 확산 등으로 인하여 점차적으로 약해진다[17]. 우리가 경험하고 있는 폭발로 인해 발생하는 압력파 또는 충격파는 물결이나 소리, 빛이 가지는 일반적인 파동의 성격을 가진다.

파동은 매질 내의 한 점에서 생긴 매질의 진동 상태가 매질을 통해서 퍼져 나가는 현상을 말한다. 매질의 종류에 따라서 물일 경우에는 수면파이라고 하며, 지면인 경우에는 지진파, 기체일 경우에는 소리, 또는 압력파 등이 될 수 있다. 파동으로 되는 매질은 서로 공간적으로 영향을 주고받을 수 있어 유기적으로 연결되어 있어야 하고 또한 평형상태로 되돌아가려고 하는 탄성이 있어야 한다. 자연현상에서는 여러 가지 종류의 파동이 있고, 그 전파모양이나 진동모양이 일정하지 않다.

그림 2.42는 매질을 통해서 전달되는 에너지의 높낮이를 그림으로 나타낸 것이다. 파장을 살펴보면 물결과 같다. 높은 곳을 '마루'라고 하며 낮은 곳을 '골'이라고 칭한다. 파형의 높낮이는 에너지의 크기를 말하는데 진폭이 클수록 에너지가 크고, 진폭이 낮을수록 에너지가 적다. 파형이 1회 반복되는 구간의 거리를 파장 또는 주기(wave length)이라고 하는데 우리가 라디오 주파수를 말할 때 사용하는 해르츠[Hz]라는 단위는 1초 동안 반복되는 파장의 수를 말한다. 예를 들어 1Hz 1초 동안 1주기가 완성된다는 뜻이

17 위키백과 "파동"을 재구성

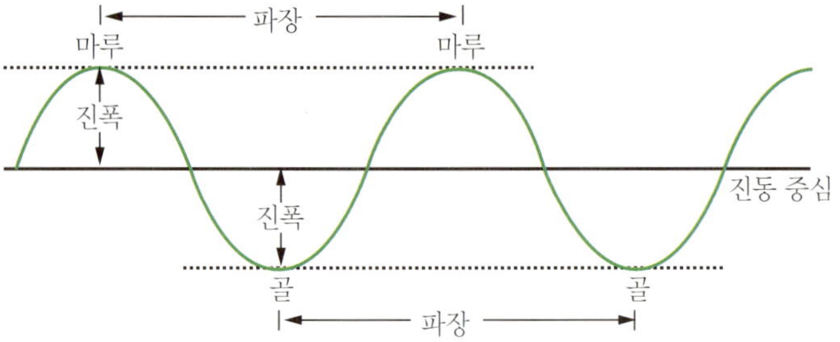

그림 2.42 파동의 모습

며, 100Hz는 1초 동안 100주기가 완성된다는 뜻이다.

2.7.2. 파동의 성질

큰 호수에 축구공이 빠졌다. 이것을 호수의 가장자리로 옮기기 위해서 공 주변에 돌을 던져 물결을 일으킨다. 물결은 돌이 떨어진 곳에서 주변으로 퍼져나가며 공을 가장자리까지 옮겨 줄 것 같지만 실제로 해보면 공은 그 자리에서 파동에 따라 위, 아래로만 움직일 뿐 좀처럼 이동하지 않는다. 즉 파동은 유체가 직접 이동되는 현상이 아니라 운동에너지만 이동된다(그림 2.43).

파동은 회절, 굴절, 반사의 성질을 가지고 있는데 폭발 분야에서 관심을 가져야 할 것은 반사효과이다. 폭발에 의한 압력파, 충격파도 파동에 의한 것이므로 장애물을 만나면 파동이 입사되는 각도 또는 장애물의 형태에 따라서 에너지의 전달 방향이 바뀔 수 있다. 빛의 경우 오목거울이나 볼록거울로 빛이 확산되고 집중되는 것처럼 파동의 에너지를 집중, 확산될 수 있다. 또 파동은 또 다른 파동에 의해 간섭되는 경우 증폭되거나 감쇄될 수 있는데 여기서 또 다른 파동이란 원래 파동의 반사된 파동도 포함된다.

2.7.3. 파동의 간섭

파동은 다른 파동과 중첩되었을 때 서로 간섭이 일어나 그 위력이 증가하거나 감소할 수 있다. 2개 이상의 파동이 만나게 되어 위력이 증가하는 파동의 간섭을 보강간섭, 위력이 감소하는 파동의 간섭을 상쇄간섭이라고 한다.

폭발로 인한 압력파가 벽에 부딪혔을 때 더욱 위력이 강해지는 것은 입사파와 반사파의 보강간섭에 의한 현상이다(그림 2.44).

2.7.4. 파동의 굴절

굴절은 파동이 전달되는 과정에서 밀도가 다른 물질을 통과하게 되면서 그 방향이 바

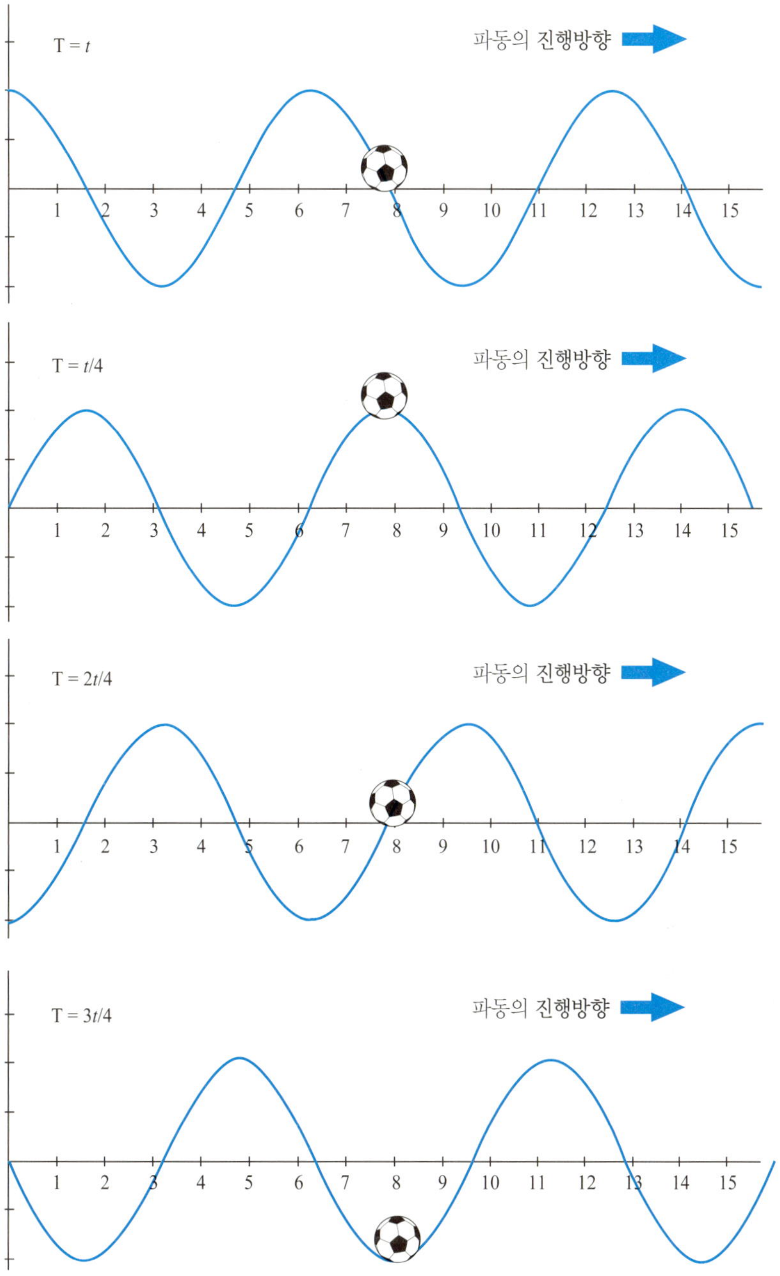

그림 2.43 물위에 떠있는 축구공은 물결의 한 주기가 반복되는 사이 위, 아래로만 운동하였으며, 수평적으로는 이동하지 않는다.

꿔는 현상을 말한다. 밀도가 높을수록 파동의 전달속도가 다르기 때문에 발생하는 것으로 다시 원래의 물질과 A라는 물질을 투과하던 파동이 B라는 밀도의 물질을 통과할 때에는 굴절현상에 의해서 방향이 바뀌게 되는데 B를 통해 진행하던 파동이 다시 A라는 밀도의 물질을 통과하면 다시 굴절이 발생하면서 처음의 방향과 같은 각도로 전달된다.

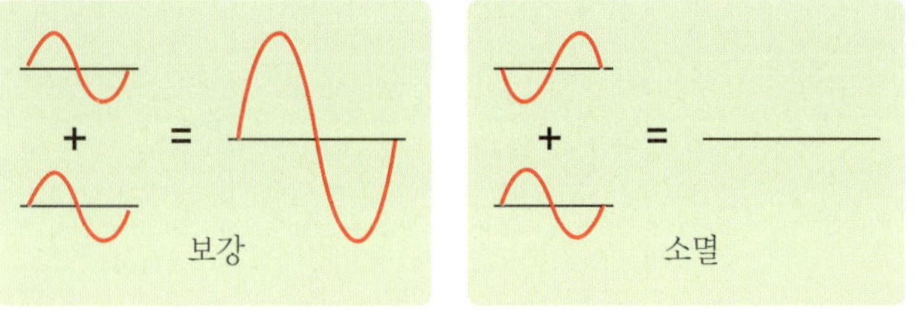

그림 2.44 파형이 동일한 두 개의 파동이 만나면서 한 개의 더욱 큰 파동으로 보강되며, 반대로 파형이 반대를 이루는 두 개의 파동이 만나면 진폭이 '0'이 되는 상쇄간섭이 발생한다.

그림은 밀도가 높은 물질 사이에서 밀도가 낮은 물질을 통해 전달되는 파동의 굴절 방향을 나타낸 것이며 밀도가 낮은 물질 사이에서 밀도가 높은 물질을 투과하는 경우에는 반대되는 방향으로 굴절된다.

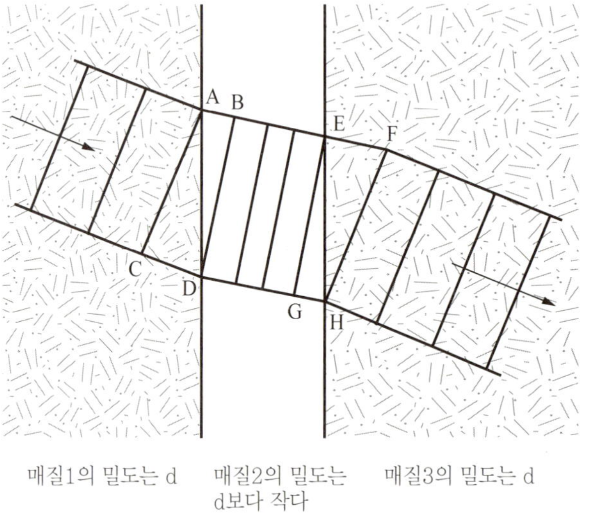

그림 2.45 파동의 굴절

CHAPTER

3 폭발에 의한 효과

폭발은 급격한 압력의 방출이라고 정의했는데 압력의 방출은 그 양과 속도에 따라서 압력파와 충격파를 발생시킬 수 있고, 이로 인한 파괴효과와 지진효과, 화학반응에 의한 열효과가 발생할 수 있다. 압력이 발생되는 원인으로는 물리적, 화학적 원인, 전기적 원인 있으며 이에 대한 구분으로 화재를 물리적 폭발, 화학적 폭발, 전기적 폭발 3가지로 구분한다. 폭발의 종류를 설명하기에 앞서 압력이 방출되었을 때 나타나는 일반적인 현상을 살펴보면 폭발주변에서 이루어지는 효과는 다음과 같다.

3.1 압력

이 책에서는 폭발을 '급격한 압력의 방출'이라고 설명하였던 것처럼 폭발에서 압력을 이해하는 것은 매우 중요하다.

고무풍선에 계속해서 바람을 불어 넣으면 내부에 들어간 기체 분자들이 풍선 내부에 충돌하는 힘이 높아지는데 그 때문에 풍선은 내부에서 미는 힘이 강해지면서 점차적으로 용적을 늘려 커지게 되는 것이다. 내부에서 기체분자의 힘 즉 압력이 풍선이 견딜 수 있는 내압한계를 넘어서게 되면 결국 풍선은 터져버리고 말 것이다. 이러한 현상은 구획실 내에서 폭발이 발생하는 경우와 동일하다. 폭발에 의한 압력 상승이 구조물의 내압한계를 초과하는 경우 그것이 용기이거나 건물이거나 파괴되고 만다. 구조물 내에서 내압한계를 초과하는 압력이 발생하게 되면 구조물의 구성 중 창문 등과 같이 부분적으로 취약한 곳을 통해 압력이 해소될 것이나 만일 이곳을 통해 해소되는 것만으로 충분하지 않다면 벽면이 무너지거나 건물 전체가 산산이 파괴될 수도 있다. 또 이때 파괴된 파편은 비행하여 제2의 파괴를 생성시킬 수 있다.

고무풍선에 바람을 불어 넣었을 때 풍선 내부의 압력은 높아진다. 풍선의 외부인 대기에 비해서 내부의 압력이 높아졌을 때 다시 입구를 열면 내부에 있던 공기가 밖으로 빠르게 빠져 나오는 것을 볼 수 있다. 유체는 압력이 높은 곳에서 낮은 방향으로 이동하며, 압력의 차이가 클수록 유속은 비례한다. 압력의 차이는 유체를 이동시킬 수 있는 힘이 된다.

폭발은 이와 같이 고압용기가 파괴되거나 화학적 반응으로 인해 기체의 용적이 급격하게 늘어나는 경우 발생한 고압이 주변으로 급격하게 확산되는 현상을 말한다. 급격한 속도로 확산되는 유체의 충격에 의해서 파동이 발생하게 된다.

3.1.1. 음압과 양압

폭발에서 압력의 원인이 물리적이든 화학적이든 간에 발생한 압력의 정도에 따라서 단순히 가까운 지역에서 인식할 수 있을 정도의 폭음만을 발생시키고 마는 경우에서부터 용기를 파열시키거나 구조물을 붕괴시키는 경우도 있다. 또한 주변의 물건이나 파편을 멀리까지 비산시킬 수 있다. 폭발에 의한 압력상승은 폭발지점을 중심으로부터 압력을 방출(양압)시키고 방출되는 에너지가 작아지면서 다시 폭발 중심부는 주변의 대기에 비하여 낮은 기압을 형성(음압)하게 되므로 다시 중심을 향해 대기가 모여들게 된다. 이때 중심으로부터 방사되는 압력을 양압, 이후 중심을 향해 모여드는 압력을 음압이라고 한다. (양압시 중심에서 밖으로 이동하던 유체는 관성에 의해서 압력평형 상태를 넘어서 더욱 많은 양이 이동하게 된다. 이로 인하여 폭발의 중심부는 대기압보다 더욱 낮은 압력상태가 되기 때문에 밖으로 이동하였던 유체는 압력평형 상태를 유지하기 위해 다시 중심부를 향해서 모여든다.)

양압은 음압에 비하면 큰 압력차를 보이게 된다. 폭발에 의한 피해는 대부분 양압에 의해 발생하며 양압시에 취약해진 구조물이 음압시의 발생하는 작은 에너지 때문에 파

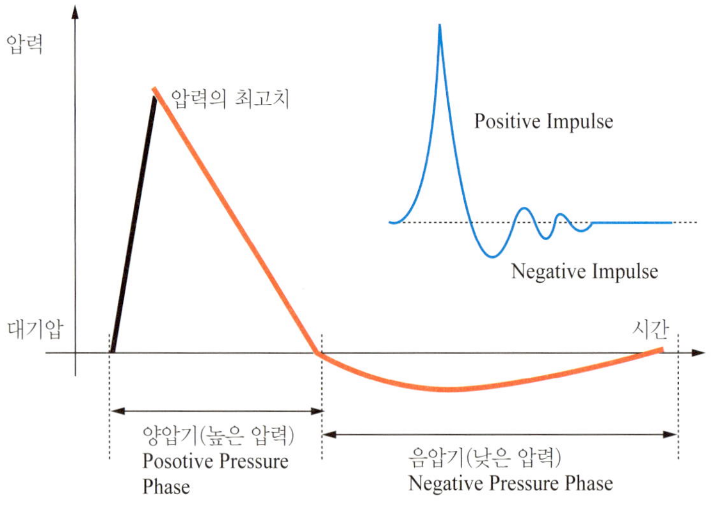

그림 3.1 양압과 음압

그림 3.2 대부분의 구조물이 파괴되고 파편이 비산되는 것은 양압에 의해서 만들어진다. 폭발 전(1), 폭발-양압(2), 음압(3), 폭발 후(4) [18]

괴되는 경우도 있다. 폭발정도에 따라서 그 위력이 매우 강한 경우에는 양압과 음압의 사이클이 반복되며 점차적으로 약해지는 과정을 겪기도 한다.

(1) 양압기(Positive phase)

폭발중심의 높은 압력이 주변으로 방사되는 상태를 말하며 음압에 비하여 압력차가 크다. 대부분의 폭발피해는 이때 발생하는데 파편의 비산 및 구조물의 도괴방향은 폭발중심의 반대방향으로 이루어진다. 폭발에 의한 양압은 마이크로초 또는 밀리언 초 단위로 매우 짧은 시간 동안 발생한다.

(2) 음압기(Negative phase)

폭발중심의 압력이 방사되어 이미 해소된 다음 주변의 대기에 비하여 더욱 낮은 압력으로 되는 상태를 말한다. 양압에 비하여 매우 미약한 정도의 압력이므로 이때의 발생

18 출처 : http://www.fireandsafety.eku.edu/

그림 3.3 방울의 수면충격을 관찰하면 양압과 음압, 파장 등에 대하여 이해할 수 있다. 수면의 높낮이의 변화는 폭발에 의한 압력 변화의 모습을 나타낸다.[19]

하는 피해위험성은 비교적 적다. 그러나 양압 시 발생한 충격에 의해 이미 취약해진 구조물이 결정적으로 음압의 작은 에너지에도 파괴되는 경우가 있다. 음압에 의해 발생한 파괴는 폭발중심을 향해 이루어진다. 보통의 폭발에서는 먼지 등이 끌려오는 정도에 그치며 폭발정도가 약한 경우에는 음압의 피해는 관찰되지 않는다. 약한 폭발의

19 원본 동영상 출처 : http://youtube.com/watch?v=6swY05e2iT4

경우 음압에 의한 가시적인 효과가 발생하지 않더라도 음압이 발생하지 않는 것은 아니다. 양압 시에 밀려난 대기로 인해 저기압이 형성되면서 평형을 이루려고 하는 대기의 움직임 때문에 음압은 항상 발생한다. 양압과 음압의 사이클은 대기가 평형을 찾을 때까지 반복적으로 교차되며 발생한다. 일부 자료에서는 '폭발력의 크기가 작다면 음압이 발생하지 않는다'고 설명하고 있으나 이것을 잘못된 설명이다. 물방울이 가볍게 수면 위에 떨어지는 경우에도 양압과 음압을 관찰할 수 있다. 음압은 발생하나 정도가 약하기 때문에 '음압에 의한 가시적인 효과가 관찰되지 않는다.' 등으로 수정되어야 할 것으로 사료된다.

잔잔한 수면위로 떨어지는 물방울의 충격 상황을 관찰해 본다면 폭발의 단면을 살펴보는 것과 같아서 양압과 음압에 대하여 더 쉽게 이해할 수 있을 것이다. 그림 3.3은 수면위에 물방울이 떨어진 후 변화되는 모습을 순차적으로 캡처한 사진이다. 물방울이 충격한 지점이 수면이 처음에는 낮아졌다가 다시 주변에 비해서 솟아오르며 평형을 찾을 때까지 이과정은 반복된다. 사진 만으로 부족하다면 유튜브(www.youtube.com)와 같은 동영상 사이트에서 'water drop impact' 등을 검색하면 많은 동영상을 찾을 수 있으므로 직접 찾아 동영상을 확인하는 것이 더욱 이해를 도울 것이다.

잔잔한 수면위로 물방울이 떨어져 충격이 발생하면서 충격 순간에 물방울이 떨어진 곳은 가장 낮은 수위가 되며 충격에 의해 밀려난 물이 충격지점의 주변에서 솟아오르며 위로 올라오는 것을 볼 수 있다. 충격 지점에서는 주변으로 물을 밀어내어 결국 주변에 비하여 훨씬 더 낮은 수위를 갖게 되는데 이 순간을 양압의 순간이라고 이해하면 된다. 이어서 충격지점에서 밀려났던 물이 수면의 평형을 유지하기 위해서 다시 충격지점으로 모여드는데 사방에서 모여든 물이 만나며 다시 압력이 높아져 충격지점이 주변보다 볼록해지며 높아지는데 심지어 작은 물방울이 충격지점에서 수면 위로 튀어 오르는 것을 볼 수 있다. 이것이 바로 음압에 의한 효과이다. 오르락내리락 하는 물의 높낮이는 압력의 상태로 이해할 수 있다. 주변에 비하여 수면이 높은 지점은 주변에 비해서 압력이 높은 곳이며, 낮은 지점은 주변에 비해서 압력이 낮은 곳이다. 충격지점으로부터 퍼져나가는 여러개의 동심원은 이후에 설명하게 되는 압력파에 해당된다.

3.1.2. 압력의 집중

압력의 집중은 특별한 설명이 필요 없을 만큼 우리들이 흔히 주변에서 보아왔던 현상이다. 한가득 부풀어 오른 풍선의 입구를 놓았을 때 입구로 바람이 새어나오며 풍선이 여기저기로 날아다는 모습을 보았을 것이다. 풍선이 일순간에 터졌을 때에는 매우 가까이 있지 않다면 '빵'하는 소리는 들을 수 있지만 주변에서 바람을 느끼지 못할 정도

그림 3.4 압력의 집중에 의한 로켓의 추진

그림 3.5 내부의 폭발 이후 구획실의 창문으로 집중 분출되고 있는 압력

로 압력의 변화를 느끼지 못한다. 그러나 열린 입구로 쏟아져 나오는 바람은 제법 강하게 느낄 수 있는데 이것은 풍선의 고무에서 의해서 다른 방향은 모두 막혀있어 한곳으로 집중된 압력이 배출되기 때문이다. 폭발을 이야기 하면서 풍선을 거론하였는데 조금 의아스러울 수 있지만 우리가 뉴스에서 접하는 대형 폭발사고에서도 이와 같은 동일한 메커니즘에 의한 효과가 발생한다.

풍선처럼 작은 규모의 압력에서는 아무런 사고가 없지만 규모가 큰 폭발현상에서 압력의 집중은 상상치 못할 만큼의 위력이 있으므로 생명이나 재산에 막대한 손실을 초래할 수 있다.

폭발 압력은 폭발 지점 주변에 장애물이나 제한된 벽면이 없다면 폭심으로부터 구형을 이루면서 주변으로 퍼져나간다. 그러나 폭발이 용기 또는 구조물의 내부에서 발생하였을 때는 벽에 의해 제한된다. 압력은 분출이 용이한 부분으로 집중되는 경향을 가지기 때문에 집중되는 방향은 구조물 및 용기의 형태에 의해 결정된다. 건물 내에서는 특히 창문이나 출입문 등 개방된 곳이나 비교적 취약한 곳이 먼저 파괴되면서 이곳으로 압력이 집중되는 모습을 나타낸다. 집중되었을 때의 위력은 개방된 공간에서 주변으로 동일하게 방사되는 압력보다 더욱 크다.

이러한 원리는 권총을 격발하였을 때 탄 내부에서 발생하는 화학적 폭발의 압력을 탄피를 통해 탄두방향으로 집중하여 멀리 쏘아 보내는 것과 로켓 내부에서 일어나 추진제의 연소압력을 노즐을 통해 아랫방향으로만 분출되도록 하여 하늘로 높이 올리는 것 등을 떠올릴 수 있다.

폭발을 추진력으로 이용하는 것은 압력이 장애물에 의해 집중되는 현상과 동일하다.

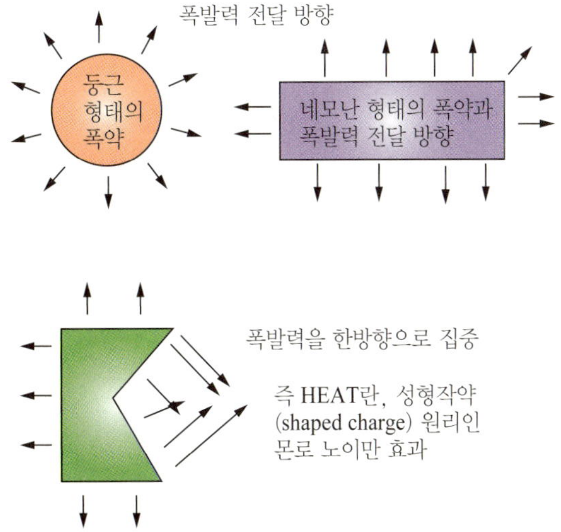

그림 3.6 폭약의 형태에 따른 압력의 전달 방향

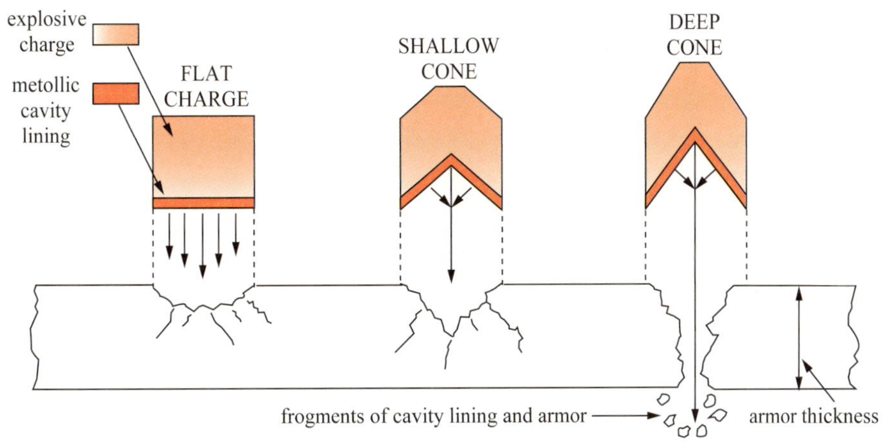

그림 3.7 먼로-노이만 효과,[20] 동일한 폭약 량과 콘의 각도에 따른 압력의 집중 정도

일반적으로 사고가 발생하였을 때는 용기나 구조물의 취약한 부분 방향으로 압력이 집중되어 그 방향의 피해가 더욱 크게 발생하는 것을 볼 수 있는데 이를 압력의 집중(Focusing)이라고 한다.

20 19세기말 화약류가 광산업에 본격적으로 사용되며 한 가지 독특한 현상이 발견되었다. 화약을 물체와 떨어트려놓고 터트리면 물체에 구멍이 더 파여지는 것이었다. 1888년, 미국 로드 아일랜드의 뉴포트에 있던 해군 어뢰창에 있던 먼로 교수(Charles E. Munroe)가 면화약가지고 실험을 하던 중 이 현상을 다시 발견하게 된다. 그는 제조업체의 이름이 음각된 철판위에서 면화약 덩어리를 터트렸는데 글자쪽만 집중적으로 파여지는 현상을 발견하였고 반대로 글자가 양각된 철판을 써보니 글자보다 낮은 위치에 있던 표면이 더 파여진다는 걸 알게 됐다. 한편 같은 현상은 1910년에 노이만(Egon Neumann)이라는 독일인이 TNT가지고 실험하며 한번 더 발견하였는데 그는 글자가 파여진 철판 외에 TNT 블럭에 구멍을 내고 철판에 갔다대고 터트리면 구멍이 난다는 것도 발견하였다. 이후 2명의 이름을 딴 몬로-노이만 효과라 칭하거나 미국에서는 먼로효과 독일에서는 노이만 효과라고 칭하기도 한다. 이것은 성형작약의 원리이다.

그림 3.8 먼로-노이만 효과 : 동일한 양의 폭약도 집중 정도에 따라서 파괴의 양상이 다양하게 나타난다.

그림 3.9 콜라 PET 병 바닥의 굴곡에 의해 집중된 압력의 파괴 형태와 이 형태를 생성시킨 콜라 PET 병의 바닥

압력의 집중은 발사체의 추진에 사용되기도 하며 군사용 폭약을 효과적으로 사용하는 경우에 사용된다. 다음은 폭발물의 어떠한 형태에 따라서 특정방향의 물체를 파괴할 수 있다. 벽면이나 철판을 일정한 형태나 크기로 파괴하는 경우에 종종 사용된다. 폭약의 접촉면에서 움푹 파인 곳이 있다면 폭약의 폭발 압력이 집중되어 해당 부위에 더욱 큰 압력과 열을 집중시키는 원리로 이를 '먼로-로이만 효과'라고 한다.

사고사례

대구의 한 LPG 가게에서 LPG 및 시너 등의 폭발로 추정되는 사고가 나 경찰관 2명이 숨지고 시민 13명이 다쳤다. 23일 오후 11시 45분께 대구시 남구 대명6동 LPG 가게에서 큰 폭발 사고가 발생, 부근에서 도보 순찰 중이던 경찰관 2명이 사망하고 주민 13명이 중경상을 입었다. 이날 사고로 숨진 경찰관은 대구 남부경찰서 남대명파출소 소속 남모(51) 경위와 전모(39) 경사로 때마침 주변에서 순찰하던 중 파편에 맞아 변을 당한 것으로 알려져 주변을 안타깝게 하고 있다. 두 경찰관의 시신은 폭발 현장에서 10여 미터 떨어진 도로가에서 소방관에 의해 발견됐다.[21]

또 주변에 있던 시민 13명도 LPG 가게 유리문 파편 등에 맞아 중경상을 입어 인근 병원으로 옮겨져 치료를 받고 있다. 사고가 난 LPG 가게는 주택가에 자리잡은 2층 건물의 1층에 자리하고 있으며, 페인트와 시너 등 수 백통이 보관돼 있었다. 건물 1층에는 LPG 가게와 가정집, 2층에는 또다른 가정집이 있는 것으로 알려졌다. 폭발음은 2~3㎞까지 들릴 정도로 컸으며, 인근 상가 3곳의 유리창이 깨지고 주차된 차량 10여대도 파손됐다. 또 일부 주민들이 잠을 자다가 놀라 대피하는 소동이 벌어지기도 했다. 불은 출동한 소방당국에 의해 30여분 만인 24일 0시 11분께 진화됐으며 1억5000만원 상당(소방서추산)의 재산피해를 낸 것으로 잠정 집계됐다. 한편 경찰은 "가게에서 부부싸움하는 소리가 난 뒤 폭발소리가 들렸다"는 목격자들의 진술을 토대로 자세한 사고 경위를 조사 중이다.

사례를 살펴보면 도로변에 주차하였던 차량들이 밀려나고, 이곳을 순찰 중이던 경찰관들도 약 10m 이상의 도로 건너편까지 날려버려 사망에 이르게 할 정도로 위력이 컸다. 폭발력은 개방된 공간에서는 구형으로 전파되는데 견고한 콘크리트 구조물 내부에서 발생한 폭발력은 바닥, 천정, 벽3개로 가로막혀 6면 중 입구방향으로 모두 집중되면서 입구측의 압력에 의한 피해는 더욱 커졌고, 반면에 콘크리트 벽면에 의해서 보호되고 있는 부분은 차폐효과에 의해서 손상이 적은 모습을 볼 수 있다.

대구 김장욱기자[22]

그림 3.10 폭발 사고 현장의 사진

21 공무 중 불의의 사고로 순직하신 고인들의 명복을 빕니다.

22 파이넨셜 뉴스, 연합뉴스

위 사진(그림 3.9)은 콜라 페트병에 담긴 액체폭약의 폭발 실험을 실시할 때 용기의 바닥에 깔았던 철판의 파괴흔적이다. 실험에 사용된 콜라병 바닥에는 5개의 돌출된 받침이 있으며, 받침과 받침 사이에는 깊게 파여 있다. 콜라병의 액체 폭약이 폭발하면서 먼로-로이먼 효과에 의해서 압력이 집중된 부위가 별처럼 갈라지며 찢어져 있다.

동일한 양의 폭약을 사용한다고 하여도 폭약의 형태와 초점 거리에 따라서 피격물체의 손상 형태와 정도가 다르게 나타난다.

3.1.3. 장애물에 의한 차폐(Shielding)

압력의 집중은 압력이 다른 곳으로 방출되지 못하는 차폐에 의한 것이다. 구조물의 장애에 의해 압력이 한곳으로 집중된다고 하였는데 그렇다면 구조물로 막혀있거나 장애물이 있을 경우에 그 장애물의 뒤편에는 방패처럼 압력을 막아 주어 장애물이 없는 경우에 비하여 피해가 덜 발생하거나 발생하지 않는 경우가 있다. 이를 장애물에 의한 차폐(Shielding)라고 한다. 위 설명의 사례 사진에서 볼 수 있듯이 집중된 부분의 파괴는 더욱 커지는 반면에 견고한 콘크리트 벽면에 보호된 측면이나 뒷부분에서는 차폐 효과에 의해서 피해가 거의 발생하지 않은 모습을 볼 수 있다. 여기서 설명하는 차폐는 어디까지나 압력의 차폐를 설명하는 것이다. 장애물은 압력의 전달을 막을 수 있으나 파장을 막을 수는 없다. 장애물에 의한 차폐는 압력과 파편으로부터 보호할 수 있다. 폭발시 발생하는 압력파, 충격파는 장애물과 충돌하였을 때 일부는 반사되지만 일부는 장애물을 통해서 계속해서 전달될 수 있다. 폭발이 큰 경우에는 차폐에 의해 완전히 보호될 수는 없다.

그림 3.11에서 인접한 자동차에서 폭발이 발생하여 주변으로 파편들이 비산되었지만

그림 3.11 벽돌 구조물에 의한 차폐

벽돌 구조물은 이 폭발로부터 발생한 압력과 파편을 차폐시켰다. 따라서 구조물 내부에 있는 종이 상자 등 가벼운 물건들도 보호되어 이동되지 않은 상태로 남아 있는 것을 볼 수 있다. 군대시절 열심히 참호를 파고, 진지를 구축했던 이유가 바로 차폐를 위한 것이다. 적군의 폭탄이 인근에 떨어졌을 때에도 참호 내에서 엄폐할 수 있기 때문이다.

3.1.4. 거리에 따른 압력의 감쇄

압력은 폭발 지점으로부터 멀어질수록 압력이 감쇄한다. 압력은 폭발지점에서 가장 최고조의 에너지를 가지고 있으며, 주변으로 전달되면서 그 범위를 넓혀가고, 에너지는 점차적으로 감소한다. 실제 폭발물이 폭발하였을 때의 모습을 살펴보더라도 파괴의 정도가 폭발의 중심과 그로부터 조금이라도 떨어진 곳의 압력차이가 크다는 것을 알 수 있다.

그림 3.12는 실제로 소량의 폭약을 사용하는 영화의 한 장면이다. 폭발로 인해 발생하는 비산물과 먼지기둥 등 압력에 의한 작용이 폭발물이 설치되었던 지점과 인접한 곳에서만 일어나고 있으며, 그곳으로부터 조금 떨어진 장소에서는 폭발과 관련지을 만한 먼지조차도 일어나지 않는 등 별 다른 징후가 전혀 관찰되지 않고 있다. 거리에 따라서 압력이 급격히 감소함을 알 수 있다.

그림 3.13은 1kg의 TNT가 폭발했을 때 거리에 따라서 전해지는 압력의 변화를 그래프로 나타낸 것이다. 폭심으로부터 약 6미터 이하의 거리 내에서 1/1000배 미만으로 압

그림 3.12 'The Hurt locker' 영화의 한 장면

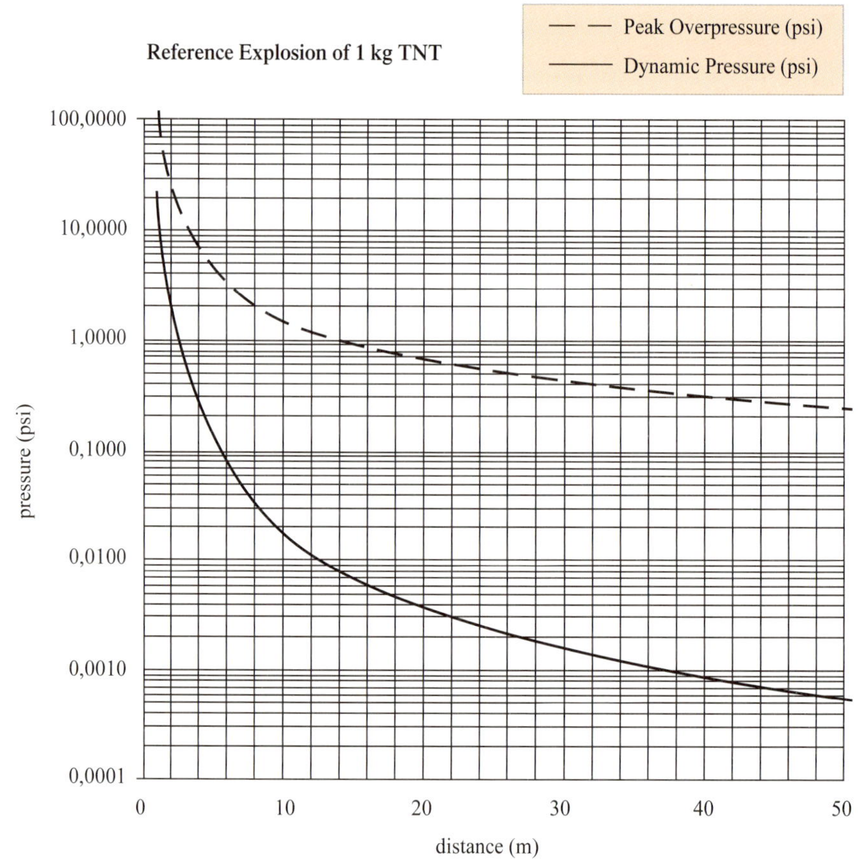

그림 3.13 TNT 1kg 폭발의 거리에 따른 압력 감소

력이 감소하는 것을 볼 수 있다. 폭발의 중심부에서는 구조물이 파괴되는 등 대형 피해를 발생시키더라도 거리에 따라서 위력이 급격히 낮아지며 멀리서는 그 압력이 소음으로 인식될 정도에서 끝날 만큼 압력은 낮아진다.

높은 압력은 빠르게 소멸되며 폭발물이 폭발된 장소로부터 거리에 따라서 눈에 띄게 약해지는데 이 때문에 집중 유형의 폭발은 광범위한 파괴보다는 부분적인 파괴흔적이 남게 된다. 1982년에 도쿄에서 호놀루루로 향하는 팬아메리카 항공 비행기의 승객좌석에 설치되었던 사제폭발물은 그 의자에 앉아 있던 일본사람을 죽게 만들었지만 바로 뒤에 앉았던 사람은 폭발물로부터 1인치 정도 떨어져있던 발가락을 다치는 정도의 상대적으로 경미한 부상을 입는 데에 그쳤다.[23]

23 James T. Thurman, 2006, Practical Bomb Scene Investigaiton, CRC Press.

3.2 파동(압력파, 충격파)

폭발은 급격한 압력의 방출이라고 설명하였는데 압력이 급격히 방출되는 경우에는 그로 인한 파동이 발생한다. 폭발 사고의 피해는 압력과 파장에 의해서 발생하는데 종종 파동과 압력을 동일한 것으로 이해하거나 그 차이를 모호하게 이해하고 있는 경우가 있다.

- **압력** : 유체를 이동시키는 힘(유체 자체가 이동한다.)
- **파동** : 진동의 전달(유체 자체는 이동하지 않고, 유체의 진동을 통해 에너지를 전달한다.)

방음조치가 충분하지 않은 구획실을 떠 올려보자. 출장을 다니다 보면 시설이 형편없는 모텔에서 잠을 자게 될 때가 있다. 종종 방음이 좋지 않은 곳에서는 벽에 귀를 대고 있는 것도 아닌데 옆방의 방귀소리까지 들리는 경우도 있다. 이러한 구획실에서 벽을 향해서 강력한 선풍기를 틀어 놓는다고 해도 벽이 무너지지 않는 이상은 옆방과 접하고 있는 벽에서 바람이 나오지는 않는다. 이것은 벽이 유체의 이동 즉 바람을 가로막고 있기 때문이다(압력의 보호). 그러나 이러한 벽도 소음은 차단하지 못한다. 소리는 파동으로 전달되기 때문이다(매질을 통한 파동의 전달). 이것이 바로 압력과 파동의 다른 점이다.

폭발현장에서 견고한 벽이 가로막혀 있다면 압력으로부터 보호되어 견고한 벽의 뒤편에는 압력에 의한 손상은 발생하지 않는다. 그러나 압력파의 전달은 종류가 다른 매질을 통해서도 전달이 되므로 견고한 벽 등 방호물이 있다고 하더라도 그 뒤편에 전달되어 파괴가 발생할 수 있다. 폭발현장에서 헬멧을 착용하였던 사람은 압력과 파편에 의한 피해로부터 방호될 수 있다. 그러나 압력파나 충격파에 의해서 외상이 발생하지 않은 상태에서도 뇌손상을 입을 수 있다.

유체는 견고한 벽이 막혀있다면 이동할 수 없지만 파동은 견고한 벽 뒤에서도 여전히 전달된다. 밀도가 다른 부분을 지나가면서 굴절이 발생하고, 다시 그다음 매질로 전달되기 때문에 공기-콘크리트 벽-공기 순으로 계속해서 파동을 진행시켜 나간다. 이러한 현상은 구획실 내에서 폭발이 발생하였을 때 폭발과 가까이 있는 담벼락이 무너지지 않은 상태에서도 무너지지 않은 담벼락 뒤에 있는 담벼락을 무너뜨릴 수 있다. 창문에 부착된 이중창(패어유리)는 내측이 깨지지 않은 상태에서 외측이 깨질수도 있다. 종종 조사관들은 가려져 있는 뒤쪽의 벽이 무너진 것을 설명하기 위해서 압력과 유체의 이동 경로에 대하여 논하곤 하는데, 이는 파장에 의한 것이므로 압력으로는 설명할 수 없다. 압력은 장애물에 의해 차폐되지만 장애물을 자체를 통해 진동이 전달되는 압

그림 3.14 운동량 보존 법칙의 진자

력파 또는 충격파에 의해 발생하는 현상이다.

그림 3.14는 운동량보존법칙을 설명하기 위한 진자의 모습이다. 위에서 설명한 무너지지 않은 견고한 벽은 가운데에서 움직이지 않는 2,3,4,5번째(우에서 좌 방향으로) 공과 같다. 그리고 견고한 벽의 뒤에 가려져 있지만 무너진 벽은 1번째 공이 부딪히고 난 후 움직이게 되는 6번째 공과 같다고 볼 수 있다. 중간의 진자들은 직접 움직이지는 않지만 그 다음진자로 에너지를 전달시켜 제일 끝의 진자가 움직이게 되는 것이다. 중간의 견고한 벽은 파동의 일부를 반사시키지만 일부를 투과시켜 다음 매질에 전달된다.

폭발 현장에서 대기로 통해 내 몸을 향해 전달된 파장은 내 몸을 지나 나의 몸 뒤쪽의 대기로 전달된다. 파동의 매체가 되었던 나의 몸은 외상이 발생하지 않더라도 파동에 의해 폐포가 터지는 등 내상을 입게 된다. 파동에 의한 상해는 폭발에 의한 챕터 부분에서 조금 더 자세히 다루었다.

충격파는 매질 내의 한 점에서 생긴 매질의 진동 상태가 매질을 통해서 퍼져 나가는 현상의 한가지로 유체 속으로 전파되는 파동의 이동속도가 음속보다도 빨리 전파되는 경우에는 파장의 겹쳐지면서 보강간섭이 발생하여 위력이 커지는 형태의 파동을 말한다. 화약이 폭발하여 극히 짧은 시간에 공기가 압축된다든지, 항공기나 탄환 등 파를 생기게 하는 원인이 될 수 있는 물체가 음속 또는 그보다 빠른 속도로 공기 속을 운동할 때 발생한다. 기체 내의 압력파는 압축된 부분과 팽창된 부분이 다 같이 소리와 같은 일정한 속도로 전달되는 것이 보통이지만, 압력변화가 급격히 생기면 팽창부는

그림 3.15 초음속 제트기 비행에서 관찰되는 충격파에 앞선 팽창파의 수증기 응축현상

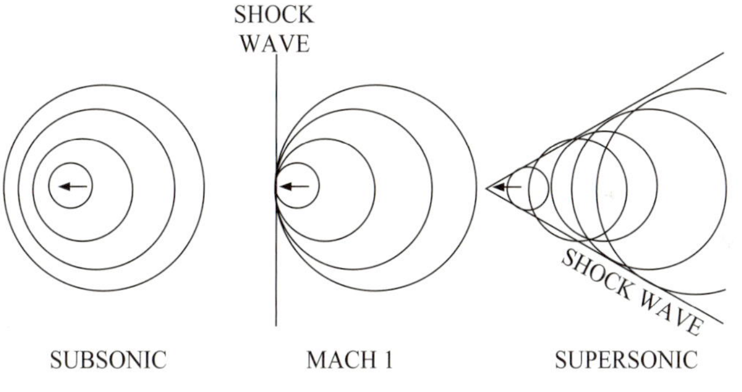

그림 3.16 충격파

서서히, 압축부는 급격하게 변화되어 파형이 찌그러져 파면이 중첩된 충격파가 나타난다.

충격파의 전달속도는 압력증가가 클수록 빠르고 언제나 음속보다 빠르다. 폭발이 일어났을 때는 먼저 큰 압력파가 충격파의 형태로 사방으로 퍼지지만 압력이 급속히 쇠약해지므로 곧 음속과 같게 되어 전달된다. 또 비행체의 속도가 음속에 가까워지면 날개 근처에서 충격파가 발생하고, 비행체의 속도가 음속을 능가함에 따라 기수(機首)를 꼭짓점으로 하는 마하 원뿔이라는 원뿔 모양의 파면이 발생하며 원뿔면 위에서 충격파가 나타난다. 비행체가 비교적 높은 고도를 유지하면서 수평비행을 할 경우에는 충격파가 지면에 도달하기 전에 에너지를 잃어버리게 되어 지상에서 관찰할 수 없다. 그러나 높은 속도로 급강하하는 경우나 방향을 급히 바꿀 때는 큰 에너지를 가진 충격파가 발생하며 지면에 도달하여 폭발음과 함께 강한 압력을 내는 경우도 있다. 이 현상이 소닉붐(sonic boom)[24]이며 가옥 등에 피해를 입히기도 한다.

일반적인 파동의 세기는 진폭의 크기로 나타내지만 불연속적인 파동인 충격파의 세기는 압축부와 팽창부의 압력 비로 나타내게 된다. 이를 토대로 랭킨-위고니오(Rankine-Hugoniot) 관계식으로부터 속도, 밀도의 비를 계산할 수 있으며 에너지의 일부가 온도변화에 사용됨을 알 수 있다.[25]

수증기의 응축 현상은 보통 충격파의 대표적인 이미지로 보여지는데 이는 음속으로 진행하는 제트기의 선단에서 팽창파[26]에 의해 대기가 급격하게 압력이 감소하면서 대기 중의 수증기가 응축되는 현상에 의해서 발생한다. 이 현상은 압력파 수준에서는 관찰되지 않는다.

가스의 확산폭발 등과 같이 주변에서 일어나는 사고에서 충격파는 좀처럼 발생하지 않는다. 대량의 고폭약이 폭발하는 경우에는 발생할 수 있으나 소규모일 경우에는 폭발 직후에 근거리에서 충격파가 발생할 수 있고 점차적으로 이 파장의 전파속도가 감소하며 주변으로는 압력파가 전달된다. [27]

그림 3.17은 TNT 폭발 실험에서 인접한 장소에 설치된 폭발물이 폭발하면서 각 발생한 압력파가 중첩하여 보강되면서 더욱 강력한 충격파로 발전한 것이며 순간적으로 응축된 수증기가 촬영된 모습이다.

3.2.1. 파동의 반사와 보강간섭

파동의 물리적 성질에 대하여는 잔잔한 호숫가 또는 잔잔한 목욕탕의 수면위에 돌이 떨어져 동심원이 퍼져나가는 수면파가 전달되는 과정을 떠올려보거나 이를 실험하며 관찰한다면 쉽게 파동의 전반에 대하여 이해할 수 있다. 수면에서 일어나는 물결 또는 빛은 파동이라는 점에서는 동일하기 때문에 이것을 떠올리면 그것의 반사 등 성질에 대해서 쉽게 이해할 수 있다.

24 제트기 등이 비행 중에 음속(音速)을 돌파하거나 음속에서 감속했을 때 또는 초음속 비행을 할 때 생기는 충격파가 지상에 도달하여 일으키는 큰 충격음을 말한다.

25 [네이버 지식백과] 충격파 [shock wave, 衝擊波] (두산백과)

26 팽창파, 혹은 팽창 충격파는 초음속 흐름에서 생기는 현상으로 어떠한 이유로 공기 흐름이 갑자기 빨라지면 그 경계면에 넓은 부채꼴 모양으로 일종의 약한 충격파가 생긴다. 이 팽창파를 지난 공기는 압력이 급격히 떨어지며 밀도와 온도 또한 떨어진다.

27 http://youtu.be/eU8joiS62js 동영상 장면 캡쳐

그림 3.17 두 개의 인접한 폭발물이 터지면서 발생한 파장이 겹쳐져 부분적으로 띠 모양의 수증기 응축현상이 촬영되었다.

폭발에 의해 발생한 압력파 및 충격파는 입체적인 구형으로 각 방향에 방사되며 그 충격을 전달하는데 파장을 접하는 물체에 따라서 파장을 흡수하거나 반사시킨다. 충격파 및 압력파는 구조물의 가벼운 파티션으로 만들어진 벽이나 창문 등 취약한 면과 접하게 되면 이를 파괴하고 계속해서 진행하지만 콘크리트 벽 등 견고한 면과 접하였을 때는 반사되어 다른 방향의 구조물을 파괴하기도 한다. 파장이 반사되는 면에서는 빛이 거울에 반사되는 것과 같이 입사각과 반사각이 동일한 반사의 법칙을 따르고 반사된 압력, 충격파는 반사면의 성질에 따라서 에너지 일부가 흡수되므로 반사 직후 위력

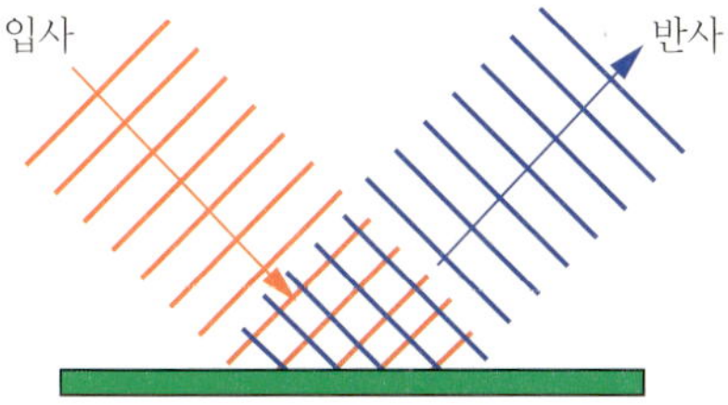

그림 3.18 파동의 반사

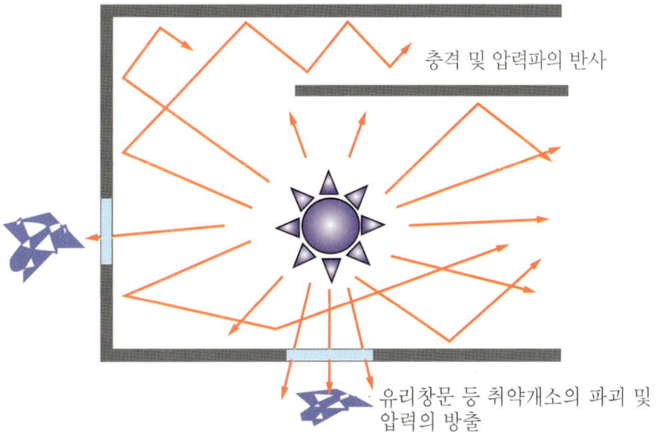

그림 3.19 파동의 반사 및 구조물의 파괴

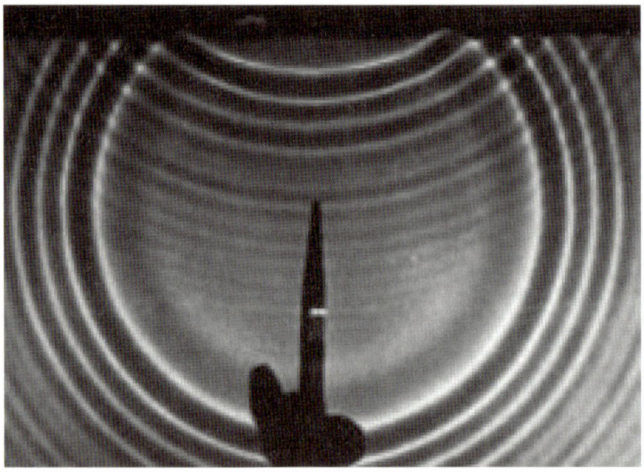

그림 3.20 원형의 물결파가 벽에 부딪혀 반사되고 있다.

은 반사 전 파장보다 다소 약해진다. 그러나 반사 후 반사파장이 진행하면서 입사파장과 중첩되는 파동(Mach stem)이 발생하는데 이 때문에 결과적으로 파장은 반사 후에 더욱 증폭되고 위력이 강해진다.

그림 3.20은 수조의 가운데에 스포이트를 이용해서 물방울을 떨어뜨리며 파동을 일이키고 있는 모습이다. 물방울이 떨어지면서 만들어진 원형의 파동이 주변으로 확산되며, 벽에 부딪힌 파동이 반사되어 다시 나오면서 입사파와 반사파가 중첩되는 부분이 발생하고 있다. 이 사진을 자세히 살펴보면 파장이 중첩되는 부분은 더욱 진한 그림자를 나타내고 있다. 진한 그림자는 중첩되지 않은 입사파나 반사파에 비하여 더욱 높은 에너지를 가지고 있다는 것을 보여준다.

파장은 반사되고 중첩될 때 입사파장과 만날 때 반사파의 경계, 입사파의 경계, 중첩파장의 경계가 만남을 이루는 지점인 삼중점(Triple Point)이 발생하고 폭발거리로부터 멀어질수록 반사면과 삼중점의 거리가 멀어지며 중첩파장대(Mach stem)의 범위가 커진다. 이 때문에 많은 경우 충격파는 반사 후에 더욱 그 위력이 강해진다. 중첩파장대의 위력은 반사각에 따라서 입사파장의 8배에 이를 수 있다[28]. 이러한 파장중첩에 의한 증폭은 반사파가 보통의 음파정도로 충분히 약해질 때까지는 지속된다(그림 3.22).

개방된 공간에서 충격파나 압력파가 빌딩과 같은 장애물의 방향으로 향하는 경우 벽면과 지붕에 미치는 파장의 하중[29]은 입사각에 따라서 다르게 나타날 것이다. 최고의 하중을 받게 되는 부분은 입사파동을 정면으로 맞이하게 되는 벽면이 되는데 이는 다

28 NFPA921 – 21.5.1 Blast Pressure Front Modification by Reflection

29 충격파나 압력파의 파동이 장애물의 면에 미치는 힘

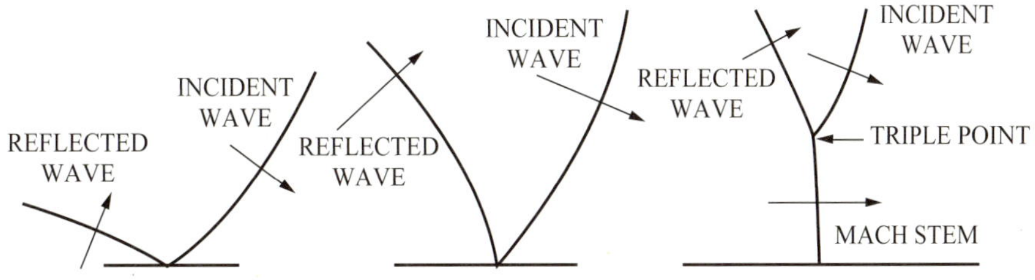

그림 3.21 반사파장과 입사파장의 중첩과정

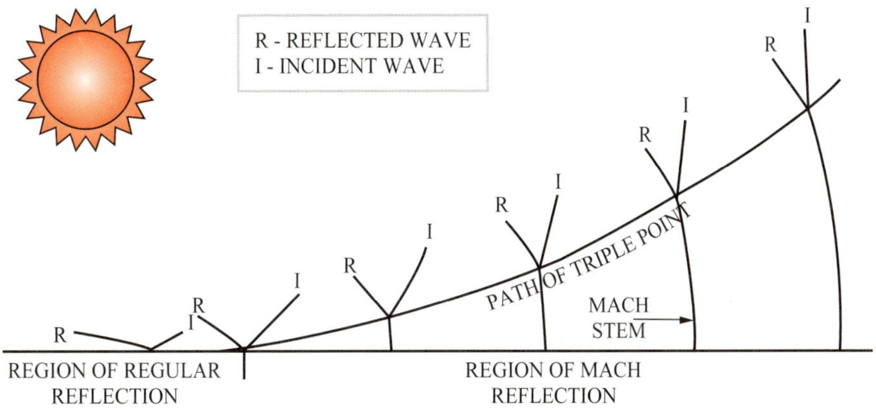

그림 3.22 중첩파동의 증대과정

음의 그림과 같이 일부는 반사되며 입사각에 따라서 입사파와 반사파가 교차되어 중첩되는 부분에서 최고의 압력이 발생하기 때문이다. 장애물의 충격파 하중은 이 부분에서 최고조에 달하게 되고 폭발위력의 정도와 구조물의 견고한 정도에 따라서 해당 벽을 파괴시킬 수도 있다. 이는 위 설명한 파동의 반사에 의한 압력증가 메커니즘과 같다. 아래의 그림과 같은 장애물에서 진행되는 파장의 하중을 1이라고 하였을 때 각 면에 반사에 의해 미치는 파동하중의 비율은 정면 벽, 지붕, 반대면벽에서 각 2:1.4:0.7로 나타난다(**그림 3.23**).

지금까지 눈으로 보지 못한 압력파를 이해하는 것은 다소 어려울 수 있다. 독자들 중 실제 폭발 현장에서 압력파를 눈으로 관찰할 수 있는 사람은 없을 것이다. 그러나 사실상 우리들은 여러 차례 일상에서 일어나는 파장의 반사에 의한 여러 가지 현상들을 이미 경험한 적이 있다. 압력파는 그 파동의 성격에 있어서 우리가 익히 알고 있는 물결, 빛의 전달 등과 동일하다. 파동이 장애물에 충격한 이후 더욱 큰 압력이 발생한다는 것은 방파제에 부딪히는 파도의 모습을 연상해 보면 더욱 이해가 쉬울 것이다. 바다에서

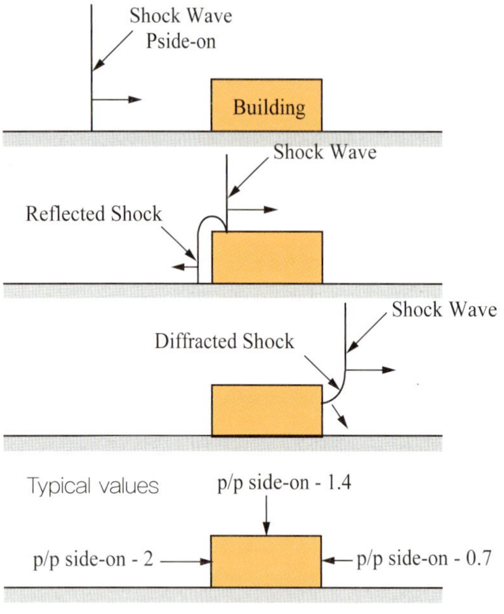

그림 3.24 폭발 압력파의 반사에 의해 밀착되었던 소파가 폭발 중심부 방향으로 이동하였다.

그림 3.23 빌딩 등 장애물에 미치는 파장하중

파도가 밀려오는 동안 불과 1m 이내의 낮은 파도들도 방파제에 부딪히면 기존의 높이로는 가늠하기 어려울 정도의 높이로 치솟는 물기둥들을 본적이 있을 것이다. 이것은 장애물에 의해 파동이 반사되어 증폭되는 효과에 의한 것이다.

그림 3.25 방파제에 부딪힌 파도가 높이 치솟고 있다.

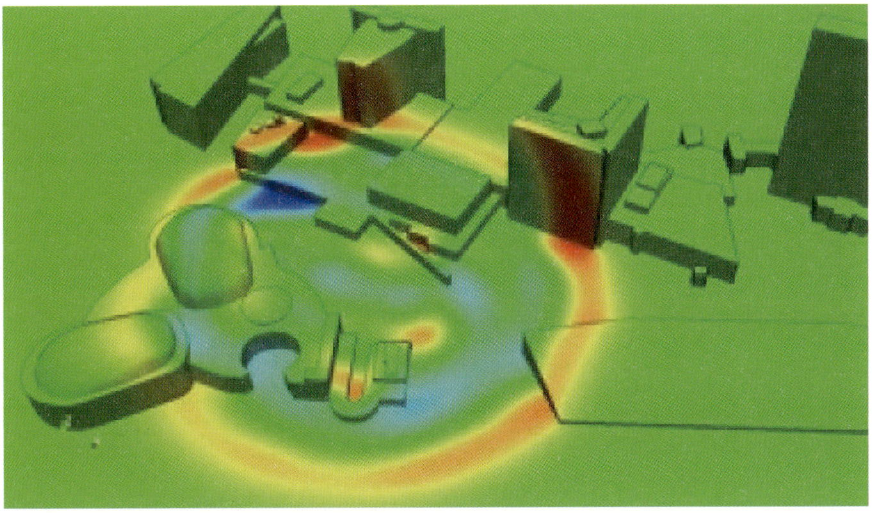

그림 3.26 건물 사이에서 폭발이 발생하였을 때 유체역학 시뮬레이션을 이용하여 이의 폭발 압력파 전파 및 위력에 대한 시뮬레이션[30]

그림 3.25는 어느 바다에서나 쉽게 볼 수 있는 장면이다. 방파제에 부딪힌 파도가 높이 치솟고 있으며 방파제에 부딪히지 않은 부분은 비교적 낮은 높이로 평범한 수준으로 계속해서 진행하고 있는 것을 볼 수 있다. 방파제에 충격한 파도가 높이 치솟는 현상은 파동이 반사되어 위력이 증폭되는 한 개의 예이다.

그림 3.26은 도심에서 폭발이 발생하였을 때 주변으로 압력파가 전파되어 가는 과정을 나타낸 것이다. 파동은 원래 일정한 에너지의 구형으로 전파되어 가지만 장애물에 의해 부분적으로 더욱 강력해지거나 더욱 약해질 수 있으며 방향이 바뀔 수 있고, 또 다른 곳에 비하여 특정 방향으로 더욱 빠르게 진행될 수도 있다.

3.3 파괴 및 파편효과

폭발 시 발생하는 압력과 파장은 폭발 주변에 에너지를 전달하는데 에너지를 전달받는 구조의 내력을 초과할 경우에 구조체의 일부 또는 전부가 분리되는 파괴가 발생한다. 원래의 구조체로부터 완전히 분리된 구조체의 일부를 파편이라고 부르는데 에너지가 강할 경우 파편은 더욱 잘게 부서지는 특성을 나타낸다. 또 폭심과 거리가 가까운 구조체일 수록 더욱 작으며 멀리 떨어진 구조체 일수록 파편의 크기가 크게 나타난다.

파편은 폭발물체를 담고 있는 용기 자체가 될 수도 있으며, 인명살상용으로 설계되어

30 출처 : http://cogsys.ihpc.a-star.edu.sg/images/fd/fd_fig6.jpg

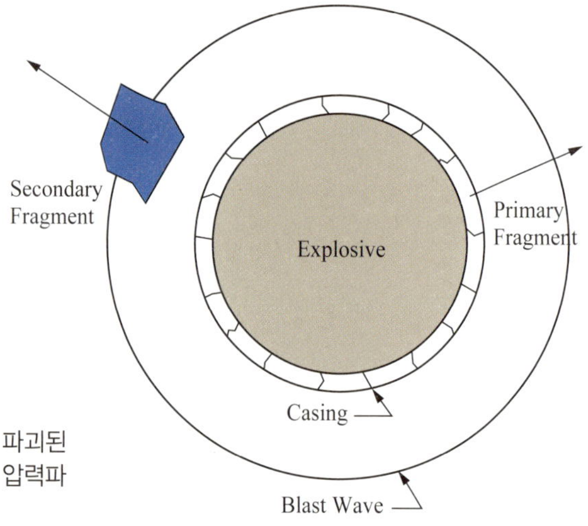

그림 3.27 1차파편은 폭발물체 또는 고압용기 등의 파괴된 일부를 말하며 2차파편은 폭발물체의 직근의 물체가 압력파에 의해 파괴된 잔해를 말한다.

그림 3.28 동일한 크기의 파이프 폭탄 내부에 폭발물의 양의 증가시키며 나타난 파이프의 파괴 양상 – 폭발위력이 강할수록 파편은 더욱 잘게 부서진다(1차 파편).[31]

첨가된 나사못등과 같은 첨가물이 될 수도 있다. 또 폭발에 의해서 파괴되는 구조물의 일부가 될 수도 있다. 파편은 폭발물체의 용기 등 1차 파편과 2차 파편으로 구분할 수 있다. 1차 파편은 폭발물체의 용기 직접적인 폭발 물체 또는 고압탱크의 일부를 말하며 2차 파편은 폭발이후 압력파에 의해서 주변의 물체들이 파괴된 잔해를 말한다.

헝가리 데브레센 대학의 쿤 박사는, 달걀에 작은 구멍을 내 내용물을 빨아낸 뒤, 그 안에 수소를 채우고 비닐봉지 안에서 폭발시키는 실험을 수행하였다. 수소의 압력

31 James T. Thurman, Practical Bomb Scene Investigation. 2006, CRC press

그림 3.29 폭발로 인해 유리창이 파괴되면서 발생한 파편이 출입문을 관통하고 일부는 박혀 있다(2차 파편).

그림 3.30 천정 콘크리트에 박혀 있는 열교환기의 모습(1차 파편)

을 달리해가며 터뜨린 결과, 박살난 달걀의 파편 크기 분포와 폭발의 세기 간에 상관관계가 있음을 알아냈다고. 연구팀에 따르면, 폭발압이 높을수록 더 많이 조각나고, 큰 조각은 적었다고 한다. 즉, 강한 폭발일수록 그야말로 '산산이' 부서진다는 얘기. 이는 달걀껍질 뿐 아니라, 공장의 화학물질 탱크나 비행기 등 속이 빈 형태의 어떠한 물체에도 적용될 수 있다고. 폭발에 따른 조각의 크기와 개수를 예측할 수 있는 수학 공식을 '파워 법칙'이라고 하는데, 다른 연구자들에 의하면 유리창이나 돌덩어리를 이용한 연구에서도 비슷한 식을 얻을 수 있었다고 한다[32].

그림 3.28은 동일한 용기 내부에 폭발물의 양과 종을 바꾸어 위력을 달리하여 폭발 시킨 후 용기의 파괴양상을 촬영한 것이다. 폭발용기의 파편은 폭발력이 높을수록 더욱 잘게 부서진다.

폭발에 의한 파편은 로켓처럼 튀어 올라 다른 물체에 충격하여 또 다른 파괴를 발생할 수 있으며, 수 km의 거리를 비행하는 경우도 있다. 주변에 사람들에게 상해를 가져올 수 있다.

파편은 수류탄을 연상해 보면 쉽게 이해할 수 있다. 수류탄은 인명살상용으로 디자인된 폭발물이다. 외피에 얇은 홈을 파 놓는다. 내부 작약의 폭발에 의해 금속 외피가 잘게 부서져 파편을 생성하기 용이하도록 설계되어 있다. 또 어떤 폭발물들은 파편으로 사용하기 위해서 일부러 쇠구슬과 같은 파편이 내장되어 있는 것도 있다.

인명살상용으로 의도된 파편이 아니더라도 많은 폭발사고의 현장에서 용기 또는 구조

32 Science Times 2015. 5. 15.

물의 일부가 파괴되어 주변으로 비산되는 파편이 발생한다. 위 사진은 발코니 코너에 설치된 다용도실에서 가정용 보일러의 열교환기가 물리적으로 폭발하여 발코니의 창문이 파괴되면서 유리파편이 날아가 목재 문짝을 관통하고, 박혀있는 모습이다. 열교환기는 폭발 압력에 의해 본체로부터 분리되어 치솟으면 천정에 충격하였는데, 만일 천정의 콘크리트 벽에 의해 제한되지 않았다면 폭발로 인해 파괴된 열교환기는 수십에서 수백 미터를 비행하였을 것이다.

3.4 지진효과

폭발의 에너지는 대기 중으로만 방사되는 것이 아니다. 에너지는 폭심으로부터 입체적인 구형으로 전달된다. 공간위에 떠있는 상태에서 압력파는 구의 형태로 전달되지만 지면과 접한 경우에는 대기 중으로 반구형, 땅으로도 반구형의 지진파가 전달된다. 그러나 대기와 땅의 밀도가 다르므로 지진파의 진행속도에 영향을 주어 완전한 구형을 이루지는 않으며 크기가 다른 반구가 서로 겹쳐진 형태가 된다(그림 3.32).

이때 땅으로 전달된 파동에 의해 지표가 진동하는 지진효과를 발생시킨다. 파동의 전달 속도는 매질의 밀도에 비례하는데 땅이나 물은 공기보다 밀도가 높기 때문에 폭발에 의한 파동의 전달이 더욱 빠르고 멀리까지 전달된다. 폭발의 위력이 강하면 지진효과에 의해서 대기를 통한 파동이 미치기 이전에 또는 미치지 않는 원거리에서도 취약한 구조물이 파괴되기도 한다. 천안함 사건에서 수중에서의 폭발은 물을 통한 파동이 땅으로 전달되어 약 10km 거리 백령도에 있던 기상청 지진계에 1.5 리히터 규모(좋

그림 3.31 폭발물 실험에 의해 화염주변으로 반구형의 압력파가 빛의 굴절을 일으키며 촬영되어 있다.[33]

33 http://www.fas.org/man/dod-101/navy/docs/es310/warheads/IMG00004.GIF

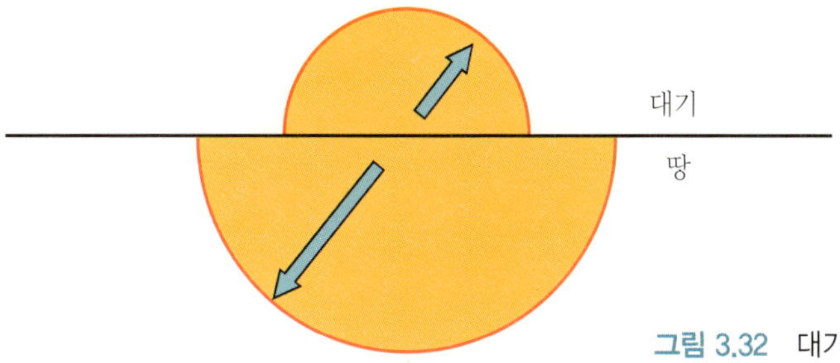

그림 3.32 대기와 땅의 밀도 차에 의한 파동의 진행 모습

은 상태에서 소수의 사람이 느끼는 정도)를 기록하였다. 지진효과에 의한 파괴는 거리에 따라서 다를 수 있으나 다량의 폭발물 및 대형폭발사고에서 발생할 수 있으며 소규모 폭발에서는 가까운 곳에서만 그 효과를 발생시키며, 멀리 떨어진 곳에서는 효과가 발생하지 않거나 크지 않다.

3.5 열효과

폭발의 종류는 압력의 발생 메커니즘에 따른 구분에서 최상위 개념인 물리적 폭발, 화학적 폭발, 전기적 폭발로 분류할 수 있다. 열효과는 화학적 폭발, 전기적 폭발에서 발생하며 물리적 폭발에서는 열이 발생하지 않는다.

화학적 폭발 폭발물, 분진이나 가스, 유증이 연소하면서 발생하는 연소열의 효과, 화학적 폭발은 기본적으로 물질이 화학적으로 반응하면서 발생하는 반응열로부터 기인한다. 폭발은 반응열에 의해서 대기가 팽창되는 효과이다. 주변의 열을 흡수하는 흡열반응은 폭발로 진행되지 않는다.

전기적 폭발 전기적인 발열은 아크나 줄열에 의해 발생하지만 줄열보다는 아크에 의한 열효과가 월등히 크다. 전기적인 폭발 또한 전기적으로 발생하는 열에 의해서 대기가 팽창되기 때문에 발생하는 효과이다.

물리적 폭발 압력용기가 파괴되는 등 단순히 내부의 압력이 외부로 방출되는 현상으로 용기 내용물 자체의 온도 이상으로 상승하지 않으며 물질이 밀도가 낮은 상태로 변하는 것이므로 이 때 발생하는 단열팽창효과에 의해서 오히려 주변을 냉각시키는 효과가 발생하여 냉폭발(Cold explosion) 이라고도 불린다.

화학적 폭발 등에서 발생하는 열효과는 압력에 의한 파괴 및 파편 외에도 폭발과정에서 발생하는 열로 인명피해를 발생시키고 폭발 후 사고를 화재로 발전시키기도 한다.

CHAPTER

4 폭발의 구분

폭발은 외관적으로 급격한 압력을 주변으로 방출한다는 점에서 동일하지만 이 현상은 다양한 물질이 다양한 원인에 의해서 또 다양한 과정을 통해서 발생하기 때문에 이것을 예방하거나 또 사고를 조사하기 위해서는 이들 원인과 과정을 분류하는 기준을 마련하여 유형을 구분해야한다. 폭발에 구분은 물질별, 원인별 등 다양한 기준에 의해 분류된다. 아래에 설명하는 방법 외에도 다양한 구분이 있을 수 있다. 본 장에서는 여러 자료에서 취급하는 폭발의 구분에 대하여 필자의 간략한 의견을 제시하는 정도로 그칠 것이다. 중요한 구분에 대하여는 별도의 페이지를 할애하여 자세히 설명하였으므로 그것을 참고하기 바란다.

4.1 폭발의 직접 원인에 의한 분류

압력 생성기전의 직접적인 원인을 기준으로 분류하는 방식으로 전기적 폭발, 물리적 폭발, 화학적 폭발, 핵폭발로 구분한다. 이 기준은 폭발의 양상을 크게 좌우하는 구분이므로 매우 중요하다. 이후에 더욱 자세히 다루어지므로 여기서는 자세한 설명을 생략하였다.

4.2 기상폭발과 응상 폭발

기상 폭발과 응상 폭발의 구분은 폭발 발생 물질의 상태를 기준으로 구분하는 방식이다. 기상 폭발은 가스 폭발과 같이 기체 상태의 물질이 폭발하는 경우를 말하며, 응상 폭발은 액체, 고체 물질이 폭발하는 경우를 말한다. 응상은 기상에 비하여 그 밀도가 102~103배 이므로 응상폭발과 기상폭발은 그의 양상에 큰 차이가 있는 것이 보통이다.

기상폭발의 원인물질

1. 가스, 유증과 같이 기체인 경우의 화학적 폭발
2. 미세 미분무상으로 분출된 등유, 휘발유 등 액체 가연물의 미립자
3. 분진 폭발을 일으키는 밀가루, 플라스틱 분말과 같이 가연성 고체가 미분말로 되어 공기 중에 부유할 때 발생할 수 있는 화학적 폭발을 포함

기체는 쉽게 이해가 가지만 액체 미립자와 분진의 경우 기상폭발로 분류되는 것은 쉽게 이해가 가지 않을 것이다. 이는 액체 미립자의 경우 폭발(연소) 이전에 증발과정을 거쳐 기체가 연소하는 것이며 분진의 경우 열분해 또는 용융–증발 과정을 거쳐 이 또한 기체가 연소하는 것이기 때문에 기상폭발로 분류된다. 같은 분진이지만 열분해를 일으키지 않고 연소하는 철, 알루미늄, 목탄분진 등의 폭발은 응상폭발로 분류된다. 또한 응상폭발 대표적 현상은 전선에 흐르는 과도한 전류로 인한 도선 폭발현상과 블레비(BLEVE), 급격한 상변화(RPT, Rapid Phase Transition)에 의한 물리적 폭발현상이 포함된다.

필자의 개인적인 의견으로, 이러한 분류는 원인물질의 물리적 상태를 완벽하게 구분하지 못하고 있으며, 화학적 물리적 차이를 구분하기에도 부족한 분류방식이다. 또한 확산폭발과 집중폭발의 차이를 구분하기에도 그 논리나 방식이 적합하지 못하다. 결론적으로 원인물질의 물리적 상태에 따른 분류라고 하는 기상폭발과 응상폭발의 구분은 어떠한 차별화된 특성을 나타내기에 적절하지 못하고, 과연 유효하며, 의미가 있는 실용적인 분류인가에 대한 의문이 든다. 국내의 많은 과학기술 분야는 선진하고 있는 여러 나라의 것들을 받아들이면서 별도의 정리가 이루어지지 않아 오히려 혼란을 초래하는 경우가 있다. 특히 이론적인 분야에서는 외국의 문헌을 독해 및 번역할 때 어떠한 용어가 적절할지 혼란스러운 경우가 종종 발생하는데 빠른 시간 내에 이 분야의 학자들 간에 합의가 이루어져 후학들의 혼란이 정리되길 기대한다.

4.3 확산폭발과 집중 폭발

확산 폭발과 집중 폭발은 잠재된 폭발 에너지의 상태가 집중되어 있는 상태에서 폭발하는 것은 집중 폭발이라고 하며, 확산된 상태에서 폭발하는 것을 확산폭발이라고 한다. 잠재된 에너지의 상태는 폭발에 의한 파괴양상에 있어서 현저히 다른 모습을 나타낸다.

집중 폭발은 고압용기 및 폭약의 폭발과 같이 에너지가 밀집된 상태에서 폭발을 일으

키는 것을 말한다. 확산폭발은 가스폭발과 같이 화학적 폭발만 가능하지만 집중폭발은 고압용기의 물리적 폭발, 혼합기체가 고압 용기에서 폭발하는 화학적 폭발, 폭발물의 폭발에 의해서 발생할 수 있다. 응축된 에너지이기 때문에 폭발 직후 최고조의 폭발력을 나타내므로 폭발 물체가 놓였던 장소에 부분적인 파괴흔적을 남기는 반면 확산폭발은 대기 중에 누출된 가스의 폭발과 같이 공간 내에 확산된 상태에서 연소하는 폭발을 말하며 이러한 흔적이 관찰되지 않는다. 확산폭발과 집중폭발에 대하여는 별도의 장에서 다루었다.

4.4 폭굉과 폭연

화학적 폭발은 반응물을 통해 전파되는 연소반응의 속도에 따라서 폭굉과 폭연으로 구분할 수 있다. 화학적 폭발에 있어서 연소가 가연물 내에서 얼마나 빠르게 진행되는가를 설명하기 위한 것으로 이 둘을 구분하는 기준은 음속(대기온도 15°C 해수면고도에서 약 340m/sec)이 된다. 음속을 기준으로 구분하는 이유는 음속이상으로 전파될 경우 기 생성된 파장과 현재 생성되는 파장이 지속적으로 중첩되면서 강력한 위력의 충격파가 생성될 수 있으며 이를 구분하기 위함이다.

음속을 기준으로 연소속도가 이보다 빠르면 폭굉, 느리면 폭연으로 분류된다. 폭연 <음속(330m/s)<폭굉, 연소현상(빛과 열을 발생시키는 급격한 산화반응)은 속도가 증가할수록 연소-폭연-폭굉으로 분류된다.

내연기관에 안에서 가솔린과 공기의 혼합기체가 거의 1/300초 안에 완전연소가 일어

표 4-1 폭굉과 폭연의 비교

구 분	폭연(Deflagration)	폭굉(Detonation)
반응속도	음속보다 느리게 이동한다	음속보다 빠르게 이동한다
파장	충격파를 발생하지 않음 비교적 약한 파괴를 생성	충격파 발생 비교적 강한 파괴를 생성
특징	파면(화염면)에서 온도, 압력, 밀도의 변화가 연속적이다	파면에서 온도, 압력, 밀도가 불연속적이다.
주요 예	확산된 가스 등의 연소 저폭발물(Low explosive) 폭연의 가연물도 용기 등 특정 조건하에서는 폭굉으로 전위된다.	고압용기 또는 배관 내의 혼합가스 고폭발물(High explosive)

나는데 이것은 폭연이다. 폭굉은 이보다 훨씬 빨라서 거의 1/10,000초 안에 완전연소가 일어난다. 폭발에 의하여 생성하는 순간적인 압력발생, 혹은 압력방출에 의하여 주위 공기를 압축시켜 공기 중에 압력파를 전달함으로써 발생된다[34].

34 이수경, 2009, 가스폭발방지공학, 도서출판 아진, p.144

CHAPTER

5 물리적, 화학적, 전기적 폭발

폭발은 급격한 압력의 방출이라고 설명하였는데 압력이 발생되는 원인으로 크게 물리적, 화학적, 전기적 폭발, 핵폭발로 구분할 수 있다. (핵폭발은 본고에서 논하지 않음.)

5.1 물리적 폭발

물리적 폭발은 화학적 변화가 발생하지 않는 폭발을 말한다. 수증기 폭발이 그 대표적인 예로 물이 증기화되어 압력이 증가해 폭발하는 것, 용기의 기체가 온도 상승에 의해 압력이 증가하는 것과 같이 압력증가의 원인이 된 물질이 폭발 후에도 화학적으로 변화되지 않고 원래의 성격을 가지고 있는 것을 말한다. (물과 수증기는 화학적으로 여전히 H_2O로 화학적 변화가 발생하지 않는다.) 화학반응에 의한 반응열이 없고 액체에서 기체로의 상변화, 기체의 팽창 과정에서 주변의 에너지를 흡수하기 때문에 오히려 주변온도를 낮추며 이러한 경향 때문에 물리적 폭발은 냉폭발(Cold Explosion)이라고도 한다.

표 5-1 압력 발생원인 별 폭발의 종류

구분	내용
물리적 폭발	압력증가에 의한 폭발, 가압에 의한 폭발, 상변화에 의한 폭발, BLEVE(Boiling Liquid Expanding Vapor Explosion), Boil Over
화학적 폭발	연소폭발, 분해폭발, 중합폭발 폭발물의 폭발, 연소 폭발, Detonation, Deflagaiton
전기적 폭발	전선폭발, 개패기, 변압기폭발 등 Arc flash
핵폭발	핵폭발에 대한 설명은 이 책에서 생략함.

5.2 화학적 폭발

화학적 폭발은 폭발물이 폭발하거나 공기중에 확산된 가연성 가스, 유증, 분진이 연소폭발하는 것과 같이 물질의 분자구조가 화학적으로 변화하는 형태의 폭발을 말한다. (메탄가스의 폭발은 $CH_4 + 2O_2 \rightarrow CO_2 + 2H_2$의 화학반응식과 같이 산소와 반응하여 이산화탄소(CO_2)와 수소(H_2)로 화학변화가 발생한다.) 화학적 폭발에서는 반응열, 연소열이 발생한다.

5.3 전기적 폭발

전기적 폭발에는 전기적으로 줄열, 아크 등과 같은 원인에 의해 발생한 열이 주변의 대기를 가열시키거나, 절연유를 가열해 상변화시키는 등의 역할을 하여 물리적으로 폭발하는 선행 원인이 된다. 또한 전기적으로 발생한 열은 금속을 산화시키는 등 분자구조의 변화를 동반하므로 물리적 폭발과 화학적 폭발의 과정이 동시에 발생하기도 한다. 줄열은 아크에 비하여 발열속도가 느리며, 발열량 또한 높지 않으며 대부분 열적인 효과는 아크에 의해 발생한다.

표 5-2 물리적 폭발, 화학적 폭발, 전기적 폭발의 비교

구분	물리적 폭발	화학적 폭발	전기적 폭발
폭발원인	단순압력상승(가압, 온도상승, 상변화 등)	화학반응에 의한 압력상승 (연소 반응)	전기적 발열 (아크, 줄열)
물리반응	발생함	발생함	발생함
화학반응	발생하지 않음	발생함	발생함
열의 발생	발생하지 않음	높은 열발생	매우 높은 열발생
폭발 후 화재 가능성	거의 없음	자주 발생함	자주 발생함
화재 후 폭발 가능성	자주 발생함	거의 없음	자주 발생함
폭발 물질	가연물 또는 비가연물	가연물	전기재료, 절연재료
폭발 형태	집중폭발	집중, 확산 폭발	집중 폭발
부분적 파괴	발생	집중 폭발 시 발생 확산 폭발 시 미발생	발생

CHAPTER

6 물리적 폭발

물리적 폭발은 공간을 유지하고 있는 용기 또는 이와 같은 역할을 하는 구조 내에서 내부의 압력이 상승하여 용기의 내압한계를 초과할 때 용기가 파열되고 내부의 압력이 외부로 급격히 방출되는 현상을 말한다. 내압한계를 초과하는 원인으로는 내부 압력의 상승에 의한 것과 고압을 유지하는 용기의 열화에 의한다. 각 작용은 독단적으로 폭발을 일으키기에 충분하지만 부족한 상황에서도 상호복합적인 작용에 의해 폭발을 일으킬 수 있다. 이 때 용기 또는 구조가 고체인 경우가 대부분이지만 반드시 고체일 것을 요하지는 않는다. 일상적으로 물리적 폭발의 원인이 되는 것은 액체에서 기체로의 상변화와 기체의 압축과 팽창과정에서 발생하고, 확산된 가스의 폭발과 같이 개방된 공간에서는 발생할 수 없으며 어떠한 방법으로든 용기 또는 용기의 역할을 하는 것이 존재해야 가능하다. 물리적 폭발은 집중폭발에 해당된다. 확산 폭발과는 달리 증폭되는 과정이 없으며 용기의 폭발 시 최고의 압력을 나타내며 폭발 후 압력은 급속하게 감소한다. 용기가 폭발할 때 부분적인 파괴 흔적을 남기는 이유는 이 때문이며 이러한 부분적인 파괴흔적은 폭발원인을 조사하는 데에 있어서도 매우 중요한 증거가 된다.

6.1 압력 증가의 원인

6.1.1. 가압에 의한 압력의 증가

용기 내에 보관중인 기체 분자는 계속해서 운동을 하는데 운동중인 분자가 용기의 내벽에 부딪히는 힘을 압력이라고 한다. 실린더 내의 기체를 피스톤으로 밀어 부피를 줄이면 분자들의 운동공간이 그만큼 적어지므로 외벽에 부딪히는 힘은 증가하게 된다. 즉 피스톤의 운동이 실린더 내에 압력을 가하고, 실린더 내부의 압력은 상승하게 되는데 이때 가압에 의한 압력상승의 정도가 실린더의 내압한계를 초과하게 되면 실린더는 파괴된다. 액체 및 고체는 압축율이 크지 않으므로 용기가 파열된다고 하여도 그에 대한 영향이 크지 않지만 기체의 경우 용기가 파열되면 압축상태에서 대기압 상태로 급격하게 회복하는 과정에서 높은 압력이 주변으로 방출된다. 일상적인 예를 들자면 고무풍선을 계속해서 불어 고무풍선이 내부의 압력을 견디지 못하는 순간 '빵'하며 터지는 것을 들 수 있다.

보일의 법칙 일정한 온도에서 기체의 부피는 압력에 반비례한다. 영향을 미치지 않는 이상기체의 경우, 부피가 1/2배가 되면 압력은 정확히 2배가 된다. 보일의 실험에서는 적은 양의 기체를 사용하여 이상기체와 거의 비슷한 결과를 얻었다. 하지만 실제기체에 대한 엄밀한 실험과 검토를 통해 보일의 법칙은 실제기체에 그대로 적용할 수 없다는 것이 밝혀졌다.

6.1.2. 온도상승에 의한 압력의 증가

액체나 고체는 온도 상승에 의한 체적증가가 크지 않지만 기체는 온도가 상승하게 되면 낮은 상태에 비하여 분자운동이 활발해져 분자가 용기의 내벽에 부딪히는 힘이 크게 증가한다. 풍선과 같이 연성이 높은 용기는 그 용적이 넓어지므로 넓어진 만큼 압력의 상승률은 낮아질 수 있다. 그러나 강철탱크와 같이 고정된 용기 내에서 기체의 가열은 용적이 변하지 않으므로 모든 에너지는 압력을 상승시킨다. 이때 상승하는 압력이 용기의 내압을 초과하면 용기는 파괴된다. 용기가 파열되면 압축상태의 기체가 대기압 상태로 급격하게 회복하는 과정에서 높은 압력이 주변으로 방출된다.

샤를의 법칙 일정한 압력에서 기체의 부피는 온도와 정비례한다. 압력이 일정할 때 기체의 부피는 종류에 관계없이 온도가 1°C 올라갈 때마다 0°C일 때 부피의 1/273 씩 증가한다는 것이다. 일정한 압력일 때 기체 분자의 운동은 온도가 높아짐에 따라 활발해져서 용기의 벽에 충돌하는 횟수가 증가하므로 부피가 커지게 된다. V를 온도 t°C에서의 기체의 부피라 하고, V_0을 0°C에서의 부피라고 하면, 다음의 관계식이 성립된다.

$$V = V_0 \times (1 + t/273)$$

여름철 자동차의 대시보드 위에 올려놓은 일회용 가스라이터가 태양열에 의해 온도가 상승하여 폭발하는 것, 화재현장에서 가스탱크 및 스프레이 통 등이 폭발하는 것 등은 대표적인 예이다.

6.1.3. 상변화에 의한 압력증가

물질은 고체, 액체, 기체의 3상 중 압력, 온도 등의 조건에 의해 한가지 상으로 존재하게 된다. 이때 조건의 변화에 따라서 상이 다른 상으로 변하는 것을 물질의 상변화라고 한다. 상이변할 때는 물리적 상태와 성질이 변하는데 체적의 변화도 그중 한가지이다. 고체-액체 간의 상변화는 체적의 변화가 크지 않지만 기체-액체, 기체-고체 간의 상변화에 의한 체적 변화는 매우 크다. 일상에서 물이 얼음이 되거나 얼음이 물로 되는 과정을 지켜보면 그 체적이 크게 변하지 않는 것을 관찰할 수 있다. 그러나 100°C의 물이 수증기로 변하게 되면 약 1603배로 그 체적이 증가하는데 만일 제한된 용기 내에서 기화되는 과정이 발생하면 그 압력이 크게 증가하고 용기가 이때 발생한 압력을 견디지 못하면 파열되고 만다. 실무에서 발생하는 대부분의 물리적 폭발은 이러한 상변화에 의한 경우가 많다. 일상적으로 조리중인 튀김기름에 물 한방울이 떨어졌을 때에도 물방울이 순간적으로 증발하여 체적이 팽창되면서 발생한 압력에 의해 소음과 함께 기름을 주변으로 비산시키는 것을 생각해보면 그 메커니즘에 대한 이해가 어렵지 않다.

다음은 모두 상변화와 관련된 폭발사고의 종류를 나타낸 것이지만 상변화의 직접적 발생 원인에 따라서 그 현상에 대해 개별적으로 구분되어 있다.

(1) 급격한 상변화에 의한 폭발(Explosion by Rapid Phase Transition)

100°C의 물은 액체상태에서 수증기로 상변화하게 되면 약 1603배로 그 체적이 증가하며 대부분 물질의 액체, 고체는 기체로 상변화하였을 때 수백, 수천배로 그 체적이 증가한다. 이때의 체적은 제한된 용기를 파괴하고 비산시키며 파열된 용기가 멀리까지 날아가기도 한다. 대부분 물리적 폭발은 용기에 제한되어 있을 때에 발생한다. 고온의 금속용융물이나 슬러그(Slug)와 같은 고온 물질이 물위에 흘러들면 고온물체가 가지고 있는 열이 물에 전달되어 급격한 상변화가 발생하는데 이때의 체적증가와 압력으로 인해 용기가 파열되거나 금속용융물이 주변으로 비산되는 현상을 말한다. 규모가 작기는 하지만 끓고 있는 튀김 기름에 물방울이 떨어지면 소음과 함께 기름방울을 주변으로 비산시키는 현상은 급격한 상변화에 의한 폭발과 동일한 원리에 의한 것이다.

(2) 비등액체증기폭발(BLEVE, Boiling Liquid Expanding Vapor Explosion)

끓는점 이상의 온도이지만 압력에 의해 액체상태를 유지하고 있는 물질이 탱크의 균열이나 파열에 의해 외부로 누출되면 압력이 줄어든다. 이때 압력에 의해 유지되던 평형은 깨지고 모든 액체가 일순간에 기화되어 주변으로 급격한 압력을 방출한다. 고압온수보일러의 폭발 등과 같이 용어자체로서의 의미는 용기내의 물질이 가연, 비가연에 대한 구분은 없으나 일반적으로는 가연성물질을 보관하는 고압탱크의 물리적인 폭발과 물리적 폭발이후 화학적으로 연소하는 과정을 총칭하여 사용하기도 하는데 용어의 정의에 대한 명확한 이해와 구분된 사용이 필요하다.

고압온수배관과 온수보일러(5kg/cm 용량) 열교환기 등에 유동하는 액체는 약 150°C의 물이다. 이는 이미 상온에서의 비점을 높은 수준으로 초과한 상태이지만 높은 압력

그림 6.1 고압온수 배관의 물리적폭발 (July 19, 2007 Steam Pipe Explosion in Manhattan)[35]

속에서 액상을 유지하고 있다. 그러나 어떠한 원인에 의해 배관에 균열이 발생하고 압력이 낮아지면 내부의 액체가 일순간에 증발하는 현상이 발생하는데 이 때문에 발생한 압력은 용기는 물론 주변의 건물 등을 파괴시킬 수 있다.

(3) 보일오버(Boil over)

밀도와 끓는점이 다른 두 액체가 혼합되면 용기 내부에서 서로 층을 이루며 분리된다. 이 때 밀도가 낮은 물질이 용기의 윗부분을 차지게 되는데 그 액면에서 화재가 발생하면 화염의 열파는 아랫방향으로 전파시킨다. 만일 밀도가 높아 아래로 가라앉은 물질이 상대적으로 낮은 온도에서 끓는 물질이라면 그 물질이 기화되고 이때 발생한 압력에 의해 위쪽의 밀도가 높은 물질이 불이 붙은 상태로 주변으로 비산되는 현상을 말한다. 원유를 보관하는 대형탱크 화재에서 주로 볼 수 있는 현상이다. 탱크에서 보일오버가 발생하면 불이 붙은 원유를 주변으로 비산시키며 화재가 크게 확대된다.

35 http://joshandjosh.typepad.com/josh_josh_are_rich_and_fa/images/2007/07/19/explosion_in_manhattan.jpg http://joshandjosh.typepad.com/josh_josh_are_rich_and_fa/images/2007/07/19/explosion_in_manhattan_aftermath.jpg

그림 6.2 보일오버(Boil over) 현상에 의한 화재의 확대[36]

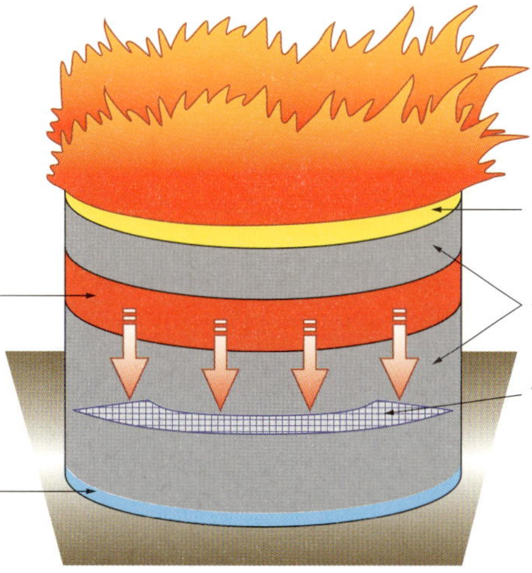

그림 6.3 Boil over 현상의 발생 메커니즘

열파(Heat wave)

원유나 중유와 같은 중질유의 액면화재 시 고열의 열유질을 유면에서 아래쪽으로 전달하며 그 층의 두께는 연소시간의 경과에 따라 증대한다. 이와 같이 아랫부분으로 전도(가열되는 부분이 유체의 윗부분이면 대류가 발생하지 않는다.)하는 열유층(熱油層)을 열파라고 한다.

6.2 물리적 폭발 후 화재

화학적 폭발은 화학반응 시 반응열이 발생하여 온도가 상승하는데 물리적 폭발은 그와 달리 화학반응이 발생하지 않고 열이 발생하지 않는다. 즉 용기가 파열되었을 때 내용물이 가지는 온도 이하로 낮아진다.

예를 들어 150 °C 의 고온고압 온수를 보관하는 탱크가 폭발하면 주변에는 폭발 이전 물이 가지고 있는 열 이외의 다른 열은 발생하지 않는다. BLEVE(Boiling Liquid Expanding Vapor Explosion) 현상과 같이 물이 수증기로 상변화하는 경우에는 증발에 의한 잠열이 발생하므로 주변에는 용기 내의 내용물 온도보다도 더욱 낮은 열을 제

36 http://farm2.static.flickr.com/1219/716260014_6a83afb360.jpg

공한다. LNG 나 질소 등 비점이 낮은 물질의 액상을 보관하는 탱크가 물리적으로 폭발한 경우에 급격히 기화하는 과정에서 주변은 꽁꽁 얼어붙을 것이다.

이러한 냉각현상은 액상을 보관하는 용기뿐만 아니라 기체 용기에서도 발생한다. 상온에서 압축되어 있던 기체 고압용기가 파괴되어 폭발하는 경우에는 기체가 급격히 팽창하는 과정에서 단열팽창이 발생하기 때문에 오히려 주변보다 탱크가 폭발한 부위는 온도가 더욱 낮아진다.

이와 같이 물리적 폭발은 열이 발생하지 않으므로 냉폭발(Cold Explosion)이라고도 한다. 때문에 단순폭발로 끝나는 경우가 대부분이며 폭발 자체가 화재의 직접적인 원인이 되는 경우는 없다. 다만 물리적 폭발로 인해 이탈된 가스배관으로부터 누출된 가스가 연소하는 경우와 같이 2차적으로 화재가 발생하는 경우가 있는데 다음과 같은 경우 등을 예로 들 수 있다.

1. 물리적 폭발에 의한 충격으로 가연성 가스나 액체의 배관이 이탈되고 이로 인해 누출된 가연성 연료가 스파크나 정전기 등 주변의 별도 점화원에 의해 화재가 발생하는 경우
2. 가연성 가스나 액체를 보관 중인 탱크가 물리적 폭발인 BLEVE에 의해 파열, 폭발한 후 누출된 가연성 연료가 주변의 별도의 점화원에 의해 착화되어 화재가 발생하는 경우
3. 주조공장에서 금형 내에 물이 남아있는 상태에서 쇳물이 흘러들어가 물의 급격한 상변화에 의해 금형이 파괴되고 고온의 쇳물이 주변으로 비산되어 화재가 발생하는 경우

가스탱크 물리적 폭발현장에서는 별도의 점화원이 주어지지 않는다면 화재가 발생하지 않는다. 다음은 2010년도에 발생한 압축천연가스버스 가스탱크의 물리적 폭발사고 사례이며 당시의 뉴스기사 중 일부를 발췌하였다.

표 6-1 천연가스버스 폭발 당시의 신문기사 중 일부 (경향신문)

출발 순간 '펑'… 연기 자욱… 유리창 다 박살(일부 발췌)

경향신문 | 김기범 · 정영선 · 황경상 기자 | 입력 2010.08.09 22:18 | 수정 2010.08.09 23:31

2010년 8월 9일 오후 4시 57분쯤 서울 성동구 행당동 지하철 5호선 행당역 4번 출구 앞 왕복 6차선 도로에서 송모씨(52)가 몰던 241B번 시내버스가 폭발했다. 경찰에 따르면 사고

는 행당동 논골 사거리에서 무학여고 방향 3차로로 진행하던 버스가 행당역을 20여 미터 앞두고 신호대기하는 상태에서 일어났다. 사고 당시 버스에는 승객 15명이 타고 있었다. 승객들은 폭발 순간 '펑' 하는 소리가 들렸고, 버스에서 연기가 치솟았다고 말했다. 맨 뒷자리에 앉아 있던 최××군(14 · 중1)은 "버스가 정차해 있다 출발하려는 순간 '펑' 소리와 함께 유리창이 다 깨지고, 연기가 차량 밖에서 안으로 올라왔다"면서 "차가 크게 흔들리며 유리창이 깨지는 것을 보고 같이 타고 있던 친구와 함께 창밖으로 뛰어내렸다"고 말했다. 왼쪽 뒷바퀴 창가 자리에 앉았던 이××씨(31)는 "갑자기 눈앞이 새하얘지고 유리 파편이 사방으로 퍼졌다"며 "깨진 창문으로 뛰어내렸고, 2차 폭발 가능성이 있다고 해서 멀리 떨어진 곳에서 응급치료를 받았다."고 말했다. 폭발한 버스는 전조등이 모두 깨지고 창문도 떨어져 나간 상태였다. 일부 좌석은 뒤집혀 찌그러졌고 왼쪽 앞바퀴 뒤쪽이 크게 벌어져 있었다. 경찰은 "버스 왼쪽 앞바퀴와 뒷바퀴 사이에 자리한 8개 연료탱크 중 앞바퀴 바로 뒤에 있는 1번 탱크에서 폭발이 일어난 것으로 보인다."고 밝혔다. 폭발과 함께 버스 차체와 유리창 파편이 튀면서 사고 현장 주변 상가의 유리창과 주변 차량 등도 파손됐다. 인근 직장에 다니는 이○○씨(29)는 "'펑' 하고 천둥소리 같은 굉음이 나서 나가보니 차가 가로수에 부딪쳐 있었고, 유리창이 다 깨져 있었다. 폭발 소리가 버스 두세 정류장 떨어진 곳까지도 들릴 정도였다"고 말했다. 다른 시민은 "폭발 당시 버스가 한 뼘 정도 공중에 붕 떴다가 떨어졌다"고 말했다.

〈 김기범 · 정영선 · 황경상 기자 holjjak@kyunghyang.com 〉

그림 6.4 당시의 교차로 CCTV 녹화 동영상

천연가스(Natural Gas)는 무색으로 공기중에 확산되었을 때 육안으로 관찰되지 않는다. 위 사진(그림 6.4)이나 CCTV 동영상 에서 흰색으로 가스가 분출되는 것처럼 보이는 것은 탱크로부터 누출된 천연가스가 팽창하면서 온도가 낮아져 대기 중의 수증기가 응결되어 희게 보이는 것이다.(단열팽창의 원리) 이 때문에 물리적 폭발은 냉폭발(cold explosion)이라고 부르기도 한다.

폭발과정을 촬영한 CCTV를 살펴보는 것만으로 사고에 대한 많은 정보를 얻을 수 있다. 교차로로 진입하던 버스가 폭발로 인해 버스와 인접차량이 공중으로 떠올랐다가 내려앉는데 이후 배출된 가스는 별도의 점화원이 주어지지 않아 화재로 발전하지 않고 점차 희석되어 사라졌다. 또한 폭발 이후 버스 또는 버스 주변에서 열에 의한 효과가 전혀 발견되지 않는다. 이는 탱크의 폭발이 열을 발생하지 않는 물리적인 폭발이었음을 증명해 줄 수 있다. 만일 화학적 폭발이었다고 한다면 폭발 이후 확산되는 가스에도 여전히 화염이나 파이어볼(Fire ball)이 존재하였을 것이기 때문이다.

6.3 사례: Electric Arc Furnace Explosion in Louisville, KY

다음은 미국에서 발생한 아크용융조 폭발 사건의 조사보고서 중 일부를 발췌, 번역, 정리한 것이다.

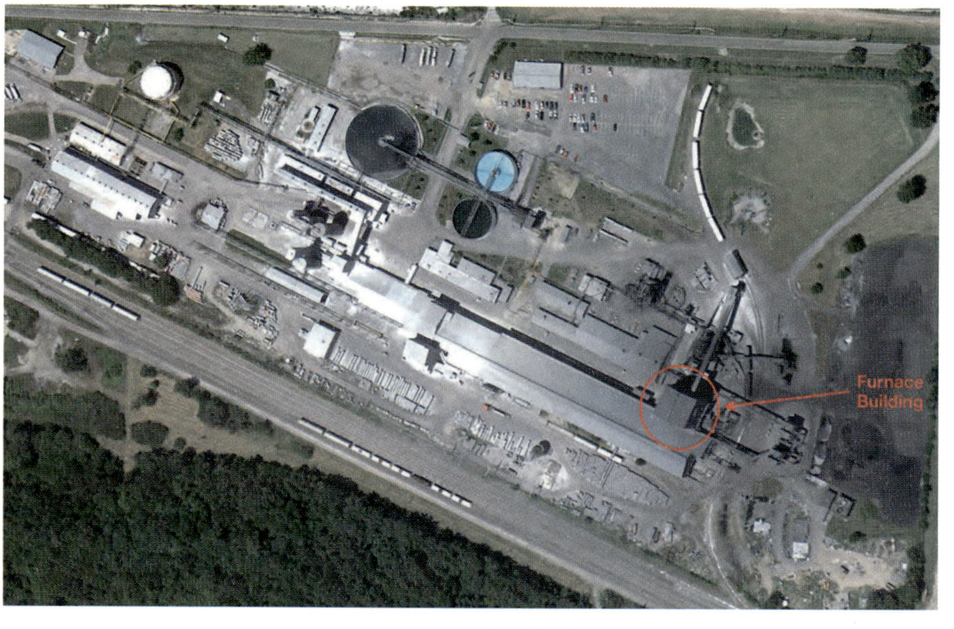

그림 6.5 사고 현장의 위치

Carbide Industries, LLC, Louisville, KY

Electric Arc Furnace Explosion

March 21, 2011

2 Killed, 2 Injured

6.3.1. 개요

2011. 3. 21. Louisville, KY에 있는 Carbide Industries, LLC 공장에서 2명의 근로자가 사망하였고 2명의 부상자가 발생하였다. 전기로에서 과압이 발생하고 분체와 고온가스 그리고 용융된 탄화칼슘(카바이드, calcium carbide)이 전기로로부터 분출되었다. 전기아크로에서 분출된 뜨거운 가스와 잔해들은 2명이 근무 중이던 관제실의 이중 강화유리를 뚫고 들어와서 심각한 화재를 일으켰고 그들에게 화상을 입혔으며 이들은 24시간 내에 사망하였다.

Carbide Industries, LLC은 북아메리카 지역 2개의 생산업체 중 큰 편이며 카바이드를 제철산업과 아세틸렌 생산자에게 공급한다. 가장 큰 공장은 "Rubbertown" section of western Louisville, KY의 오하이오 강 인근에 위치하고 있다. 160명의 근로자가 생산과 유지관리 등에 종사한다. 루이즈빌의 공장은 50-megawatt (MW)의 전기아크로를 가동하여 년간 120,000톤의 용융된 카바이드를 생산한다. 전기로로부터 뽑아낸 액상 카바이드를 고체로 냉각시키고, 카바이드를 갈아 낸 고체 카바이드를 다양한 등급별로 포장하여 판매한다. 카바이드 공장의 제작과정에서 발생하는 아세틸렌가스를 포집하기 위해서 에세틸렌 가스 저장소를 운영하고 있지만 판매용으로 생산하지는 않는다.

미국 내에는 오직 몇 개의 카바이드 생산 공장이 운영되고 있다. Carbide Industries의 Kenturcky 공장, Central Carbide Corporation의 Pryor, OK 공장에서는 17MW의 전기아크로를 사용한다. Central Carbide Corporation은 Carbide Industries와 같은 업주가 운영하고 있었다. 제강 산업 및 페로실리콘과 실리콘, 인 등 화학 생산 공정 산업에서도 대부분 전기아크로가 사용된다.

6.3.2. 공정의 개요

(1) 카바이드의 화학적 성질

순수한 카바이드(화학식 CaC_2)는 2개의 탄소원자와 1개의 칼슘원자로 구성되어 있다. 융점은 약 1936°C이며 산업적으로 생산되는 카바이드는 75~85W% 카바이드와 16~25W%의 산화칼슘와 기타 불순물이 포함된 흑회색의 알갱이나 가루이다.

카바이드는 대기 중의 습도나 인간 피부의 습기와 같은 물에 반응하여 아세틸렌가스(C_2H_2)와 수산화칼슘($Ca(OH_2)$)을 형성한다. 아세틸렌은 인화성이 매우 높다. 수산화칼슘은 부식성이 높은 물질로 피부와 눈에 접촉되었을 때 자극적이며 호흡하였을 때 호흡기 자극과 급성 폐부종을 유발할 수 있다.

(2) 카바이드 생산에 사용하는 전기아크로

전기아크로는 가열하기 위한 물질의 위에서 대기를 통해 전자를 방출시킨다. 물질에 따라서 디자인은 조금씩 다르다(open arc and submerged arc).

전극이라는 큰 도체를 통해 로 내에 전기가 들어간다. 카바이드는 물질을 가열하기 위해 전극이 튀어나오는 서브머지아크 전기아크로에서 생산된다. 물질 주변의 공기가 가열되어 복사 가열이 발생하며 전기가 물질을 통과할 때 직접적인 전기저항 가열이 발생하고, 물질을 통해 아크가 물질 내부에 퍼지는 곳에서 형성된 뜨거운 가스에 의한 대류 가열이 발생한다. 전기아크로는 수천도의 높은 온도를 발생시킨다.

카바이드 공정에서는 전기아크로에 라임(산화칼슘, CaO) 덩어리와 미리 혼합된 코크스[37]가 공급되며 전극이 전기아크로의 덮개를 통해 코크스와 라임 층 속으로 튀어나온다. 전기로에 전기가 인가되면 화시 4000도 이상으로 공급된 물질을 가열한다. 코크스의 탄소가 높은 온도에서 라임과 반응하면서 액상의 카바이드 제품과 가연성 부산물인 일산화탄소와 독성물질이 생성된다.

$$CaO + 3C \overrightarrow{\Delta} CaC2 + CO$$

Lime + carbon + heat → calcium carbide + carbon monoxide

코크스에는 수소원자를 일부 포함하고 있기 때문에 공정에서는 인화성이 매우 높은 수소(H_2)가스가 발생한다.

(3) 장비의 설명

Carbide Industries의 전기아크로는 5층짜리 건물의 바닥에 위치하고 있다. (그림 6.6)

전기로의 자체적인 높이 때문에 덮개는 2층에 있고, 전기로에 필요한 화학적 전기적인 공급을 제어하기 위한 작업자들의 관제실도 같은 높이에 있다. 관제실의 창문은 0.5인치 두께의 철사로 강화된 이중유리로 되어 있다. 다음 그림 6.7은 전기아크로의 덮개로부터 약 12feet 거리에 있는 관제실의 유리를 보여주고 있다.

37 Coke, a solid carbon that contains some hydrogen, is a black solid produced by high-temperature processing of high boiling petroleum- or coal-based process streams and residues in an oxygen-free environment.

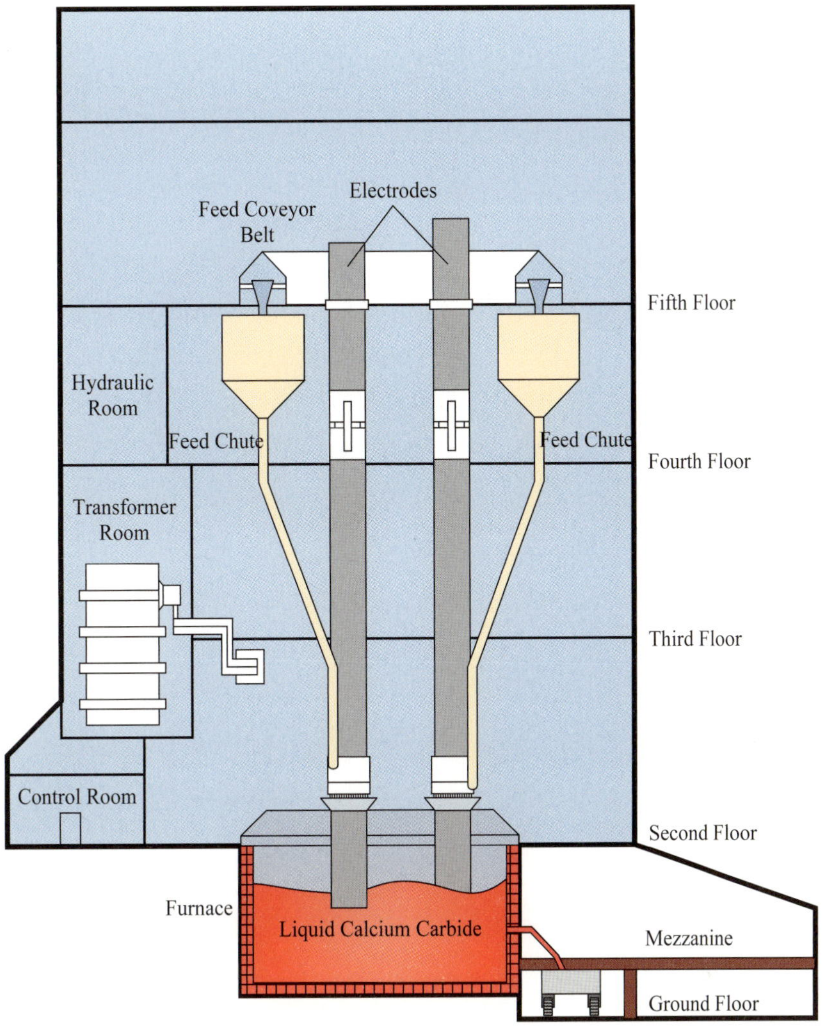

그림 6.6 Cutaway view of the EAF building and location of victims at time of incident

전기아크로는 용융된 카바이드를 아래로 배출시키는 3개의 구멍이 있는 내화 처리된 금속 탱크이다. 이 3개의 구멍의 높이는 1층과 2층 사이에 2층보다 조금 낮은 높이다. 전기아크로의 덮개는 4feet 높이로 내화 금속으로 만들어졌으며 물로 냉각시킨다. 내화물은 전기아크로 내의 고온물질이 탱크와 덮개에 접촉하는 것을 막는다. 전기아크로의 덮개는 몇 개의 부속으로 이루어졌으며 볼트로 채결되어 있다. 냉각수는 과열되는 것을 방지하며 덮개의 중공부를 따라서 흘러간다.

3개의 전극이 전기아크로의 덮개를 통과해서 들어간다. 5층에 설치된 전극이 2층 높이의 직하방으로 내려온다. 3층에 있는 3개의 변압기가 전극에 직류를 공급한다.

4층 높이에 있는 탱크는 미리 혼합된 재료를 컨베이어 벨트로 보내고 컨베이어 벨트는

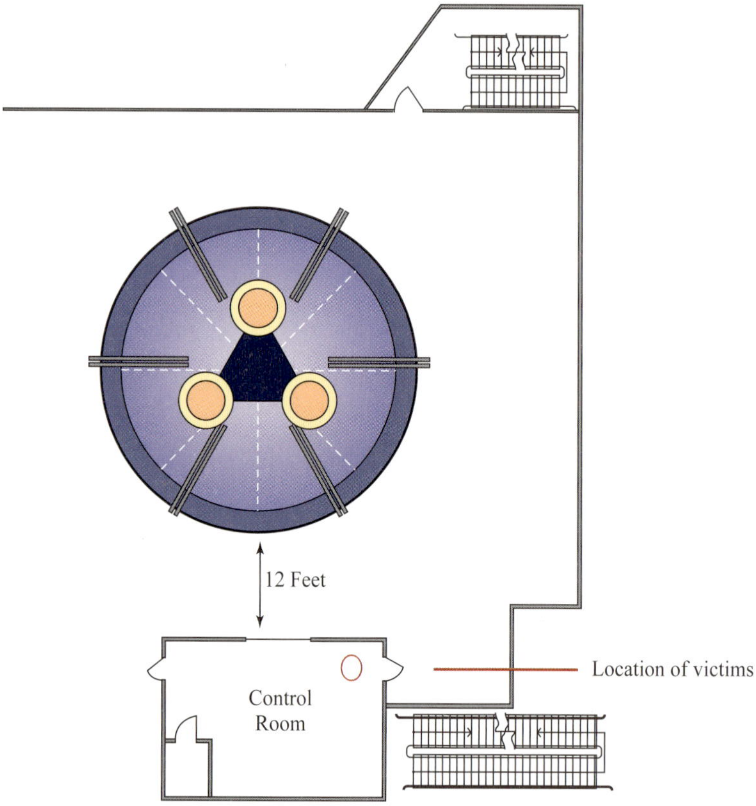

그림 6.7 Second floor of the furnace building and location of victims at the time of the incident

전극 주변에 재료를 공급하는 활송장치에 전달한다. 재료물질은 전기아크로의 전극 보호용 시스와 전극이 통과한 전기아크로의 덮개에 있는 구멍들 사이로 흘러 들어간다.

(4) 공정 설명

공장에서 코크스와 라임을 트럭과 철도배송을 통해 각각 공급받는다. 건조기를 통해서 코크스를 건조하고 무게측정 장치는 전기아크로에 재료를 공급하기 위해서 코크스와 라임을 원하는 무게비율로 혼합시킨다. 탱크와 활송장치는 고체혼합물을 전기아크로의 덮개와 3개의 전극 사이로 이송시킨다.

전기아크로에는 뜨거운 공급물질, 액상 카바이드 그리고 부산물인 수소와 일산화탄소를 포함하는 인화성 및 독성가스를 보유하고 있다. 공급되는 재료는 활송장치를 통해서 전기아크로 내로 공급되면 액상 카바이드 표면 위에 부유하며 각 전극 주변에서 깊은 층을 형성한다.

전기아크로는 내부로 공기가 침투하는 것을 막고 인화성 가스를 태워버리기 위해서 약간의 압력 하에서 가동된다. 전기아크로 내에서 생성되는 가스는 첫 번째로 가스를 물과 접촉시켜 오염물을 제거하는 습식 집진기의 벤트 시스템을 통해 배출된다. 일부의 가스는 전기 아크로 덮개 구멍에 있는 전극 시스와 구멍 사이의 틈을 통해 건물의 2층으로 배출된다. 작업자들은 관제실 창문을 통해서 전기아크로 내에서 가스가 생산되고 틈새로 빠져나와 대기와 접촉하면서 자연적으로 연소하는 화염의 외관(양, 색깔, 움직임) 모습을 관찰하면서 공정의 진행 상황뿐만 아니라 소비되는 전력량, 전극의 마모상태, 유속을 판단한다.

약 3,800°F의 용융된 카바이드는 전기아크로의 측벽에 있는 배출구멍을 통해서 배출된다. 로의 용융물을 빼는 구멍(taphole[38])에 냉경주형이라는 통을 맞추기 위해서 작업자는 바퀴가 달린 전동 열차장치를 이용하며 이 구멍에 끼워져 있는 물질과 응고된 카바이드를 녹여 떼어내기 위해서 전기 아크 장치를 이용한다.

로 내에서 용융된 카바이드는 로 내의 탭홀에서 냉경주형으로 배출된다. 다수의 냉경주형이 채워진 후에 로 내에 남아 있는 카바이드의 흐름은 탭홀에서 상당히 느려진다. 그러면 작업자는 탭구멍에 진흙과 유사한 혼합물을 구멍에 끼워 넣고 탭을 다음 장소로 이동시킨다. 그 장소에서 냉각된 카바이드를 털어내고 표면을 처리한 후 선별하여 제품을 포장한다.

카바이드는 금형에 남아 있을 동안에 500°F(260°C) 정도로 냉각된다. 미국 화학안전위원회 조사관은 작업과정의 문제점에 대하여 Carbide Industries의 근로자들을 인터뷰하였다. 근로자들은 전기아크로 덮개의 냉각수가 로 내로 누설된 것뿐만 아니라 전기아크로 내에서 과압(over pressure)이 발생하였다고 설명하였다. 그들은 과압이 발생하면 뜨거운 가스를 불어내기 때문에 이것을 '블로(blow)'라고 부른다. 이 현상은 종종 공급된 재료인 코크스와 라임을 로의 밖인 건물의 2층 바닥으로 불어내기도 하였다. 이 블로 현상은 1년에 몇회 발생하였다. 작업자들은 전기아크로 내에서 블로 현상이 발생하면 로내의 모든 물질들을 제거하고 작업을 다시 시작했다.

누수의 효과는 전혀 인식하지 못하는 수준에서부터 브리징(bridging)[39]과 같이 궁극적으로 폭발로 진행될 수 있는 잠재적인 효과까지 다양하게 나타날 수 있다. 근본적인 원인판단을 위해 조사를 해야 하지만 Carbide Industries는 사고 또는 블로현상과 관련

38 a hole for a tap; specifically : a hole at or near the bottom of a furnace or ladle through which molten metal, matte, or slag can be tapped

39 Bridging, also called arching, is the formation of a hollow cavity under a pile of solids that would otherwise flow downward under the force of gravity. The hollow cavity forms due to the cohesiveness of the particles, which prevents flow and can be formed due to the presence of water or insufficient mixing of fine particles in the feed.

된 기록을 제공하지도 않았으며 화학안전 위원회도 찾을 수 없었다. 사고조사는 부상자들이 전기아크로에서 '블로'가 발생한 것과 특별한 관련이 없다고 결론내리고 종결되었다. 예를 들어 Carbide사에서 제출한 어떤 보고서는 뜨거운 카바이드 아래에 있는 탭홀 때문에 근로자들이 화상을 입은 것이라고 설명하고 있다.

6.3.3. 사고에 대한 설명

2011. 3. 21. 17:00경 Carbide Rubber town 공장의 전기아크로에서 급격하게 압력이 증가하였으며 약 2100°C의 덩어리와 분쇄된 고체의 잔해, 뜨거운 가스와 용융된 카바이드를 분출시켰다. 목격자들은 큰 폭발 이후 2~3 차례의 과압이 발생하였다고 진술하였다. 잔해의 구름과 연기는 5층짜리 전기아크로 건물 전체를 어두컴컴하게 만들었다(그림 6.8).

로에서 발생한 뜨거운 가스와 잔해는 관제실의 이중 유리 창문을 뚫고 들어와서 2명의 작업자가 심각한 화상을 입었고 그들은 24시간 내에 사망하였다.

0.5층 높이의 탭홀에서도 뜨거운 물질이 분출되었다. 1명의 작업자가 탭홀로부터 30feet 떨어진 곳의 판자가림막(Shack)안에서 일을 하고 있었다. 판자 가림막의 문이 살짝 열려있었으며 그는 바닥에 쭈그려 앉은 상태로 자신을 둘러싸는 뜨거운 가스와 먼지로부터 피난할 곳을 찾고 있었다. 다른 근무자는 전기아크로에서부터 다른 곳으로 걸어가 던 중 폭발압력에 충격되어 넘어지고, 뜨거운 가스와 잔해로 덮어 버렸다. 그는

그림 6.8 Cloud of debris and smoke obscures the five-story furnace building (Photo courtesy Lake Dreamland FD)

그림 6.9 Second floor of the EAF building after the explosion

유지보수 지역으로 옮겨진 뒤 산소를 공급하며 바이탈 사인을 관찰하였으며 이후 병원으로 옮겨 치료를 받고 퇴원하였다.

6.3.4. 긴급 출동

카바이드사의 비상 대응팀인 Carbide Industries Safety, Health and Environmental (SH&E)의 팀장과 직원들은 관제실로부터 2명의 근무자를 탈출시키고 산소공급을 하면서 바이탈 사인을 관찰하였다.

폭발 2분 만에 사고현장지휘소가 차려졌다. Lake Dreamland Fire Department의 부서장은 즉시 현장으로 갔으며 즉각적으로 현장지휘소장의 역할을 하며 National Incident Management System (NIMS) protocol[40, 41]에 의해서 대응팀을 운영하였다[42].

40 The Department of Homeland Security established the National Incident Management System as a uniform, scalable template to enable governments, nongovernmental organizations (NGOs), and the private sector to work together to prevent, protect against, respond to, recover from, and mitigate the effects of incidents.

41 The community notification system in effect on the day of the incident was the Rubbertown Community Action Line (RCALL) system. Carbide personnel were focused on the victim rescue efforts and no one left information on the RCALL line for residents in the surrounding community. Because RCALL was the information conduit, the community had no updates on the incident for 90 minutes following the explosion

42 Lake Dreamland Fire Department's jurisdiction includes 17 industrial and chemical facilities, and the incident commander reported being familiar with all of them through previous response efforts at those facilities. Lake Dreamland, Pleasure Ridge, and Dixie Suburban Fire Departments all responded to the incident.

제품들에 의한 오염가능성과 사고지역의 알 수 없는 상황에 대한 우려 때문에 지휘소장은 역풍방향으로 정문에서부터 약 0.5마일 거리에 지휘소를 설치하고 구급차를 불러 대기시켰다. 1번째 구급차가 17:40에 도착하였으며 잠시 후 2대 이상 구급차가 15분 내에 도착하였다.

카바이드사의 직원과 Lake Dreamland 소방대원이 부상자를 구급차와 의료기술자(medical technicians (EMTs))가 있는 주출입문으로 옮겼다. 카바이드사의 긴급대응팀과 소방서의 구급대원이 산소를 공급하고 바이탈 사인을 관찰하는 사이 소방대원들이 부상을 입은 근로자들의 물로 씻어주었다. 희생자 한명의 심정지가 발생하여 구급대원이 그에게 심폐소생술을 실시하였다. 사건 발생 약40분 후 의료기술자들이 희생자들을 병원으로 옮겼으며 그들은 약 12분에 병원에 도착하였고 약 24시간이 지난 후 사망하였다. 3번째 구급차가 폭압에 의해서 바닥에 쓰러져 부상을 입은 노동자를 이송하였다.

6.3.5. 분석

(1) 사고의 물리적 원인

화학안전위원회는 3월 21일 정확한 원인을 밝힐 수 없었지만 공장의 기록, 구급차 종사자들에 대한 인터뷰, 이미 알려진 카바이드 생산공정의 특성에 근거한 재구성를 검토하여 몇 개의 타당한 시나리오를 설정할 수 있었다.

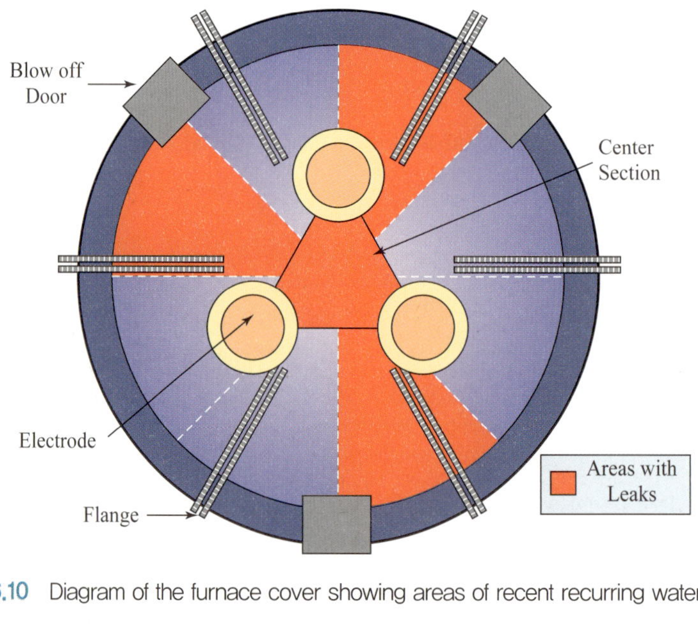

그림 6.10 Diagram of the furnace cover showing areas of recent recurring water leaks

전기아크로 덮개 아래쪽의 검사를 통해 이곳의 내화 라이닝이 닳아 구멍이 발생하였고, 냉각수가 로 내로 침투한 것으로 밝혀졌다. 위 로 덮개의 그림(그림 6.10)은 최근 덮개의 냉각부분에서 발생하는 반복적인 누수 부위를 보여주고 있다.

화학 안전 위원회는 비극적인 사고를 야기하였던 몇가지의 가능한 메커니즘에 대하여 고려하였다. 냉각수가 흘러가는 중공챔버의 내측에 라이닝이 얇아짐, 막힘, 고체의 부착으로 인하여 누수가 발생하였다. 냉각수의 순환을 막아 덮개의 아래쪽에 부착된 금속의 단열 성능이 떨어지게 되고 그로 인하여 로 내의 높은 온도가 금속을 연화시켜 그 자중에 의해 아래로 쳐지게 되었다.

계속적으로 로의 높은 온도에 노출됨으로써 늘어지고 불거진 부분의 균열이 개방되였고 이곳을 통해 누수가 발생하였다. (그림 6.11, 6.12)

가능한 다른 원인은 로의 뜨거운 액체가 갑자기 폭발하여 균열이 발생하게 된 것이다. 작업자들은 이러한 현상에 대하여 비등(boiled-up)이라고 불렀다. 반복된 뜨거운 물질의 비등현상은 로 덮개의 아래에 접촉하면서 누수를 발생시킬 수 있다.

작업자들이 로 덮개에 올라서거나 누수에 대한 보수를 할 때 전기아크로의 전류는 차단되어야 한다. 카바이드사의 직원은 그들이 작은 구멍을 막는 방법에 대하여 설명하였다. 그들은 스팀보일러 누수 보수용 분말인 오트와 보일러소더의 혼합물을 냉각수에 첨가하면 냉각수가 이 물질을 균열부위로 밀어붙여서 증기가 발생하던 누출부위를 틀어막아 버린다. 카바이드 사는 큰 구멍을 수리할 때에는 물이 흐르는 중공부 내부에 금속철판을 덧대어 용접을 한다. 이 방법은 누수를 막을 수 있는 있지만 로의 덮개 아래에 매달려있는 냉각되지 않는 얇은 금속층이 생성된다. 화학안전위원회가 입수한 유지보수기록에 의하면 2011년 3월 사고가 발생하기 전 4개월 동안 로 덮개의 누수에 대하

그림 6.11 Crack in furnace cover formed due to fouling

그림 6.12 Cooling water leak in furnace cover with ceramic lining worn away

여 26회의 보수작업이 있었다는 것을 알 수 있다.

전기아크로 전문가인 G.W. Healy가 1965년에 출판하였던 자료에 의하면 카바이드에서 발생하는 과압현상의 시퀀스에 대하여 '물이 없더라도 공급하는 재료 중 미세한 입자들이 아크를 형성하게 될 수 있기 때문에 공급재료의 불충분한 혼합에 의해 액체의 과열이 발생할 수 있다.'고 설명하고 있다. 또한 Healy는 카바이드와 산화칼슘 사이에 원하지 않는 부작용이 발생할 수 있는 온도에 대하여 계산하였으며 이온도는 아크가 공급된 이후 약 1분 내외에 도달할 수 있다.

그의 계산은 카바이드와 산화칼슘의 반응은 일반 카바이드가 생성되는 반응만큼 빠른 속도로 2.5배의 가스를 생성하는 것을 밝혔다.

화학안전 위원회는 카바이드사로부터 받은 자료와 사고 당시의 작업환경을 기반으로 한 독립적 분석을 통해 전기아크로 내에서 뜨거운 물질들을 분출시키기에 충분한 에너지가 생성되었다는 것에 대하여 밝혔다.

(6) key findings

화학안전위원회는 Carbide 공장의 사고 분석을 통해 다음과 같은 중요한 것들을 밝혀냈다.

1. 폭발의 위력으로 인해 관제실 창문이 깨지고 그곳에 있던 작업자 2명이 사망하였다.
2. 이전에도 사람이 다치지는 않았지만 관제실의 유리창이 폭압으로 인해 파괴되었던 사고가 있었지만 업주 또는 Carbide Industries는 관제실의 위치를 바꾸고 카메라를 설치하여 원격으로 관찰할 수 있도록 했어야 함에도 불구하고 조치하지 않았다.
3. Carbide Industries는 사고발생 전 4개월 동안 26회의 전기아크로 덮개의 누수와 관련하여 26회의 작업지시를 내렸다. 이들은 지속된 누수로 인한 위험에도 불구하고 작업은 계속되었다. 회사는 과거의 폭발사고에 대하여 보통의 블로 현상 즉 일반적인 이벤트로 치부하며 적절하게 다루지 않았다.
4. Carbide Industries는 폭발사고 당시 새로운 로를 만들어 내화처리를 하려고 대기 중이었다.
5. 회사는 전기아크로의 과압이 발생할 수 있는 요소들에 대한 규정 안전관리에 대한 프로세스를 갖추지 못하였다.
6. NFPA 86은 Carbide Industries 에서와 같은 Class A 전기아크로의 작동에 대한 안전규정을 자세히 다루지 못하였다.

6.4 화재 후 물리적 폭발

주변에 불이 있는 상태에서 용기의 폭발은 화재현장에서 매우 흔하게 발생하는 현상 중의 하나이다. 만일 내용물이 텅 빈 상태의 밀폐용기가 있다고 하더라도 완벽한 진공 상태가 아니라면 내부의 기체가 가열에 의해 팽창되기 때문에 파열, 폭발에 이른다. 화재현장에서 발생하는 물리적 폭발은 매우 일반적인 상황이다.

가연성 가스나 액체를 보관 중인 탱크가 가열에 의해 내압상승으로 폭발한다면 이는 물리적인 폭발(BLEVE, 비등액체증기폭발)이며 폭발 후 누출된 가연성 가스는 확산연소를 하며 화학적으로 폭발하지는 않는다. 왜냐하면 용기의 물리적 폭발에 의해 누출되는 가연성 가스는 100 %의 농도를 가지고 있기 때문이다. 연소하기 위해서는 적절한 농도(연소범위 내)로 공기와 혼합되어야 하는데 용기의 파열 이후 대기 중의 공기와 혼합하는 과정은 상대적으로 느리기 때문에 화학적 폭발과 같이 빠른 연소속도를 가질 수 없다. 용기의 물리적 폭발시 발생한 위력에 의해 건물이나 구조물이 파괴될 수 있으나 누출된 가연물의 연소에 의해서는 큰 압력파나 충격파를 생성할 수 없다. 다만 규모가 큰 경우 파이어볼의 복사열에 의해 주변가연물이 착화되어 화재가 확대되는 피해는 발생할 수 있다. 따라서 화학적 폭발에 비하면 폭발압력에 의한 피해는 상대적으로 크지 않다. 만일 파이어볼을 생성할 만한 가연물을 연소이전에 공기와 충분히 혼합시킨 상태에서 점화가 이루어진다면 그 압력과 파동에 의한 피해는 물리적 폭발에 비교 할 수 없을 정도로 클 것이다.

그림 6.13 사진은 화재로 인해 가열되던 가연성 연료의 탱크가 물리적으로 폭발 후 가연성가스가 확산되며 파이어볼을 형성해가는 과정을 보여준다.[43]

43 출처 : http://www.firehistory.org/images/front_07-05-2008_kingman-1.jpg, http://www.firehistory.org/images/front_07-05-2008_kingman-2.jpg

그림 6.13은 가연성 연료를 보관 중인 탱크에서 화재가 발생한 것으로 가열에 의해 압력이 상승하자 안전밸브를 통해 분출되며 압력을 해소시키고 있다. 이때 가열에 의한 압력상승 효과가 안전밸브의 방출 속도보다 높아 지속적으로 압력이 상승하고 탱크의 내압한계를 초과하는 순간 용기가 물리적으로 폭발하고 가연성가스가 확산되며 파이어볼을 형성해가는 과정을 보여주고 있다. 이때 탱크의 물리적 폭발에 의한 충격으로 인해 주변건물이 파괴되는 등 주변피해는 발생할 수 있다. 그러나 파이어볼은 육안으로 관찰되는 확산연소의 과정이며 충격파를 발생할 정도의 연소속도를 갖지 못하고 화학적 폭발은 발생하지 못한다. 만일 탱크 내부의 가연물이 산소와 충분히 혼합된 상태에서 화학적으로 폭발하였다면 그 충격파에 의한 피해는 전자에 비교할 수 없을 정도로 클 것이다. 폭발의 주체가 가연물일 경우 압력이나 충격파의 강도로 비교하여 볼 때 동일량의 가연물이 물리적으로 폭발하는 것보다 화학적으로 폭발하는 위력이 매우 크다.

종종 언론에서 화재로 인해 가스탱크가 폭발하는 경우 가스탱크에 보관 중인 연료가스의 량을 계산하여 폭발력을 산출하는 오류가 발생한다. 예를 들자면 "탱크 내에 보관 중인 가스의 폭발력을 TNT로 계산해 본다면 .... kg 의 폭발력에 해당됩니다." 이런 식이다. 이러한 계산은 TNT 당량비 계산이라고 하는데 이 방식은 화학적 폭발 시 나타날 수 있는 위험을 동일 위력을 보이는 TNT의 양으로 계산하여 보여주는 것인데 화재로 인해 용기가 폭발하는 것은 물리적 폭발 현상이므로 용기 내 가연물의 양을 이 계산에 적용하는 경우 명백한 오류이다. 물리적 폭발인 BLEVE 의 경우 용기 내부에 담겨 있는 가스의 양보다는 용기의 내압한계에 따라서 폭발력이 좌우된다. 용기의 내부에 있던 가스는 용기의 폭발 이후 확산연소를 이루므로 폭발 압력에는 큰 영향을 미치지 못한다.

6.5 BLEVE의 발생 메커니즘

BLEVE 현상은 화재 이후 폭발이 발생하는 대표적인 현상으로 그 과정을 액온상승, 연성파괴, 액격현상(液擊現像), 취성파괴, 파이어볼로 구분해 설명할 수 있다.

6.5.1. 액온상승

그림 6.14와 같이 외부에서 발생한 화염에 의해 프로판액체를 보관하는 탱크가 가열된다면 내부의 프로판 액이 가열되어 탱크 내부의 압력이 상승하게 된다. 그로 인하여 탱크에 설치된 릴리프시스템(스프링식 릴리프 밸브 등)이 작동하여 증기가 방출되면서 일부 압력이 해소된다. 발생압력이 릴리프 시스템에 의해 해소될 수 있는 양 보다

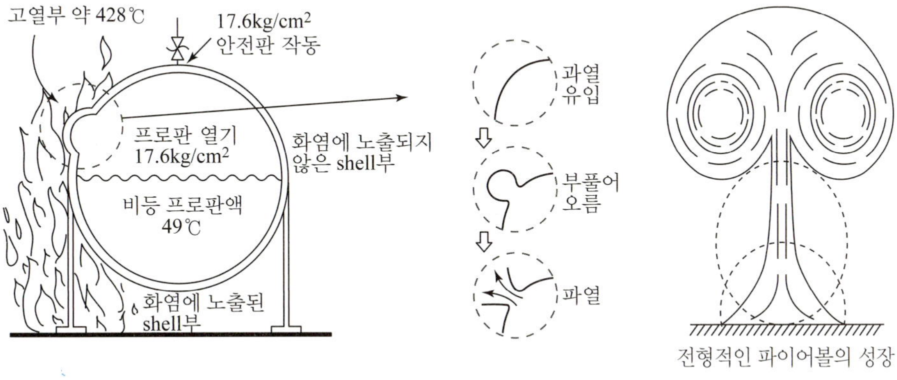

그림 6.14 액체프로판를 보관하는 용기의 화재이후 BLEVE 현상의 메커니즘

작다면 용기는 파괴되지 않을 것이나 발생 압력이 방출 압력보다 높아지게 되면 용기의 압력은 점차적으로 증가하여 내압한계에 이르는 순간 용기가 파열에 이른다.

6.5.2. 연성파괴

화염에 노출된 금속 용기는 온도가 높아짐에 따라서 강도가 저하되고 연성이 발생하여 압력을 견딜 수 있는 힘이 저하된다. 이 때 내부의 압력상승에 의해 연성이 발생한 부분이 부풀어 오르다가 파열에 이르게 된다. 그로 인하여 내부의 압력이 분출되며 용기 내의 압력이 저하된다. 탱크의 액상부분과 기상부분 중 연성파괴는 일반적으로 기상부분에서 먼저 발생하는데 이는 액상부분은 증발에 의해 일부 냉각이 되지만 기상부분은 이와 같은 잠열이 없기 때문에 액상부분에 비하여 온도 상승속도가 더욱 빠르기 때문이다. 화재현장에서는 가스탱크의 액상부분은 오히려 서리가 하얗게 끼어있는 모습도 관찰된다.

6.5.3. 액격현상(液擊現像)

탱크 내부의 프로판액은 이미 끓는점을 초과한 상태이나 압력에 의해 액체상태를 유지하는 상태이므로 용기의 파괴에 의해 압력이 해소되면서 탱크 내의 프로판액은 일순간에 증발하여 급격한 상변화를 일으키는 데 이 때 발생하는 액체의 상변화에 의한 압력은 잔여 프로판액을 비산시키고 탱크 내벽에 강한 충격을 준다. 이러한 충격을 액격현상이라고 하며 이때의 충격은 용기의 취성파괴를 야기할 수 있다.

6.5.4. 취성파괴

액격현상에 의해 탱크가 취성파괴 되면 이로 인해 파편이 비산되고 압력파의 생성으로 주변부의 구조물을 파괴시킬 수 있으며 용기 내부에서 발생한 증기운은 파이어 볼을 형성할 수 있다. BLEVE 현상에 의한 폭발력은 용기의 파괴로 인해 액이 대부분 기화되는 이 순간에 발생한다.

6.5.5. 파이어볼

대기 중에 대량으로 만들어진 프로판가스의 증기운은 주변 화염으로부터 인화되어 파이어볼을 이루며 연소된다. 만일 용기의 파괴가 화염에 의한 것이 아니고 용기의 폭발 이후 주변에 점화원이 발생하지 않는다면 증기운은 서서히 대기와 희석되어 연소되지 않은 상태로 앞서 설명하였던 천연가스버스 폭발 사고의 사례와 같이 사라지게 된다. 블레비현상에서 용기 내용물이 가연성일 경우 폭발 이후 파이어볼을 일으키며 연소하지만 비가연성일 경우 파이어볼은 발생하지 않는다. 일반적으로 블레비 현상이라는 단어는 화재를 일으키는 가연성물질 보관 탱크의 폭발을 설명하는 용어로 사용되지만 고온 고압 상태의 물이 증기폭발하는 것 또한 블레비(BLEVE)현상이며 블레비현상을 설명하는 데에 있어서 파이어볼이나 누출가스의 연소는 필요사항이 되지 않는다.

6.6 액격현상

위 블레비현상의 과정 중 주요 메커니즘을 차지하고 있는 부분은 액격현상으로 조금 더 자세히 설명하였다.

액격현상은 끓는점 이상으로 과열된 액상을 보관하는 탱크의 균열 등으로 인해 내부 압력이 낮아지면서 압력에 의해 액상을 유지하고 있던 물질이 급격하게 기화하면서 발생하는 체적팽창에 따른 압력에 의한 충격현상을 말한다.

다음 실험은 고압탱크에 알루미늄 파열판을 설치하고 물을 100°C 이상 가열하여 내부 압력을 증가시켰을 때 파열판이 파괴된 후 나타내는 내부의 압력 변화상황을 체크한 것이다. 경우에 따라서 파열판의 파괴이전 압력에 비하여 매우 높아지는 것을 알 수 있으며 높은 온도에서 파열될수록 초기압력과의 차이가 크게 나는 것을 알 수 있다. 이러한 액격현상에 의한 파괴는 용기를 더욱 크게 파열시켜 날아가게 하는 것뿐만 아니라 주변의 구조물을 파괴시킬 수도 있다. 아래 그래프의 (3)은 액온이 155°C일 때 얻어진 증기폭발의 압력파형이다. 파열판이 파열되기 직전에는 용기내의 압력은 5.5kg/cm^2 였는데 파열판이 파열되는 순간 압력이 급격히 감소하였으며 약 5ms 후에 다시 압력이 증가하여 약 60ms 후에는 13.5kg/cm^2 의 최대 압력치에 달하고 이후 감소해 약 250ms 후에 보통의 압력으로 되었다(그림 6.15, 6.16).

액격현상의 압력은 물질의 압력 및 상황에 따라서 초기압력을 초과하는 경우도 있으며 그 이하인 경우도 있으며 다음과 같은 인자에 의해 영향을 받는다.

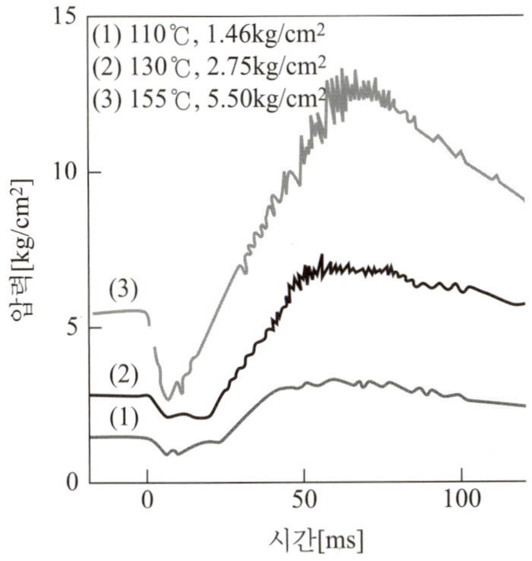

그림 6.15 물의 액격(증기폭발)에 의한 압력변화

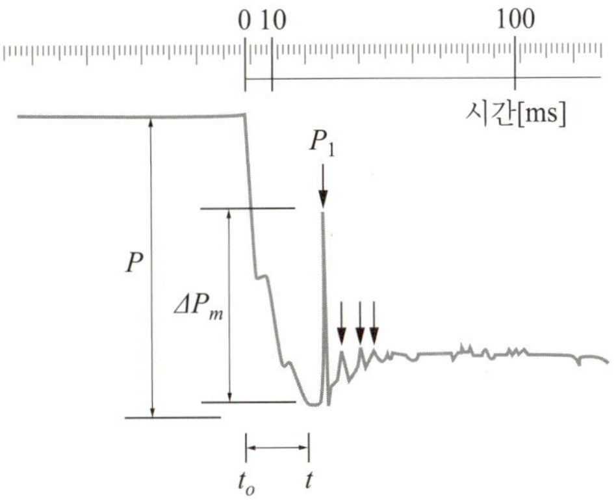

그림 6.16 프레온가스의 액격(증기폭발)에 의한 압력변화

- 물질의 비점, 비열 등 물리적 성질(액체의 순도 및 종류)
- 액체의 온도(가압상태)
- 압력의 저하속도(압력이 작은 구멍으로 빠져나가는 등 압력저하 속도가 느릴 때는 급격한 상변화가 발생하지 않기 때문에 폭발적이지 않다.)

6.7 사례: Propane tank Explosion in Albert City, Iowa

다음의 사례는 미국의 화학안전 위원회에서 프로판 저장 탱크에서 발생한 블레비 사고를 조사하였던 최종 보고서의 일부를 발췌하여 번역한 것이다.

INVESTIGATION REPORT PROPANE TANK EXPLOSION

(2 DEATHS, 7 INJURIES)

6.7.1. 개요

이 보고서는 Albert City, Iowa에 있는 Herrig Brothers Feather Creek Farm에서 1998년 4월 9일 오후 11:28경에 18,000gallon의 프로판 탱크가 폭발한 폭발/블레비(BLEVE)[44] 사고에 대한 것이다. 2명의 의용소방대원이 사망하였으며, 7명의 긴급출동 대원이 부상을 입었고 몇 개의 건물이 폭압에 의해서 손상을 입었다.

44 A BLEVE can occur when "a pressure vessel containing a flammable liquid like a propane tank is exposed to fire so that the metal loses strength and ruptures." Lees, Frank P. *Loss Prevention in the Process Industries: Hazard Identification, Assessment and Control,* 2nd ed.; Butterworth-Heinemann: Oxford, England; 1996, Vol. 2, 17/177.

그림 6.17 Aerial View of the Farm on April 10, 1998

그림 6.18 The 18,000-gallon Propane Tank That Exploded

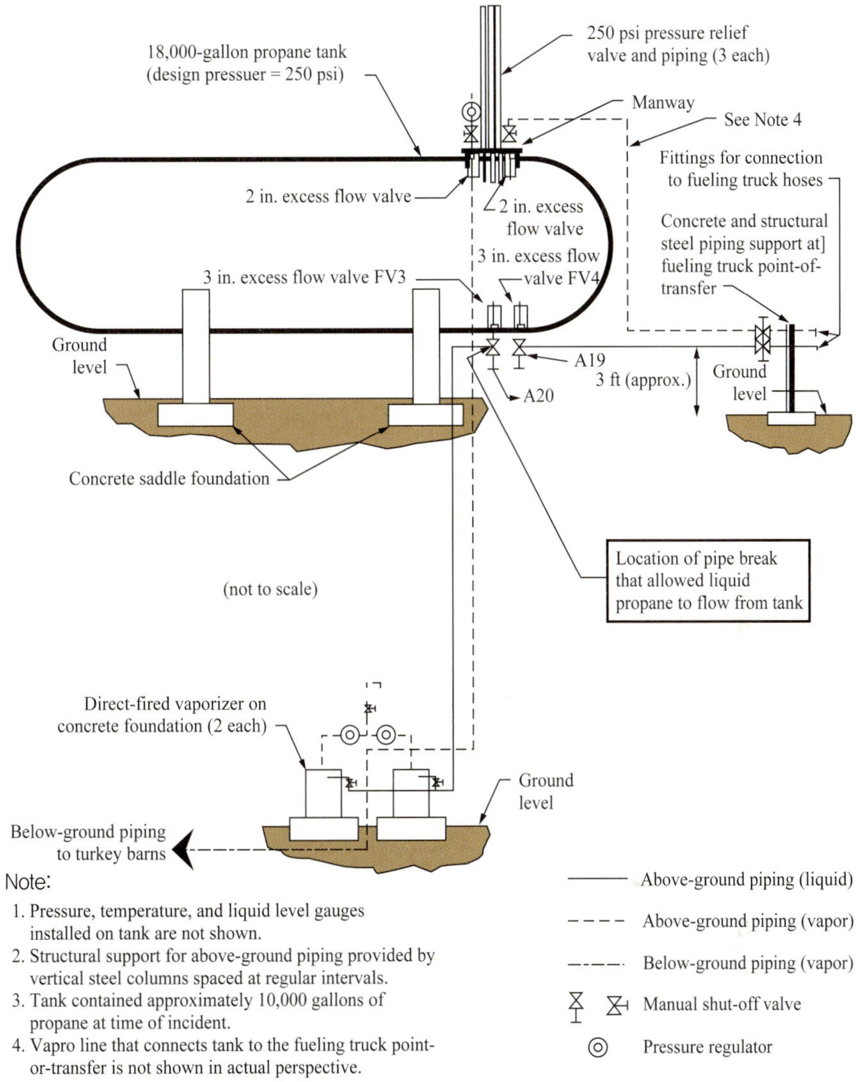

그림 6.19 Piping Diagram for the Propane Storage and Handling System

6.7.2. 사고 이전의 이벤트

이 농상은 칠면조를 사육하는 곳으로 7개의 축사로 지어졌다. 칠면조 축사에는 실내 난방기와 벽난로가 설치되어 있었다. 이곳의 실내 난방기와 벽난로의 연료는 프로판 저장고로부터 공급받으며 사고는 이 프로판 탱크와 조작 시스템이 폭발한 것이다.

사고가 발생한 저녁에는 8명의 고등학생풍 10대들이 파티를 위해 모여 있었다. 농장의 동업자 중 한명에 의하면 그들은 이전에도 이 농장에서 비슷한 사교모임을 갖곤 했지만 이들은 농장 주인에게 알리거나 허락을 받지도 않았으며, 게다가 주인은 농장에서 거주하지도 않은 상태였다.

오후 11:00경 젊은이들 중 한명이 4륜구동차(all-terrain vehicle (ATV))를 타고 농장 주변을 운전하며 돌아다녔다. 운전자는 사람을 태우고 계속해서 운전했다. 4륜구동차는 프로판 탱크와 칠면조 축사 사이의 동쪽으로 진행하면서 지면 위로 올라와 있던 프로판 파이프 2개(액상, 기상 배관)에 충격하였다. 이 배관들은 프로판 탱크에서 북쪽으로 약 37feet 거리에 있는 직접연소 기화기(direct-fired vaporizers)[45] 방향으로 평행하게 뻗어 있던 것들이다.

직접연소 기화기는 탱크로부터 공급된 액상을 가스로 만들어 난방에 활용하는 시스템의 일부였으며 여기에는 농장의 실내 난방기와 벽난로가 연결되어 있다. 4륜차는 기상 배관과 액상 배관 2곳 모두 손상을 입혔다.

이 액상 배관(내부 직경 3/4 inch로 측정되었다.)은 오롯이 탱크의 바로 아래에 있는 수동조작 밸브의 작동에 의해 공급된다. 파괴되었을 때 액상 배관의 초과유량 보호 밸브(excess flow valve)[46]는 작동하지 않았고 프로판이 탱크 밖으로 누출되었다. 액상 프로판이 탱크 밖으로 분무되며 뿌려졌고 이것은 순식간에 기화 되었다. 기상 배관에서도 프로판 증기가 누출되었으며 몇분 후에 손상된 배관에 착화되었다. 손상된 배관으로부터 연료를 공급받은 화재는 탱크의 아래에서 격렬하게 연소하였다. 2명의 십대는 이 상황을 알리기 위해서 농장에서 약 1/2 마일 거리에 있는 이웃집으로 운전해 갔다. 오후 11:00경 이웃은 911에 화재 신고를 했다.

Albert City의 Volunteer Fire Department 소방대원들 20명과 Buena Vista County Sheriff Deputies 경찰관 2명이 농장에 첫 번째로 도착하였다. 도착 시간은 약 11:21, 소방대원들은 탱크의 서쪽 끝과 탱크의 위쪽에 설치된 릴리프 밸브를 통해서 각 솟구치는 2개의 화염을 발견하였다. 한명의 소방관은 "탱크의 서쪽 끝(파괴된 액상배관)이 화염에 휩싸였다"고 보고하였다. 다른 소방관은 "프로판 탱크가 완전히 화염에 휩싸였으며, 화염은 70~100 야드의 높이로 솟구치고 있다"고 보고하였다. 소방관들은 릴리프 밸브로부터 발생하는 소음이 "마치 엔진의 최고출력을 발휘하고 있는 제트기 옆에 서있는 것과 같았다"고 설명하였다.

오후 11:28경, 소방장비들이 사고 장소에 도착하였고, 곧 탱크는 폭발했다. 찢어진 탱

45 The direct-fired vaporizers were components of the system that used heat to transform liquid propane from the tank into a gas that was piped to space heaters and furnaces on the farm.

46 An excess flow valve is designed to greatly reduce the flow of liquid from a pipe that is damaged in such a fashion that flow through the line exceeds a predetermined flow rate.

크의 금속 파편이 사방으로 날아갔다. 탱크의 파편 중 커다란 것 하나가 북서쪽 방향으로 날아가면서 2명의 의용소방대원을 충격하여 사망케 하였다. 7명의 다른 긴급출동 대원들은 폭발로 인해 부상을 입었다.

6.7.3. Key Findings

이 농장에서 발생한 폭발은 블레비 현상(Boiling Liquid Expanding Vapor Explosion or BLEVE)이다. 블레비는 프로판 탱크와 같이 가연성 액체를 담고 있는 고압용기가 화재에 노출되었을 때 발생할 수 있다. "Loss Prevention in the Process Industries"라는 책에는 블레비 현상에 대하여 다음과 같이 설명하고 있다.

> 고압하에 액상인 물질을 담고 있는 용기가 화재에 노출되었을 때 액체가 가열되고 증기압이 상승하여 용기의 압력을 높인다. 이 압력이 설정된 릴리프 밸브의 작동 압력에 도달하면 밸브가 작동하여 증기가 대기 중으로 방출되며 그 만큼 액체의 수위가 낮아진다. 액체는 접촉하고 있는 용기의 벽을 냉각시키는 데에 효과적이지만 기체는 그렇지 못하다. 용기의 일부는 액체가 기화되는 만큼 냉각된다. 시간이 지남에 따라서 액체에 의해서 냉각되지 못하는 기상부의 금속은 화재에 노출되게 되며 온도가 상승하고 결국 파열된다.[47]

- 사고에서 이 탱크는 아래로 프로판이 누출되면서 화염에 휩싸였으며 이 화염은 블레비 현상이 발생할 수 있는 조건을 만들었다.
- 이 프로판 탱크와 지상으로 올라온 파이프 2개는 모두 자동차로부터 손상을 막을 수 있도록 설계된 어떠한 울타리나 물리적 장벽도 없어 전혀 보호되지 않은 상태였다.
- 프로판 탱크에는 기화기로 가는 액상 밸브를 보호하기 위해 초과유량밸브가 설치되어 있다. 만일 아래로 향하는 액상 배관이 완전히 파괴된다면 이것은 파괴된 배관을 폐쇄하여 프로판의 흐름을 크게 감소시킬 수 있도록 설계되었다. (초과 유량 밸브가 차단하였더라도 밸브의 작은 구멍을 통해서 작은 량의 흐름은 있을 것이다. 결과적으로 초과유량 밸브의 하류에 모든 흐름을 중단할 수 있는 차단 밸브의 설치가 요구된다.)

47 Lees, Frank P. *Loss Prevention in the Process Industries: Hazard Identification, Assessment and Control,* 2nd ed.; Butterworth-Heinemann: Oxford, England; 1996, Vol. 2, 17/177.

그림 6.20 Aerial View of Tank Area

그림 6.21 Piece of 18,000-gallon Tank Inside Turkey Barn (1f)

그림 6.22 Damage to West End of Turkey Barn (1f)

그림 6.23 Damage to Turkey Barn (1g) Caused by Impact of Large Tank Fragment

그림 6.24 Southeastern View of Damage to Workshop Caused by Impact of Large Tank Fragment

6.7.4. 사고의 분석

(1) 불충분한 설계와 설치

프로판 저장소와 조작 시스템이 농장에 설치된 것은 1988년이다. 탱크 시스템이 설치될 당시에 아이오와 지역의 법률은 the 1979 edition of the National Fire Protection Association's Standard for the Storage and Handling of Liquefied Petroleum Gases (NFPA 58)가 적용되었다. 아래에 논의한 것처럼 농장의 프로판 시스템은 NFPA 58의 2가지 중요한 규제를 준수하지 않았으며 이것은 사고로 직결되었다. 지상위로 돌출된 파이프가 자동차 등으로부터 보호되지 않았으며 초과유량 밸브의 사용측에 연결된 액체 프로판 아웃렛 배관의 직경이 너무 좁았다.

① 자동차 파손 방지 조치 미흡

NFPA 58의 Section 3120(c)에서는 다음과 같이 규정하고 있다. "LP-Gas 용기 또는 이와 관련된 부품에 대하여는 자동차 등에 의해 물리적 손상이 발생할 가능성을 제거해야 한다." 그리고 NFPA 58의 Section 3165 에서는 "지상으로 돌출된 배관은 물리적 충격으로부터 보호되어야 한다."고 명시되어 있다.

탱크와 지상으로 돌출된 배관이 있는 지역은 서쪽으로는 일반도로로 경계를 이루며 동쪽과 서쪽은 자갈로 된 차도로 경계를 이루고 있다. 혹한기에는 트럭을 이용한 연료보충이 매주 이루어진다. 추가로 농장에서는 4륜구동 자동차를 한 대 운영하고 있다. 이와 같이 잠재적인 파손 위험에 노출되어 있음에도 불구하고 프로판 탱크나 배관들은 이러한 위험으로부터 보호하도록 설계된 울타리나 물리적인 장벽을 설치하지 않았다. 농장의 프로판 시스템은 탱크에서 기화기로 진행하는 배관에 대한 보호조치 미흡으로 인해 4륜차가 파이프를 치어 파손되었으며 이곳으로부터 누출된 프로판에 착화되었다.

② 유량 초과밸브 FV3에 적당한 배관의 직경

탱크에서 기화기로 향하는 액상 배관에는 사전에 설정된 것 이상의 유량이 흘렀을 때 자동적으로 폐쇄되도록 설계된 초과유량밸브가 설치되어 있었다. 이 밸브는 약 200gallon/min에 작동하도록 설정된 것이다. 이 초과유량밸브의 사용측 배관이 완전히 파손되었을 때 이 밸브는 배관을 폐쇄하여 파손된 배관으로부터 프로판이 누출되는 것을 현저하게 막을 수 있다. 그러나 4륜차가 액상배관을 파손하였을 때 사용측 배관의 유속이 초과유량 밸브의 작동값보다 낮았기 때문에 밸브는 폐쇄되지 않았다.

이 설치에서 초과유량밸브의 사용 측에 설치된 배관의 직경이 매우 좁았기 때문에 파

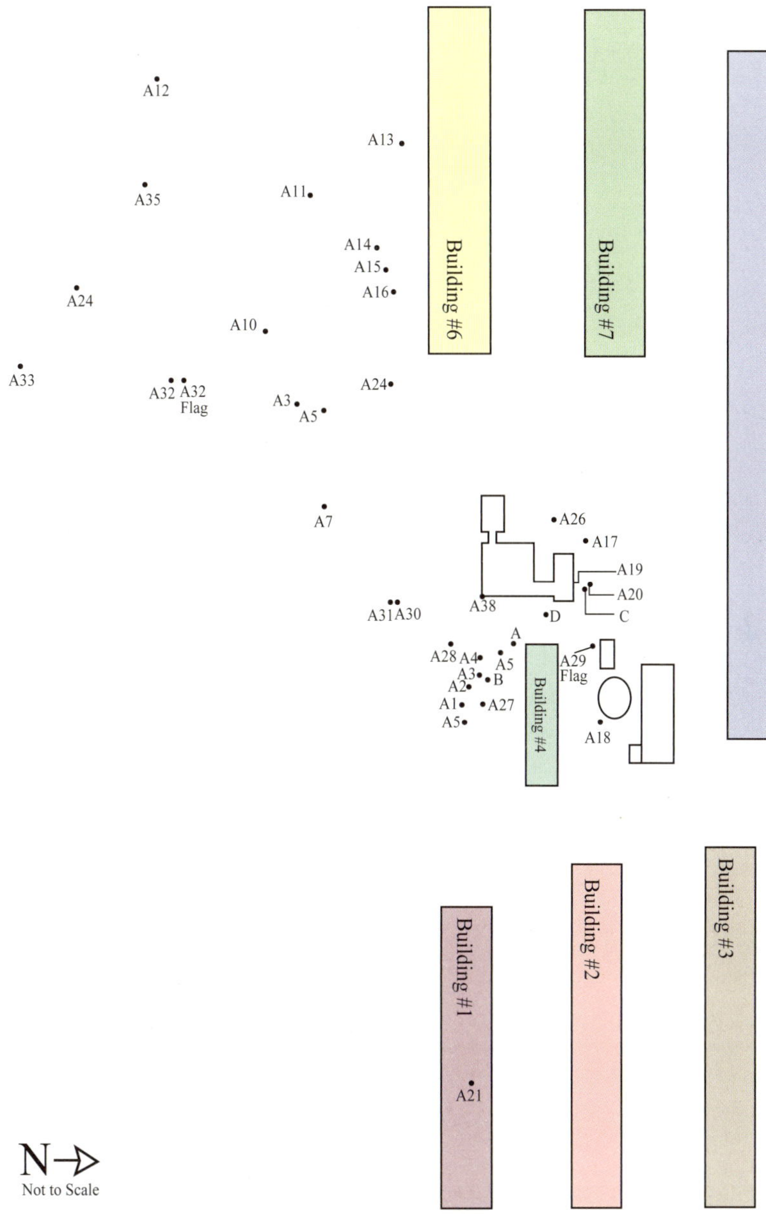

그림 6.25 파편의 위치 약도

손된 배관으로 흘러나오는 유동이 제한되므로 유동량은 이 밸브의 요구되는 작동값을 초과하지 않았을 것이다. 그러므로 초과유량밸브는 밸브의 사용측 배관의 직경이 밸브보다 작아지면 배관의 완전한 파괴가 발생한다고 하여도 일반적으로 폐쇄되지 않는다.

이러한 이유 때문에 NFPA 58의 section 3135(a)(3)는 "각 개방구 또는 다른 곳으로

표 6-2 파편의 위치 표

EVIDENCE	DESCRIPTION
A1	3/4" pipe with union and elbow
A2	section of fill piping
A3	section of fill piping 12'3" long
A4	section of fill piping 5' long
A5	13' 6" piping northwest of explosion
A6	15' piping with elbow near tank location
A7	piece of flat steel
A8	bulkhead Southwest of explosion in field
A9	steel piping in field SW of explosion
A10	spring in field SW of explosion
A11	west end of tank in field SW of explosion
A12	small section of flat steel from tank
A13	section of relief value riser piping
A14	section of piping with value west of explosion
A15	manual value
A16	spring west of explosion
A17	portion of LP tank west of explosion
A18	LP tank section north of explosion
A19	Fisher value NW explosion
A20	Fisher value NW explosion
A21	large LP tank section east of explosion
A22	steel piping in field west of explosion
A23	steel piping in field west of explosion
A24	section of relief value riser piping
A25	ladder from tank NW of explosion
A26	fill station and piping
A27	vaporizers and associated piping
A28	section of steel piping north of explosion
A29	flaot arm from inside LP tank
A30	section of felief value riser piping
A31	spring located SW of explosion
A32	artifact in field SW of explosion
A33	steel piping in field SW of explosion
A34	cap in field SW of explosion
A35	cap in field SW of explosion
A36	actuator arm for gauge inside LP tank

EVIDENCE	DESCRIPTION
A	face plate for liquid volume gauge
B	piece of flat steel
C	small LP regulator
D	small piece of tank metal

진행하는 연결부 또는 배관은 개방구를 보호하는 초과유량밸브의 작동값보다 더욱 큰 유동능력을 가져야 한다.[48]"고 규정하였다. 이 설치에서는 초과유량밸브의 사용측 배관이 NFPA의 요구사항에 부합하지 않았다.

6.8 용기의 파괴

재료의 파괴는 다양한 종류의 사고로 그 결과가 발생할 수 있다. 어떤 하중을 받고 있는 구조물의 재료 파괴는 붕괴 사고를 초래할 수 있으며, 가스나 인화성물질을 보관 및 유동하고 있는 탱크나 배관의 재료파괴는 해당물질이 밖으로 누설되어 확산폭발이나 화재사고가 발생할 수 있다. 또 과포화 압력물질을 보관하고 있는 탱크의 재료파괴는 압력의 누설로 과포화 상태인 내부물질의 압력 균형이 무너져 물리적인 폭발사고가 발생할 수도 있다. 다시 말하면 폭발뿐만 아니라 파괴되는 용기 또는 내부의 물질에 따라서 그 결과는 다양하게 나타날 수 있다는 것이다.

용기의 파괴는 용기 내부의 압력이 상승하여 용기자체가 가지고 있는 내압한계를 초과하면서 발생한다. 일반적으로 사용되는 고압용기에는 용기의 내압 상승으로 인한 파열을 막기 위해서 용기의 내압한계 이하에서 압력을 방출할 수 있는 안전밸브 또는 파열판 등의 압력해소장치가 부착되어 있으므로 많은 경우 이 장치의 작동에 의해서 사고를 예방할 수 있다. 그러나 압력의 상승이 해소로 인한 감소 보다 클 경우 압력이 지속적으로 상승하고 결국 폭발에 이르게 될 수 있다.

만일 가연성 가스를 보관 중인 용기 또는 배관이 여러 작용에 의해서 균열이나 파괴가 발생한다면 당장 물리적 폭발이 발생하지 않는다고 하여도 파괴부위를 통해 가연성 물질이 누출되고 대기 중에 확산되면 용기파괴에 의한 물리적 폭발이 아니라 불상의

48 Under current Iowa law, the 1992 edition of NFPA 58 governs the storage and handling of propane and other LPGases in the state. Section 2-3.7 of the 1992 edition contains language identical to section 3135(a)(3).

점화원에 의한 확산폭발도 발생할 수가 있다. 비록 이장은 물리적 폭발의 원인으로 고압 용기가 파괴되는 것에 포커스를 두고 있지만 이와 같은 작용은 연료의 누출과도 연관이 매우 높다.

물리적 폭발에서 용기가 파괴되는 현상은 용기 내부의 압력상승 뿐만 아니라 용기의 내력이 약해지는 경우에도 발생할 수 있다. 각 폭발에 이르지 못하는 수준이라고 하더라도 상호 작용에 의해서 폭발이 발생할 수도 있다. 용기의 파괴는 용기를 이루고 있는 재료의 파괴를 학습해야한다. 용기는 설계나 제조 과정의 결함적인 문제가 아니더라도 사용기간 동안 시간 경과에 따른 약화로 인해 파괴될 수도 있다. 이것을 경년열화라고 하는데 시간의 경과에 따라 특히 열(熱) 이력(履歷)에 의해 내부 미세조직이 변화하여 기계적, 전기, 자기(磁氣)적, 전기화학적 등 성질이 변화하는 현상을 말하며, 재질이 변하면 일반적으로 강도도 변화하는 경우가 많다. 파괴의 원인으로는 부식 등 화학반응에 의한 것과 마찰이나 충격, 열(熱) 등 외적인 효과들에 의해서 발생할 수 있다.

6.8.1. 결함에 의한 파괴

제작결함에 의한 파괴는 용기 자체의 내적 원인에 발생하는 파괴로 볼 수 있다. 어떠한 환경에 사용하기 위해서 제작되는 용기 또는 배관은 환경과 용도에 따라서 외부의 공격적인 환경에서 충분히 방어할 수 있을 정도로 고려하여 제작되어야 한다.

설계결함 예정된 용량의 한계를 수행할만한 재료 또는 구조로 설계되지 못한 경우(고압시설은 예상치 못한 압력증가까지도 고려하여 사용용량 이상의 고압에서도 견딜 수 있을 정도로 설계되어야 한다.) 파괴되지 않도록 용기가 처할 수 있는 열악한 환경 이상의 조건에서도 견딜 수 있도록 설계되어야 하며, 적절한 재료 선택, 구조 등을 갖추어야 한다.

가공불량 조립 또는 용접 등 제조공정에서 용접 및 접합불량 또는 핀홀(Pin hole) 등 흠결이 발생하여 이로 인해 사용 중 균열이 증가하고 파괴되는 경우

내적인 결함은 그 자체로서도 불안정한 상태이며, 단시간에 사고가 발생하지 않더라도 충격이나 진동, 부식 등 외적 요인에 더욱 취약하며 이러한 파괴를 더욱 촉진시킬 수도 있다.

6.8.2. 외부 충격에 의한 파괴

굴착공사 시 굴착기의 충격에 의해 가스배관 등 파이프라인이 파괴될 경우 누출 및 누출에 따른 폭발사고가 발생할 수 있으며, 포화액체를 보관 중인 탱크의 파괴는 물리적 폭발 사고를 발생시킬 수 있다.

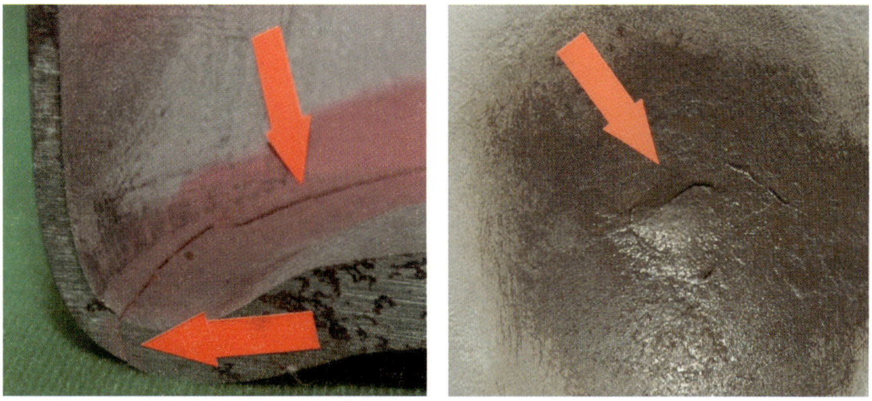

그림 6.26 용기의 가공불량에 의한 균열의 발생 및 증가에 의한 파괴(자료제공 : 한국가스안전공사)

(1) 연성파괴

연성파괴를 설명하기에 앞서 우선 연성(延性,Ductility) 에 대하여 알아보자 연성이란 힘을 가할 때 물체가 파괴되지 않고 늘어나는 성질을 말한다. 전성(展性)과 함께 물체를 가공하는 데 있어 아주 중요한 성질이며, 그 정도는 연신율(延伸率)이나 수축률로 표시하는데, 금속은 대부분 연성을 갖지만 같은 물체일지라도 온도나 습도 등에 크게 영향을 받는다. 특히 백금 · 금 · 은 · 구리 등의 금속은 이 성질이 풍부하며, 그 중 백금은 지름 0.1 ㎛ 정도의 아주 가느다란 선으로 늘릴 수가 있다. 일반적으로 경도(硬度)가 높은 물질은 연성이 작고 경도가 낮은 물질은 연성이 크다. 대부분의 금속은 연성이 뛰어나기 때문에 충격을 흡수한다. 따라서 파괴가 일어나기 까지 비교적 높은 에너지

그림 6.27 연성파괴 단면의 셰브론 마크(chevron mark)의 검사로 파괴의 시작점을 찾을 수 있다.

를 필요로 한다. 연성파괴란 어떠한 충격이나 힘을 받을 때 재료가 연성에 의해 늘어날 수 있는 한계를 초과하여 분리되는 현상을 말한다. 연성파괴의 특징은 파괴직전에 변형을 일으키는 특성을 볼 수 있다. 변형된 형태와 분리면을 분석한다면 최초 파괴가 시작된 파괴기점을 찾을 수 있다.

(2) 취성파괴

취성이란 재료가 소성변형[49]을 거의 보이지 않고 파괴되는 성질을 말하며 메짐파괴라고도 한다. 물체에 탄성한계 이상의 힘을 가했을 때, 소성변형을 하지 않고 파괴되거나 또는 극히 일부만 소성변형을 일으키며 대부분 비교적 연성이 낮은 재료에서 발생한다. 연성이 낮은 성질을 메짐이라고도 하는데 메짐을 나타내는 대표적인 예로 유리를 들 수 있는데, 온도가 높아지면 메짐을 상실한다. 대체로 고분자 물질은 저온이 될수록 유리상태가 되므로 메짐을 나타내는 경향이 있다. 액체질소에서 냉각된 장미꽃이 바닥에 떨어뜨려 깨지듯이 부서지는 것을 보았을 것이다. 이와 같은 성질의 파괴를 취성파괴라고 한다. 취성파괴의 특징은 변형이 발생하지 않은 상태로 파괴된다는 것이다. 연성파괴와 마찬가지로 취성파괴에 있어서도 파괴형태와 분리면을 검사하면 파괴가 시작된 파괴기점을 찾을 수 있다.

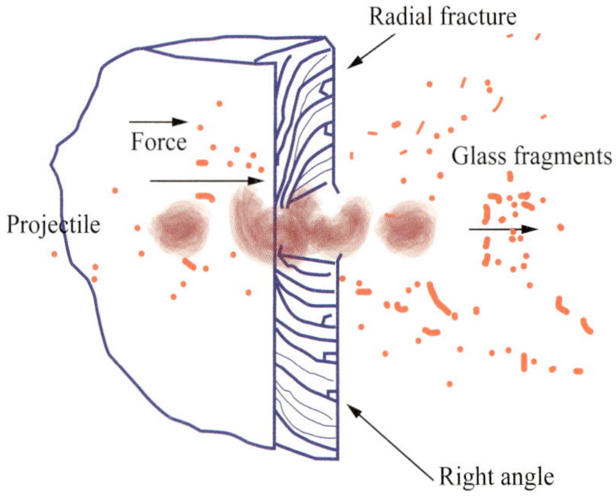

그림 6.28 취성파괴 단면의 리플마크(Riffle mark) 검사로 파괴 시작 지점을 찾을 수 있다.

---

49 탄성범위를 넘어 변형을 가하면 힘을 제거해도 원래의 형태로 회복하지 않게 되는 변형. 고체재료가 힘을 받아 변형할 때 힘이 어느 한도보다 작을 경우에는 힘을 제거하면 완전히 원래의 형태로 되돌아가는데 이 범위를 탄성범위라 한다. 대부분의 금속재료에서는 층모양의 미끄러짐에 의해 소성변형하며 이것은 점토에 힘을 가해 변형시켰을 때 그 형태가 유지되는 것과 같은 종류의 것이다. 금속재료의 가공에서 절삭하는 일 없이 누르거나 두들겨서 목적하는 형태로 만드는 소성가공은 고체재료의 소성변형 성질을 이용한 것이다.

6.8.3. 마찰

진동 등에 의한 물리적인 마찰은 마찰부위의 용기단면을 얇게 만들어 내압한계가 낮아진다. 물리적 마찰은 운동을 하는 금속부가 서로 접하였을 때에도 발생할 수 있으며, 샌드블라스트 현상과 지하에 수도관과 함께 매설되었을 때 수도관의 파열은 관으로부터 분사되는 물줄기가 주변의 토사와 함께 배관에 부딪히면서 가스 배관이나 고압온수 배관 등을 마모시킬 수 있다. 그 외에도 반복적인 마찰은 기계적인 마모를 발생시킨다.

그림 6.29 샌드블라스트 현상(Sand blast)에 의해 강철관의 표면이 마모되어 관벽이 얇아졌으며 부분적으로 파괴가 발생하였다. (샌드블라스트 현상 : 지중에 매설되어 있는 수도관 등에서 누수된 물이 제트(Jet)상으로 분출되면서 부근의 토사와 함께 물체에 부딪히면서 발생하는 마찰침식 현상), (자료제공 : 한국가스안전공사)

그림 6.30 지속적인 기계적 마찰로 관벽이 마모되어 천공되었다.

6.8.4. 부식

부식에 의해 금속의 재질이 변함으로 써 강도 및 내압한계가 약해지는 경우, 식으로 인한 단면적 감소의 영향을 미칠 수 있다. 부식이란 액체상(液體相)과 접촉하고 있을 때 일어나는 습식(濕蝕)과, 기체상만으로 비교적 고온일 경우에 일어나는 건식(乾蝕)으로 대별된다. 예를 들면, 상온에서 철이 녹스는 것은 습식이고, 고온 할로겐 기체 속에서 각종 금속이 소모되는 것은 건식이다. 땅속이나 물속에서 발생하는 부식은 모두 습식이며, 평상시 주변에서 흔히 볼 수 있는 것은 습식이다. 지하에 매설된 배관이나 물 등 부식성 물질을 취급하는 탱크, 배관에서 주로 발생하여 누출사고와 누출 후 폭발사고로 이어지는 사고가 종종 발생한다.

그림 6.31 부식에 의해 강철관의 관벽이 얇아졌으며 결국 부분적으로 천공되었다. (자료제공:한국가스안전공사)

그림 6.32 부식된 배관의 단면, 배관 내부의 부식으로 관벽이 얇아져 있다. 고압시설인 경우 압력을 견디지 못하고, 물리적 폭발이 발생할 가능성이 있으며, 천공 시 누출사고가 발생할 수 있다.[50]

그림 6.33 누설전류에 의한 부식 손상

50 출처 : http://www.bkgwater.com/clients/bkgwater/upload/images/_zoom/corrosion_condensat_co2_acn_d3a.jpg

철의 부식

철 Fe 에서 전자 2개를 빠져나와 철은 Fe2+ 이온이 되고, 이 전자들은 물과 산소와 반응해서 수산기를 만들어 낸다. 즉, $2H_2O + O_2 + 4e \rightarrow 4OH-$ 이다. 생성된 수산기와 철의 반응식은 $(2Fe_2+) + (4OH-) \rightarrow 2Fe(OH)_2$ 이다. $2Fe(OH)_2$는 또다시 산소에 의해 $4Fe(OH)_2 + 2H_2O + O_2 \rightarrow 4\ Fe(OH)_3$ 로 되면서 붉은색 녹이 슬게 된다.

그림 6.33은 지하에 매설된 파이프에 누설 전류의 전기화학적 작용에 의해 부식이 진행되어 파이프가 천공된 것이다. 전체적인 부식정도에 비하여 손상이 집중된 것을 볼 수 있다. 이것은 누설전류에 의해 회로가 구성된 부분이 집중적으로 부식되었다는 것을 의미한다.

6.8.5. 전기에 의한 용융

전기적인 파괴는 용기가 전기를 잘 통하는 금속으로 만들어져 있기 때문에 발생한다. 전기적인 열은 저항과 아크에 의해서 발생하는데 용기에 전기가 흐르면 추가적으로 부식을 야기할 수도 있다. 전기적으로 열을 발생 시키는 직접적인 원인은 아크(Arc)와 줄열(Joule' heat)이 있으며, 전기적인 문제가 발생하였을 때는 줄열과 아크가 동시에 작용하는 경우가 많다. 구체적인 전기적 발화원인을 설명하기에 앞서 전기적으로 열이 발생하는 줄열과 아크에 대한 이해가 우선되어야 할 것이다.

(1) 줄열에 의한 발열

줄의 법칙(Joule's Law) : 어떠한 도체에 전류가 흐르게 되면 도체에 열이 발생하는 것과 관련된 법칙으로 도체에 흐르는 전자가 물질의 원자와 충돌을 하기 때문에 열이 발생한다. 줄의 법칙은 발열량은 도체에 흐르는 전류(I)의 제곱과 저항(R)의 곱과 같다는 것을 말한다.

$$H[\mathrm{J}] = I^2 \times R. \quad H[\mathrm{cal}] = 0.24I^2 \times R$$

여기서, H: 줄열[J]

I: 전류[A]

H: 저항[Ω]

위 줄의 법칙에 의하면 저항보다는 전류가 증가하는 것이 더 많은 열을 발생하게 된다는 것을 알 수 있다. 일반적으로 줄열을 이용한 기구로서 다리미, 전기히터, 전기보일러, 시스히터 등을 예로 들 수 있다. 줄열은 일상생활에서 많은 전열기기에 적용하여 인간생활에 도움을 주고 있다. 전기 기기의 작동 시 줄열을 발생시키는 곳이나 예상되는 부분은 방열이나 과열에 대한 안전장치를 적용하여 안정적으로 사용할 수 있다. 그러나 회로상의 불완전접촉, 회로 단면적의 감소, 아산화동의 증식 등과 같이 열이 예상치 못한 곳에서 발생하게 되면 절연재료의 성능을 저하시켜 전기적인 문제를 발생시킬 수 있으며 회로 상에 발생한 줄열 자체만으로도 주변의 가연물들을 발화시켜 화재로 진행될 수 있다. 전기재료로서 구리를 사용하는 것은 다른 도체에 비하여 저항이 매우 낮아 발열 및 전기적 손실이 적기 때문이다. 그러나 구리를 사용한 전선에서도 저항은 낮지만 많은 전류가 흐를 경우 과전류에 의한 발열 등 줄열에 의해 화재가 발생할 수 있다. 저항은 도체의 직경에 반비례하고 길이에 비례한다. 따라서 줄열 또한 도체의 직경이 작을수록 낮아지고 길이가 길수록 높아진다.

(2) 아크(Arc)에 의한 발열

전계(電界)는 전위차가 있는 전극이 상호 분리되어 있을 때에 그 사이에 전기적으로 힘이 미치는 공간(Field)을 말한다. 이는 극이 상호 분리되었을 때 존재하며 접촉되었을 때는 전극간 등전위가 형성되므로 전계는 존재하지 않는다. 전계란 이러한 분리된 전극 사이에서 전기적인 힘이 미치는 공간 또는 그 힘을 말한다. 전계는 그 힘에 의해 그 사이에 있는 물체가 극성을 가져 대전될 수 있으며 전계가 높아질 때에는 공간을 뚫고 전자가 방출(절연 파괴)되기도 한다. 이렇게 전자가 방출되는 현상을 아크(기중방전)라고 하며 정전기의 방전, 낙뢰, 아크 등에서 볼 수 있다. 전계의 크기는 거리에 반비례하고 전압에 비례하는 성질을 가진다. 따라서 10kV의 전위차를 가지는 전극이 1m 떨어져 있는 경우와 100V의 전위차가 있는 전극이 1cm 거리에 놓이는 경우, 1V의 전위차가 있는 전극이 0.1mm 거리에 놓이는 경우는 전계의 공간적 크기(Field)는 작아지지만 그 전계 내에서 작용하는 힘(Power)의 양은 같다.

$$\text{전계의 크기[V/m]} = \frac{\text{전압[V]}}{\text{거리[m]}}$$

아크는 위에 전계를 설명한 것과 같이 정전기, 낙뢰 등과 같은 전계가 강해질 때에 발생하는 전자의 방출현상 또는 대기의 절연파괴 현상이라고 이해할 수 있다. 공기 중에서 전계에 의한 절연파괴전압은 30kV/cm이다(공기 중 1cm의 간극을 통해 전자가 방출되기 위해서는 30kV의 전압이 필요하다는 것). 하지만 아크는 높은 전압에서만 발생하는 것만은 아니며 일상적으로 사용하는 220V 환경에서도 극간의 간격이 좁아지면서 발생하며 9V전지와 연결된 전선을 서로 접촉, 분리하는 과정에서도 아크는 관찰된다. 아크의 온도는 아크에서 발생하는 전자의 이동량 즉 전류량에 의해서 다르게 나타나지만 일반적으로 2000°C 이상인 것으로 알려져 있다. 대용량 전류의 아크가 배관이나 용기의 금속에서 발생한 사고 현장에서는 발생 부분의 금속을 순간적으로 용융, 증발시켜 구멍이 만들어지는 것을 심심치 않게 볼 수 있다.

정전기 및 낙뢰는 방전에 의해 물체가 상호 등전위가 된다. 다시 상당량의 전압이 상승할 때까지는 방전이 발생하지 않으므로 단발성에 그친다. 그러나 일상적으로 사용하는 상용전원은 방전 후에도 전원공급원(발전소)으로부터 지속적으로 공급되므로 전압과 거리가 허락되는 동안은 전원이 차단될 때까지 계속해서 방전현상(Arc)이 발생한다.

고전압 상황에서의 아크는 온도 면에서도 고온이며 비교적 장시간에 걸쳐 발생할 수 있으므로 대부분의 가연물을 연소시킬 수 있으며 아크플래시(Arc Flash)에 의한 전기적 폭발을 일으킬 정도로 강하다.

직렬아크(Series arc)와 병렬아크(Parallel arc)

아크의 발생 유형을 보면 직렬아크와 병렬 아크로 구분할 수 있다. 직렬아크는 부하와 직렬로 연결된 부위에서 발생하는 아크로 스위치의 접점부와 같이 단일 극이 접촉과 분리하는 과정에서 발생하는 아크를 말하며 병렬아크는 합선 시 발생하는 아크와 같이 극 상호간에 접촉 및 분리하는 과정에서 발생하는 아크와 핫라인(Hot line 또는 Live line)이 지락되는 경우를 말한다. 직렬아크에 비해서는 병렬아크의 위력이 더욱 강하다(부하와 직렬로 연결된 부위에서 발생하는 아크는 부하의 저항에 의해 비교적 적은 전류가 흐르게 된다. 따라서 직렬아크에 의해 발생하는 열은 부하의 크기에 따라서 달라진다).

- **직렬아크** : 부하와 직렬로 연결된 회로 상에서 발생하는 아크
- **병렬아크** : 부하와 병렬로 연결된 회로 상에서 발생하는 아크

직렬아크에 의한 발화유형으로 반단선, 접촉(접속)불량, 스위치 접점의 용착 등에 의한 화재 등이 있으며 병렬아크에 의한 발화유형으로는 합선, 지락 등으로 구분될 수 있다. 트래킹현상은 직렬뿐만 아니라 병렬회로에서 모두 발생할 수 있으므로 단정된 구분은 어렵다(일반적인 트래킹은 대부분 병렬아크에 의해서, 스위치 등에서 발생하는 건식트래킹은 대부분 직렬아크에 의해서 발생함).

용기를 파괴하는 전기적인 현상은 대부분 선행된 전기 사고로 인해 분리된 회로의 일부가 용기나 배관에 접촉하면서 발생하며, 이러한 상황을 지락 또는 누전이라고 한다. 활선 상태의 도체가 금속재 용기에 접촉하게 되면 이곳에는 줄열과 접촉저항에 의한 열이 발생하며, 접촉부의 금속을 녹여 구멍을 내어 파괴하거나 용기 또는 배관의 벽을 얇게 만들어 압력에 대한 내력을 약화시킨다. 전기적인 파괴는 금속재의 용융에 의한 것이므로 충격이나 부식에 의해서 파괴되는 것에 비하여 독특한 용융흔적을 남기는

그림 6.34 수소 실린더에 발생한 아크 손상

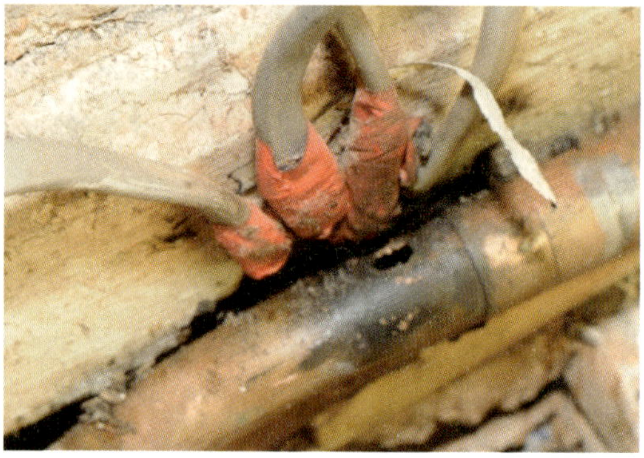

그림 6.35 가스배관에 발생한 아크 손상

그림 6.36 가스배관의 아크 손상

그림 6.37 배관 채결 부위의 아크 손상

것이 일반적이다. 낙뢰가 발생하였을 때에도 이와 동일한 메커니즘을 통해 파괴될 수 있다.

6.8.6. 피로파괴

용기에 가해진 큰 충격, 하중은 일순간에 용기자체가 파괴될 수 있으며 이에 미치지 않을 정도라고 하여도 반복적으로 작용한다면 누적된 피로에 의해 균열이 발생하고 균열이 증폭되어 파괴에 이른다. 내적, 외적 하중 또는 충격이 발생하였을 때 충격은 파괴를 일으킬 정도의 위력이 되지 못하더라도 스트레스가 되풀이됨으로써 부분적으로 조직변화를 일으켜, 최종적으로 균열이 발생하거나 파단에 이르는 과정을 피로라 한다. 비철재료는 가해진 응력이 작아도 결국 어떤 횟수에서 파괴되는데 철강재료는 어느 수준의 응력 이하에서는 수차례 반복해도 파괴되지 않는다. 이러한 응력의 상한값, 무한회의 반복에 견디는 응력의 상한값을 피로한도라고 한다. 재료의 수명과 피로한도는 노치에 의해 매우 작아진다. 또한 부식환경에서의 피로는 경우에 따라서 철강재료에서도 피로한도를 나타내지 않고 수명이 짧아지는데 이를 부식피로(Corrosion fatigue)라고 한다. 대부분의 부재는 어느 정도 하중과 응력을 반복적으로 받게 된다. 고압 용기나 배관은 운전 중에는 높은 압력이 걸리고 정지하면 대기압까지 낮아지는

그림 6.38 균열의 성장[51]

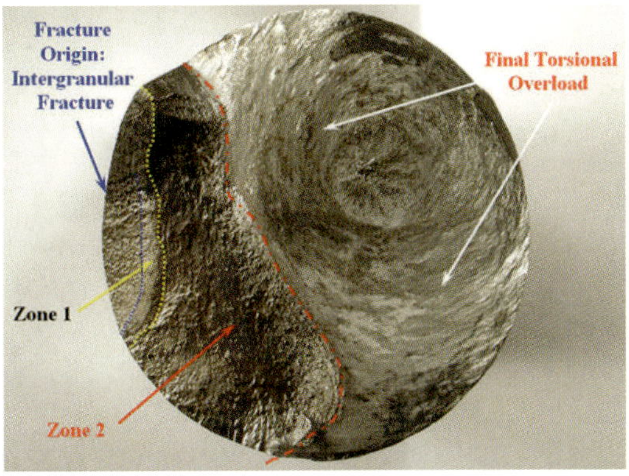

그림 6.39 금속 재료의 피로파괴 부위 단면[52]

사이클을 반복하게 되는데 이러한 스트레스에 의해 스트레스가 집중되는 노치 또는 최소단면을 유지하고 있는 부분에서 피로균열이 발생할 수 있으며 지속되는 스트레스에 의해 균열이 성장하고 결국 파괴가 발생할 수 있다. 철강제품의 피로파괴는 반복되는 하중이나 진동을 받는 장치에서 많이 발생하며, 성수대교 붕괴 사고는 용접 부위의 피로파괴 현상에 의한 대표적인 사례라고 할 수 있다.

피로파괴 단면의 거시적인 특징은 조개껍질의 성장무늬와 같은 형태를 띄는 경우가 많으며 미시적으로는 전자현미경으로 관찰(Fractography)하였을 때 스트라이에이션(Striation, 줄무늬)이 관찰된다. 이 스트라이에이션은 반복응역이 1회 발생할 때마다 마치 나무의 나이테처럼 1개씩 만들어진 것이다. 스트라이에이션을 추적하면 최초 균열이 발생한 지점을 찾을 수 있는데, 이곳에서 균열이 시작된 원인을 밝혀 낼 수 있다.

파괴에 의한 연료탱크나 배관의 파괴는 연료물질이 외부로 누출되어 확산폭발의 위험성이 있으며, 탱크 내부의 물질이 과포화상태로 압력에 의해 평형을 이루고 있는 상태에서 발생한 파괴는 외부로 누출되는 것뿐만 아니라 용기 내부의 압력이 낮아지면서 평형이 깨지고, 일제히 증발하여 액격현상이 발생하고, 물리적인 폭발현상을 초래하는 위험이 있다.

어떤 재료의 피로 물성을 이해하기 위해 그래프의 세로축에는 응력진폭을, 가로축에는 그 응력진폭을 가했을 때 재료가 파괴되기까지의 반복횟수를 로그 스케일로 잡아 곡선을 그리면, 일반적으로 금속재료의 S-N 곡선을 그릴 수 있다. S-N 곡선을 통해 이러한 현상이 어느 정도 크기의 응력과 응력의 반복횟수에 영향을 받는지 분석할 수

51 http://met-tech.com/images/fractured-input-shaft-6.jpg

52 http://osgmaterialsconsultants.com/images/fatigue_fracture.jpg

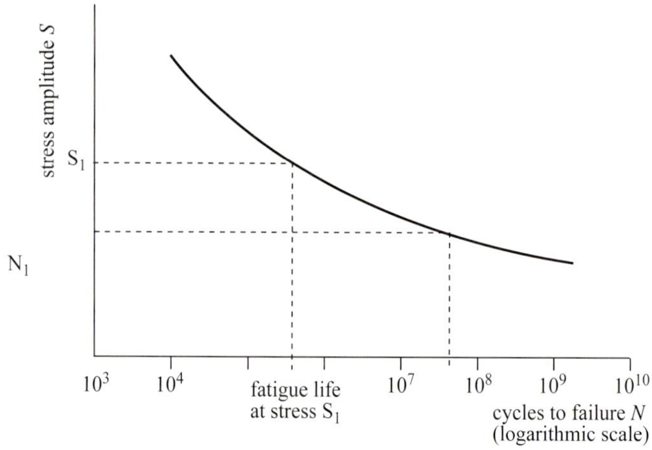

그림 6.40 S-N 곡선의 사례

있다. 재료가 파괴되기까지의 응력의 반복횟수는 가해지는 응력의 진폭에 상당히 영향을 받는다. 응력진폭이 작을수록 파괴까지의 반복횟수는 증가하며 응력진폭이 어느 값 이하가 되면 무한히 반복하더라도 파괴되지 않는다. 여기서 S-N 곡선이 수평이 되는 한계의 응력을 재료의 피로한도(疲勞限度) 또는 내구한도(耐久限度)라고 한다. 피로강도는 일종의 피로 한도나 시간 강도를 의미한다.[53]

일반적으로 진동이나 운동이 수반되는 장소에 설치된 배관과 용기는 피로파괴의 위험이 있다.

6.8.7. 열

물체의 변형이 구속된 상태에서, 주의의 온도 등이 변화하여 물체의 온도가 변화하면, 열팽창 또는 수축(收縮)에 대응하는 변형을 상쇄하기 위하여 물체에는 역학적 힘이 작용하게 되는데 이 힘에 의해 물체에 발생하는 응력을 열응력(熱應力, thermal stress)이라 하며, 이 열응력에 의한 피로를 열피로라 한다. 높은 열은 금속재의 연성을 증가시켜 연성파괴에 이를 수 있다. 포화액체를 담은 용기가 화재현장에서 가열되어 연성파괴되는 것은 열에 의한 파괴이다. 화재에 노출된 LPG 탱크 등에서 변형이 발생하면서 파괴되는 모습을 떠올려 보면 열에 의한 파괴를 쉽게 이해할 수 있을 것이다. 연화된 금속은 그만큼 결합력이 약해지는데 내부에서 압력이 존재할 경우에는 밖으로 부풀어 오르면서 팽창한다. 팽창과정에서 용기가 늘어난 만큼 단면적은 얇아지고 결국 지속될 경우 일부가 터져나가는 파괴가 발생한다.

53 https://www.posri.re.kr/data/steel_view/divi/all/board_id/1437/page/4

6.9 사례: Polyethylene Wax Processing Facility Explosion and Fire in Houston, Texas

다음은 미국 화학안전위원회에서 폭발사건을 조사하였던 내용의 사례연구[54]를 번역 후 간략하게 요약한 것이다.

CASE STUDY

Polyethylene Wax Processing Facility Explosion and Fire

그림 6.41 Marcus Oil and Chemical Houston, Texas December 3, 2004

6.9.1. 사고에 대한 설명

이 사례 연구는 southwest side of Houston, Texas.에 있는 Marcus Oil에 의해서 운영되는 폴리에틸렌 왁스 제조공장에서 발생한 화재와 폭발사고에 대하여 조사한 것이다.

2003년 12월 3일 금요일에 한명의 직원이 "퍽"하는 큰 소음을 들었고 시설의 근처에 주차되어 있던 반짝거리는 탱크트럭에 반사되는 불빛을 보았다. 약 45초 후 위력적인 폭발이 발생하였고, 용융된 왁스가 주창고로부터 분출되면서 화재가 발생하였다. 시설의 근처에 있던 창고는 매우 빠르게 화염에 휩싸였다.

54 Chemical Safety Board, CASE STUDY Polyethylene Wax Processing Facility Explosion and Fire

휴스턴 소방서는 폭발이 발생한지 약 5분후에 도착하였다. 소방관들은 3단계 화재를 폭발 이후 약 7시간에 걸쳐서 밤새도록 소화하였다.

3명의 소방관은 그 불을 끄는 동안 가볍게 화상을 입었고 지역 주민들은 비산되는 유리파편 등에 의해 작은 부상들을 입었다. 폭발은 건물과 차량의 창문을 산산 조각 내고 1/4 마일 내에 있는 건물에 구조적 손상을 입혔다. 근처에 있던 교회와 상가에서는 이중천정과 고정된 조명이 그 자리에서 무너지고 내려앉는 심각한 내부의 손상이 발생하였다.

탱크7은 직경이 약 13foot이며 50,000파운드 압력용기는 150feet를 날아가서 다른 회사의 창고에 충격하였다(그림 6.42).

다른 주요 잔해들은 다음과 같이 주변으로 날아갔다. 20파운드짜리 철판은 500피트 떨어진 건물 내에서 발견되었고 120 파운드 철판은 900피트 떨어진 목초지에서 발견되었고 2파운드 철판은 1/4 마일 떨어진 주거지역에서 발견되었다.

그림 6.42 Explosion displaced Tank 7 more than 150 feet.

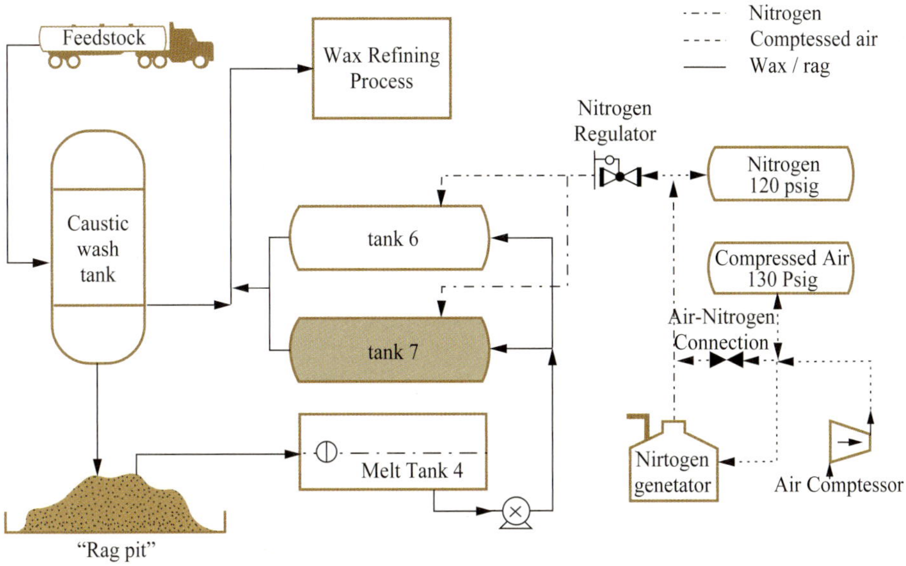

그림 6.43 Simplified Process Flow Diagram.

6.9.2. Marcus Oil의 운영

1987년에 설립한 Marcus Oil은 코팅제, 접착제, 광택제, 고무 가공제, 직물 등 다양한 제품에 포함되는 고밀도 폴리에틸렌 왁스를 정제한다. 년간 250밀리언 파운드가 넘는 양을 처리한다.

(1) 공정에 대한 설명

그림 6.42는 공정을 간략하게 설명하는 플로 다이어그램이다. 보통의 공정은 탱크 트럭으로부터 불순물을 제거하기 위해 바닥에 고정되어 있는 세척탱크로 펌핑하여 이동시킨다.

그 다음 왁스에서 헥산과 다른 탄화수소물질을 추출하고 작은 펠릿으로 고체화 시켜 포장하고 배송한다. 추출된 탄화수소물질은 다음에 판매하기 위해서 지상에 있는 저장고에 저장한다.

Marcus Oil의 운영진은 산화된 왁스는 밝은 흰색에서 변색이 되기 때문에 사용할 수 없으므로 용융된 왁스가 대기 중의 산소와 접촉하지 않도록 모든 공정 설비에서 질소가 사용된다고 보고 하였다.

작업자는 주기적으로 불순물 제거용 세척탱크에 부착된 왁스의 찌꺼기를 제거하며 이 찌꺼기는 다음 공정을 위해서 창고에 보관한다.

그림 6.44 Wax Pellets from Processed Rag

(2) 찌꺼기 제거 과정

작업자들은 고체화된 찌꺼기를 탱크4로 옮긴 후 높은 온도의 증기를 이용하는 녹인다. 녹은 액상의 찌꺼기는 펌프를 이용하여 탱크6과 탱크7로 이송되며 다음 과정을 기다리게 된다. 이 탱크 내부에는 스팀파이프를 이용하여 용융된 왁스를 약 300°F로 유지한다.

작업자는 탱크6과 탱크7에서 액화된 찌꺼기를 처리 시설에 보내는 공급 펌프와 연결된 위쪽에 있는 파이프로 보내기 위해서 질소로 가압하여 밀어낸다. 이 찌꺼기는 처리기를 통하여 나머지 탄화수소를 제거하고 정제된 찌꺼기는 작은 펠릿(그림 6.44)으로 제작되어 포장되고 배송된다.

(3) 질소 장치

질소는 현장에 있는 작은 질소발생기를 이용하여 공급하며 이것은 2개의 대형 고압용기에 보관된다. 질소 장치의 최대 압력은 120psig 이다. 압력 조정기는 질소의 압력을 40~70psig로 낮추어 탱크 6과 탱크 7에 공급한다. 질소장치는 발생장치가 공정에 필요한 압력을 지속적으로 생산하지 못하면서 간헐적으로 물질을 이송하지 못할 정도의 최소 압력 이하로 떨어지곤 하였다. 이때마다 왁스의 이송이 지연되었으며 작업자들은 발생기가 질소용기를 다시 충전할 때까지 기다려야 했다.

작업자들은 이러한 문제를 해결하기 위해서 공기압축 시스템과 질소 분배기 사이에 임시적으로 호스를 연결하였으며 그 후 이 임시적인 호스는 영구적으로 사용가능한 파이프와 밸브로 교체되었다.(그림 6.43 공정도를 참고.) 이 시스템 변경으로 인하여 질소 장치에 압력이 떨어질 때마다 매번 추가적으로 호스를 연결해야 하는 번거로움이 사라졌다.

고용량 공기 압축기는 질소 대신 공기를 이용하여 빠르게 질소장치를 재가압할 수 있었다. 그러나 작업자는 질소장치에 직접 연결하는 것이 질소 용기 안에 질소를 산소로 오염시키게 된다는 것을 인식하지 못했다.

6.9.3. 물리적 증거의 시험

화학안전위원회는 질소 발생기, 압력 조정기, 질소 저장 용기 내의 가스, 공정 시설의 왁스와 찌꺼기, 탱크 7의 금속시료에 대하여 시험하였다.

(1) 질소장치의 시험

손상되지 않은 질소발생기가 설계대로 잘 작동하는지를 검사하기 위해서 이로부터 발생한 가스를 검사하였다. 시험결과 가스는 기기의 설정과 일치하는 수준인 92~96%의 질소와 4~8%의 산소가 포함되어 있었다.

탱크 6과 7에 공급되는 질소의 순도를 확인하기 위해서 질소 저장 용기로부터 수집한 가스시료를 검사하였을 때 82%의 질소와 18%의 산소가 포함되어 있었다. 화학안전위원회 는 Marcus Oil이 질소장치에 직접 연결한 압축공기가 용기 내의 질소를 산소로 오염시켰다는 결론을 내렸다. 더불어 질소장치 내의 산소농도는 연소를 지속시킬 만큼 충분하다는 결론을 내렸다.

화학안전위원회는 사고 당시 탱크7에 인가된 유사한 작동압력을 확인하기 위해서 질소 압력조정기에 다양한 압력을 인가하여 흐름의 정도를 알아보는 검사를 하였다. 교정 전 설정된 압력은 67psig 이며 추가적인 시험을 통해서 압력조정기가 정확하게 그 범위 내에서 작동하고 있었으며 조정기의 압력 게이지는 겨우 몇 psi 오차 내에서 정확했다.

(2) 탱크의 검사와 시험

화학안전위원회는 탱크 7과 탱크의 오버헤드 부분에 육안 검사를 실시하였는데 어떠한 제조자 표시도 발견되지 않았다. 게다가 Marcus Oil은 설계 및 제조, 안전 운전압력에 대하여 탱크 7 뿐만 아니라 그 외 3개의 탱크(탱크 5, 6, 8)에 대하여도 어떠한 서류도 제공하지 못했다.

화학안전위원회는 탱크7에 대하여 이론적인 계산에 의해서 80psig의 안전압력을 계

그림 6.45 24-inch patch plate on Tank 8.

산했다. 계산은 American Society of Mechanical Engineers (ASME) Boiler and Pressure Vessel Code, Section VIII, Division 1 'Unfired Pressure Vessels.'을 따라서 수행하였다.

화학안전위원회는 Marcus Oil의 탱크 5~8이 개조되었다는 것을 알게 되었다. 녹는 점 이상으로 왁스를 가열하는 스팀 파이프를 연결하기 위해서 임시로 24inch 직경의 개방구를 절단하고 파이프를 설치한 후에 개방구는 용접으로 다시 봉쇄하였다. 탱크 8에 패치플랫을 용접한 그대로의 상태를 그림 6.45에서 볼 수 있다.

이 패치 플랫은 탱크 5와 6에서도 동일하다. 비록 탱크 7의 패치플랫은 발견되지 않았지만 다른 3개 탱크의 패치플랫은 모두 동일한 것으로 결론지었다.

탱크 7의 임시 개방구를 폐쇄하였던 보수 용접(그림 6.46)은 압력용기의 제작에 대한 산업 퀄리티 표준에 대부분 적합하지 않았다. 몸체를 산소절단기로 절단한 단면에 대하여 다시 용접을 할 때 갈아내지 않은 상태로 용접하였다. 용접은 용기 헤드 단면의 두께 전체에 적용되지 않았다. 게다가 용접에는 과도한 공극(용접 내 가스에 의한 구멍)들이 포함되어 있었다. 이러한 취약한 점들은 용접의 강도를 매우 낮춘다.

Marcus Oil은 용기 헤드의 철판을 용접할 때와 증기 배관 노즐을 설치할 때 질 좋은 용접기 사용하지 않거나 더 나은 용접 방식을 사용하지 않았으며, 이것에 대하여는 Marcus Oil사의 직원들조차도 자신들이 용접이 완료된 이후 용기에 대하여 유체정역

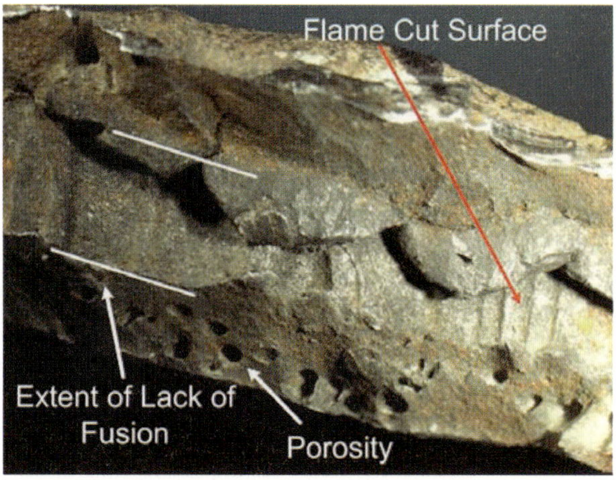

그림 6.46 Recovered patch plate weld from failed Tank 7.

학적으로 시험하지 않았던 사실에 대하여 시인하고 있었다.

사고를 야기한 요소는 아니지만 화학안전위원회는 탱크 5,6,7,8의 질소 저장 용기와 압축공기 용기에 ASME Boiler and Pressure Vessel Code에서 요구되는 안전밸브가 설치되지 않았다는 것도 발견하였다.

(3) 왁스 시험

화학안전위원회는 찌꺼기 왁스의 시료에 대하여 인화성과 반응성에 대한 검사를 실시하였다. 이 왁스의 인화점은 110°C이다. 이 왁스의 시료에서 발열반응은 보이지 않았기 때문에 화학안전위원회는 화학적 폭주반응에 의한 사고는 아니라는 것을 확인하였다.

6.9.4. 사고의 분석

(1) 사고에 대한 가설

화학안전위원회는 다음과 같은 가장 근접한 사고 시나리오를 밝혀냈다.

- 작업자들은 산소농도 8% 이하 농도의 질소 대신 산소 18%가 포함된 질소가스를 탱크 6과 7에 가압하였다.
- 탱크7의 내부 압력은 용기의 취약한 용접에 의해 부착된 결함이 있는 패치플랫의 파괴강도를 초과할 것이다.
- 탱크는 24inch 구멍을 통해서 급격하게 압력이 해소되는 상태가 된다. 탄화수소 증기, 압축공기 그리고 뜨거운 액상 왁스가 그 구멍을 통해서 배출된다.
- 패치플랫이 콘크리트 패드에 충격하였을 때 스파크가 발생하였고 왁스와 탄화수소

그림 6.47 750-pound Tank 7 fragment landed near employees.

그림 6.48 20-pound Tank 7 fragment embedded in building wall 300 feet from the Marcus Oil property line.

증기가 쉽게 착화되었다.

- 탱크7 내부의 산소농도 때문에 발생한 화염은 용기 내부로 역화되었다. 내부의 폭연은 용기 헤드를 여러개의 작은 파편으로 만들어 날려버렸다. (**그림 6.47, 6.48**)
- 50,000파운드의 용기는 근처의 다른 장비가 있는 곳으로 날아갔고 150피트 이상 떨어진 인근의 창고에서 멈추었다.
- 연소하고 있는 폴리에틸렌 왁스는 그 창고와 다른 장비들에 날아갔고 가연성 물질에 착화되었다. 그로 인하여 약 7시간 가까이 연소가 지속되었다.

(2) 탱크 7의 파괴

탱크7의 불법개조가 이 사고를 발생시켰다. 패치플랫을 재설치하였던 용접은 전체 단면의 약 25% 정도만 용접되어있으며, 수많은 기공이 포함되어 있었다.

불충분한 용접의 효과는 2가지로 설명할 수 있다. 첫째로 탱크의 그 부분은 약 75% 이상의 강도를 떨어뜨렸다. 둘째로 용접부에 용접재료가 부족하였으며 낮은 수준의 용접으로 인해 압력 싸이클에 의해 피로 균열이 증가하였고 용접부의 강도를 더욱 감소시켰다[55].

질소 압력 조정기 시험에 따르면 탱크7 내부의 압력은 거의 67psig였다. 작업자는 조정기가 평소에 약 45psig에 설정되었다고 진술했으나 처리 장치에 왁스를 유동시킬 필

55 Because many of the vessel head fragments were not found, the location of the failure origin in the weld was not identified: therefore, the contribution of fatigue to this failure cannot be conclusively determined. However, failures of this type are often assisted by fatigue. Evidence of fatigue cracking was found on at least one of the samples analyzed

요가 있을 때에는 그것을 증가시켰다. 사고가 발생하였을 때 탱크7에 더 높은 압력은 취약한 용접부가 파괴점에 도달하도록 부담을 가중시켰다.

(3) 질소/압축공기의 연결

Marcus Oil은 용융된 왁스를 탱크에서 처리시설로 보내기 위한 압력이 낮아졌을 때 빠르게 재-가압하기 위해서 질소와 압축공기 시스템을 연결하였다. 이 회사는 찌꺼기 왁스를 처리하는 공정에서 질소를 대신하여 압축공기를 사용해도 될 것으로 생각하였다. 찌꺼기 왁스의 처리 공정에서 공기에 노출되어 변색되는 것은 걱정하지 않았지만 운영진은 공정이 바뀌면서 발생하는 위험에 대하여는 평가하지 못하였다.

압축공기를 이용하여 질소 장치를 가압하는 것은 18% 가량의 많은 산소로 오염시켰다. 이 산소농도는 탱크 내의 탄화수소 증기와 왁스가 연소를 지속할 수 있는 수준이다.

(4) 소결

Marcus Oil에 의해서 제조되고 개조된 압력용기는 ASME Boiler and Pressure Vessel Code or the National Board Inspection Code (NB-23)을 준수하지 않았다. 취약한 용접은 탱크7의 매우 약하게 만들었으며 이로 인하여 치명적인 사고가 발생하였다. Marcus Oil은 질소와 압축 공기 시스템을 연결하여 불활성 가스 내에 산소농도가 불안정한 상태까지 증가하고 외부에서 발생한 화염을 탱크7 내부로 화염을 역화시켜 위력적인 폭발이 발생하였다. 불활성 기체 시스템 내에는 연소가 되지 않도록 산소가 없는 가스가 주입되어야 하며 불활성 기체 시스템은 절대로 산소가 혼입될 수 있는 다른 시스템과 연결해서는 안 된다.

CHAPTER

7 화학적 폭발(확산폭발)

물리적 폭발과 달리 화학적 폭발은 폭발 자체가 화학반응에 의한 것이다. 화학반응에는 산화, 중합, 분해반응이 있는데 화학적 폭발의 가장 대표적인 폭발은 산화반응에 의한 연소폭발이며, 연소폭발은 연소현상의 한 형태로 연소속도가 매우 빠른 격심한 연소현상을 폭발이라고 하며 엄밀하게는 그 속도에 따라서 폭연(Deflagration)과 폭굉(Detonation)으로 구분한다. 이 챕터에서 화학적 폭발은 연소폭발을 말하며 분해폭발은 별도의 장에서 다루었다. 또 화학적 폭발에는 폭발물의 폭발도 포함된다. 폭발물에 대하여도 별도의 장에서 다루었다.

7.1 연소폭발의 필수요소

연소의 3요소는 가연물, 산소, 점화원이다. 폭발은 일반적인 연소보다 더욱 급격한 산화반응에 국한되는 의미로서 산소와 가연물이 예혼합되어 있을 것을 조건으로 한다. 적절한 비율로 혼합된 가연물은 연소 시에 별도의 확산과정을 필요로 하지 않기 때문에 에너지가 전달되는 순간 바로 반응하여 화염의 전파속도가 매우 빠르다. 폭발의 조건을 정의 내리자면 가연물, 산소, 점화원, 가연물과 산소의 혼합비가 연소범위 내에 존재할 것을 연소폭발의 4요소라고 볼 수 있다.

위 4요소는 필자의 견해를 설명한 것이다. 폭발의 필수요소는 폭발 현상이 발생하기 위해서 반드시 필요한 것들을 모아 나타내는 용어이다. 어떠한 부분에 비중을 두는지 각 견해에 따라서 3요소, 4요소, 5요소 등으로 다양하게 설명된다.

7.1.1. 폭발의 요소

폭발의 3요소 가연물, 산소, 점화원으로 연소의 3요소와 동일하며 폭발에 필요한 각 구성물질을 중심으로 설명하는 견해이다. 연소폭발의 경우 근본적으로 연소이기 때문에 엄격히 말한다면 이 3가지만으로도 설명할 수 있을 것이다.

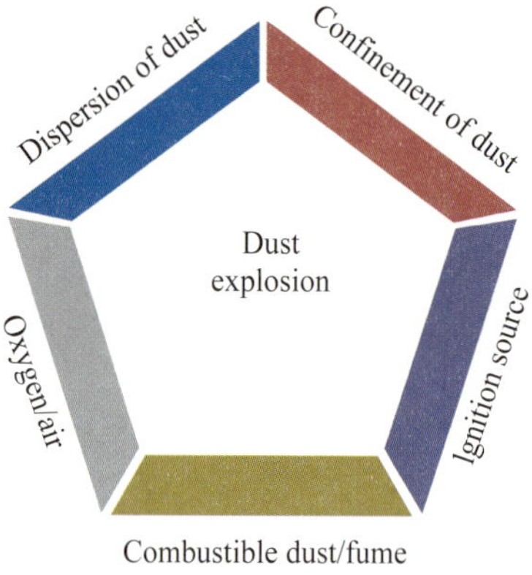

그림 7.1 분진 폭발의 5요소

폭발의 4요소 산소, 점화원, 가연물, 가연물과 산소의 연소범위 내 혼합. 가연물과 산소가 존재한다고 하더라도 가연물이 축적되어 있거나 체적이 큰 덩어리 상태, 연소한계 외의 범위 내로 희석되어 있는 경우에서는 급격하게 연소할 수 없다. 4요소로 설명하는 것은 산소와 가연물의 혼합 상태 즉 연소속도에 비중을 두고 설명하는 견해이다.

폭발의 5요소 산소, 점화원, 가연물, 연소범위 내 혼합, 밀폐 상태(confinement) 4요소에 비하여 5번째 요소로 추가된 밀폐상태는 더욱 엄격한 연소속도 또는 폭발의 위력을 설명하기 위한 견해이다. 폭발은 개방된 공간에서 발생하는 것 보다는 밀폐된 공간에서 발생하였을 때 더욱 강력하다. 특히 분진폭발과 같은 경우에는 혼합비율 내로 확산되어 있다고 하여도 기체에 비하여 연소속도가 느리기 때문에 개방된 공간에서는 위력적인 피해를 발생시키기 어렵다. 따라서 분진폭발의 5요소 등 주로 분진폭발에서 거론된다(그림 7.1).

폭발 원인을 조사할 때에는 위 요소들이 같은 시간 같은 장소에 존재하였다는 사실을 증명함으로써 해결할 수가 있는데, 일반적으로 위 4가지는 모두 폭발의 결정적인 원인이 될 수 있다. 예를 들자면 사무실이나 가정집과 같은 일반적인 환경에서는 전기 스파크나 정전기 등 혼합기체에 점화원으로 작용할 수 있는 에너지가 상존하고 있으며, 대기 중의 산소 21%가 존재하므로 만일 이와 같은 공간에서 연소폭발이 발생하였다고 한다면 위 4가지 요소 중 가연물의 누출에 대한 조사에 포커스가 맞추어져야 하며 당해 사건의 결정적인 원인은 가스누출이 된다. 가연성 물질을 냉매로 사용하는 컴프레서 내에서 폭발 사고가 발생하는 경우가 있는데 이러한 경우라면 컴프레서의 피스톤 작동에 의해 압축열이 발생하며, 가연성 물질이 냉매로 사용되고 있기 때문에 폭발 사고의 원인 조사는 용기 내부에 산소가 유입된 원인에 대하여 포커스가 맞추어져야 하며, 이것이 발로 당해 사건의 결정적인 원인이 된다. 또 다른 경우를 예를 들어보자 자동차 도장부스와 같이 인화성 페인트의 도장작업을 하는 공간에서는 자연스럽게 공정 내에서 폭발성 유증과 공기가 혼합되는 상항이 된다. 이러한 경우에는 폭발이 발생하는 것을 막기 위해서 작업자는 정전기 발생을 막기 위한 제전복, 제전화를 착용하여야 하며 모든 전기 스위치나 등기구 등은 방폭구조를 갖추도록 되어 있다. 이와 같은 상황에서 폭발 사고가 발생한다면 폭발 원인조사는 점화원을 조사하는 것에 포커스가 맞추어져야 하며 당해 사건의 결정적인 원인은 점화원이 된다.

원인조사뿐만 아니라 예방 차원에서도 위 필수요소들은 매우 중요한데 이들 중 1가지만 제어한다면 폭발사고는 발생하지 않는다. 산소를 제어하기 위해서 공정 내에 질소 등 불활성 가스를 채우는 것, 가연물을 제어하기 위해서 완전 밀봉 또는 기밀을 유지하는 것, 혼합기 형성을 제어하기 위해서 공정 내의 환기 또는 양압을 유지하는 것, 점화원을 제어하기 위해서 전기 시설에 방폭구조를 사용하는 것 등의 방법이 있으며 일상적으로 가장 많이 사용되는 방법은 가연물을 제어하는 방법이다. 일반적인 산업 공정 또는 생활 속, 지구상에는 대기 중의 산소 농도 21%와 확산된 가스 등 가연물에 점화원으로 작용가능한 정전기, 스파크, 전기적 아크 등이 일상적으로 발생한다. 따라서 가연물을 제어하는 것이 가장 효과적이며 비교적 경제성이 높기 때문이다.

7.2 연소범위와 폭발현장의 혼합비율

연소범위는 폭발 측면에서 폭발범위라는 말과 동의어처럼 사용한다. 폭발범위라는 말은 가연물의 혼합비율이 일정 범위 내에서만 폭발이 가능하다는 것이다. 반대로 말하면 이 범위 외의 혼합범위 내에서는 점화원이 주어진다고 하여도 폭발이 발생하지 않는 것을 말하는 것이다.

조사관들은 확산폭발의 현장에서 가연물의 연소범위 특성을 고려하여 현장에 누출된 가연물의 양을 계산하는 방법을 전통적으로 사용해 왔다. 이것은 과연 사고를 조사하기 위해서 유효하며 적합한 방법인가? 많은 조사관들이 오랜 시간동안 전통적으로 사용하여 신뢰해 왔던 것처럼 적절한 방법인지에 대하여는 의문을 가져보려고 하지도 않았을 수도 있다.

가연성 연료와 공기가 혼합되었을 때 다양한 비율로 혼합될 수 있다. 이 다양한 비율 중 연소할 수 있는 범위를 연소범위라고 한다.

일반적으로 연소범위는 연소공학에서 주로 다루어진다. 연소공학에서 연소범위는 엔진이나 연소기의 연소실 내에서 연료를 소비할 때 제한된 연료를 이용해서 최대한의 출력을 얻기 위해서 얼마의 공기를 연소실 내로 주입해야하는지, 즉, 연료의 사용효율

그림 7.2 코너의 가스포켓 연소흔적(그을음)

을 높이기 위한 기술을 연구하는 분야이다. 연료를 효과적으로 사용하기 위해서는 연료와 공기를 균일한 농도로 혼합되어 있어야 하는데 따라서 연소범위라는 값의 전제는 연료와 공기가 균일한 농도로 혼합되어 있는 상태라는 전제가 따른다. 그러나 사고현장에서는 폭발 직전 연료의 상태는 현장의 대류상황, 누출특성, 연료의 비중 등에 따라서 분포하며 연료의 농도는 균일하지 않은 상태이다. 따라서 사고현장에서 구획실의 체적을 구하고 연소범위를 통해 폭발이 가능한 누출 최고, 최소량을 계산하는 방법은 사실과 거리가 먼 계산일 수 있다.

필자는 실제 사고조사에서 연소범위를 통해 계산된 누출량은 오히려 사건 재구성에 혼선을 초래할 수 있으므로 이 값을 조사 시 활용하지 않는 것을 권한다.

그림 7.2는 LNG가 누출되었던 폭발현장에서 발견된 그을음 부착흔적이다. 천정의 코너 부위에 그을음이 집중적으로 부착되어 있는 것을 볼 수 있다. 이것은 구획실에 누출된 가스가 균일하게 분포하지 않는다는 것을 증명하는 단편적인 예이다. 그을음이 집중된 부분은 가연물이 집중되어 있던 가스포켓이라고 부르는 곳이다. 이곳은 다른 곳에 비하여 더욱 높은 가연물 농도를 가지고 있었을 것이다. 이곳에 머물러있던 혼합기는 가연물 과잉 또는 산소부족 상황으로 점화이후 완전히 연소하지 못하고 불완전 연

소생성물인 그을음이 발생하였으며 이것이 주변 벽면에 부착되어 있는 상태를 보여준다.

7.3 가연물의 분포

7.3.1. 확산에 의한 분포

공간 내에 존재하는 가연물은 공간 일부에 집중되거나 일부에는 더욱 낮은 농도로 존재할 수 있다. 실제로 한 곳에서 가스가 누출되기 시작하면 가스가 누출되는 곳은 100% 가스만 존재하며 누출되는 반대방향으로 갈수록 점차 희석되어 갈 것이고 아직 가스가 미치지 않은 곳에는 누출가스가 0%인 공간도 있을 것이다. 확산과정에서 다양한 혼합비율을 이루게 되므로 연소범위 내의 농도가 존재하는 곳에 점화원이 작용한다면 폭발이 이루어질 것이고, 폭발 이후 농도가 연소범위를 초과하는 부분은 확산연소로 진행하게 된다. 가스 누출량의 많고 적음, 또는 연소범위에 내로 존재하는 혼합기의 많고 적음은 폭발 강도의 차이일 뿐이다.

예를 들어 가스레인지가 잘 켜지지 않아 수차례 시도하는 동안 새어 나온 가스가 순간적으로 불이 붙으면서 "퍽"하는 소음이 발생하는 것도 소규모의 폭발로 볼 수 있다. 이

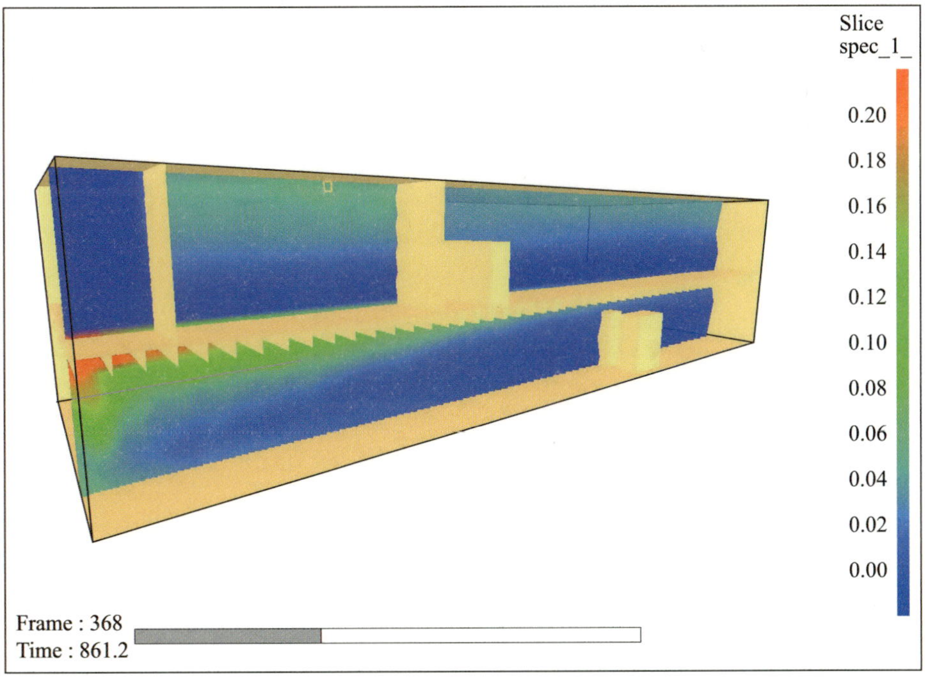

그림 7.3 공간에서의 LNG 누출에 의한 확산분포 시뮬레이션 예시

때 가스레인지가 설치된 장소의 체적을 구해 연소범위를 계산해 본다면 이는 연소하한계 근처에도 못 미치는 양이 될 것이다. 연소범위만을 고려하여 폭발의 가능과 불가능을 판단한다면 대기 중에 누출되어 폭발이 발생하는 증기운 폭발 등에 대하여 절대로 설명할 수 없다. 연소범위라는 것은 어디까지나 점화원이 주어지는 포인트에서의 농도를 말하는 것이다.

7.3.2. 비중에 의한 분포

위와 같이 확산과정에서도 다양한 분포비율이 나타날 수 있지만 이미 확산된 가연물일지라도 공기의 흐름이 크지 않은 상태라고 한다면 그 가연물의 비중에 의해서 분포 정도가 다르게 나타날 수 있다.

일반적으로 많이 사용하는 LPG와 LNG의 비중을 비교해 보면 LPG의 주성분인 부탄은 공기보다 무거우며 LNG의 주성분인 메탄은 공기보다 가벼운 것을 알 수 있다. 따라서 공기 중에 누출되었을 때 바람과 같은 기류의 이동이 있는 상태라면 혼합되겠지만 유동이 없는 상태라면 점차적으로 LPG는 낮은 곳으로 모이고, LNG는 높은 곳으로 모이게 된다. 이러한 점에 착안하여 보통 가스감지기는 사용가스에 따라서 LNG는 높은 곳에 설치하고 LPG는 낮은 곳에 설치한다. 그림 7.4(c)에서와 같이 비중이 높은 물질은 낮은 곳에서 고이거나 더욱 낮은 곳으로 흘러 이동하는데 하수도 등 배관을 통

비중

기체 비중의 기준이 되는 물질은 공기이며, 기체의 무게와 공기의 무게를 비교한 값이 비중이 된다. 정의를 보면, 기체의 질량과 그 기체와 같은 조건 · 체적의 공기질량과의 무게 비율을 뜻하며, 일반적으로 표준상태(0℃, 1atm)의 기체와 표준상태의 공기를 비교한다. 이때 공기의 기준부피(22.4L, 1mol)의 질량은 29g으로 한다.

비중을 구하는 수식을 보면 다음과 같으며, 예를 들어 메탄의 비중을 구해보면, 약 0.55임을 알 수 있다. 여기서 메탄의 무게는 16g이다.

$$\frac{\text{가스의 무게}}{\text{공기의 무게}} \rightarrow \frac{16}{29} = 0.55$$

위와 같이 비중을 구할 수 있으며, 메탄의 비중 0.55가 뜻하는 것은 공기와 무게를 비교했을 때 공기의 0.55배가 된다는 뜻이다. 또한 주의해야 할 것은 무게를 무게로 나누었기 때문에 비중의 단위는 존재하지 않는다는 것이다.

수소가스를 담은 풍선이 하늘로 날아오르는 것과 같이 공기보다 비중이 낮은 기체는 위로 뜨며 공기보다 비중이 높은 기체는 낮은 곳에 체류하게 된다.

표 7-1 가연성 증기, 유증(Gas, Vapor)의 비중과 공기 중 분포(공기의 비중은 1)

연료(가스, 유증)	비중	공기 중 분포
수소(Hydrogen)	0.07	⬆
메탄(Methane)	0.55	⬆
아세틸렌(Acetylene)	0.90	⬆
일산화탄소(Carbon monoxide)	0.97	⬆
에탄(Ethane)	1.03	⬇
프로판(Propane)	1.15	⬇
부탄(Butane)	1.93	⬇
아세톤(Acetone)	2.00	⬇
펜탄(Pentane)[1]	2.50	⬇
헥산(Hexane)[2]	3.00	⬇

1. 휘발유의 혼합성분 중 가장 가벼운 물질
2. 캠핑 연료의 혼합성분 중 가장 가벼운 물질

해 이동하거나 파이프 홀, 균열 등 틈새를 통해 아래층으로 이동하여 가스 누출개소나 유증의 발생장소가 아닌 다른 곳에서 혼합범위를 이루고 폭발하는 경우도 종종 발생한다.

단위공간에 완전히 희석되었을 때 연소범위 내에 드는 양의 가연성 유증이나 가스가 누출되었다고 하여도 비중에 따른 분포로 인하여 공간적으로 보았을 때는 어떠한 곳은 가연물의 과잉, 어떠한 곳은 가연물의 부족 상태를 나타내며 점화원이 주어졌을 때 폭발(연소, 점화)이 가능한 공간적 범위는 극히 작아진다.

가연성 물질이 공기 중에 누출되어 다양한 혼합비율을 유지하고 있을 때 폭발 위력의 강도는 점화 시 연소범위 내의 비율로 존재하는 가연성 혼합기체의 양에 의해 달라진다.

예를 들어 가스 $10m^3$가 누출되어 다양한 비율로 혼합되었다고 한다면 이 중 일부는 연소범위 이하이며, 또 일부는 연소범위 이상, 일부는 연소범위 내로 존재할 수 있다. 이 때 연소범위 내의 비율을 유지하고 있는 곳에 점화원이 주어져 폭발이 발생한다고 하면 이 범위의 비율로 혼합된 가연물의 연소는 압력파나 충격파 등 폭발의 위력을 생성한다. 따라서 그 위력은 전체적인 가스 누출량 보다 연소범위 내의 비율로 존재하는 가연성 혼합기체의 양에 따라서 좌우된다. 연소상한계 이상의 비율을 유지하고 있는 가연물은 폭발 이후 확산연소한다.

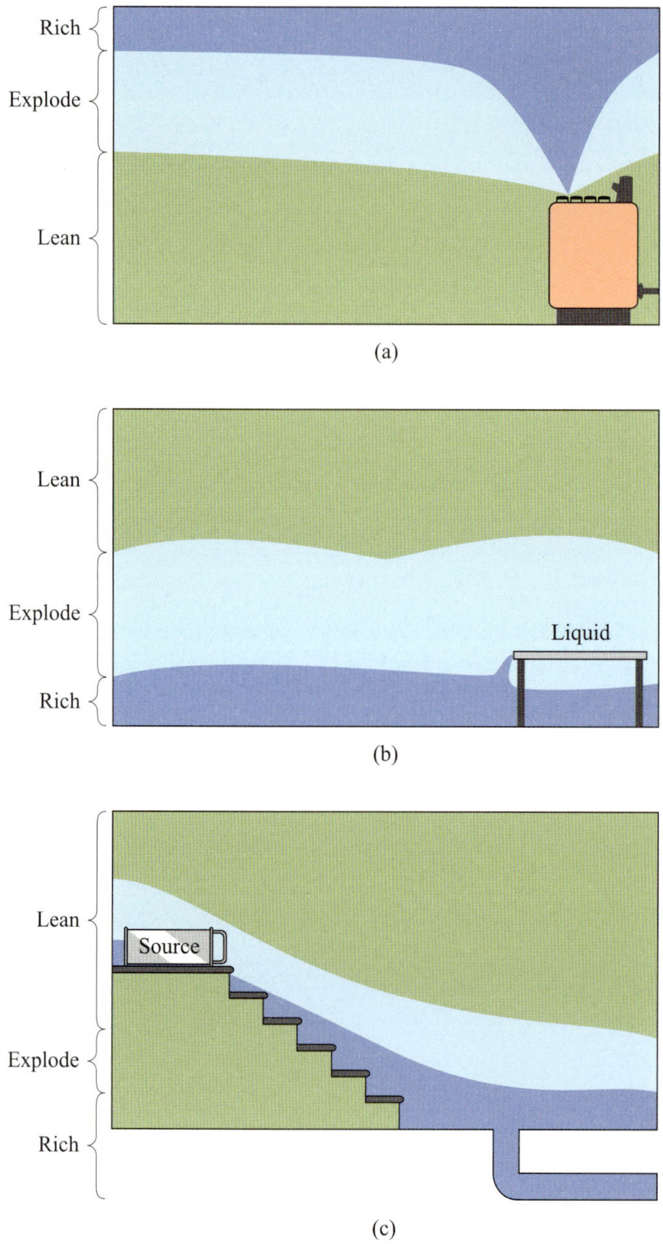

그림 7.4 전형적인 가스와 인화성물질의 유증의 혼합상태. (a) LNG(Methane)의 혼합상태 (b) 가솔린 유증의 혼합상태 (c) 가솔린 유증, LPG(Butane) 등 비중이 높은 가연물의 낮은 곳을 향한 유동

7.3.3. 폭발 사고에서 연소범위를 통한 누출량 계산의 오류[56]

현재 폭발사고가 발생하였을 때 사고에 기인한 가스의 누출량을 판단하는 방법은 구획실의 체적을 확인 한 후 누출이 의심되는 가스의 연소범위를 고려하여 이 공간 내에 혼합되었을 때 폭발이 가능한 최소 누출량과 최대 누출량을 계산하여 구하는 것이다.

예를 들어 실내공간이 100m^{3}인 공간에서 부탄가스의 누출로 인해 폭발이 발생하였다고 한다면 부탄가스의 누출량을 도출해 내기 위해서 부탄가스의 연소범위인 10.8~8.4%를 고려하여 이 공간에 누출된 부탄가스의 최대 누출량은 10.8m^{3}이며 최소 누출량은 8.4m^{3}로 계산된다. 이러한 계산방법은 연소하한계 미만의 농도나 연소상한계를 초과하는 혼합비율에서는 점화원이 주어진다고 하여도 폭발이 불가능하기 때문에 사고현장에서 폭발이 발생하였다면 현장에 누출된 가스는 연소범위 내에 존재하였을 것이며 이것을 통해 현장에 누출된 가스의 양의 범위를 계산할 수 있다는 논리에 의한 것으로 지금까지 실무적으로 신뢰를 받아 왔으며 현장을 조사하는 데에 있어서 활용도가 높은 편이었다. 그러나 이것은 단편적 과학이며 근거가 없는 통념에 불과하다.

구획실에서 전체 누출량이 체적대비 연소범위를 초과하는 경우나 연소범위 미만인 경우에도 기체의 분포 특성(확산에 의한 분포, 비중에 의한 분포)에 의해서 부분적으로 연소범위내의 대역이 존재하며 이곳에 점화원이 주어졌을 때에는 폭발이 가능하다. 연소범위 외의 혼합비율에서는 점화원이 발생한다고 하여도 연소 및 폭발이 발생하지 않는다는 것을 근거로 폭발사고현장의 체적을 대입하여 계산된 최대 누출량과 최소 누출량을 실무에 적용하고 있으나, 이 계산 방법은 가스의 확산과 비중에 의한 분포 특성을 고려하지 않은 것이므로 실제 구획실에서의 폭발 사고에 적용하였을 때 큰 오류를 범할 수 있고 계산된 값이 사실과 근접하다고 볼 만한 과학적인 근거가 없다. 따라서 실제사고에서 있어서 이 계산방식을 통한 최소, 최대 누출량의 정확도는 신뢰할 수 없으며 오히려 이 값에 근거하여 폭발의 근원이 된 가연성 가스를 검토한다면 잘못된 감식 및 조사 결과를 도출할 수 있다.

7.4 화학적 폭발의 메커니즘

폭발의 가연물은 이미 공기 또는 산소와 혼합된 상태를 조건으로 하기 때문에 점화원이 주어지면 즉시 연소되며 별도의 확산과정을 필요로 하지 않는다. 아래 그림에서 알 수 있듯이 최초 점화에너지를 받은 가연물의 입자는 곧바로 화학반응을 일으키면서

56 이승훈 외 4명, 가스-확산폭발사건에서 연소범위를 이용한 누출량 계산의 유효성 검토, 2015, 한국화재조사학회

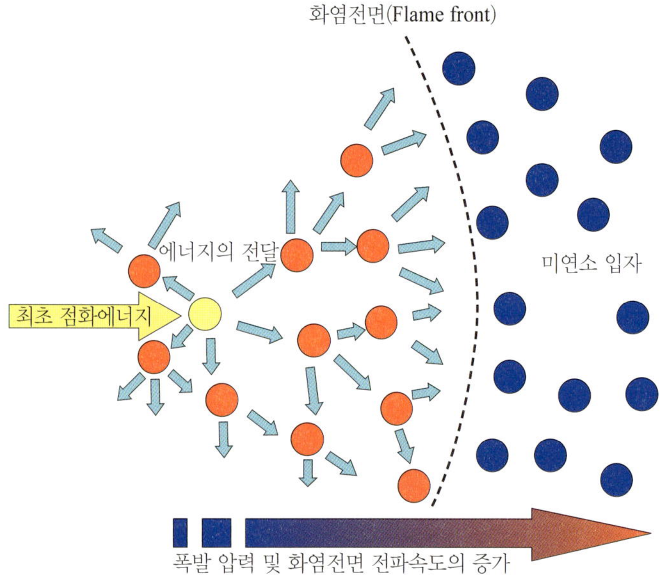

그림 7.5 폭발의 메커니즘

곧 사방으로 연소되지 않은 입자에게 에너지를 전달한다. 이후 또다시 에너지를 전달받은 입자들은 주변의 연소되지 않은 입자들에게 에너지를 각 전달한다. 따라서 에너지의 전달 즉, 연쇄반응은 시간의 흐름에 따라서 기하급수적으로 속도가 증가하며 전달범위가 확대된다. 따라서 폭심으로부터 멀어질수록 폭발의 위력은 증가하게 된다.

연소반응이 전달됨에 따라서 발생하는 압력은 미연소 입자를 폭심으로부터 밀어내는 역할을 하고, 이는 이미 연소된 입자에 의해서 생성된 압력과 화염전면에서 연소되는 입자에 의해 생성되는 압력을 더하게 되어 압력 및 충격파 또한 증대되며 확산된다.

이때 화염과 미연소입자의 경계를 화염전면(火焰前面, Flame front)이라고 하는데 화염전면의 전파속도는 가연물의 성질이나 연소 환경의 조건에 따라서 다르게 나타나지만 분해나 증발과정을 거치게 되는 분진폭발이나 분무폭발에 비하여 기체가 폭발하는 경우 더욱 빠르게 전파된다.

7.5 화학적 폭발의 가연물

화학적 폭발은 대부분 가스나 유증과 같이 기체 상태에서 이루어지는 것으로 알려져 있으나 액체, 고체 상태에서도 마이크로미터 단위의 미세한 입자가 공기 중에 부유하며 확산되고 공기와 적절히 혼합하여 폭발범위에 들어가게 되면 점화원이 주어졌을 때는 급격한 연소반응 즉 폭발을 일으킨다.

7.5.1. 분진폭발 (Dust Explosion)

고체가 폭발하기 위해서는 미세한 분진의 형태로 가능하기 때문에 분진폭발이라고 한다. 고체가연물의 폭발을 의미하는 것으로 고체가연물이 폭발하기 위한 조건으로서는 분진폭발의 5요소라고 하며 이들은 가연성분진, 분진의 확산, 산소 또는 공기, 점화에너지, 밀폐된 공간, 구조물(confinement of dust) 이다.

고체가연물이 부유하기 위해서는 먼지와 같이 미세한 형태로 존재해야 하는데 이는 가연물의 종류, 내부 기류에 따라서 부유할 수 있는 최소 단위가 달라지므로 명확한 표현을 어렵다. 단 폭발의 가능성은 입자의 크기가 700μm 이하이면 위험해지고, 100μm 이하에서는 매우 위험하다[57]. 약 500㎛ 이하의 입자경을 가지는 가연성분진이 폭발을 일으킬 위험성이 있다고 알려져 있다[58]. 미국의 화재보험협회(NFPA)에서는 지름이 420㎛ 이하의 입자를 분진이라고 정의하고 있다[59].

평상시에는 공기중에 부유하지 않고, 퇴적되어 있는 경우에도 외부의 조건에 의해 부유하게 되면 분진폭발이 일어날 수 있다. 특히 분진폭발의 경우에는 최초 점화이후에는 폭발 시 발생하는 충격이나 압력에 의해 퇴적되었던 가연성분진이 부유하면서 더욱 강력한 2차, 3차적 폭발이 일어날 수 있으므로 위험하다.

퇴적 분진의 위험성 퇴적되어 있던 분진이 선행된 이벤트에 의해서 대기 중으로 부유하였을 때에는 2차적인 분진 폭발이 발생할 수 있다. 분진이 부유하게 되는 원인은 다양할 수 있다. 예를 들자면 다음과 같다. 현장에서 발생한 여타 폭발 현상에 의한 풍압에 의한 대기의 유동으로 인해 분진이 부유하고 점화되어 분진폭발이 발생하는 경우

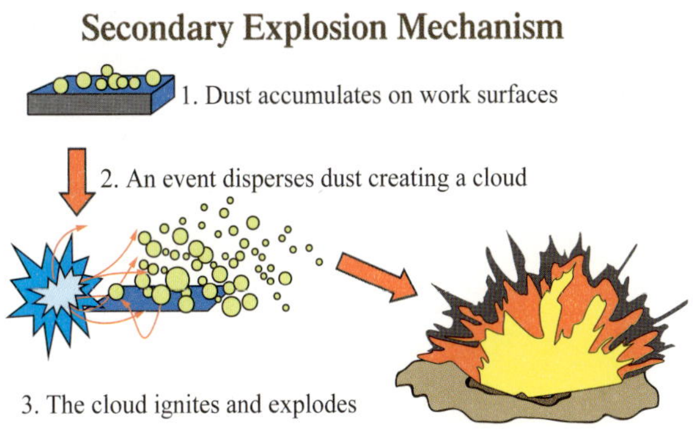

그림 7.6

57 출처 : Science all 과학백과사전 - 분진폭발

58 출처 : 松田東榮, 가연성분진의 폭발위험성 평가기술, RIIS-SD-90-1, 1990

59 출처 : 산업안전보건연구원, 2003, 분진의 화재폭발 위험성 평가. p.1 재인용

그림 7.7 flour–dust is dispersed by compressed air and ignited by a detonator, Author : Hans–Peter Scholz

이 경우는 탄광에서 발생하는 폭발을 예로 들 수 있는데 탄광에서는 주로 메탄가스에 의해서 1차적인 폭발이 발생한다. 이로 인한 폭압에 의해서 주변에 퇴적되었던 탄분진들이 부유하고, 이어서 2차적인 분진폭발이 발생하게 된다.

그 외의 경우로는 밀폐 되었던 공간에 갑작스런 개구부의 발생으로 바람이 불어오는 경우, 냉, 난방기구의 팬의 작동으로 인한 공기의 유동, 기계의 동작 또는 사람의 활동에 의한 공기의 유동, 분진 상태의 원자재를 공정에 투입하기 위해 쏟아 붓거나 하는

사례연구

서울 모 지역의 실내 권총 실탄사격장에서 원인을 알 수 없는 폭발이 발생하였다. 실탄 사격장은 실탄을 발사하는 과정에서 추진제로 사용되는 흑색화약이 완전히 연소되지 않은 상태로 일부가 사로의 앞에 쌓이게 되는데 이 때문에 성격 상 화재 또는 폭발에 매우 위험한 장소이다. 현장을 조사하는 과정에 사격장의 사로에서 화재가 시작된 것을 확인하였는데, 이곳을 비추는 CCTV 녹화장면은 당시의 상황이 고스란히 기록되어있다. 당시의 상황은 손님 중 1명이 사로에서 사격을 하던 중에 총구에서 불티(연소 중인 상태로 비산되는 흑색화약)가 사로의 앞으로 떨어졌다. 떨어진 불티는 사로 앞에 쌓여 있던 잔사에 착화되어 점차적으로 범위를 넓혀갔다. 그러나 이것이 확산되는 과정은 당황할 정도로 빠르지 않았다. 사로에서 연기가 피어나는 것을 확인한 손님이 종업원에게 사실을 알리자 곧 종업원이 소화기를 들고 사로에 들어왔다. 종업원은 연기가 피어오르는 곳을 향해서 소화기를 발사하였다. 사격장에서 대형사고가 발생한 원인 바로 소화기 때문이었다. 소화기의 발사압력은 바닥에 축적되어 있던 잔사에 바람을 일으켜 공중으로 부양시켰으며, 바닥에서 느린 속도로 연소하던 불꽃은 대기 중에 확산된 화약잔사로 전파되어 순식간에 폭발로 진행됐다. 폭발 압력은 사로뿐만 아니라 사격장 대기실과 건물의 계단으로 급격한 고온 가스의 압력을 방출하였으며 인명과 재산에 큰 피해를 발생시켰다. (실탄의 추진제로 사용되는 흑색화약은 저폭약이다. 이것은 개방된 공간에서 연소반응을 '타들어간다'라는 표현할 수 있을 정도로 반응속도가 느리다. 연소되고 있는 과정을 그대로 두었다고 하더라도 폭발은 발생하지 않았을 것이다. 그러나 종업원이 소화기 압력으로 인해 폭약을 부유시켰으며 이것이 사고의 결정적인 원인이었다.)

등 분진을 취급하는 경우에도 마찬가지로 퇴적된 분진을 부유하게 할 수 있다.

그림 7.7은 축적되어 있는 밀가루 분진에 압축공기를 분사시켜 공기 중으로 확산시킨 상태에서 점화장치를 이용하여 착화시킨 실험 영상이다. 사진의 순서대로 설명하자면 1. 미세한 분진이 공기 중으로 분산된다, 2. 분진이 주변으로 퍼져나간 후에 점화장치에 의해 점화, 3. 파이어볼을 생성하며 급격하게 확대되며 강력한 복사열을 주변에 방사한다, 4. 파이어볼과 고온 가스가 공중으로 부양한다, 5. 미연소된 분진이 다시 바닥으로 떨어져 축적된다.

일반적으로 축적되어 있는 밀가루는 횃불을 가져다 댄다고 해도 좀처럼 불이 붙지 않을 정도로 안정적인 상태이다. 그러나 위 실험처럼 대기 중에 부유할 때에는 폭발을 발생시킬 만큼 위험한 상태가 된다. 분진의 부유가 얼마나 위험한지를 쉽게 이해할 수 있을 것이다.

(1) 분진폭발의 가연물

분진폭발의 사고는 일반적으로 알루미늄 등 금속, 목재, 화장지 등 종이류, 의복 섬유,

플라스틱, 탄소, 목탄, 밀가루, 사료, 고무, 사탕, 제약 등의 분진이 발생하는 산업공정에서 주로 발생하며 폭발이 가능한 분진의 종류는 약 800종 이상으로 대부분의 가연물이 포함되며, 일반적으로 비가연성으로 알려진 철(Fe) 같은 금속도 분진상태에서는 폭발이 가능하다. 분진의 경우에도 일반적인 기체폭발과 마찬가지로 폭발범위를 가지며 석탄의 경우는 50~1,600g 이 공기 1㎥ 속에 희석되어 있는 정도라면 폭발한다고 한다[60]. 평균입경이 동일한 분진인 경우에도 분진의 형태에 따라 폭발성이 달라진다. 즉 구상, 침상, 평편상 입자 순으로 폭발성이 증가한다. 이는 우리가 이미 알고 있듯이 가연물의 표면적에 따라서 가연성이 높아지는 원리에 의한 것이다(이것은 가연물의 형태가 질량 대비 표면적이 넓어 산소와 접하는 기회가 많아지기 때문에 산화반응의 속도가 더욱 빠르다. 이미 대기 중에 부유가 가능한 수준은 매우 미세한 입자이지만 이 입자의 형태도 연소속도에 영향을 미친다.).

분진은 미세한 입자이기는 하지만 고체이므로 단위 체적 당 에너지밀도가 가장 크다.

표 7-2 분야별 분진폭발 가연물의 대표적인 종류

Plastic	Virly acelylene, Poly vinyl acetate, Poly propylene, Molded Pulp, Poly Acrylamide, Poly ethylene, Co-polymer, Poli Acrylonitrie, Epoxy or Phenolic resin, Ethylene Co-polymer, Poly methyl acrylate, Poly Emulsion, poly vinyl alcohol, Melamine and its resin, Poly vinyl butyral, Urea-formaldehyde, Poly vinyl chloride (PVC), Terpene phenol resin
Industry	Adipic acid, Sulfur, Sodium stearate, Ascorbic acid, Carboxymethylcellulose, Lactose, Calcium acetate, Dextrin, Methylcelllulose, Anthraquinone, Calcium stearate, Paraformaldehyde, Sodium Ascorbate, Lead stearate
Metal	Aluminum, Iron Carbonyl, Zinc, Bronze, Magnesium
Food	Garlic, Alfalfa, Cotton, Rise starch, Cron starch, Wheat starch, Suger, Cocoa powder, Coffee, Coconut shell, Lemon peel, Onion powder, Spice powder, Potato starch, Sunflower, Gluten, Lucust bean gum, Xanthan gum, Rice flour, Oatmeal, Peanut Flour, Rye flour, Commeal, Potato flour, Wheat flout, Lemon, Malt, Apple, Peach, Mixed tobacco snuff, Potato, Parsley (dried), Rice powder, Wheat grain dust, Walnut Powder, Soybean Powder, Beet, Liseed, Seeds of raw cassava, Sunflower Seeds, Semolina, Tomato, Carrot
Products	Rice starch, Cellulose, Milk powder, Corn Starch, Cork, Dry skin milk, Wheat, starch, Egg white, Corn, Suger, Soybean meal, Whey, Beet suger, Wheat flour, Tapioca, Barley, Lactose
Carbon	Activated carbon, Coca-cola, Carbon black, Bituminous coal, Petroleum coke, Pulp, Charcoal, Pine soot, Oil, Cellulose, Lignin, Chemical Dust

60 출처 : 두산백과사전

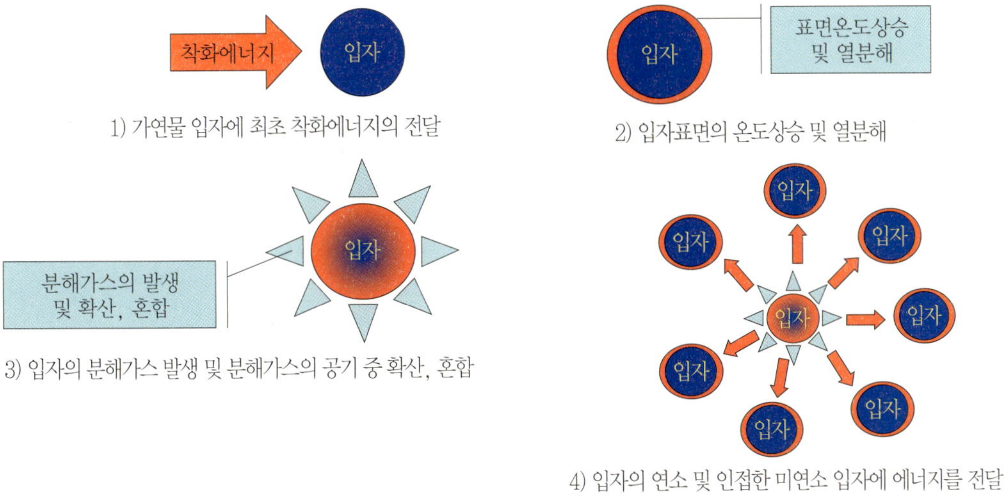

그림 7.8 분진의 폭발 메커니즘

(2) 분진의 폭발 메커니즘

분진의 폭발은 외관상 매우 순간적으로 발생하는 것이지만 그 과정을 세분하여 보면 연소방식에 따라서 분해연소와 표면연소로 나눌 수 있다. 입자 상태로 부유하여 대기와 혼합되어 있는 상태이므로 별도의 확산과정이 필요하지 않다. 미세한 입자로 분리되어 있어 연소속도가 매우 빠르지만 분진폭발의 메커니즘은 일반적인 고체가연물의 연소방식과 같다.

- **분해연소** : 일반적인 가연물이 열에너지에 의해 분해되고, 이때 발생한 가연성 분해가스가 주변의 산소와 희석되어 연소하는 것과 같이 가연성분진의 입자에 에너지가 전달되면 입자에서 발생하는 가연성 분해가스가 주변의 산소와 확산, 혼합되어 연소하는 것을 말한다. 결국 고체 입자가 연소하는 것이 아니라 고체입자로부터 기인된 열분해 가스가 연소하는 것이다.
- **표면연소** : 열분해가 일어나지 않는 가연물의 연소방식으로 고체표면의 연소반응을 말한다. 일반적으로 표면연소의 가연물로 알려진 숯, 금속 등은 위와 같이 분해 연소할 수 없다. 입사의 표면부터 산화되는 연소를 시작한다.
- **용융-증발 연소** : 열에 의해 열분해되거나 고체 자체로서 연소하지 않는 플라스틱과 같은 물질들은 가열되었을 때 액상으로 녹는 용융과정과 다시 이것이 증발하는 과정을 거쳐 가연성 기체가 생성되고 기체가 연소한다.

U.S. Chemical Safety Board Investigations Manager Stephen Selk, P.E.는 2008년 설탕공장의 분진폭발 사건을 브리핑하면서 **그림 7.9**와 같이 원인 분석을 위한 과정을 설

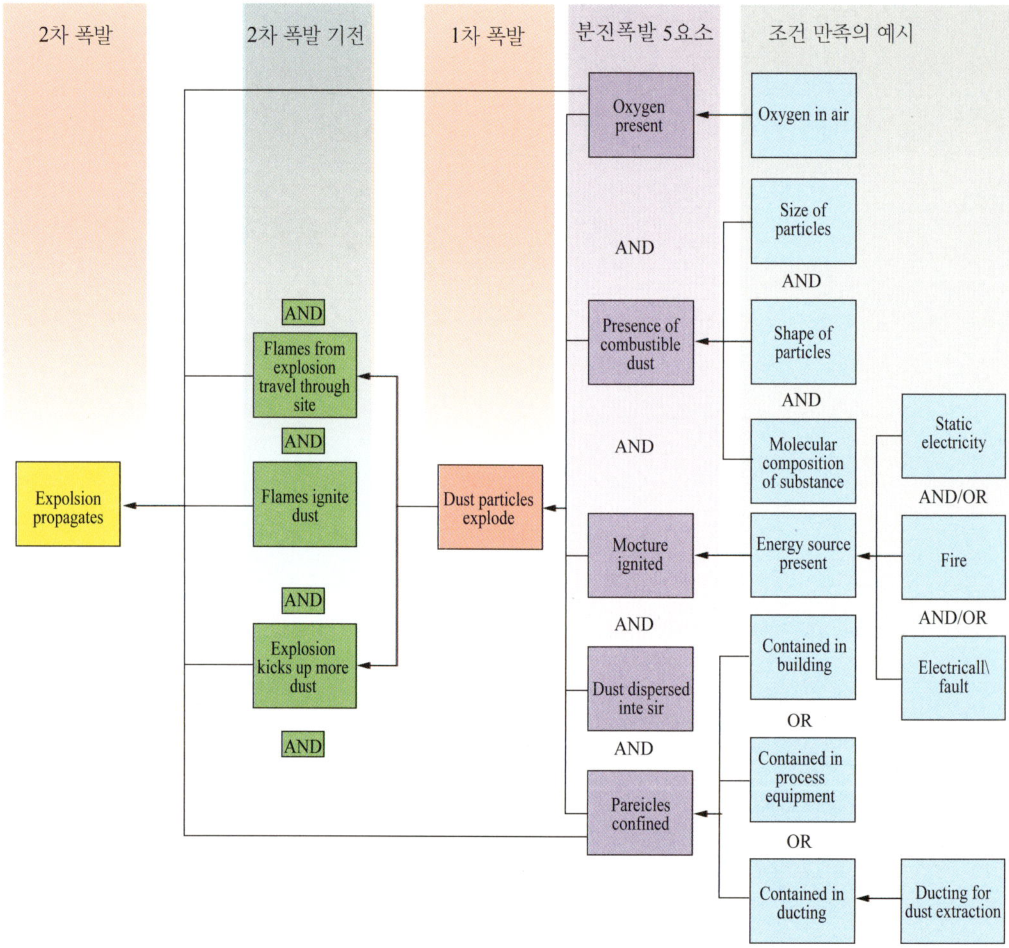

그림 7.9 Dust explosion cause mapping

명하였으며 이는 폭발 조사에 있어서 폭발이 발생할 수 있는 5요소인 산소, 점화원, 가연물, 분진의 확산, 밀폐구조의 원인에 대하여 찾는 방법에 대하여 설명하였으며, 그는 각 요소들을 만족시키는 선행원인을 조사하는 것에 초점을 맞추어야 한다는 것을 강조했다.

7.5.2. 분무폭발 (Mist Explosion, 안개상 폭발)

액체가 안개처럼 미세한 상태로 폭발하는 경우를 액적, 분무(Mist) 폭발이라고도 하는데 폭발하기 위해서는 분진폭발과 같이 액체가 마이크로미터 단위의 미세한 입자로 존재해야 가능하다. 이러한 입자가 공기 중에 부유하며 확산되어 농도가 연소범위에 들어가게 되면 점화원이 주어졌을 때 폭발이 발생한다. 대표적인 예로 분무폭발은 엔

> **가스(Gas)와 증기(Vapor)의 차이**
>
> 가스와 증기는 모두 물질의 기체상태를 말하는 것이다. 일반적으로 이에 대한 구분은 상온상압에서 기체상태인 물질의 기체상태를 가스라고 칭하고 상온상압에서 액체인 물질의 기체상태를 증기이라고 칭하고 있다.
>
> 예) 천연가스, 프로판가스, 시너 유증, 휘발유 유증

진에 분사되는 휘발유나 등유의 연소를 생각해 보면 쉽게 이해할 수 있다. 엔진의 실린더 내에 고압으로 분사된 미스트(Mist) 형태의 연료는 공급된 적당량의 공기와 희석되어 연소범위에 들어가게 되고 주어진 점화원(점화플러그, 단열압축)에 의해 폭발한다.

액체 가연성입자 또한 분진입자의 폭발과정과 같이 짧은 순간을 세분화해 그 메커니즘을 살펴보면 일반적인 액체의 연소와 다를 바 없다. 미세한 액체 입자는 점화에너지를 전달 받으면 표면온도가 상승하면서 증발이 일어나고 이 증기가 주변의 산소와 결합하며 연소하게 된다. 다만 미세한 액체방울이기 때문에 대기 중에 부유할 수 있으며, 증발을 위해서 요구되는 에너지의 양도 매우 적다는 것이 특징이며, 이것이 일반적으로 풀(pool)에서 연소하는 액체의 연소와 다른 점이다. 앞의 분진폭발의 메커니즘 그림(그림 7.8)에서 분해과정이 아닌 증발과정이 일어나며 그 외 진행은 같다.

7.5.3. 가스, 유증 폭발 (Gas Explosion)

기체상태에서 폭발하는 것으로는 폭발사고 중 주변에서 가장 많이 일어나는 종류로 일반적으로 주변에서 쉽게 볼 수 있는 가연성 가스와 가연성 액체의 유증이 폭발하는 것을 말한다. 단위 체적 당 에너지밀도는 가장 적으나 액체폭발이나 분진폭발에서와 같이 증발과정이나 분해과정을 필요로 하지 않으므로 화염전면(Flame Front)의 전파속도(연소 또는 폭발의 속도)가 가장 빠르다.

7.6 사례: AL Solutions, Inc. Explosion in New Cumberland, WV

다음은 미국의 화학안전 위원회에서 분진폭발 사고조사 최종 보고서를 발췌, 번역, 정리한 것이다.

AL Solutions, Inc., New Cumberland, WV

Metal Dust Explosion and Fire

7.6.1. 개요

(1) AL Solutons INC.

AL Solutions 주식회사는 티타늄과 지르코늄 금속을 작은 크기로 압축하여 알루미늄 제조업자들이 합금의 첨가물로 사용하는 제품을 생산한다. AL Solutions은 지르코늄과 티타늄 제조자로부터 조각들을 공급받고 최종 사용자는 압축된 제품을 용융조와 금속 용융물에 넣어 알루미늄 합금의 강도를 높이는 데에 사용한다.

2006년에 AL Solutions은 New Cumberland, West Virginia에 New Cumberland 공장을 설립하여 운영하고 있던 금속 생산업체인 Jamegy 주식회사를 매입하였다.

사고가 발생할 당시 AL Solutions는 2개의 시설을 소유하고 운영하고 있었다. 본사와 생산시설은 New Cumberland, West Virginia에 위치하였으며 분쇄시설은 Missouri, Washington에 위치하였다. 2010 AL Solutions는 New Cumberland 공장에서 23명의 근로자가 일을 하며 Washington 공장에는 2명의 근로자가 일을 하였다. 2010 사건 이후 AL Solutions는 Pennsylvania 서부에 2015년까지 완공 계획을 가지고 새로운 공장시설을 건설하였다.

(2) 시설에 대한 설명

The New Cumberland 공장(그림 7.10) Pittsburgh, Pennsylvania로부터 약 40마일 정도 거리인 Northern Panhandle of West Virginia에 있는 오하이오강 강변 둑에 자리 잡고 있다. The New Cumberland에는 주 생산시설, 창고, 외부 보관장소, 연구소, 사무실 지역이 있다.

New Cumberland의 생산공장은 하루 24시간, 주 7일 가동되며 금속의 분쇄, 교반, 압

그림 7.10 Overhead View of AL Solutions New Cumberland Facility Before the 2010 Incident (photograph courtesy of Google Earth)

그림 7.11 Sample of Titanium Raw Material

축 그리고 수처리 공정이 있다. 길을 사이에 두고 창고와 사무 지역은 분리되어 있으며 2010년 사고가 발생한 장소는 생산동이다.

7.6.2. 공정에 대한 설명

많은 공급자들이 55갤런 드럼에 티타늄과 지르코늄을 담아 AL Solutions에 배송한다. 이 금속은 배송 중 폭발을 막기 위해서 전형적으로 물속에 저장되지만 염화나트륨 및 아르곤과 같은 불활성 가스를 봉입하여 포장한다.

AL Solutions은 드럼에서 가공되지 않은 물질을 꺼내서 물에 담근 상태로 몇시간 동안 가루로 만든다. 가루가 되는 동안 분쇄기의 날은 금속의 입자들 더욱 작게 만들고 물질 표면의 산화 피막을 제거한다. 다음 그림과 같이 분쇄가 완성되면 작업자는 분말 입자를 물에서 가라앉히고 물을 처리탱크로 보낸다.

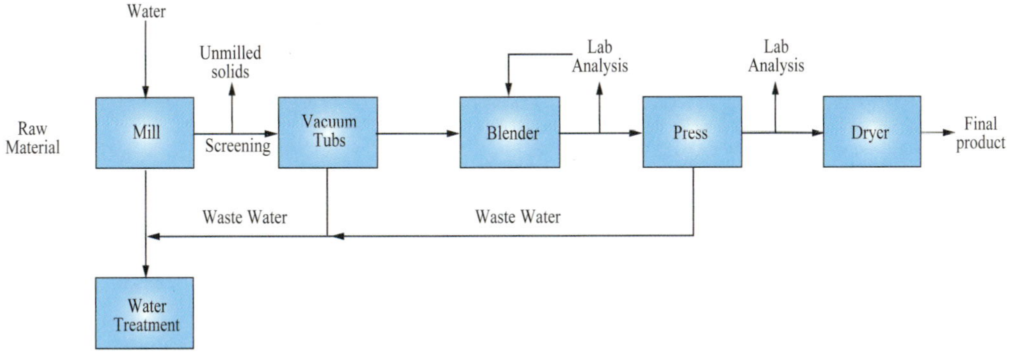

그림 7.12 Simplified Process Flow Diagram of Press Operations at the New Cumberland Facility

그림 7.13 Samples of Zirconium Compacts

분쇄된 금속은 분쇄 탱크에서 큰 덩어리를 제거하기 위해서 채로 보내진다. 채에서 걸러진 고체는 다시 분쇄기로 보내져 더욱 작은 사이즈로 분쇄되거나 버려진다. 작업자는 채로 걸러진 금속을 보관 수조에 넣고 수처리 탱크로 빨아들인 다음 금속들을 일정한 조성으로 혼합되도록 섞는다.

물질이 연구실의 규격을 만족하게 되면 압축 과정으로 진행된다. 혼합된 물질은 그림 7.13처럼 직경 3인치 크기로 압축된다.

사고가 발생할 당시에는 한 개의 압축기가 지르코늄 콤팩트를 만들기 위해서 압축 중이었으며, 2개의 압축기는 티탄늄 콤팩트를 압축하고 있었다. 한 개의 오븐은 물기를 제거하기 위해서 건조중이었다. 그 연구실은 제품을 소비자들에게 보내기 위한 포장을 하기 전에 2종의 콤팩트에 대하여 밀도와 함수율을 분석하였다.

일반적으로 4명의 교대 작업자가 일을 하는데 생산동 내에는 2명의 압축기 운영자, 1명의 혼합기 운영자, 그리고 교대 근무 책임자, 총4명의 교대근무자가 일을 한다. 교대 근무조의 책임자는 분쇄와 수처리에 책임을 지고 있다. 다른 작업자는 창고에서 콤팩트의 건조와 포장 작업을 하였다.

주간에는 공장의 관리자와 운영 책임이 있는 기술자들이 운영에 대한 문제를 돕기 위해서 근무 중이었다. 주간 교대 동안 2명의 연구실 작업자는 혼합된 샘플을 분석하였고, 혼합을 위한 레시피를 만들고 있었다.

(1) 티타늄

독특한 연소성질이 있는 티타늄(Ti)은 광범위하게 사용된다. 타타늄 분말의 입자는 대기 중에서 쉽게 착화하며 산소의 농도가 높거나 압력이 높은 상황에서 자연발화할 수 있다. the Hazardous Materials Identification System (HMIS)에 따르면 미세한 티타늄 또는 분말은 인화위험 3 또는 4(0~4 등급으로 나누었을 때 4는 가장 높은 위험에 속한다.)에 해당된다. AL Solutions의 티타늄 절삭 부스러기에 대하여 MSDS는 티타늄 분진이 대기 중에 확산되었을 때 폭발이 발생할 수 있다고 위험을 경고하고 있다. MSDS는 정전기의 방전, 스파크, 장비 그리고 여타 점화원으로부터 티타늄 분진을 보호할 수 있는 시설을 설치해야 한다고 권장하고 있다. 티타늄과 지르코늄이 관여된 가연성 금속 화재를 소화하기 사용하기 위해서는 Class D sodium chloride 소화기가 필요하다. MSDS에는 작은 티타늄 화재에서 대량의 물로 소화가 가능하지만 타고 있는 물질에 고온 반응을 일으키며 폭발할 수 있는 수소가스가 발생할 수 있기 때문에 큰 화재에서는 사용하지 말아야 한다고 되어 있다.

(2) 지르코늄

금속 지르코늄(Zr) 또한 매우 큰 인화 위험을 지니고 있다. 지르코늄 분진은 HMIS 인화위험 등급 3 또는 4에 해당되며, 2% 미만의 함수율을 가지는 작은 입자의 물질은 실내 온도의 대기 중에서 자연발화할 수 있다. 지르코늄에 대한 AL Solutions의 MSDS에 따르면 매우 낮은 농도(100g/m^3 이하)의 분진운도 폭발이 가능하다고 설명하고 있다. MSDS는 분진의 폭발을 방지하기 위해서 젖은 상태로 두어야 한다고 권장하고 있다. 만일 지르코늄 분진이 착화되었을 때에는 물질이 완전히 소진될 때까지 두어야 하며 소화하려고 하지 말 것을 충고하며 젖은 지르코늄 분말이 폭발이 발생할 수 있다고 주의하였다. MSDS는 지르코늄 분말을 완전히 건조(최소 함수율 5% 미만)시키거나 완전히 적신(최대 함수율 25% 이상) 상태로 보관할 것을 권장하고 있다. 미세하게 분할된 지르코늄 절삭 부스러기는 취급 중에 자연적인 습기로 폭발이 발생할 수 있다. 지르코늄 분말을 호흡하거나 삼켰을 때에는 호흡기 또는 소화기에 염증을 일으킬 수 있다.

7.6.3. 사고에 대한 설명

(1) 사고 당시의 작업

사고 당일 정오가 되었을 때 주간 교대근무자는 점심식사 후 복귀하였다. 2명의 작업자는 티타늄과 지르코늄 콤팩트를 만드는 3개의 압축기를 가동하고 있었으며 다른 작업자는 혼합 중인 지르코늄 혼합기에 있었다. 교대 책임자는 분쇄실에서 분쇄기의 날을 교환하고 있었다.

전기 계약직 근로자들도 현장에 있었으며 혼합실과 압축실 근처에 있는 수처리실에서 다음날 정전작업을 위해 준비로 전선관 작업을 하고 있었다.

(2) 사고에 대한 설명

폭발이 발생하기 직전인 오후 1:20경에 열린 문 밖으로 6피트 거리에 있던 계약직 근로자가 시끄러운 소리를 들었다. 그가 조사관에게 설명하기로는 튀어 오르거나 떨어지는 것과 같은 기계적인 파괴음"이라고 설명하였다. 이어서 그는 가스그릴에 불을 붙이는 것 같은 'woof'하는 소음과 큰 굉음을 들었다. 분쇄실에 있던 교대 책임자는 큰 폭발음을 들었으며 몇초 후 압축실과 혼합실로부터 오렌지색의 불꽃과 화염이 다가오는 것을 느꼈다. 이와 거의 동시에 수처리 실에서 일을 하고 있던 두 번째 전기 계약직 근로자는 근처의 혼합실과 압축실에서 폭발음을 들었고 혼합실과 압축실의 문을 통해서 파이어볼이 수처리실로 빠르게 이동하는 것을 보았다. 그는 머리와 목, 양팔, 손에서 파이어볼에 의한 화상을 입은 상태로 생산동으로부터 탈출하였다. 3번째 전기 계약직 근로자는 휴게실에 있었는데 큰 소음을 들었을 때 문을 통해서 강력한 바람을 느꼈고 천정에서 오렌지색 화염을 보았다.

교대근무 책임자는 화학안전위원회 조사관들에게 폭발 이후 "공기가 착화되고 있었다(air was sparking)"라고 알려주었다. 그는 이전에도 AL Solutions에서 이러한 현상을 경험한 적이 있으며 부유중인 금속이 타는 모습이라는 것을 알고 있었다. 비슷한 시간 주사무동에서 폭발음을 들은 근무자들은 911에 신고하여 긴급출동을 요청하였다. 그 시간 공장 관리인은 창고에서 생산동으로 걸어가고 있었는데 당시의 상황을 목격하였다. 어떤 직원과 계약직 근로자는 첫 번째 폭발 이후 몇분이 지나서 2번째 폭발음을

그림 7.14 Production Building Exterior, with Firefighters on Scene (photograph courtesy of the New Cumberland Police Department).

들었는데 아마도 건물 내에 있던 포크리프트에서 프로판 탱크가 파열에 의한 것으로 추정된다.

폭발과 화재는 지르코늄 압축기를 심하게 연소시켰다. 책임자와 전기 계약직 근로자 그리고 공장 관리자는 구조대가 도착하기 전까지 압축기 운영자의 구조를 지원하였다. 이 상황에서 직원들은 다른 2명의 압축기 운영자가 실종된 것을 깨달았는데 아마도 타고 있는 건물에 있을 것으로 짐작하였다.

의용소방대는 근처에서 폭발음을 들었으며 즉각적으로 현장으로 갔다. New Cumberland 의용소방대(VFD)가 몇분 후 도착하였다(그림 7.14). 오후 약 2:30경 항

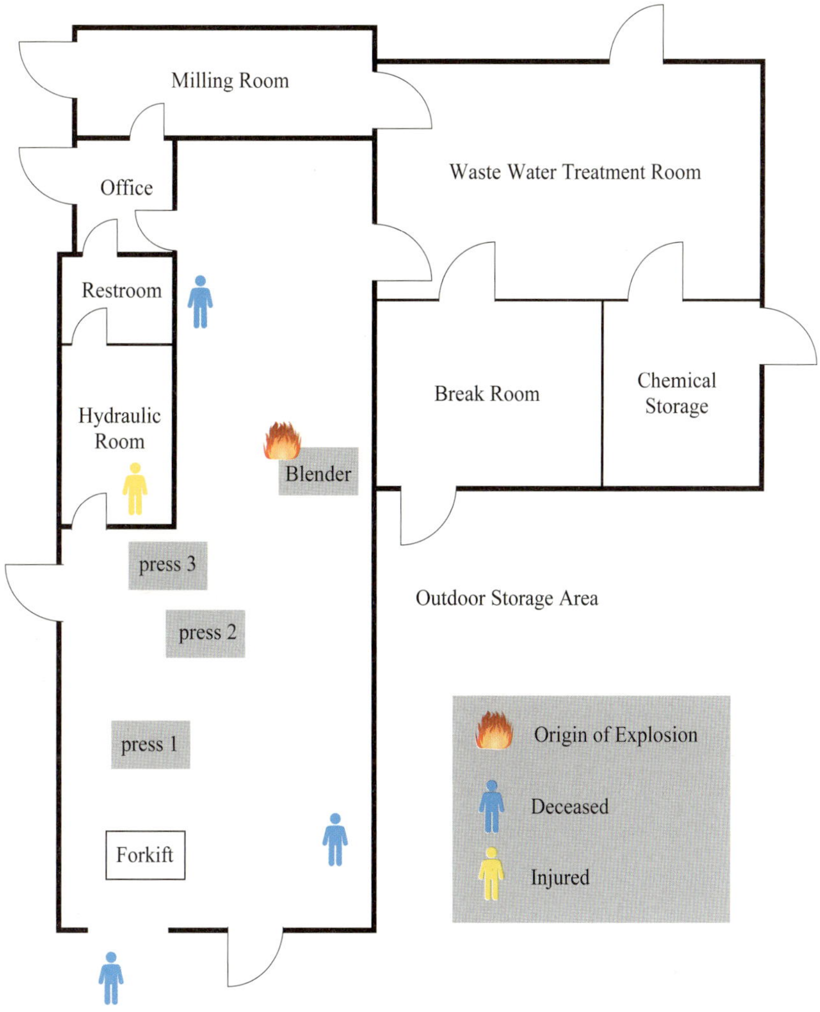

그림 7.15 Main Production Building Layout, Likely Initiation Point of the Incident, and Worker Injury and Fatality Sites

그림 7.16 North End of Blending and Press Room

그림 7.17 Ceiling in Blending and Press Room

공기를 이용하여 부상당한 계약직 근로자를 병원으로 수송하였다. 그 때 의용소방대가 도착하였으며 건물의 Water Deluge System이 작동하였다. 소방관들은 사무실을 통해서 건물 진입을 시도하였으나 화재의 강도가 너무 높아 내부로 진입할 수 없었다. 최초의 폭발장소에 진입하였을 때 소방관들은 사망한 2명의 운영자들을 그림 7.15에 표시된 장소에서 발견하였다.

혼합실과 압축실에 있던 그 2명의 작업자들은 현장에서 사망하였으며 지르코늄 압축기 작업자는 심한 화상으로 사건 3일후 사망하였다. 폭발과 화재는 생산지역 전체의 문과 벽 그리고 내부 창문에 폭압에 의한 작은 손상을 입히고 열적 손상은 더욱 심각하게 발생하였다(그림 7.16, 7.17).

폭발은 혼합기 근처의 벽과 천정에 열적 손상을 가했다.(그림 7.17) 장비는 리프트 트럭, 혼합기, 압축기로 향하는 컨베이어가 손상되었다. 폭발은 서류, 책상, 사물함들을 생산동 밖에 있는 주차장으로 날려 버렸다.

7.6.4. 사고의 분석

사고 이후 화학안전위원회 조사관들은 생산동을 관찰하고 기록하였으며 화재의 손상과 변형은 금속분진 폭발의 과압에 의해 발생한 것으로 결론을 내렸다. 대부분의 금속, 유기 물질(대부분 금속 과 비금속 유기물질)은 미세하게 분할되고 충분한 농도로 확산되었을 때 연소하거나 폭발할 수 있다. 외견상 작은 양으로 축적된 먼지도 재앙적인 손실을 초래할 수 있다.

모든 화재와 마찬가지로 분진 화재도 연료(가연성 분진)가 산소(일반적으로는 공기)가 있는 상황에서 에너지(점화원)에 노출되었을 때 발생한다. 연소의 3요소(아래 그림) 중 한 개를 제거하는 것은 화재의 가능성을 제거할 수 있다.

분진 폭발은 위의 3요소와 동시에 분진의 확산과 제한된 공간이라는 2개의 추가적인 요소가 요구된다.(아래 그림 중 분진 폭발 5각형에서 보이는 것처럼)

부유된 분진은 신속하게 연소하며 제한된 공간에 압력을 발생시킨다. 마찬가지로 분진의 부유 또는 제한된 공간이라는 요소를 제거한다면 분진의 연소는 일어날 수 있지만 폭발은 예방할 수 있다.

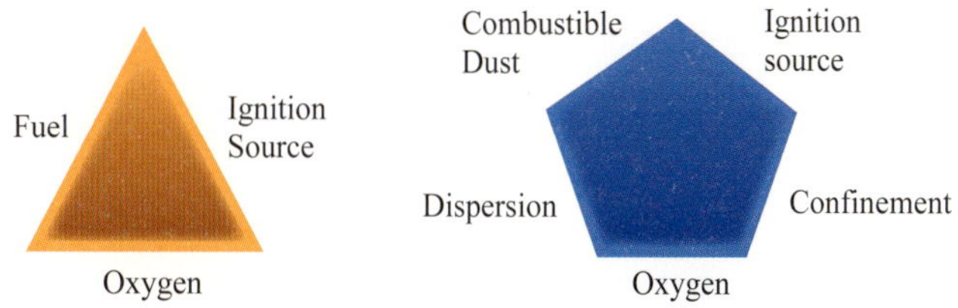

그림 7.18 Classic Fire Triangle and the Dust Explosion Pentagon

(1) 폭발의 중심

금속 미립자 또는 분진들은 연료가 되는 금속과 공기의 산화반응에 의해서 섬광화재 또는 폭발할 수 있다. 분쇄기에서 미세하게 분할, 혼합, 압축공정에 따라서 신선하게 노출되는 분말 입자의 표면과 분진 입자는 매우 반응성이 높아진다. 미세하게 분할된 티타늄과 지르코늄과 같은 금속은 쉽게 연소하거나 대기 중에서 자연발화할 수 있다.

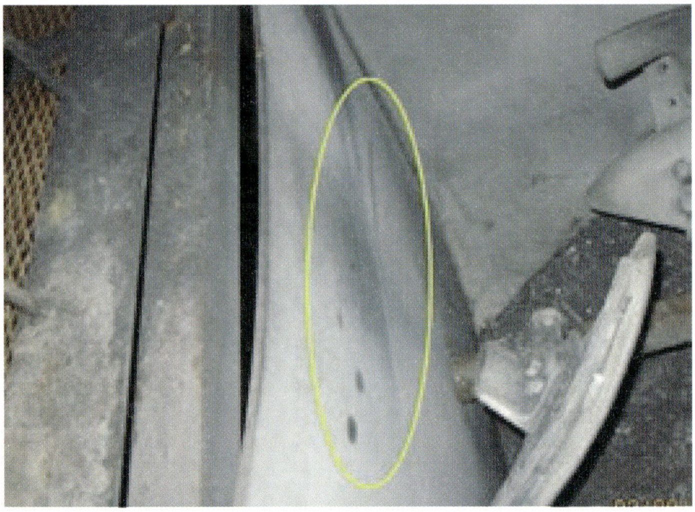

그림 7.19 Zirconium Blender Wall Deformation and Scoring (circled)

그림 7.20 Press Blade Damage

AL Solutions의 폭발은 지르코늄을 혼합하고 있던 교반기에서 미립자가 점화되어 발생한 것으로 추정된다. 지르코늄은 교반기 벽과 교반기 날의 금속 대 금속 접촉에 의해 발생하는 스파크와 열에 착화될 수 있다. 교반기 벽과 교반기 날과 같은 기계적 충격은 잠재적 점화원이 될 수 있다. 회전하는 기계류에서 반복적인 충격은 점화될 수 있을 만큼 뜨겁게 만들 수 있다.

폭발 직전 교반기에서 들리는 금속류가 튀어나오거나 파괴되는 소리가 AL Solutions 근무자에 의해서 보고되었다. 사고 이후 교반기에서 상당히 변형된 증거가 발견되었다. 양쪽 끝 벽 안쪽으로 변형되었고 벽에는 교반기의 날에 의해 긁힌 흔적이 있다(**그림 7.19**).

지르코늄이 연소잔해가 교반기 축 아래에서 발견되었다. 생산실의 다른 편에 있는 압축기에서 심각하게 소훼흔적(**그림 7.20**)이 발견되며 그곳에는 교반기 방향 벽에서

그림 7.21 Blender and the Adjacent Wall and Ceiling

2개의 균열이 형성된 것이 보인다.

조사관들은 생산동의 교반기 근처 벽과 천정을 검사하였으며 연소중인 분진운이 천정을 향해 위로 분사되었다는 가시적인 증거를 발견하였다(그림 7.21).

AL Solutions 직원들은 폭발사고 며칠 전부터 교반기에 기계적 문제점이 있다는 것을 확인하였다. 교반기의 날들이 교반기의 측벽에 부딪히며 하우징에 흠집을 내고 있었다. 이러한 문제를 고민하며 유지보수 담당자는 교반기의 날을 조정하여 교반기 벽과 틈새를 넓히는 조정을 하였지만 이러한 조치는 금속과 금속이 접촉하는 문제를 완전히 해결하지 못했다. 다시 문제가 발생하였을 때 유지보수 담당자는 문제 해결을 위해서 교반기의 일부를 교체하기로 결심했다. 담당자들이 교반기를 분해하는 동안 그들은 축 내부에 큰 강선이 파져 있으며 교반기 측벽에 8~13인치 상당의 균열이 있는 것을 발견하였으며, 이것은 무엇보다도 교반기의 날이 측벽을 긁어서 발생한 것으로 보인다. 유지보수 담당자들은 이 균열을 용접하였고 작업자들은 이 교반기를 계속해서 사용하였다.

사고 당일 아침 교반기 운영자 1명이 그 교반기의 헤진 날을 보수해 줄 것을 요구하였다. 유지보수 담당자는 사고 발생 2시간 전 오래된 교반기에서 날을 회수하여 생산동 내의 해당 교반기에 부착하였다. 교반기의 유지보수와 관련된 조치는 날이 헤지고 측벽을 갉아 먹는 금속 대 금속이 접촉하는 문제를 오직 일시적으로 해결할 뿐이었다.

AL Solutions은 가연성 금속 분진이 교반기의 날에서 기계적 충격으로 발생하는 스파크나 열에 노출되는 것을 막기 위해 필요한 교반기의 수리나 교체를 하지 않았다.

사고 당시 작업 중이었다는 근거는 교반기 내에 많은 양의 지르코늄이 들어 있다는 것이다. 연소잔해의 지표와 교반기 위쪽 천정의 탄화된 흔적과 연소중인 물질이 교반기 뒤 벽에 부착된 흔적은 연소 중인 지르코늄 입자가 폭발이 시작되면서 교반기에서 치솟았고, 방이 화재에 휩싸였다는 것을 말해준다. 일반적인 생산공정에서 닫혀져 있어야하는 뚜껑은 사고 이후 열려진 상태로 발견되었다. 교반기 벽에 접촉한 교반기의 날은 사고 초기에 지르코늄 분진에 착화되기 쉽다. 가연성 지르코늄 분진운은 폭연을 초래하였다. 뜨거운 가스가 팽창하는 것이 2명의 목격자에 의해서 목격되었다. 연소중인 지르코늄 분진운은 생산동 내부에 열려있던 있던 드럼들과 몇몇 장소에 있던 지르코늄과 티타늄 수조에 착화시키며 화재가 전파되었다.

가연성 분진 시험

금속분진이 화재와 폭발에 관여되었는지 여부를 확인하기 위해 CBS는 AL Solutions 시설로부터 물질의 가연성 분진에 대한 물성 실험을 의뢰받았다. CBS조사관들은 가공되지 않은 것과 가공 중인 티타늄과 지르코늄 분진의 테스트 샘플을 각 수집하였다. 테스트를 통해 AL Solutions에서 사용하는 지르코늄과 티타늄 샘플은 가연성 물질이며 화재 또는 금속 분진의 폭연이 가능하다는 것을 확인하였다. 이 결과는 티타늄 분진 폭발성 시험에 대한 다른 산업의 결과들과 일치하였다. 시료들은 첫째로 조성, 함습정도, 입자의 크기와 모양에 대한 분석을 하였다. 그 결과에 대한 금속의 조성은 표 7-3에 나타내었다. 샘플에는 다른 물질도 있었다. 그러나 금속 조성 시험의 결과는 예상하였던 것과 같이 MSDS 정보와 AL Solutions 제조법에 근거하였다.

표 7-3 Sample Metal Composition

	Ti Samples Percent Weight (%)	Zr Sample Percent Weigh (%)
Zirconium	0.4	96.0
Titanium	93.5	1.5
Vanadium	4.5	0.2
iron	0.6	1.0
Other Metal	1.0	1.3

AL Solutions에서 수집된 시료의 폭발성 시험은 어떤 티타늄과 지르코늄 분진이 가연성이라는 것을 알 수 있었다. 표 7-4에서 나타낸 이 분진시료들은 모두 가연성이 있으며, 지르코늄 시료는 가연성 등급2로 분류될 수 있다. 가연성 분진은 연소할 수 있는 분진이며 가연성 등급2 분진은 격렬한 반응성을 가진다. The Occupational Safety and Health Administration (OSHA)는 가연성 등급2의 분진이 있는 장소에서는 분진 연소에 대한 방폭형 전기 장비를 사용하라고 요구하고 있다. AL Solutions의 생산동의 장비는 전기적인 아크가 생산 환경의 분진에 점화되지 않도록 점화 방지 밀폐형 모터와 전기 배선을 사용하였다. 그러나 교반기에서 발생하는 금속 대 금속의 접촉도 동일한 위험을 발생시키며 이것은 가연성 분진이 있는 생산 환경에 노출되었다.

표 7-4 Dust Combustibility Testing Results

Dust Sample	Classification
Titanium #1	Combustible, but not Class II
Titanium Mixture	Class II Combustible
Zirconium Crush Pellet	Combustible, but not Class II

(2) 분진의 취급

화학안전위원회 조사관들은 AL Solutions 직원들의 면담을 통해서 일반적으로 금속 물질은 가연성이 있고 금속 분진에 스파크가 튀면 화재가 발생할 수 있다는 것을 인식하고 있었다는 것을 알 수 있었다. 2007년 AL Solutions은 연구소를 고용하여 지르코늄과 티타늄 조각, 슬러지, 분진 시료의 연소성에 대한 연구를 수행하였는데 지르코늄과 티타늄 조각은 연소를 전파시키며 인화성을 고려할 만큼 연소성이 높은 것으로 평가되었다.

AL Solutions의 안전 매뉴얼을 지르코늄과 티타늄의 안전한 저장과 취급에 대한 몇 개의 요구사항이 나열되어 있으나 화학안전위원회는 이러한 요구사항 위반에 대한 규제가 이루어지지 않았다는 것을 밝혀냈다. 생산장비를 설계하고 설치한 AL Solutions과 그 이전의 고용자는 가연성 금속 분진의 축적을 제한하기 위해 외함에 밀폐장치를 장착하였다. 교반기와 압축기 컨베이어는 금속 뚜껑이 있으며 장치를 폐쇄하거나 분진의 확산을 막기 위해 닫아 두도록 할 계획이었다. 그러나 시설, 교반기, 컨베이어 벨트 덮개에서 이러한 조치 위반에 대한 규제가 이루어지지 않았고, 보관용 드럼은 작업이 이루어지는 내내 열린 상태였다. 게다가 교반기 주변 가연성 분진의 양을 제한하기 위해서 생산지역 내에서는 오직 현재 생산 중인 금속만 있도록 하였다. 다른 모든 물질은 구획된 창고 또는 외부의 창고에 보관되어야 한다. 그러나 AL Solutions 직원들은 일

그림 7.22 Drums of Titanium and Zirconium Particulates near Blender

상적으로 현재 사용하고 있지 않은 티타늄과 지르코늄이 담긴 용기들도 생산동에 두고 지내고 있었다.(그림 7.22)

비록 이러한 규제의 부재로 항상 사고가 발생하는 것은 아니지만 심지어 AL Solutions은 금속 분진의 취급과 관련된 산업위생에 대한 조치조차 규제하지 않았다.

① 분진 축적의 제한

AL Solutions 운영진은 분진을 제거하고 시설에서 화재와 폭발의 위험을 제어하기 위한 절차를 가지고 있었다. 작업자들은 금속 대 금속의 접촉에 의한 스파크와 정전기를 막기 위해서 방폭공구를 사용하고 100% 면제품(비록 내화성능은 없지만)을 착용하였다. 생산동 내에서는 모든 화기사용을 금지하였으며, 모든 흡연은 외부의 휴식 공간으로 제한하였다. 생산동에 있는 전기장치는 폭발 기회를 감소하도록 설계된 것들이며 생산 공간 내의 모터들은 어떠한 금속이 존재하더라도 점화원을 제공하지 않도록 설계된 것들이다.

AL Solutions은 통상적으로 기계를 물로 세척하였다. 이를 통해서 설비와 설비가 설치된 지역의 분진을 제거하였다. 이것은 금속분진을 축축한 상태로 만들고 기계의 표면에 축적된 분진을 제거하려고 한 것이다. 생산동 내에서 공정이 이루어지는 모든 기계, 벽, 바닥은 정기적으로 호스를 이용해 세척했었다. AL Solutions 운영자들은 직원들이 매 교대의 마감 때마다 또는 금속 분진이 축적될 때마다 또는 기계가 티타늄 공정에서 지르코늄 공정으로 바뀔 때 자신의 지역과 기계들을 세척하는 것으로 알고 있었다. 작업자들은 금속분진을 바닥으로 씻어 내고 생산동의 마루로 진행하는 홈통에 넣는다. 그리고 홈통은 일주일에 한번씩 청소한다. AL Solutions은 지르코늄과 티타늄 공정에서 발생하는 분진 제거를 위해 산업지침에서 가연성 분진과 가루의 취급 안전에 대하여 권장하고 있는 집진 장치를 사용하지 않았다. ALSolutions은 분진 화재와 폭발 위험을 제거하기 위한 방법으로 분진에 습도를 높이고 장비와 표면에 분진이 축적되는 것을 막기 위해 물청소하는 방법에만 의존하였다.

금속화재에서 AL Solutions의 안전 매뉴얼은 직원들에게 건물에서의 피난, 경보조치, 소방서 신고에 대해 교육하였다. 모든 AL Solutions 비상 계획은 직원들이 금속화재에 대하여 소화기로 진압하지 않을 것을 권장하였다. AL Solutions 시설에는 금속화재에 적합한 D등급 소화기를 비치하지 않았다. 그러므로 이 회사는 직원들에 대하여 금속들이 타도록 내버려 두고 소방대를 기다리라고 교육한다.

- Water Deluge System

주 생산동에는 Water Deluge System이 설치되어 있으며 이것은 높은 온도 또는 높은 수소 가스 농도를 감지하면 작동하도록 설정도어 있다. 교반기 내부와 프레스에 재료를 공급하는 컨베이어 벨트 시스템에 설치된 센서는 설계된 알람 포인트(그림 7.23)에 도달한 것을 감지하면 Water Deluge System을 작동시킬 것이다. 물론 운영자들이 교반실과 압축실에 있는 밸브를 여는 수동조작을 통해서도 Deluge System을 작동시킬 수 있다.

그림 7.23 Hydrogen Sensing Port at the Top of the Press 2 and 3 Conveyor Belt (post incident)

■ 안전에 대한 평가

화학안전위원회는 시설안전과 보험사의 평가가 적절히 조사되지 않은 것과 New Cumberland공장이 금속분진의 위험성에 대하여 잘못 다루고 있는 것을 발견하였다. Jamegy는 1998년과 2006년에 Jamegy 티탄늄 공정의 위험평가를 위해 컨설턴트를 고용하였다. 안전평가의 목적은 인사사고와 동시에 장비의 중대한 손상을 초래할 수 있는 사고를 밝히기 위함이었다. 평가는 티타늄이나 지르코늄 분진의 주요 사고인 화재와 폭발에 대하여 고려되었다. 1998년과 2006년 컨설턴트는 Jamegy에 교반기와 압축기에 자동 화재 제어 시스템이 필요하며 교반기와 압축기에는 생산동 천정에 water deluge system을 늘릴 것을 권장하였다. 압축과 교반지역의 금속분진의 축적에 대하여 설명하기 위해 위험평가는 물론 권고된 사항까지 심사하였다. 그 위험평가는 타고 있는 금속에 물을 쏟아 붓는 것에 대하여 폭발이 발생할 수 있다는 위험을 고려하였음에도 불구하고 컨설턴트는 생산동 내부에 존재하는 automatic water deluge fire suppression system에 대하여 어떠한 권고도 하지 않았다.

심사는 New Cumberland 공장에서 발생한 분쇄기 탱크 내에서 분진이 점화되었던 2006년 사고를 참고하였다. 심사는 이사고 이후 분쇄기를 바꾸어야 한다고 설명하였지만 금속 분진의 점화 위험을 줄이기 위해서 어떻게 바꾸어야하는지에 대하여는 언급하지 않았다.

보험 심사 중 변경되어야 하는 공정 설계 또는 분진관리 시스템에 대하여 AL Solutions에 어떤 권고하지 않았다. 게다가 보험심사는 지르코늄과 티타늄 금속의 취급과 절차에 대한 표준인 National Fire Protection Association (NFPA) 484, *Standards for Combustible Metals*과 같은 분진에 대한 산업 합의 표준 자료와 일치하지도 않았다.

이전의 사건과 공정의 위험성에도 불구하고 포괄적 공정 위험분석이 수행되지 않았다.

② 수소 폭발

화학안전위원회 조사관들은 지르코늄 분말의 점화가 치명적인 폭발을 발생시켰을 것이라는 판단을 내렸지만, 금속분진에 더하여 가연성 수소의 반응을 배제할 수가 없었다. 티타늄과 지르코늄 분진은 다른 금속에 비하여 물에 격렬하게 반응하며 열이 가해졌을 때 수소 가스를 발생시킨다.

$$\text{metal+water} \rightarrow \text{metal oxide+hydrogen}$$

$$Ti(s) + H_2O(l) \rightarrow TiO_2(s) + H_2(g)$$

$$Zr(s) + H_2O(l) \rightarrow ZrO_2(s) + H_2(g)$$

분진의 금속 산화피막은 반응을 막는다. 그러나 AL Solutions 사건에 있어서 지르코늄의 산화피막이 분쇄실 공정에 의해서 제거되었다. 분쇄기는 지르코늄의 신선한 표면을 노출시켜 수소발생에 대한 잠재력을 높였다. 화학안전위원회에 의해 지명된 가연성 분진 전문가는 수소 농도를 측정하기 위해서 시료 용기 내의 지르코늄과 티타늄 위쪽 공간의 증기를 수집하였다. 시험에 의해서 지르코늄과 티타늄에 작은 양(약 0.08Vol%)의 수소가 있다는 것을 밝혀냈다. 교반기 내에 지르코늄 분진뿐만 아니라 분진 사이 공간에 존재하는 수소는 폭발에 기여했을 것이다. 직원들은 혹한기에 온도 조절을 위한 롤업도어(role up door)가 있었지만 당시에는 닫혀있었다고 보고하였다. 자연적인 환기만으로는 생산동의 환경에서 충분하지 않았다.

(3) 이전의 화재 및 폭발 사고

2010년 사고 이전, New Cumberland 공장에서는 금속 분진에 점화되어 인명을 앗아간 2번의 폭발이 있었다. 1993년부터 2010년 사고까지 New Cumberland VFD는 최소 7번의 화재로 AL Solutions에 출동하였다. 미조리에 있는 AL Solutions의 시설 또한 지역 소방서가 출동할만한 화재가 발생한 적이 있었다. 화학안전위원회는 New Cumberland 공장에 소방대가 출동하지는 않았지만 몇 개의 또다른 화재가 발생했었던 사실도 있었다는 것을 알게 되었다. 사실 상 대부분의 직원들(최근의 신입직원을 제외한)은 생산동에서 한번 이상의 화재를 목격했었다고 화학안전위원회 조사관에게 진술하였다. 작동 중 빈번한 화재의 발생에도 불구하고, AL Solutions의 원칙은 오히려 더 강력한 기술적인 제어 방식을 채택하는 것보다 먼지 축적을 최소화하기 위해 오로지 물청소를 하는 방법을 계속해서 사용해 왔다. NFPA 484 Standard는 집진장비 등과 같이 분진 제어를 위해 청소보다 긍정적인 방법이 시행되어야 한다고 권장하고 있다. 다음 3개의 섹션은 AL Solutions의 사고 이전 교반기의 작동에 의해 화재가 발생한 사망사고 2건에 대하여 보다 깊은 논의를 하고자 한다.

① 1995 프로판과 티타늄 폭발

1995년 8월 New Cumberland 공장에서 한 직원이 사망하고 다른 사람들은 부상을 당하는 폭발과 화재사고가 발생하였다. 프로판 탱크의 누출과 불상의 점화원이 화재를 발생시켰다. 이 사건을 조사한 West Virginia Fire Marshal의 보고서에 의하면 생산동 벽 밖에 있는 프로판 탱크 아래에 웅덩이를 형성하였으며 프로판의 증기가 빌딩 벽에 축적되기 시작했다. 프로판은 불상의 점화원에 의해 착하되었으며 티타늄 분진을 솟구치게 하는 압력파를 생성하였다. 이 분진은 점화되었으며 생산동 내에서 가연성 물질에 착화되는 2차적인 폭발이 발생하였다.

미국 산업안전보건청(OSHA)은 이 사고에 대하여 조사하였으며 Jamegy에 대한 연쇄적 사건이라고 발표하였다. 이 사건은 건물 내에서 프로판 탱크가 설치된 거치대를 밀폐하는 것과 공정 중 폭발성 티타늄 분진의 위험을 반영한 설계로 새로운 생산동을 건축하는 등 많은 변화가 일어나도록 자극이 되었다.

1995년 사건 이후 Jammery는 창고, 연구실, 사무실을 분리하여 조립식 콘크리트로 만들어진 새로운 생산동을 건축하였다. 이 생산동이 2010년에 사고가 발생한 곳이다. 이것은 장비와 장비 표면의 세척된 분진이 잘 배수되도록 하도록 설계되었다. 화재 진압을 위해 A water deluge system이 설치되었다. 교반과 압축실의 모든 전기 장비는 분진이나 전기적인 스파크, 또는 그 외의 점화원의 통로가 봉쇄도록 설계되었다. Jamergy는 당시의 NFPA 가연성 분진 규정에 따라서 분진의 축적을 최소화하기 위해서 청소하는 방법에 지속적으로 의존하였으며 집진 시스템을 설치하지 않았다. 금속분진 화재를 진압하기 위한 water deluge system은 현장실무에서 느끼는 것뿐만 아니라 티타늄과 지르코늄의 금속분진 화재 진압에 대한 MSDS와 대조되었다.

② 1996 사고

새로운 건물에서 생산을 재개한지 얼마 가지 않아 교반기에서 섬광화재가 발생하였으며 교반기와 그 바로 아래에 있던 압축기가 손상을 입었다. 모든 목격자들은 교반기의 측벽으로부터 화염이 나타났다고 진술하였다. 화재 이후 조사는 쉽게 화재를 일으킬 수 있는 교반기와 교반기의 날의 마찰이 있었다는 것을 말해주는 1개의 부러진 교반기의 날을 확인하였다. 이 화재는 부상자는 없었지만 Jamegy는 새로운 교반기를 제작하여 설치해야만 했다. 과거의 교반기는 탄소강으로 제작되었었지만 새로운 교반기는 스테인리스강으로 제작되었다. 그리고 이것은 점화되는 마찰열과 같은 것을 감소시키기 위해서 회전축이 낮은 속도로 회전하도록 하였다.

③ 2006 사고

2006년 5월 총책임자가 분쇄기 탱크의 내부를 청소하던 중 분쇄기의 내의 잔여 금속이 점화되어 치명적인 부상을 입고 사망하였다. 이 죽음으로 인해 Jamegy는 분쇄기의 청소 절차를 변형하게 되었다. 사고 이전에는 작업자가 분쇄기 내부로 들어가 삽질을 하여 금속을 통에 담아야 했지만 사고 이후에는 작업자가 분쇄기의 내부를 호스로 씻어 배수할 수 있도록 분쇄기의 바닥에 드레인 밸브를 설치했다.

7.7 화학적 폭발의 점화원

화학적 폭발은 급격한 연소반응이다 따라서 연소반응을 일으키기 위한 활성화 에너지가 필요한데 최소점화에너지(MIE ; Minimum Ignition Energy)는 가연물을 연소시키기 위해 필요한 최소 에너지량를 말하며 특히 예혼합상태의 가연물을 발화시키기 위한 에너지를 말한다. 최소착화에너지, 최소발화에너지라고도 하며 이는 실험조건에서 전기스파크나 아크에 의한 점화를 통해 측정하며 일반적으로 줄(J)로 나타낸다. 혼합가연물의 최소점화에너지는 매우 적으므로 1J의 1/1000 인 밀리줄(mJ) 단위를 사용하는데 자동차 엔진의 점화플러그에서 발생하는 아크는 약 20~30 mJ 정도이다.

가연물의 연소에 있어서 큰 덩어리의 가연물의 연소시키는 것에 비하여 작게 쪼개진 가연물은 비교적 작은 에너지를 필요로 한다. 이는 커다란 덩어리의 나무토막에 불을 붙이는 것보다 나무젓가락에 불을 붙이는데 드는 에너지의 양을 생각해 보면 쉽게 이해할 수 있을 것이다. 분진폭발이 가능한 마이크로미터 단위의 작은 분진 1스푼 정도는 공기 중에 부유된 상태로 있을 경우 공기와의 접촉면적은 축구장의 약 3.7배 가량에 해당한다[61]고 한다. 따라서 이를 연소시키기 위한 에너지는 매우 작은 양으로도 가능하다. 고체나 액체 미립자의 폭발력과 최소착화에너지 등은 미립자의 크기에 의해 많은 영향을 받는다. 미립자가 작을수록 최소점화에너지가 적고 연소속도도 매우 빠르다.

라이터나, 촛불, 고온표면 등 일반적으로 알려진 대부분의 점화원들은 물론이며 보통의 환경에서 발생하는 정전기, 전기 스위치 개, 폐시에 발생하는 전기적인 아크, 금속의 충격에 의해 발생하는 스파크 등과 같이 일반적인 가연물을 점화시키기에는 턱없이 부족한 것들도 폭발이 가능한 혼합기 상태에서는 점화원으로서 충분하다.

혼합가연물의 최소착화에너지는 에너지가 전달되는 환경에 따라서 다양하게 나타날 수 있는데 영향을 미치는 요인으로서는 다음과 같다.

1. 온도가 높을수록 최소점화 에너지는 낮아진다.
2. 압력이 높을수록 최소점화 에너지는 낮아진다.
3. 연소범위에 따라서 최소점화에너지는 변하며 화학양론비 부근에서 가장 낮다.
4. 가연물의 종류에 따라서 최소점화에너지는 다양하다.
5. 혼합된 공기의 산소농도에 따라서 최소착화에너지는 변한다.
6. 액체, 고체의 경우 미립자의 크기에 따라서 최소점화에너지는 비례한다.

물질의 기체, 액체, 고체 3가지 상(狀)중 기체는 액체나 고체의 연소방식처럼 열분해나 증발의 과정이 필요하지 않으므로 최초점화에너지는 가장 작은 편이다. 인체로부터 종종 발생하는 정전기는 약 1 mJ 로 매우 낮은 편이지만 대부분의 가스나 유증에 점화시키기에는 부족하지 않다.

61 출처 : 가스안전공사. 2008. 폭발의 종류. 에너지설비관리 2008.01월호

Substance	MIE (mJ)	Ref.
ABS	30	3
acetaldehyde	0.37	1
acetaldehyde	0.36	3
acetone	1.15	1
acetyl cellulose	15	1
acetylene	0.017	1
acrolein	0.13	1
acrylonitrile	0.16	1
adipic acid	60	1
alfalfa meal	320-5100	3
allyl chloride	0.78	3
aluminium	50	1
aluminium stearate	15	1
ammonia	680	2
antimony	1920	3
aspirin	25-30	3
aziridine	0.48	2
benzene	0.20	1
benzene	0.22	3
bisphenol-A	1.8	4
black powder	320	3
boron	60	3
1,3-butadiene	0.13	1
butane	0.25	1
butane	0.26	3
n-butyl chloride	0.33	3
cadmium	4000	3
carbon monoxide	<0.3	2
carbon disulphide	0.009	1
carbon disulphide	0.015	3
casein	60	1
cellulose	35	1
cellulose acetate	20-50	3
charcoal	20	3
chromium	140	3
cinnamon	30	1
coal	40	1
coal, pittsburg	250	3
cocoa	100	1
cocoa	100-180	3
coffee	160	3
copal	30	1
cork powder	45	1
cork powder	35-100	3
corn meal	40	1
corn flour	20	1
corn starch	30-60	3
cotton (filler)	25	1
cotton linters	1920	3
cyclohexane	0.22	1
cyclopentane	0.54	1

그림 7.24 각 물질의 최소점화 에너지 (계속)

cyclopentane	0.24	3
1,3-cyclopentadiene	0.67	1
cyclopropane	0.17	1
cyclopropane	0.18	3
dextrine	40	1
dichlorosilane	0.015	3
diethyl ether	0.19	1
diethyl ether	0.2	3
2,3-dihydopyran	0.36	1
diisobutylene	0.96	1
diisopropyl ether	1.14	1
dimethoxymethane	0.42	3
dimethyl amine	<0.3	2
2,2-dimethyl butane	0.25	1
dimethyl ether	0.29	1
2,2-dimethyl propane	1.57	1
dimethyl sulphide	0.5	2
dimethyl sulphide	0.48	3
dinitrobenzamide	45	3
dinitrobenzoic acid	45	3
dinitro-sym-diphenylurea	60	3
dinitrotoluamide	15	3
dioxane	<0.3	2
di-(tert)-butylperoxide	0.5	2
di-(tert)-butylperoxide	0.41	3
epoxy resin	15	1
ethane	0.24	1
ethane	0.26	3
ethene	0.07	2
ether	0.19	2
ethyl acetate	1.42	1
ethyl amine	2.4	1
ethyl cellulose	10	1
ethyl chloride	<0.3	2
ethylene	0.07	3
ethylene oxide	0.06	1
ethylene oxide	0.065	2
ethylene oxide	0.062	3
flour, cake	25-80	3
furan	0.22	1
gasoline	0.8	3
grain dust	30	3
grass seed	60-260	3
hemp	30	1
heptane	0.24	1
hexamethylenetetramine	10	1
hexane	0.24	1
hexane	0.29	3
hydrogen	0.011	1
hydrogen	0.017	3
hydrogen sulphide	0.068	1
hydrogen sulphide	0.077	3
isooctane	1.35	1

그림 7.24 각 물질의 최소점화 에너지 (계속)

isopentane	0.21	1
isopentane	0.25	3
isopropyl alcohol	0.65	1
isopropyl amine	2.0	1
isopropyl chloride	1.55	1
isopropyl chloride	1.08	3
isopropyl ether	1.14	2
isopropyl mercaptan	0.53	1
lignin	20	1
lycopodium	50	3
magnesium	80	1
magnesium	40	3
manganese	305	3
melamine formaldehyde	50-320	3
methane	0.28	1
methane	0.3	3
methanol	0.14	1
methyl acetylene	0.11	1
methyl acetylene	0.115	3
methylal	0.5	2
methyl cyclohexane	0.27	1
methylene chloride	10000	1
methyl ethyl ketone	0.53	1
methylformate	0.5	2
methylmethacrylate	15	1
nitrostarch	40	3
nylon	20	1
nylon	20-30	3
paper dust	20-60	3
paraformaldehyde	20	1
pentaerythritol	10	1
pentane	0.22	1
2-pentene	0.18	1
petroleum ether (benzine)	0.25	3
phenol formaldehyde	10-6000	3
phosphorus (red)	0.2	1
phthalic anhydride	15	1
PMMA	15-20	3
polyacrylonitrile	20	3
polycarbonate	25	1
polyethylene	10	1
polyethylene	70	3
polyethylene teraphthalate	35	3
polypropylene	25-400	3
polystyrene	40-120	3
polyvinyl acetate	160	3
polyvinyl acetate alcohol	120	3
polyvinyl butyral	10	3
potato starch	20	1
potato starch	25	3
propane	0.25	1
propane	0.26	3
propene	0.28	2

그림 7.24 각 물질의 최소점화 에너지 (계속)

propionaldehyde	0.4	2
propylchloride	1.08	1
propylene	0.28	1
propylene oxide	0.13	1
propylene oxide	0.14	3
pyrethrum	80	3
rayon	240	3
rice	40	1
rice	40-120	3
rubber (hard)	30	1
SAN	30	3
shellac	10	1
silicon	100	3
soap	60	1
soap	60-120	3
soy flour	100-460	3
sugar	30	1
sulphur	15	1
tantalum	120	3
tetrafluoroethylene	3.5	3
tetrahydrofuran	0.54	1
tetrahydropyran	0.22	1
thiophene	0.39	1
thorium	5	1
tin	80	3
titanium	40	1
titanium	25	3
TNT	75	3
toluene	0.24	3
trichloroethylene	295	3
triethyl amine	0.75	1
triethyl amine	1.15	3
2,2,3-trimethyl butane	1.0	1
uranium	45	1
urea formaldehyde	80-1280	3
vanadium	60	3
vinyl acetate	0.7	1
vinyl acetylene	0.082	1
vinyl chloride	<0.3	2
wheat flour	50	1
wheat starch	20	1
wheat starch	25-60	3
wood bark	40-60	3
wood (filler)	20	1
wood flour	30-40	3
m-, o- & p-xylene	0.2	3
yeast	50	3
zinc	960	3
zirconium	5	1
zirconium	15	3

그림 7.24 각 물질의 최소점화 에너지 (계속)

References

1. Haase, H. (1977) Electrostatic Hazards, Their Evaluation and Control, Verlag Chemie, Weinheim.
2. Berufsgenossenschaften, Richtlinien Statische Elektrizität, ZH1/200 (1980), Bonn.
   Buschman, C.H. (1962) De Veiligheid 38: 20-28.
3. Babrauskak, V. (2003) Ignition Handbook, Fire Science Publishers, Issaquah WA.
4. Bisphenol-A: A Safety & Handling Guide, Publication Number AE-154, Bisphenol-A Global Industry Group.

그림 7.24 각 물질의 최소점화 에너지

7.8 화학적 폭발 후 화재

화학적 폭발은 그 자체로서 급격한 연소반응이다. 화학적 폭발이 발생하면 그에 의한 반응열이 발생하며 해당 반응열의 열량으로서 연소될 수 있는 가연물이 주변에 있다면 이는 폭발 이후 자연스럽게 화재로 진행될 수 있다. 일상에서 흔히 발생하는 가스폭발, 유증폭발에 의한 화재가 이러한 경우이다. 폭발은 높은 열을 발생시키지만 연소시간이 매우 짧기 때문에 모든 가연물을 착화시킬 수는 없다. 밀도가 낮은 가연물에는 쉽게 착화가 되지만 밀도가 높은 물질은 더 많은 에너지가 요구되기 때문에 착화되지 않고 표면을 가볍게 가열시키고 끝나는 경우도 많다. 후자의 경우에는 화학적 폭발이 발생하였지만 화재로 진행되지 않는 경우이다.

화학적 폭발 후 화재로 진행되는 것은 폭발에 의한 반응열량과 2차 가연물에게 요구되는 점화에너지의 양에 의해서 결정된다. 동일한 2차 가연물에 있어서도 이를 착화시킬 수 있는 반응열에 의한 것이므로 충분한 열을 발생시킬 수 있는 반응물 즉 충분한 가연물이 있느냐에 의해서 좌우된다. 또 동일한 수준의 반응열이라고 하여도 2차 가연물이 연소를 개시하기 위해 얼마의 점화에너지가 필요한가도 영향을 미친다.

7.8.1. 혼합비율이 화재에 미치는 영향

폭발의 위력을 떠나 화학적 폭발 후 화재로 발전되는 것에 대한 영향은 가연물-공기의 혼합비율의 영향이 크다. 연소범위의 하한계에 가까운 비율로 혼합되어 있다면 이는 단순히 섬광 화재(Flash fire)와 같이 순간적으로 폭발을 일으키는 것으로 끝날 수 있다. 연소하한계에 가깝다는 것은 가연물의 양이 적다는 것을 말하며 적은 가연물은 많은 가연물에 비해 발생시킬 수 있는 열량이 적다는 것을 의미한다. 따라서 주변의 가연물을 연소될 정도까지 가열시킬 가능성이 적어진다. 반대로 연소상한계에 가까운 비율일수록 더 많은 가연물, 더 높은 열량을 생성하므로 화재로 발전될 가능성이 높다.

혹 연소범위보다 더 많은 양이 구획실 내에 누출되고 부분적으로 연소범위를 유지하는 곳에 착화된다면 연소범위에 들어있는 곳은 폭발하고 이어서 연소범위를 초과한 농도의 부분은 확산연소의 과정을 거치므로 이러한 경우에는 화재로 진행될 수 있는 가능성이 더욱 높다.

연소하한계와 가까운 혼합비에서의 화학적 폭발은 화재를 발생시키지 않고 단순히 폭발로 끝날 수 있으나 화장지의 풀려진 부분이나, 가벼운 비닐 재질, 인체의 모발, 섬유 등 연소 및 열변형이 용이한 조건의 가연물에 열, 연소의 흔적을 남기게 되는데 이는 차후 화학적 폭발 현상을 증명할 수 있는 중요한 지표가 된다.

다음 사진(그림 7.25, 7.26, 7.27, 7.28)은 누출가스의 화학적 폭발 후 화재로 진행되지 않은 현장에서 발견된 것으로 화학적 폭발을 증명하는데 매우 중요한 증거가 되었다. 연소가 용이한 종이의 낱장으로 돌출된 테두리부분이 그을려 화염의 흔적을 보여주고

그림 7.25 폭발로 인해 통에 담긴 휴지 등이 부분적으로 연소하였지만 같은 장소의 목재는 연소하지 않았다.

그림 7.26 천정의 페인트에서 부분적인 연소흔적이 관찰된다.

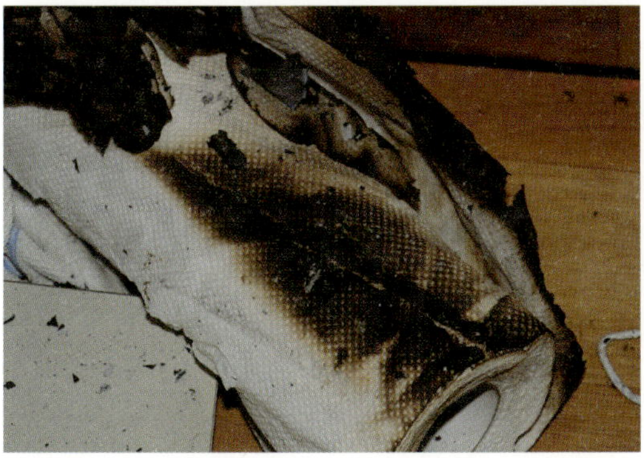

그림 7.27 화자지의 일부가 탄화되었으며 착화되지는 않았다.

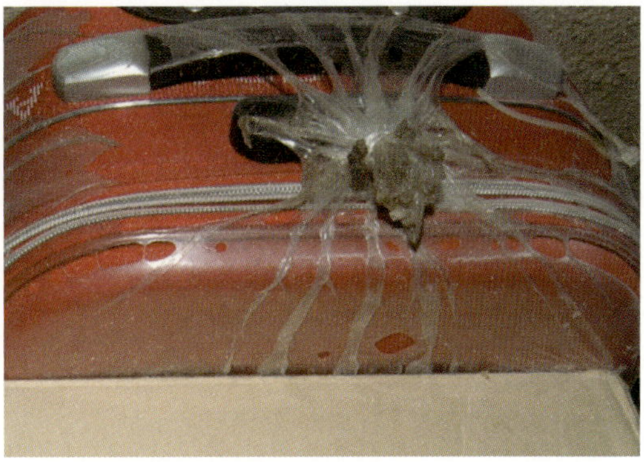

그림 7.28 비닐포장지가 열변형되었으며 착화되지 않았다.

연소하한계에 가까울수록 폭발 후 화재로 발전되지 않을 가능성이 높다.
연소상한계에 가까울수록 폭발 후 화재로 발전될 가능성이 높다.
가연물의 양이 많을수록 화재로 발전될 가능성이 높다.

있다. 인체의 모발이나 섬유의 열변형은 육안으로는 쉽게 관찰되지 않더라도 현미경을 통해 관찰하면 확인할 수 있으며 이들은 화학적 폭발에서 화재가 발생하지 않더라도 폭발 자체가 열을 발생한다는 것을 알 수 있다.

7.8.2. 가연물 비중이 화재에 미치는 영향

연소범위에 대한 논리를 기체가연물의 비중과 함께 고려해 보자 어떠한 체적을 가지는 공간에 공기보다 비중이 높은 기체가연물과 공기보다 비중인 낮은 가연물이 동일량 누출되었다고 가정하였을 때 공기보다 높은 비중을 가지는 기체가연물은 천정부근에는 높은 혼합비율을 나타낼 것이며 경우에 따라서는 비중에 의해 천정부근에 연소범위를 초과하는 부분이 발생할 수도 있다. 그 아래로 내려오면서 점차적으로 낮은 혼합비율을 나타낼 것이다. 반대로 공기보다 높은 비중을 가지는 기체가연물이 누출되었

그림 7.29 천연가스(LNG) 누출에 의한 폭발 현장

을 때에는 바닥부근에서는 연소범위 이상이 축적되었을 것이며 위로 올라 갈수록 점차적으로 낮은 혼합비율을 나타낼 것이다. 따라서 비중이 낮은 가연물과 높은 가연물이 화학적으로 폭발하였을 때 최초 화재가 발생할 수 있는 가능성이 높은 장소를 예측해 볼 수 있다. 물론 이러한 예측은 어디까지나 천정 벽면 바닥 등 공간 내부에 가연물의 연소성이나 분포가 동일한 상황이라는 전제를 포함하여야 한다. (화재가 발생하기 위해서는 점화에너지와 가연물의 상호보완적인 관계가 유지되어야 한다고 설명하였다. 이미 설명하였던 '비중에 의한 확산분포' 챕터의 내용을 참고하면 이해가 쉬울 것이다.)

그림 7.29는 LNG 누출에 의해 폭발이 발생한 현장의 사진이다. 사진에서 벽면에 나타난 탄화 및 열변형된 흔적을 주목하여 살펴보면 주로 천정과 벽면 상단부가 탄화되었으며 하단부는 비교적 열에 의한 흔적이 식별되지 않거나 적게 식별된다. 이는 폭발의 주체가 되었던 가연물인 LNG가 공기보다 낮은 비중을 가지기 때문에 낮은 곳에 비하여 높은 곳에 집중적으로 축적되었다가 연소되었기 때문에 나타나는 흔적이다. 반대로, 공기보다 높은 비중을 가지는 LPG 폭발의 현장에서는 열변형흔적이 낮은 곳에서도 관찰되지만 높은 곳에서도 여전히 관찰된다. 이는 하부에 깔려있던 가스가 연소하면서 뜨거워져 부양하여 계속해서 연소하는 경향이 있기 때문에 낮은 곳에서도 관찰되며 높은 곳에서도 관찰되는 특징을 보인다.

비중이 높은 기체가연물이 화학적으로 폭발할 경우에는 비교적 상단부에서 화재가 발생할 수 있는 가능성이 높다. 그러나 비중이 높은 기체 가연물은 낮은 곳에 집중적으로 모여 있더라도 연소를 시작하면 가열되어 부양하기 때문에 비중에 의한 구분된 연소흔적이 좀처럼 발견되지 않는다. 비중에 의한 연소특성에 대한 설명은 공간 내에서 가연물의 가연성과 분포가 동일하고 대류가 크지 않아 비중에 의해 차별된 혼합 상태를 나타낼 때를 설명한 것이다.

그렇다고 하더라도 이는 가정된 조건이 만족된 공간에서의 사고를 논리적으로 추측한 것이다. 실제 폭발 후 화재현장에서 항상 이와 같은 현상이 발생한다고 생각해서는 오류를 범할 수 있다. 예를 들어 '공기보다 비중이 낮은 천연가스에 의한 폭발 후 화재는 최초 발화부가 천정이나 상단부가 된다. 또는 공기보다 비중이 높은 부탄가스나 유증에 의한 폭발 후 화재는 최초 발화부가 바닥이나 낮은 곳이 된다.'라고 단정해서는 안 된다. 만일 분포된 가연물의 연소성이 유사하지 않고 연소가 매우 쉬운 물질이 위치한다면 기체가연물의 비중에 관계없이 해당 가연물에 먼저 착화된다는 점은 당연한 것이다. 또한 공간 내에 가연물이 강제 또는 자연적으로 대류가 발생하여 비중에 의한 축적이 발생하지 않고 균등하게 분포되어 있다면 상단부와 하단부의 차이가 발생하지 않을 것이다.

위 연소범위와 비중에 의한 발화부의 예측은 이와 관련된 단편적인 과학적인 논리에 근거한 추론이다(위 설명에 있어서 전제되어야 하는 단서를 충분히 이해해야 한다.). 실제로 화학적 폭발 이후 화재가 발생하는 현장의 조건은 과학적 논리로 판단할 만큼 영향을 미치는 조건을 완벽히 확인하는 것은 불가능하다. 주거공간이나 사무실 등 일반적인 구획실 공간 내에 존재하는 가연물의 연소성과 분포는 동일하지 않은 곳이 대부분이다.

화학적 폭발이 아닌 일반적인 발화원인에 의해 화재가 발생하는 경우에는 점화원이 발생한 한곳에서 발화하여 주변으로 점차적으로 확산되는 패턴을 나타내는 것이 일반적이다. 그러나 폭발 이후 화재는 대부분 폭발 중심이 아니라 비교적 연소성이 높은 가연물에 우선적으로 착화되는데 폭발열에 의해 점화될 수 있는 정도의 성질을 가지는 가연물이 여러 곳에 있을 경우 다수의 개소에서 각각 독립적으로 곳곳에서 발화하게 된다.

그림 7.30 시너(Thinner) 살포 후 발생한 유증이 폭발한 현장 : 곳곳에서 독립적으로 발화한 흔적이 식별된다.

7.8.3. 2차 가연물의 가연성에 따른 영향

우선 본 장을 설명하기 위해서 가스폭발에서 가스와 같이 폭발의 소스가 되었던 가연물을 1차 가연물이라고 하고, 이 폭발로 인해 불이 옮겨 붙을 수도 있는 폭발 현장에 있던 여러 가연물을 2차 가연물이라고 정의하자.

동일한 에너지로 동일한 종류의 가연물에 점화를 시도한다고 하여도 가연물의 가연성 또는 밀도에 따라서 이곳에 연소를 개시할 수 있는지 없는지 결정된다. 마치 통나무와 나무젓가락에 동일한 라이터로 점화를 시도하는 과정을 떠올려 보자. 나무젓가락 더미와 통나무는 동일한 종류의 나무라 할지라도 밀도에서 큰 차이를 보일 수 있는데 점화시켜 자립연소반응을 개시하는 데까지 필요한 에너지의 양을 비교해 본다면 매우 큰 차이를 보일 것이다.

폭발에 의해 발생하는 열에 의한 효과가 화재에 이를 수 있는가를 고려할 때에는 폭발이 발생한 곳에 있는 2차 가연물의 밀도에 대하여 고려해야 한다. 이것은 밀도에 따라서 큰 차이를 보인다. 주변의 2차 가연물이 풀어진 화장지나 펼쳐진 종이, 의류, 휘발유, 시너, 섬유먼지 등과 같이 저밀도의 연료는 비교적 적은 점화에너지에도 착화가 가능하므로 폭발 이후 화재로 이어질 가능성이 높아진다. 반면에 부피가 큰 나무나 그와 유사한 구조물과 같이 밀도가 높은 연료들은 폭발로 인해 발생하는 열로 인해 좀처럼 화재로 이어지지 않는다. 밀도가 높은 나무의 경우에는 화재로 이어지지 않더라도 모서리나 꼭지 부분에서 열에 의해 일부 탄화된 흔적을 발견할 수도 있다. 폭발물처럼 화학반응이 매우 짧게 끝나는 경우에 밀도가 높은 가연물은 좀처럼 화재로 이어지지 않는다.

7.9 화재 후 화학적 폭발

화학적 폭발은 예혼합상태에서의 연소폭발을 말한다. 예혼합연소라는 것은 연소이전에 가연물이 산소와 충분히 혼합된 상태를 말하는데 화재 시에는 주변에 이미 점화원이 존재하는 상태이기 때문에 화재로 인하여 배관이 연소하는 등의 이유로 가연물이 누출되는 경우에도 이미 화염이라는 점화원이 존재하기 때문에 혼합될 시간이 없이 거의 누출과 동시에 연소하게 되므로 그 유형은 확산연소를 이루며 예혼합연소가 될 수 없다. 위 화재 이후 물리적 폭발에서 설명한 것과 같이 누출양이 많을 경우 느린 확산속도로 인해 화염이 커지고 대형의 파이어볼을 생성할 수 있다. 이는 복사열에 의한 피해는 발생시킬 수 있으나 확산연소의 과정으로 폭발과 같은 압력이나 충격파를 발생시키지는 않는다. (단 이미 연소범위 내의 혼합비율을 이루고 있는 가연물에 화재로

그림 7.31 부천 LPG 충전소 화재사건의 파이어볼

인해 점화원이 전파되는 경우는 예외, 예를 들어 예혼합상태의 가연물이 담긴 용기가 화재로 인하여 가열되는 경우, 폭발물을 보관하는 곳에 화재가 발생하여 폭발물에 점화되는 경우 등)

위 사진(그림 7.31)은 부천 LPG 충전소 화재 사건[62] 당시 지하에 매설된 LPG 저장탱크가 화재의 열기에 의해 물리적으로 폭발하면서 발생한 유증이 파이어볼을 형성하면서 확산 연소하고 있다. 지하탱크의 물리적 폭발과 파이어볼의 복사열에 의해 주변으로 화재 확대 등 큰 피해가 발생하였지만 만일 이와 같은 정도의 가스양이 예혼합상태에서 점화되었다고 한다면 그 피해는 비교할 수 없을 정도로 크다는 것을 예상해 볼 수 있다.

7.10 파이어볼(Fire ball)

파이어볼은 일반인들이 인식하고 있는 폭발의 대표적인 이미지이다. 그러나 파이어볼은 폭발 현상에 포함되지 않는다. 파이어볼은 가연성물질을 다루는 용기나 폭발물이 폭발하였을 때 발생한 대량의 미연소 가연물이 대기중에서 확산하며 연소를 유지해 가는 형태를 말한다. 파이어볼은 대부분 폭발과 관련하여 떠올리는 대표적인 이미지

62 1998년 9월 11일 오후 2시 14분경 부천 대성에너지 LPG 충전소 폭발사고의 주요 원인은 안전점검을 위하여 투입한 질소 가스를 배출시키기 위하여 벤트 밸브를 열어놓은 상태에서 탱크로리 가스를 지하 탱크에 충전시키면서 누출된 가스가 명확하지 않은 점화원에 의해 점화되면서 인근 가정용 프로판 충전용기를 가열하여 폭발하면서 탱크로리가 폭발하는 등 2차 및 3차 대형폭발로 이어진 것이다.

그림 7.32 파이어볼의 성장과 소멸과정

그림 7.33 파이어볼

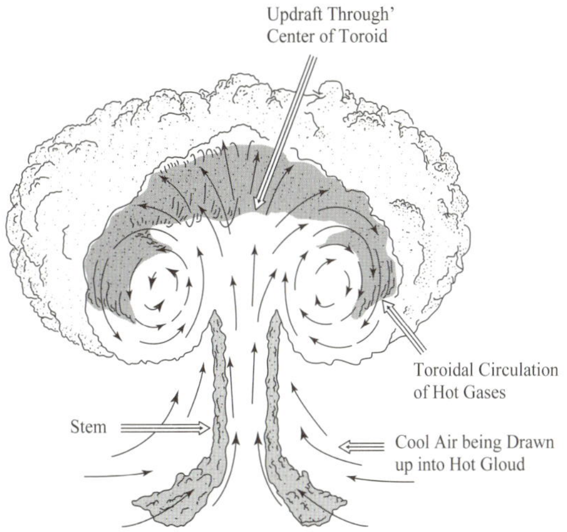

그림 7.34 파이어볼 내 · 외부의 유동

중의 하나이지만 이는 엄밀히 구분하였을 때 확산연소의 과정으로 구분할 수 있다. 연소되지 못한 가연물이 뜨거운 상태로 부유하면서 대기중의 산소와 확산과정에서 계속해서 연소를 이루기 때문이다. 만일 가연물이 산소와 충분히 혼합된 상태로 점화된다면 우리는 화염을 눈으로 관찰할 수 없을 정도로 빠르게 연소한다. 즉 이 경우에는 파이어볼을 관찰할 수 없다. 폭발물이 터지는 경우에도 마찬가지이다. 수류탄이나 고폭탄이 터지는 경우에도 폭발로 인한 먼지가 부유하는 것은 보이지만 파이어볼과 같은 화염은 육안으로 관찰되지 않는다. 폭발물은 일순간에 연소시켜 높은 압력을 발생시켜야 하는데 재료의 일부가 확산연소하게 되면 그만큼 효율적이지 않은 설계로 간주된다. 대량의 폭발물들은 폭발 시에 완전히 연소하지 못한 폭약의 재료들이 대기 중의 산소와 결합하며 확산연소하는 파이어볼이 관찰되기도 한다. 영화에서 보이는 폭발물의 파이어볼은 시각적인 전달을 위한 연출일 뿐이다.

파이어볼의 버섯모양은 연소중인 뜨거운 기체와 상대적으로 차가운 주변의 대기가 상호적으로 반응하는 대기의 흐름 때문에 생성된다. 그림 7.34는 파이어볼과 주변 대기의 흐름에 대하여 보여주고 있다.

외관상 파이어볼은 지면에서 폭발이 발생하였을 때 반구형태의 화염이 팽창하면서 부력에 의해서 위로 떠오르며 지면과 파이어볼을 받치는 불기둥이 이어진다. 불기둥은 아래쪽에서 유입되는 대기의 흐름을 따라서 잔류하던 가연물이 상승하며 연소를 이어가는 것이다. 점차적으로 파이어볼은 더욱 위쪽으로 떠오르며 이를 받치고 있던 기둥은 아래쪽에서부터 위쪽으로 소멸되며, 가연물이 소진됨에 따라서 위쪽의 파이어볼도 점차적으로 소멸된다(그림 7.32).

위 파이어볼의 사진(그림 7.33)은 2개의 폭발물이 순차적으로 터진 모습이 촬영된 것으로 우측은 이제 막 파이어볼을 형성해 가는 과정이며, 좌측은 소멸해 가는 과정을 보여주고 있다. 우측의 폭발은 시간이 경과함에 따라서 미연소 가연물이 상승하여 위쪽에 버섯처럼 머리가 큰 파이어볼을 생성할 것이며 그 뒤를 따르는 미연소가연물이 파이어볼과 지면을 잇는 불기둥이 될 것이다. 이후 시간이 조금 더 지나면 좌측의 파이어볼과 같은 모습을 나타내고 그 후에는 공중의 파이어볼이 소멸하여 점차적으로 작아지며 소멸하는 모습을 보일 것이다.

파이어볼 내부 미연소 가연물의 연소는 확산연소로 연소속도는 확산속도에 의존한다. 이는 압력파나 충격파를 생성할 만큼의 빠른 연소속도를 갖지 못한다. 파이어볼 생성 주체(용기의 물리적 폭발 등)의 폭발에 의해서 압력 등 손상의 파괴를 발생할 수 있으나 그 후에 생성되는 파이어볼 때문에 건물이 파괴되지는 않는다. 다만 상당규모의 연소이므로 이로 인한 복사열 때문에 원격 가연물에서 다수의 화재가 발생할 수 있다(그림 7.35).

그림 7.35 매설되었던 가스배관 폭발로 인해 만들어진 파이어볼의 복사열에 의해 발화된 원격의 동시다발적인 화재 (Gas line explodes in Cleburne, Texas)

7.11 증기운 폭발(VCE, Vapor Cloud Explosion)

대기중에 대량의 가연성가스가 유출되거나 가연성 액체가 유출되어 그것으로부터 발생한 증기가 공기와 혼합을 이루고 연소범위 내로 혼합된 가연성혼합기체가 형성된 상태에서 점화원이 주어졌을 때 빠른 속도로 연소하는 것을 증기운 폭발이라고 부른다. 이러한 현상이 완전히 개방된 장소에서 발생할 때에는 개방공간 (또는 개방계) 증기운 폭발, UVCE(Unconfined Vapor Cloud Explosion)라고 부른다. VCE는 대부분 화학공정에서 발생하는 용기의 파괴에 의한 누출 이후에 이어지는 사고로 잘 알려져 있으며 이는 대부분 개방계 공간에서 발생하기 때문에 UVCE가 된다. 그러나 VCE는 밀폐공간이나 반 밀폐공간에서도 발생할 수 있으므로 VCE의 계념을 UVCE와 같다고 이해하면 잘못된 것이며 구분된 용어의 사용이 필요하다.

7.11.1. 증기운 폭발의 메커니즘

(1) 가연성 기체의 대기 방출

증기운 폭발이 발생하는 과정은 유출한 물질이 저장되어 있는 상태에 따라서 특히, 압력과 온도에 따라서 달라지기 때문에 아래와 같이 분류된다[63].

1. 상온, 대기압에서 액체이며 인화점이 상온보다 낮은 물질(예: 가솔린)
   유출된 액체는 지열 또는 주변으로부터 열이 공급되면서 액면에서 연속적으로 증기를 발생시켜 확산된다.

2. 상온, 가압하에서 액화되어 있는 물질(예: 액화프로판, 액화부탄)
   용기파손으로 압력이 해제되면 액상의 물질 전체가 순간적으로 기화된다.

3. 그 물질의 끓는점 이상의 온도에 있지만 가압되어 액화 상태인 물질(예: 반응기 내의 벤젠, 헥산)
   용기파손 등으로 압력이 해제되면 액상의 물질 전체가 순간적으로 기화된다.

4. 대기압하에서 저온으로 하여 액화된 물질(예: LNG)
   저온용기가 저온상태를 유지할 수 없게 되거나 외부로 유출되어 온도가 상승하게 되면 액상의 물질 전체가 순간적으로 기화된다. 기화되는 과정에서 주변의 온도를 낮춰 점차 증발속도는 낮아지지만 단시간에 대량을 가연의 증기운을 만들어 낸다.

이상과 같은 물질들은 대기 중에 누출되어 압력이 해제되었을 때 빠르게 기화하는데 이처럼 빠르게 기화하는 현상을 'Flash'라고 한다.

그림 7.36 지면에 쏟아진 LPG의 증발에 의한 증기운[64]

63 신창섭 외 5명, 2001, 방폭공학, 동화기술

64 LNG – Status in Denmark Technology and potential, Danish Gas Technology Centre, Dr. Neergaards Vej, Project Report May 2012, p.16

그림 7.37 LNG의 누출에 의한 증기운[65]

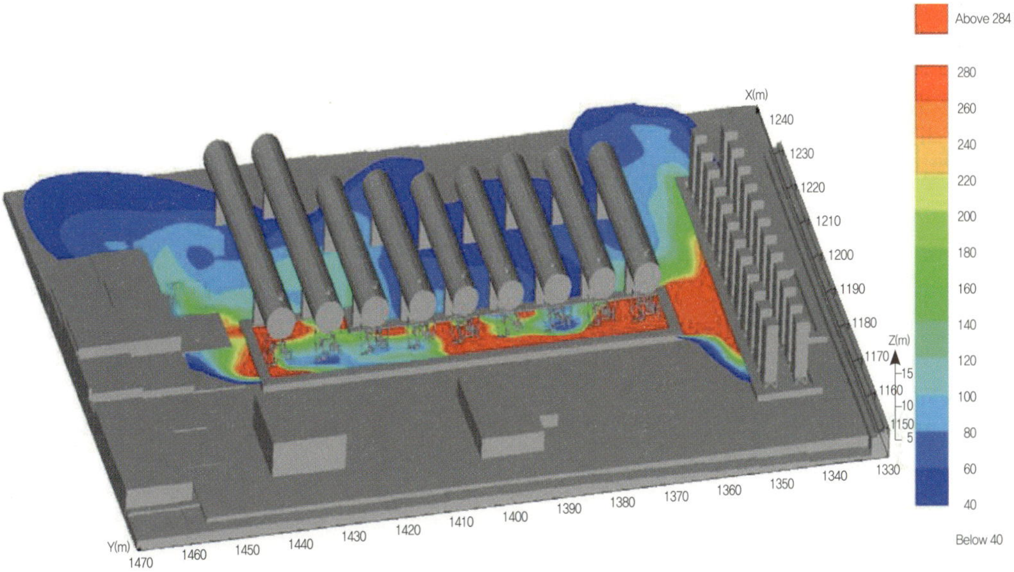

그림 7.38 Calculations of LNG vapour cloud distribution in Øra terminal using a CFD code[66]

위 사진(그림 7.37)은 LNG의 증기운 실험을 한 것으로 사실상 육안으로 식별되는 흰색의 물질은 액상의 가스가 누출되어 증발이 발생하면서 잠열에 의해 응결된 수증기이지만 그 구름 내부에는 상당량의 LNG가 포함되어 있다고 볼 수 있다. 사진은 아직 점화가 이루어지지 않은 단계이다.

65 http://www.laohamutuk.org/Oil/LNG/chap6.htm, Experiments to contain a dispersing natural gas cloud with a physical barrier (Falcon LNG vapor barrier experiments, Nevada Test Site 1987)

66 LNG – Status in Denmark Technology and potential, Danish Gas Technology Centre, Dr. Neergaards Vej, Project Report May 2012, p.19

(2) 가연성 혼합기체의 형성과 이동

대기중에 증발된 가연성 가스는 확산운동 또는 대기의 흐름에 따라서 유동되면서 공기와 자연스럽게 혼합되어 가연성 혼합기체를 형성하게 된다. 가연성 혼합기체는 대기의 흐름에 따라서 자연스럽게 주변으로 이동하기 때문에 점화가 이루어지기 전까지 위험범위와 지역이 확대 및 이동된다. 이 과정에 영향을 미치는 인자로는 확산물질의 비중, 지형의 특성, 대기의 안정도(바람의 방향과 속도, 온도) 등이 있다.

(3) 가연성 혼합기체의 폭발

혼합기체는 정전기 등 낮은 에너지의 점화원에 의해서도 쉽게 점화되어 빠르게 연소를 전파시켜 나간다. 일상적인 환경에서도 주변에는 정전기, 고온물체, 스위치 개·폐시에 발생하는 전기아크 등 무수히 많은 점화원이 존재할 수 있지만 가연성 혼합기체에 점화원이 주어지지 않을 경우에는 연소하지 않으며 점차 희석되어 혼합 농도가 연소하한계 이하로 낮아지면 연소나 폭발이 발생하지 않고 끝나는 경우도 종종 발생한다. 앞에서 설명하였던 CNG 버스 탱크의 물리적 폭발 사건이 그 좋은 예이다. (2010. 8. 9. 16:57 경, 서울 성동구 행당동 지하철 5호선 행당역 4번 출구 앞 천연가스 버스 폭발 사건 참조)

가연성 혼합기체의 상태에서 점화원이 주어지면 점화지점에서 발생한 폭발의 열과 연소생성물에 의한 채적 팽창이 주변의 미연소 혼합기체를 이동 시키는데 이러한 과정이 지속될수록 주변으로 밀어내는 힘은 더욱 빨라지고 빠른 이동 기체의 연소는 주변의 미연소 혼합기체를 더욱 빠르게 이동시킨다. 이 때 발생하는 압력파는 구조물을 파괴시킬 정도로 위력이 강력해진다. 개방된 공간이지만 압력파가 전달되는 과정에서 압축되는 미연소 혼합기체는 단열압축현상에 의해 화염이 전파되기 전에 스스로 점화될 수 있으며 연소속도를 더욱 높이게 되는데 이 속도가 음속을 초과하는 경우에는 폭연에서 폭굉으로 전환되며 압력파는 충격파로 변하게 된다.

일반적으로 개방된 공간에서의 폭발은 밀폐공간이나 부분-개방공간에서의 폭발에 비해 위력이 낮지만 상당량의 대규모 가연성 혼합기체의 연소 폭발이므로 주변에 폭풍에 의한 파괴는 물론 여러 개소의 화재 등 열에 의한 피해를 동반한다. 증기운 폭발은 BLEVE 현상과 함께 가연성 가스저장 탱크의 중대재해로 손꼽히는 현상이다.

표 7-5 증기운 폭발의 위력과 파괴[67]

최고과압 (Peak Overpressure) (psi)	실제적인 피해 정도
0.5 ~ 1	유리창 파손
1 ~ 2	일반적인 건축물의 옆면 손상 - 단열재(석면 등)의 주름, 파손 - 얇은 강판의 주름 - 나무판의 날림
2 ~ 3	비강화 콘크리트 벽 또는 토담 등의 무너짐
3 ~ 4	- 구조물 및 강판 건축물의 무너짐 - 기름 저장탱크의 파손
5	시설물 기둥 파손
7	철도차량의 전복
7 ~ 8	비강화 벽돌 벽의 무너짐

증기운 폭발(VCE)과 섬광화재(Flash fire)

섬광화재는 확산된 혼합기체의 연소라는 점에서 증기운 폭발의 메커니즘과 유사하여 그 용어가 서로 혼란스러운 경우가 있다. 필자는 실제로 관련 분야의 기술사나 여타 시험을 준비하는 수험생이 그 의미가 혼란스러워 고민하는 경우를 종종 보았다. 이 둘의 차이는 2가지 단어를 자세히 음미해보면 어렵지 않게 해결할 수 있는데 증기운 폭발은 폭발이며 섬광화재는 화재라는 점이다. 증기운 폭발과 섬광화재는 연료가 혼합된 상태에서 점화된다는 점에서는 같으나 그 위력의 차이에서 구분을 할 수 있다. 섬광화재는 위에 설명하였던 증기운 폭발이 상당한 량의 혼합기체의 폭발로 압력파 또는 충격파를 발생시켜 구조물을 파괴할 수 있을 정도의 위력을 가지는 것과는 달리, 섬광화재는 단순히 비교적 적은 량의 혼합기체의 연소로 가연성 혼합기체가 점화된 후 혼합기체의 연소로서 그친다는 점이 다르다고 볼 수 있다. LNG가 누출되어 가연성 혼합기가 형성된 후 점화되었을 때 빠른 속도로 연소하며 '퍽' 하는 소음정도를 발생시키고 구조물의 파괴 등이 동반되지 않는 것을 보고 섬광화재라고 하며 증기운 폭발이라고 하지는 않는다. 명확히 수치적으로 구분되어 있지는 않으나 이 둘은 연소되는 가연성혼합기체의 양과 발생하는 위력에 대한 차이를 통해 구분된다고 할 수 있다.

섬광화재는 증기운 폭발에서 화염이 전파되는 과정을 생각해 볼 때 현재까지 파괴적인 압력파를 생성하지 못한 상태의 초기 진행단계에 멈추는 정도로 이해할 수도 있을 것이다.

67 표 출처 : 한국가스안전공사. 2008. 에너지시설관리

강력한 수준의 섬광화재는 느린 속도의 폭연정도로 이해하면 될 것이다. 강력한 수준의 경우 밀폐된 구획실 내에서는 발생되는 압력으로 인해 창문이나 경량 칸막이벽을 파괴할 수 있으나 개방된 공간에서의 섬광화재는 이와 같은 위력을 나타내지 못하며 만일 이와 같은 위력이 발생한다면 이는 증기운 폭발로 분류되는 것이 마땅하다.

7.11.2. 증기운 폭발 현상과 파이어볼

가연성 혼합기체는 점화원에 의해 빠르게 연소되어 순간적으로 연소를 전파시키지만 미처 충분히 혼합되지 못한 가연물은 확산연소를 일으키며 연소를 지속시켜 나가는데 파이어볼은 이와 같이 공기와 혼합되어 가는 확산과정을 보여주는 것이다. 가연성 연료탱크의 BLEVE 현상은 밀도가 높은 상태로 제한되어 있다가 확산하며 연소하는 것이므로 대부분 파이어볼을 형성하지만 VCE 현상의 경우 누출된 가연성 연료가 제한되지 공간에 퍼져 있는 상태로 연소하므로 BLEVE 현상의 용기 내에 있는 가스에 비하여 밀도가 현저히 낮으며 비교적 공기와 혼합되어 있는 상태이므로 파이어볼은 좀처럼 발생하지 않거나 매우 짧게 나타난다.

7.12 사례: Caribbean Petroleum Tank Terminal Explosion in San Juan Bay[68]

다음은 미국의 화학안전 위원회의 사건에 대한 최종 보고서의 일부를 발췌, 번역, 정리한 것이다.

CARIBBEAN PETROLEUM TANK TERMINAL EXPLOSION AND MULTIPLE TANK FIRES

7.12.1. 사고의 개요

2009. 8. 21. 수요일 Cape Bruny 유조선이 매주 이루어지는 11.5 밀리언 갤런의 가솔린을 하역하기 위해서 San Juan Bay의 CAPECO 항구에 도착하였다.

21밀리언 갤런의 용량을 가진 탱크 107만이 배에 가득 선적해온 가솔린을 수용할 수 있었다. 그러나 그 탱크에는 이미 가솔린이 들어 있었기 때문에 CAPECO는 다른

68 U.S. CSB, 2009, FINAL INVESTIGATION REPORT CARIBBEAN PETROLEUM TANK TERMINAL EXPLOSION AND MULTIPLE TANK FIRES

4개의 작은 탱크(405, 504, 409, and 411)에 나누어 담기로 하였으며 탱크 107과 균형을 맞추려면 탱크를 주유하는 시간은 24시간이 걸릴 것으로 예상되었다. 한명의 CAPECO 직원은 항구에서 이송작업을 감독하였고, 또 다른 사람은 터미널에서 가솔린이 이송되는 것을 모니터링하였다.

CAPECO의 기록과 검증된 바에 의하면 8월 22일 오후 탱크 411의 밸브가 완전히 개방되었지만 작업직원은 유위게이지가 물리적으로 고착된 것을 확인하고는 탱크 504로 가는 밸브를 닫아 버렸다. 그 직원은 탱크 409의 밸브를 완전히 개방하였고 분당 7000 갤런 이상의 가솔린을 탱크 409로 보낼 수 있는 탱크 411의 밸브를 미세하게 열었다.

18:30경 작업자는 탱크 409는 교대가 이루어지는 시간인 21시와 22시 사이에 최대 유위에 도달하게 될 것을 수작업을 통해 계산하였다. 근무교대 중에 복잡한 문제가 발생하는 것을 막기 위해서 작업자는 탱크 411의 밸브를 완전히 개방하였으며 탱크 409로 향하는 밸브를 완전히 닫아 버렸다.

CAPECO 직원들은 전송기가 자주 고장이 났었기 때문에 컴퓨터에 나타나는 정보를 종종 신뢰하지 않곤 하였다. 그러므로 보통의 작업 시 작업자는 매시간 읽은 값을 수기로 기록한다. 사고가 발생하는 날 밤에도 탱크 409의 전송기는 유위 측정 자료를 컴퓨터로 전송하지 않았다.

22:00에 탱크 411는 최고 유위에 도달하였으며 폐쇄되었고, 작업자는 탱크 409의 밸브를 완전히 개방하였다. 한명의 작업자는 탱크 409의 부착된 게이지에서 유위를 확인하고 감독자에게 보고하였다. 감독자는 다음 날 01:00경 가득 차게 될 것이라고 생각했었다.

매시간 탱크단지의 순찰근무에 임하던 작업자가 탱크 409의 게이지를 23:00경 관찰하였다. 작업자는 감독자에게 전화하여 유위를 보고하였고, 감독자는 그 탱크가 가득 차게 되는 시간을 다음날 01:00로 한번 더 계산하였다. 그러나 23:00와 24:00 점검 시간 사이에 탱크 409에서 오버플로우(over flow)가 발생하기 시작했다. 24:00경 작업직원은 탱크 504, 411, 409 사이를 따라서 땅과 길 위에 안개가 있는 것을 발견하였다. 가솔린이 탱크의 환기구로 솟구쳐 나왔고 뿌려진 가솔린과 증기운이 2차 격납 디스크에 웅덩이를 이루었다.

00:00시에 탱크단지 작업자가 탱크 409의 매시간 점검에 임하였으나 탱크에 도착하기도 전에 그는 증기운과 강력한 가솔린의 취향을 감지하였다. 그는 탱크로 이송되는 가솔린을 멈추기 위해서 항구 작업자에게 연락을 하였으며, 폐수처리시설 작업자와 그의 감독자를 터미널의 서쪽에서 만나기로 하였다. 조명이 부족하였음에도 불구하고 그들

그림 7.39 CAPECO multiple tank farm fire, October 23, 2009.

은 흰색의 안개가 땅에서 약3피트 높이까지 차있는 것을 발견하였지만 부족한 조명과 탱크단지의 지형 때문에 탱크 409에서 가솔린이 넘치는 것을 보거나 소리를 듣지도 못하였다. 그들은 안개에 가까이 접근하였을 때 화시 79도의 날씨에도 불구하고 그들의 팔에 접촉한 안개가 응축되는 것처럼 차가움을 느꼈다. 잠재적인 위험을 인식한 감독자는 한명의 직원을 안전문(Safety door)으로 보냈으며, 감독자와 다른 한명의 직원은 누출된 곳을 찾기 위해서 시설 주변을 운전하며 순찰하였다.

2009. 8. 23. 00:23경 CAPECO와 주변 시설의 보안카메라에 폐수처리시설 지역에서 점화되는 장면이 촬영되었다. 점화 후 약 7초 후에 증기운 폭발이 발생하였으며 발생한 압력파가 반경 1.25마일 내 수백개의 가옥과 산업시설에 손상을 입혔다. 증기운을 통해 화염이 전파되면서 순차적으로 다수의 탱크가 폭발되며 지진계에 리히터 규모 2.9를 기록하였다.

7.12.2. 탱크의 오버플로우(over flow)

화학안전 위원회는 Cape Bruny와 CAPECO로부터 입수한 정보에 근거하여 탱크 409는 폭발이 발생하기 26분전부터 넘쳐흐르고 있던 것으로 계산하였다.

그림 7.40 Impact of the explosion and multiple tank fires after the October 23, 2009 incident

표 7-6 Estimated Volume of Gasoline Overfilling from Tank 409 during Filling Operations at CAPECO

Tank	Estimated Volume of Gasoline into Tank
Tank 405	4,411 bbls
Tank 504	62,984 bbls
Tank 411	74,198 bbls
Tank 409	115,667 bbls
Total Offloaded Capacity	257,260 bbls
Total Offloaded from the Cape Bruny	261,878 bbls
Volume of Overfill	4,618 bbls
Volume of Overfill	193,974 gallons
*Overfill Duration	26 minutes
*Estimated Flow rate 10,500 bbl/hr	

All calcuations are approximations based on the tank gauging tickets and strapping tables from CAPECO.

화학안전 위원회는 탱크로리 20대 분량인 200,000 갤런의 가솔린이 탱크의 환기구 6개를 통해 쏟아져 나온 것으로 판단하였다[69]. 당시의 기후는 화시 79도와 약 5m/h의 가벼운 바람이 불고 있었다. 흘러나온 가솔린은 낮은 높이의 증기운을 107 에이커 범위에 걸쳐 형성하였다.

69 This calculated value was obtained using the tank gauging tickets, strapping tables for each tank involved in offloading operations and the estimated flow rate based on the pump pressure from the Cape Bruny.

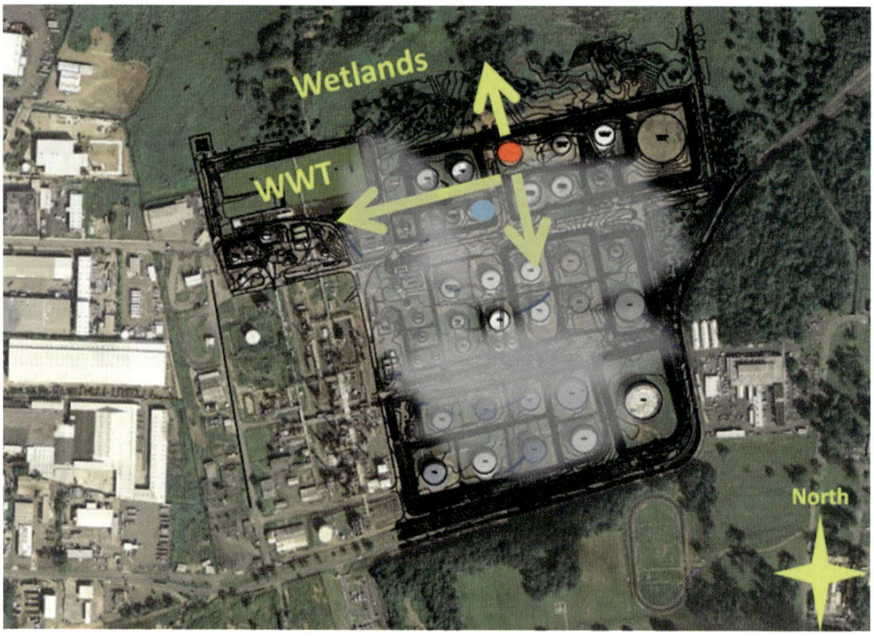

그림 7.41 Topographic Survey of CAPECO Tank Farm showing the gasoline vapor cloud migration from higher elevation (Tank 409-Red and Tank 411–Blue) toward low-lying areas by the WWT plant, the south eastern end of the refinery and wetlands to the north. The cloud indicates the approximate area where the vapor cloud migrated based on surveillance footage

화학안전 위원회는 탱크에서 오버플로(over flow)가 발생한 원인을 설명할 수 있는 몇 개의 가설을 설정하였으며, 다음과 같다.

탱크 내부 플로팅 루프의 오작동, 유조선 가솔린 이송량의 증가, 탱크에 설치된 게이지의 오작동, CAPEO의 안전관리 시스템에서 발생한 다수의 오류

7.12.3. 증기운의 형성과 이동

탱크 409와 410은 같은 2차 격납용기 디스크[70]에 위치하고 있다. Buncefield에서 발

70 Federal aboveground storage tank (AST) requirements mandate that facilities storing a large amount of petroleum product construct secondary containment to hold the contents of the largest tank/container with sufficient freeboard for rain and be sufficiently impervious to contain discharged oil. Secondary containment must be impermeable to the stored materials and have a manually controlled sump pump to collect rainwater. 40 CFR 112.8(c)(2) states a facility "may empty diked areas by pumps or ejectors; however, you must manually activate these pumps or ejectors and must inspect the condition of the accumulation before starting, to ensure no oil will be discharged." Drainage must be addressed in accordance with 40 CFR 112.8(b)(1–5) and 112.8(c)(3) i–iv *Above Ground Storage Tank Requirements, Code of Federal Regulations, Part 112, Title 40, 2002.*

생했던 사고[71]와 마찬가지로 환기구를 통해서 가솔린이 넘쳐흐르면서 뿌려졌고 탱크 409의 윈드 거더(wind girder)에 충격하면서 미분액체가 되고 증발하여 증기운을 형성하였다. 화학안전위원회는 탱크 409와 411이 지형적으로 탱크 단지 내에서 가장 높은 곳에 위치하고 있기 때문에 보다 낮은 곳인 폐수처리 시설 방향으로 증기운을 이동시켰다는 것을 알 수 있었다.

7.12.4. 디스크 드레인 밸브의 개방

비록 2009. 8. 22. 2차 격납 밸브 감독 기록에는 탱크 409의 디스크 밸브가 닫혀있었다고 기록되어 있었지만 화학안전 위원회는 사고 직후 밸브가 개방되어 있는 것을 확인하였다[72]. 개방된 디스크 밸브는 가솔린을 폐수처리시설 지역에 있는 빗물 저장용 연못으로 흘러가게 하였다. 연못의 넓은 표면적 때문에 가솔린이 이곳으로 모여 증기화될 수 있는 2차적인 장소가 되었다.

7.12.5. 점화

형성되는 증기운은 동쪽에서 폐수처리 시설이 있는 서쪽, 습지와 고속도로가 있는 북쪽, CAPECO의 동서쪽 방향, Buchanan 항구가 이웃하고 있는 동쪽으로 점차 확장되었다. 현장의 보안 카메라에는 폭발이 발생하기 전 폐수처리시설 지역에서 점화되고 섬광화재가 시작되는 것이 촬영되었다. 개방된 2차 격납 밸브를 통해 빗물 저장용 연못으로 가솔린이 흘러들어갔지만 그곳에는 전기적으로 위험방지 조치가 이루어지도록 구분된 지역이 아니었다[73]. 화학안전 위원회는 정확한 점화원을 결정할 수 없었으나 증기운이 이동하였던 지역에는 수많은 잠재적 점화원이 존재하였다.

71 The British Health and Safety Executive (HSE) performed a study to demonstrate the mechanism and rate of vapor formation after a similar gasoline tank overflow and subsequent vapor cloud explosion at the oil storage depot in Buncefield, England, in December 2005. The HSE study found that aerosolization occurs during free fall. As the gasoline splashes against the side of the tank and wind girder, the vapor formation rate increases. (A wind girder is a metal ring welded around the middle exterior circumference of a tank that reinforces its structural integrity.)

72 CSB investigators tested the dike valve after the incident by pouring water into the dike area of Tank 409 and observed the flow to the storm water retention pond in the WWT area through the underground storm water channel.

73 NFPA 70 defines hazardous (Electrically Classified) locations as areas where a fire or explosion hazard may exist because of the presence of flammable gases or vapors, flammable liquids, combustible dust, or ignitable fibers. *Electrical Classification: Using NFPA 70 and NFPA 499 to Classify Hazardous Locations*. http://www.oshainfo.gatech.edu/comb-dust/elec-classification.pdf (accessed December 17, 2014).

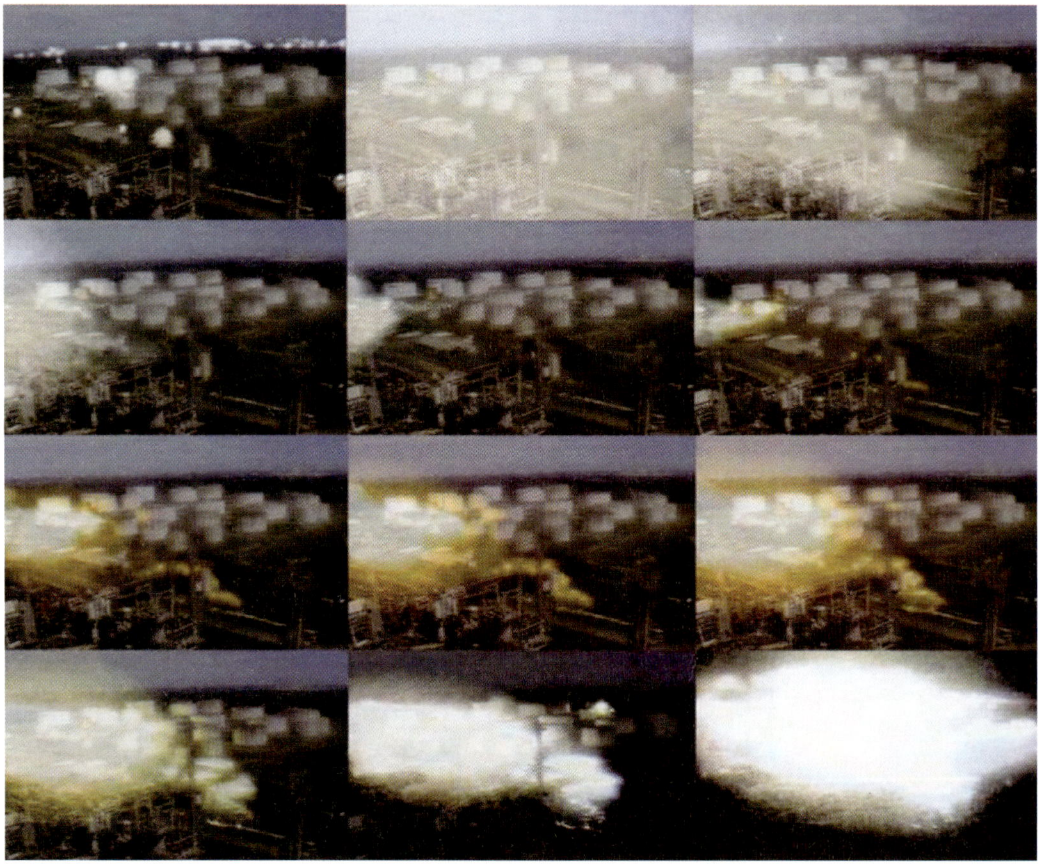

그림 7.42 CAPECO surveillance footage of flame propagation during October 23, 2009 CAPECO explosion

수차례의 폭발과 화재로 인하여 48개의 석유 저장탱크 중 17개의 탱크가 파괴되었고 현장과 주변의 사업장 시설 및 주거지역이 심각하게 손상되었다. 화재는 60시간 동안 지속되었고 석유생산물들이 주변지역의 습지와 넓은 수로에 흘러들어 갔다.

폭발은 리히터 규모로 2.9에 해당되는 압력파를 생성시켰으며 1.25마일 내에 있는 약300개의 가구와 사업장에 손상이 발생하였다. 특히 근처에 위치한 군사시설(Fort Buchanan military facility)은 항공기와 자동차가 망가져 5밀리언 달러가 넘는 피해가 발생하였고, 수천 갤런의 기름과 화재 진압을 위한 폼 등 오염물질이 환경으로 흘러들어갔다. (그림 7.43, 7.44는 CAPECO 시설 인근의 지역과 손상범위를 나타나고 있다.)

CAFEO 시설의 직근에는 1600명의 거주하고 있었고, 3마일 이내의 거리에는 48,500명이 거주하고 있었지만 사망자는 발생하지 않았다. 다만 폭발에 의한 유리의 파편으로 인해 3명의 경미한 부상자가 발생하였다.

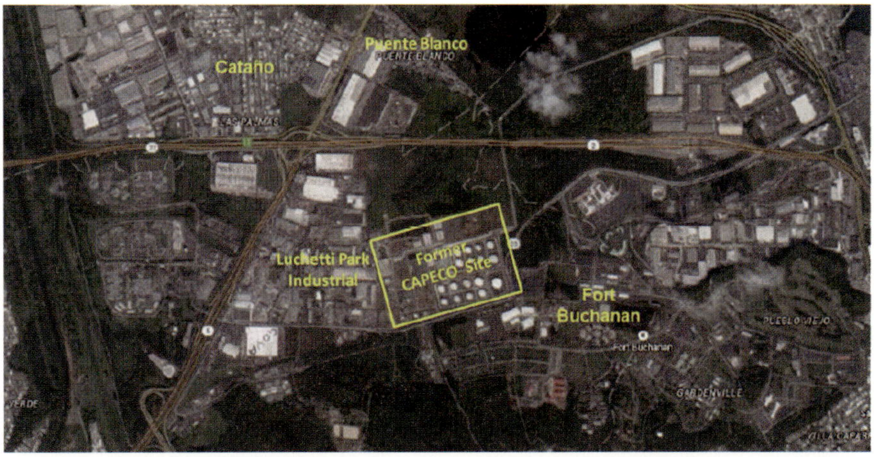

그림 7.43 Communities neighboring the CAPECO facility

그림 7.44 Community damage surrounding the CAPECO facility

폭발로 인해 Buchanan항의 보수비용이 5밀리언 달러로 평가될 정도로 가장 심하게 파괴되었다. 주변에는 139개의 주택이 보수되었고, 6개의 주택은 철거되었다.

CAPECO와 지역의 소방대는 다수의 탱크에서 발생한 화재를 진압하기 위한 장비가 부족하였으며 이에 대응하는 훈련이 준비되지 않았다. 오바마 대통령은 이 사고에 대하여 지방자치 당국에 비상사태를 선포하도록 하였다.

7.12.6. 화학안전 위원회의 조사

이 사고가 발생한 2일 후인 2009, 8. 23에 화학안전 위원회 팀이 현장에 도착하였다. 조사팀은 현장의 사진촬영과 중요한 증거들을 조사하고, 목격자들과 면담을 하였으며 지역사회의 피해를 조사하였다. 조사팀은 탱크 전문가와 상담을 하고 이전의 오버-플로우 사고에 대하여 조사하였다. 타임라인의 재구성, 논리트리와 엑시맵[74] 분석 등 몇 개의 분석도구를 이용하여 사고의 근본적인 문제에 대하여 확인하였다.

표 7-7 INCIDENT TIMELINE

Date	Time	Events
10/21/09	8:47 p.m.	Pumping starts. Verfication pumping is sent to Tank 405.
10/21/09	9:43 p.m.	Pumping verfication ends. Valves lined to fill tank 504.
10/22/09	12:20 a.m.	Product movement begins into Tank 504.
10/22/09	1:18 a.m.	Line displacement into Tank 504 ends,
10/22/09	1:40 a.m.	Bulk pumping begins into 504. 409 and 411.
10/22/09	4:00 a.m.	Tank levels, posted in the daily log. read as follows: 504@ 14'6.5"(from 5'24 hours prior) *Increase* 409@ 8'4"(from 3'2.8" hours prior) *Increase* 411@ 4'7"(from 8'8.8" hours prior) *Decrease*
10/22/09	~11:00 a.m.	The tank from operator notes the level of Tank 504 before going to lunch (level unknown) and calcuates that the tank would be full around 1 p.m.
10/22/09	11:20 a.m.	411@2'5.7" *Decrease* (*contractor gauge*)
10/22/09	~12:15 p.m.	The operator retums to see that the same number on Tank 504 that he noted before lunch are still on display. The level inside of the tank. He climbs to the Tank 504 to visually inspect the level and finds that it is well below the fill level - 42.75' (out of ~54')
10/22/09	~12:15 p.m.	The operator and supervisor decide to close Tank 504 early. Tank 409 is fully opend, and Tank 411 is cracked open.
10/22/09	~1:00 p.m.	Tank 409 is fully opened, and Tank 411 is cracked open. 2 p.m. is shift change (8-hour shifts: 2 p.m.-10 p.m., 10pm-6 a.m.., 6 a.m.-2 p.m.)
10/22/09	1:25 p.m.	Tank 504 is gauged by the contractors and CAPECO personnel: Level 42' $2^2/_4$"
10/22/09	~ 6:00-6:30 p.m.	The tank from operator calculates that Tank 409 will be full at shift change 9-10 p.m.) Since Tank 409 does not display properly on the computers and to avoid complications at shift change, the opertator fully opens the value to Tank 411 and cracks down valve to 409(cracked open). 409 @ ~44' 411 @ ~20'-27'

74 AcciMap analysis is a causal diagram showing how factors remote from the immediate accident sequence contribute to the accident. Hopkins, A. An AcciMap of the Esso Australia Gas Plant Explosion. Australian

10/22/09	~ 9:00- 9:30 p.m.	Shift Change. Relief for the wastewater and tank farm operators arrive. The tank farm operator rotates to the dock (working a double shift).
10/22/09	10:10 p.m.	The tank farm operator determines that Tank 411 is full; with help from the other operator, he closes 411 and fully opens 409. He asks the assistant to briefly close Tank 409, while he observes the full flow rate into Tank 411: then they perform the switch. The tank operator estimates that 409 will be full around 1 a.m.
10/22/09	11:20 p.m.	Tank 411 is gauged by the outside inspectors and CAPECO personnel: Level 42' $7^3/_4$" Nothing abnormal is observed.
10/22/09	~11:25 p.m.- 12:00 a.m.	Tank 409 begins to overflow. The CSB calcuates that the overflow lasted approximately 26 minutes. See Appendix E.
10/23/09	~12:00 a.m	The tank farm operator notices a fog on the ground and on the road along Tanks 504, 411, and 409. He notifies the supervisor, who then instructs the ship to stop pumping and for the WWT operator ro assist the guards at the gate. The supervisor and the tank farm operator attempt to drive around to the other side of the fog to determine its orgin.
10/23/09	12:23 a.m	Explosion occurs.

7.12.7. 화학안전 위원회의 조사결과

화학안전 위원회는 고 위험시설인 CAPECO와 같은 대량 석유저장소에 대한 미국의 규정이 잘못된 것이라는 것을 확인하였다. CAPECO의 고위험시설 안전보장조치가 오버-필링을 막기 위해 필요한 위험평가, 제어 및 모니터링 시스템의 불확실한 유위, 부적절한 독립 또는 불필요한 유위 경보, 부족한 안전관리 시스템에 대한 규제가 불충분하였다. 게다가 화학안전 위원회는 프에르토리코 지역의 소방대가 증기운 폭발과 다수의 탱크 화재에 대하여 준비가 되지 않았었다는 사실도 발견하였다. 이 사고는 거주지역 주변의 지상 탱크 터미널이 얼마나 위험한지를 설명해 준다. 그러므로 위험평가와 탱크 오버필링(over filling)을 막기 위해 다수의 중복된 보호조치에 대한 규정이 필요하다.

(1) 중요한 결론

① 물리적 원인

1. Cape Bruny의 유조선으로부터 가솔린을 옮길 때 Caribbean Petroleum Tank 409에서 가솔린이 넘쳐흘러 107에이커의 CAPECO 탱크 단지를 뒤덮는 증기운을 형성하였다.
2. 탱크 단지의 지형 때문에 열린 밸브를 통해 흘러나온 가솔린인 탱크 단지의 낮은

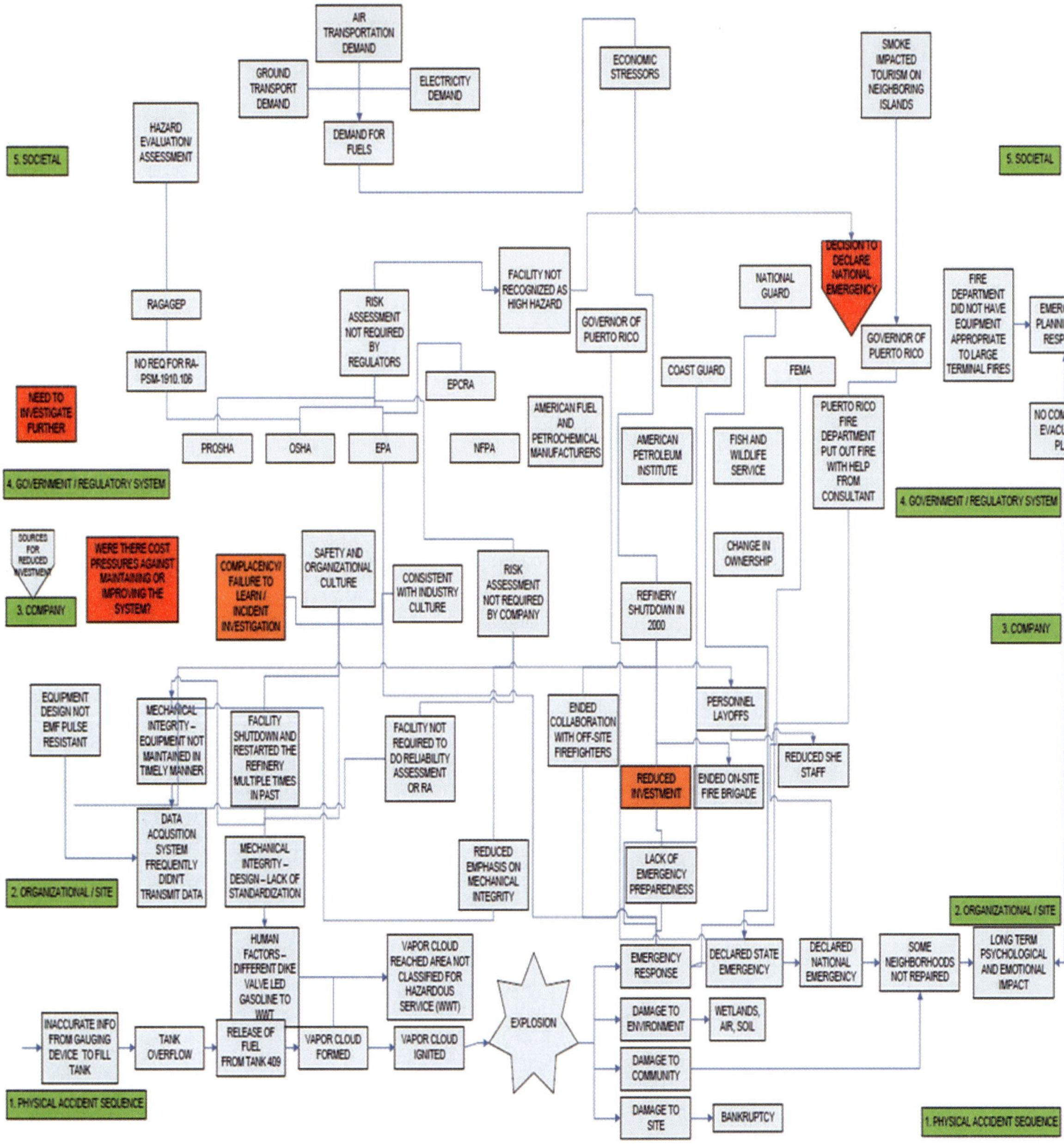

그림 7.45 CARIBBEAN PETROLEUM ACCI MAP

지역과 폐수처리 지역에 빗물을 모아두는 연못으로 흘러가게 되었으며, 이 연못에서 점화되었다.

3. 다음의 물리적 원인이 탱크409의 오버필링(over filling)를 유발시켰다.
   - 주유 작업시 탱크에 부착된 게이지와 플로트와 테입 게이지의 오작동을 일으켜

잘못된 탱크 유위를 기록하게 되었다.
- 탱크의 실시간 유량 변화를 고려한 주입 시간의 계산 능력이 없는 시설은 가솔린 유량 및 압력 변화에 의해 오버 필을 유발할 수 있다.
- 난류 또는 그 외의 다른 요소들 때문에 탱크 내부의 플로팅 루프가 작동하지 않을 때에는 오버 필링을 유발할 수 있다.

② 제어 및 감시의 실패 원인

1. 부적합한 탱크 주유 공정
2. 항구로부터 오는 파이프라인의 압력으로 인해 완전히 닫힌 밸브를 여는 것을 어렵게 만들기 때문에 CAPECO의 정상적인 주유 작업에는 작업자가 탱크의 주유 밸브를 부분적으로 여는 동작이 필요했다. 이와 같은 작업은 주유시간 계산의 잠재적인 오류를 증가시킨다.
3. 신뢰할 수 없는 측정 장비들

③ 안전관리 시스템

1. 탱크들은 독립적인 고수위 경보시스템이 갖추어지지 않았다.
2. 이송 작업에서 오버필링에 대한 방지 시스템을 갖추지 않았다.

④ 인적인 요소

1. 디스크 밸브 시스템의 디자인은 밸브가 열렸는지 닫혔는지 밸브의 위치를 확인하기 어렵게 디자인되었다.
2. 불충분한 조명시설 때문에 탱크 단지 지역 뒤쪽의 작업자가 탱크409의 오버필링과 증기운이 형성되는 것을 발견하기 어려웠다.

7.13 화학적 폭발 위력의 영향인자

가연성 혼합기체(연소범위 내)의 양이 많을수록 위력이 강하다. 확산 폭발의 경우 폭발의 가연물이 아무리 많다고 하여도 역시 폭발의 압력을 결정할 수 있는 것은 순간적으로 연소를 할 수 있는 상태 즉 연소범위 내로 혼합되어 있는 양으로 한정된다. 만일 연소범위 이상의 농도로 존재하는 부분은 폭발 이후 확산연소로 진행되므로 폭발의 위력에는 관여하지 못한다.

온도가 높을수록 폭발의 위력은 크다. 반응에 있어서 온도가 높다는 것은 그만큼 반응에 추가적으로 요구되는 에너지의 양이 적다는 것을 의미한다. 따라서 더욱 빠르게 반응할 수 있어 폭발의 위력은 크게 나타난다.

압력이 높을수록 폭발의 위력이 크다. 압력이 높다는 것은 그만큼 분자의 밀도가 높아 연쇄반응에 있어서 분자간 에너지 전달거리가 짧다는 것을 의미한다. 대기 중에서 폭연하거나 그보다 더욱 낮은 속도로 반응을 지속하는 물질도 고압상태에서는 폭굉의 속도로 반응할 수 있다. 폭발에 의한 위력은 더욱 강력해진다.

대기 중 혼합공기 중 산소의 농도가 높을수록 폭발의 위력이 크다. 확산폭발에 있어서 일반적인 대기환경은 21%의 산소농도 조건이다. 특별한 상황 하에서는 산소의 농도가 더욱 높아질 수 있다. 연소폭발은 결국 매우 빠른 산화반응인데 가연물이 주변에서 더욱 쉽게 산소와 결합할 수 있는 조건이라면 당연히 연소속도는 빨라지고 더불어 위력은 강력해진다.

가연물의 공기 혼합비율에 따라서 폭발위력이 다르며, 화학양론비 부근에서 가장 강하다. 가연물이 연소할 수 있는 혼합비율을 연소범위라고 한다. 화학양론비는 반응이후 가연물과 산소가 남지 않고 모두 반응하여 완전히 연소할 수 있는 비율을 말한다. 연소범위는 폭발이 가능한 범위이기는 하지만 가연물과 산소의 양을 비교했을 때 연소하한계 부근은 여전히 산소가 남아도는(rich) 상황이고, 연소상한계 부근에서는 여전히 가연물이 남아도는(rich) 상황이다. 동일한 가연물의 양이라도 공기와 얼마만큼 혼합하느냐에 따라서 위력이 달라지는데 엔진과 같이 폭발의 위력을 이용하는 엔진과 기구는 가연물과 공기를 실린더 내로 유입시킬 때 화학양론비의 혼합비율을 유지하는 것이 가장 효율적인 디자인이 된다.

가연물의 종류에 따라서 폭발위력이 다르다. 각 물질의 분자의 구성은 각 다른 원자들이 다양하게 배열되어 있다. 탄화수소의 물질이라고 하여도 메탄(CH_4)과 부탄(C_4H_{10})의 분자식에서 보이는 것처럼 탄소와 수소의 수가 다르다. 따라서 반응열량도 다르다.

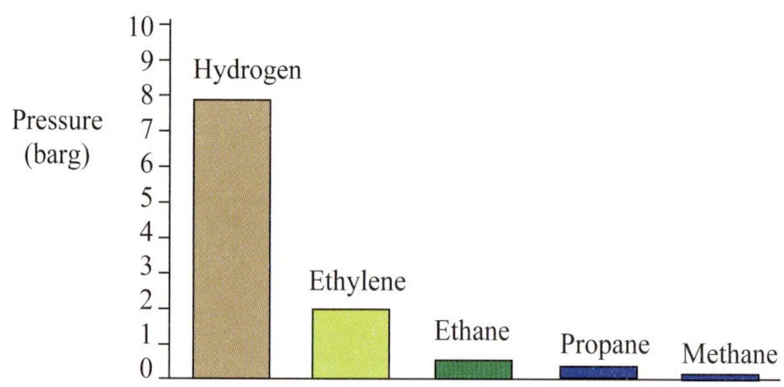

그림 7.46 Comparison of explosion pressure for various stoichiometric fuel-air mixtures in a 10 m wedge-shaped vessel (Bjørkhaug 1988b).[75]

75 Gas Explosion Handbook, Gexcon, Author *Dag, Bjerketvedt Jan, Roar Bakke, Kees van Wingerden*

가연물의 입자경이 작을수록 폭발의 위력이 크다. 가연물의 입자경이 다르다는 것은 그만큼질량대비 표면적인 넓다는 것으로 주변의 산소와 결합할 수 있는 기회가 많아진다. 동일한 양이라도 나무를 통째로 연소시키는 것과 나무젓가락처럼 가늘게 잘라 연소시키는 것을 비교해 보면 쉽게 이해할 수 있을 것이다. 이점에서 가연물질의 상에 따른 폭발 압력의 위력도 기체 > 액체 > 고체 순이다.

확산폭발 보다는 용기 내에서의 폭발 위력이 더욱 크다. 동일한 가연물의 양을 동일한 혼합비율로 연소시켰을 때 대기 중에서 연소하는 것과 용기 내에서 폭발하는 경우의 위력에는 차이가 난다. 용기 내에서 폭발하는 경우에는 처음에는 대기압과 동일한 상태였다고 하여도 점화되면 일부가 반응하기 시작하면서 용기 내부는 고압상태로 발전하게 되는데 이후 위에 설명한 "압력이 높은 상태의 위력이 크다"에서 설명한 메커니즘과 같다. 혼합기체를 담아둔 용기가 결론적으로 용기가 파열된다고 보았을 때 내압한계가 낮은 용기가 폭발하는 것에 비하여 내압한계가 높은 용기가 폭발하는 경우의 더욱 위력이 크다.

CHAPTER

8 폭발물에 의한 폭발

폭발물(爆發物)은 자극이나 충격에 의해 폭발을 일으키게 하는 물질이나 물체를 말한다. 인명을 살상하거나 구조물을 파괴하는 등 악의적인 목적으로 사용되기도 하며 발파 등 민간 산업에서도 사용된다. 안정성의 문제로 다중이 이용하는 시설, 대중교통에 반입이 제한될 뿐만 아니라 위험도에 따라 제조와 이동도 규제한다.[76] 폭발물의 정상적인 용도는 전쟁목적, 건축이나 광업에서의 발파 등 산업공정에서 사용되지만 불법적으로 제조 또는 유통되어 사회의 불안감을 조성하기도 한다. 폭발물은 폭약과 이에 착화하기 위한 장치 또는 그 목적을 가지고 제작된 물체를 말하는데 폭약으로는 급격한 화학반응을 일으키기 위한 산소화합물이 주로 이용된다.

국내에서는 폭발물의 사용과 관리가 엄격하게 제한되는 편이기 때문에 가스 폭발과 같은 일반적인 사고에 비하면 많지 않은 편이다. 그렇지만 과거의 신문기사를 검색해보면 그 동안 국내에도 크고 작은 폭발물 사고와 사건이 끊임없이 발생하고 있음을 알 수 있을 것이다. 군이나 관련 산업 종사자들로부터 비공식적으로 유출된 폭발물 또는 불법으로 제조된 사제폭발물들이 불의의 사고가 발생하며 제조 및 보관 시설에서 부주의에 의한 폭발사고도 종종 발생한다.

폭발물의 폭발은 폭발의 구분에서 화학적 폭발과 집중폭발에 해당된다. 따라서 폭발의 양상도 일반적인 화학적 폭발에서 보이는 열효과와 압축용기의 물리적 폭발에서 보이는 부분적인 파괴가 발생한다. 폭발물은 폭약의 종류나 양에 따라서 압력과 열에 의해서 도시 전체가 파괴되는 대형 폭발도 발생하지만 폭약이 적을 경우에는 단순히 놀이용 폭음탄 정도의 소음만으로 그치는 경우도 있다. 설계에 따라서 파편이 포함되어 있는 폭발은 인명을 살상할 수도 있다.

폭발물에 의한 폭발에 대하여도 그 메커니즘에 대하여 이해하려면 군용 등 복잡한 폭

76 위키피디아 "폭발물", 2015. 8. 17. 검색

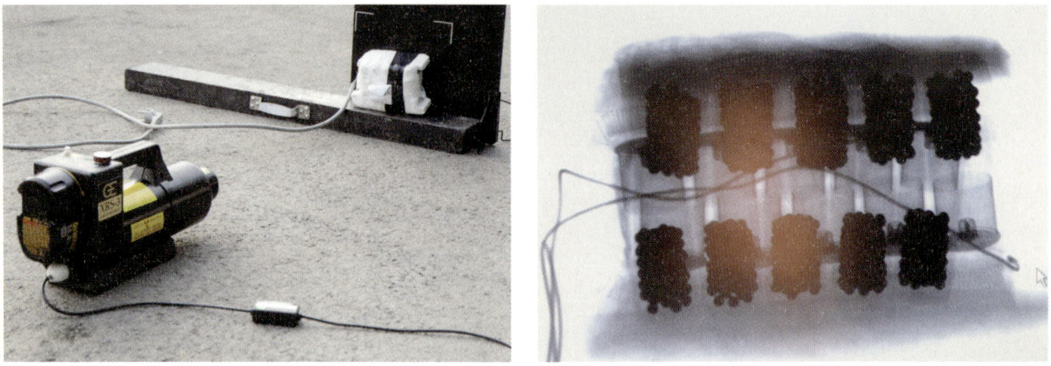

그림 8.1 사제폭발물의 X-ray 촬영 사진

발물부터 이해하려고 하기 보다는 어린 시절 주변에서 흔히 보아왔던 놀이용 폭죽이나 불꽃놀이용 폭죽에 대하여 떠올리며 접근해 보는 것도 이 분야를 공부하는 데에 유용한 팁이 될 것이다.

8.1 폭발물의 구조

폭발물은 산업용이던 군용이던지 간에 높은 압력을 순간적으로 발생시키기 위해 의도적으로 제작되는 물체이며, 그 세부적인 목적에 따라서 파편 기능을 추가하거나 압력과 더불어 열적인 기능을 추가하는 설계가 추가된다. 어린 시절 놀이용으로 사용하였던 폭죽 중에도 섬광을 이용한 것, 소리를 이용한 것, 발사체를 높이 쏘아 올리듯 압력을 이용한 것 등 다양한 것들이 있었으며, 이것들도 각 목적에 따라서 특별히 디자인된 것들이다.

폭발물의 기본적인 구조 또는 필수요소는 'EDPS'라고 부르는데 이것은 각 요소의 영문 이니셜을 따온 것으로 폭약(Explosive), 뇌관(Detonator), 전원공급장치(Power), 스위치(Switch)를 말한다. 폭약은 고성능 폭약(High explosive)과 저성능 폭약(Low explosive), 사제폭약(또는 급조폭약)으로 구분되며, 뇌관과 전원공급장치, 스위치는 기폭 시스템으로 묶일 수 있다.

8.1.1. Explosive train (Firing train)

폭약이 폭발하기 위해서는 폭발물의 요소들을 갖추어야 한다. 폭약이 적절한 성능으로 폭발하기 위해서는 점화순서, 점화연쇄반응이 요구되며 이에 필요한 모든 요소들을 가지고 있어야 한다. 연쇄반응은 저성능 폭약은 물론 고성능 폭약과도 관련이 있으며 최소한 2개의 순서에 따른 과정이 요구된다. 모닥불을 지피는 과정을 연상해 보자. 한 개

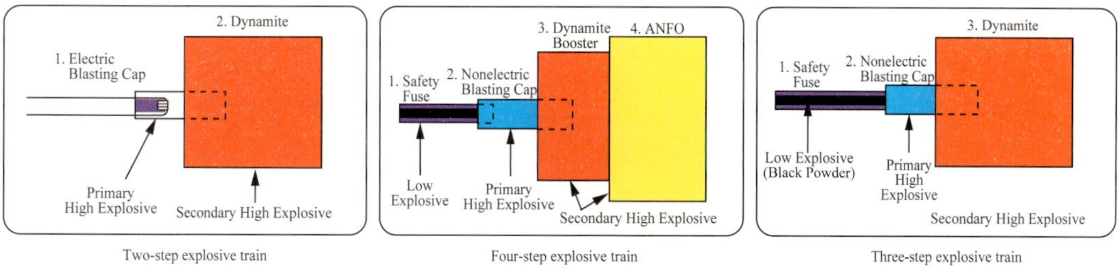

그림 8.2 explosive train

의 성냥으로 나무토막에 불을 붙이는 것은 불가능하며, 통나무에 불을 붙이려면 종이나 작은 나뭇가지 등 나무토막의 점화를 돕는 물질이 추가적으로 필요하다. 이런 것처럼 주장약에 성냥이나 정전기로 점화시키는 것은 안전하지도 않으며, 논리적이지도 않다. 점화순서는 상대적으로 낮은 수준의 에너지로 점화를 시작하고, 그 다음 연쇄적으로 최종적인 폭발물질 즉, 주장약을 점화하는 것이다.

폭발물은 기폭장치의 작은 에너지를 점차적으로 증폭시켜 주폭약이 폭발할 수 있도록 디자인 된다. 따라서 점화장치의 폭약은 매우 민감한 폭약이 사용되며, 점차적으로 조금 덜 민감하지만 위력이 강한 폭발물로 에너지가 전파될 수 있도록 설계된다.

블랙파우더와 같은 저성능 폭약은 적은 에너지로도 쉽게 점화되지만 폭발물은 점화시키기 위해서 기폭장치가 필요하다. 간단한 점화장치는 매우 민감한 폭약에 에너지를 전달하고, 이로 인해 반응을 시작하는 민감한 폭약은 조금 둔감하지만 폭발 위력이 큰 주장약에 기폭 에너지를 전달하는데 이와 같은 폭발물의 순차적인 연쇄반응을 explosive trains 또는 firing trains 이라고 한다(그림 8.2).

폭약은 동일한 양이라고 하여도 기폭 방법에 의해서 위력의 차이를 보인다. 따라서 주폭약을 폭발시키기 위한 효과적인 방법이 고려되어야 하는데, 국내의 사제폭발물에서는 기폭장치가 바로 주장약을 기폭시키는 경우가 대부분이며 부스터를 별도로 설치하는 경우는 드물다.

8.1.2. 폭약

폭약은 폭발 작용을 할 만한 에너지를 가지고 있는 화합물 혹은 혼합물이다. 폭약들은 화학적으로 반응하면서 열, 빛, 가스를 만들어낸다. 폭약은 대기 중의 산소 또는 외부 물질의 첨가 없이도 급속한 화학적 반응을 일으킬 수 있는 것으로 일반적으로 준안정적인 상태의 고체나 액체 물질이다. 이들은 공기 또는 별도의 산소가 없는 땅속이나 물속은 물론 우주공간에서도 폭발할 수 있다.

화합물이란 예를 들어 니트로글리세린과 같이 두 개 이상의 원소가 화학적으로 결합되어 새로운 물질을 형성한 것이다. 이 화학적 결합으로 인해 원래 재료가 되었던 물질의 성격은 잃어버리게 된다. 혼합물은 예를 들어 흑색화약처럼 두개 이상의 물질이 혼합되어 새로운 성질을 만드는 것이다. 그러나 이 경우에는 원래 각 물질이 혼합되어 있을 뿐 각 성질을 그대로 유지한다. 이것들은 화학적 결합이 아니라 혼합에 의한 것이다.

어떤 물질을 일반적인 가연물과 비교하여 폭약으로 분류되기 위해서는 원소들 중에는 산화재와 연료를 포함하고 있어야 하는 특별한 기준을 만족시켜야 한다. 매우 간단하게 말한다면 폭약은 탈 수 있는 가연물과 산소를 포함하고 있어야 한다. 다이너마이트의 니트로글리세린과 같은 어떤 폭약들은 감도를 높이는 예감재(Sensitizer)와 같은 추가 물질을 포함하기도 한다. 그러나 폭약인 질산암모늄과 오일 (ANFO, Ammonium Nitrate and Fuel Oil)은 연료와 산화재의 혼합물이다. 화합이 아니라 재료의 혼합만으로 만들어진 폭약이다. 그런데 무엇 때문에 폭약에는 산화제를 내부에 가지고 있어야 할까? 일반적인 가연물이 연소하는 경우에는 대기로부터 연소에 필요한 산소를 얻지만 이러한 방식의 연소는 폭발과 같은 급격한 반응을 이끌어내지 못한다. 폭발에서의 반응은 매우 빠르기 때문에 대기 중의 공기를 연소에 필요한 속도로 끌어들이는 것은 불가능하다. 오히려 폭약은 압력으로 인해 폭발지점의 대기를 밖으로 밀어내어 기압을 낮추거나 진공상태로 만들 수 있기 때문에 대기 중의 산소를 공급받는 것이 불가능하다.

폭약에 포함되어 있는 산화재와 연료의 비율은 균형을 이루어야 한다. 누구나 상상할 수 있듯이 최적의 조합은 산소와 연료가 완전히 연소할 수 있는 비율의 양으로 존재하는 것이다. 그러나 이러한 것은 모든 산업용 폭약이나 군용 폭약에서 적용되지는 않는다. 상업적인 폭약은 일산화탄소와 같은 독성가스의 발생을 줄이기 위해 기본적으로 완전연소할 수 있는 비율 이상으로 산소가 혼합되어 있다. 이와 같은 혼합비율 때문에 대부분의 산업용 폭약이 폭발하였을 때 흰색 연기가 발생한다. 반대로 대부분의 군용 폭약은 산소에 비하여 연료의 함량이 더욱 많다. 따라서 연기는 불완전 연소에 의해서 탄소가 많이 포함된 검은색으로 나타난다.

폭약에는 저성능 폭약(Low explosive)과 고성능 폭약(High explosive) 타입이 있다. 저성능 폭약은 주로 추진제로 사용되는 흑색화약이나 무연화약(black and smokless powders)과 같은 상업적 응용물, 점화장치(Safety fuse), 불꽃놀이, 신호탄, 낮은 에너지를 이용한 플래시 파우더 등에 사용된다. 범죄에 있어서는 저성능 폭약을 이용하여 폭탄을 만들 경우에는 파이프와 같이 밀폐된 용기에 충진을 해야 한다. 고성능 폭약은

1차 고성능 폭약의 특징

- 폭연에서 폭굉전환을 수행한다.
- 고성능 폭약 중 가장 민감한 폭약
- 고성능 폭약으로 분류된다.
- 뇌관 등 기폭장치에 기폭용도의 적은 양이 사용된다.
- 예 : Lead azide, lead styphnate, mercury fulminate

그림 8.9 초유폭약(ANFO)

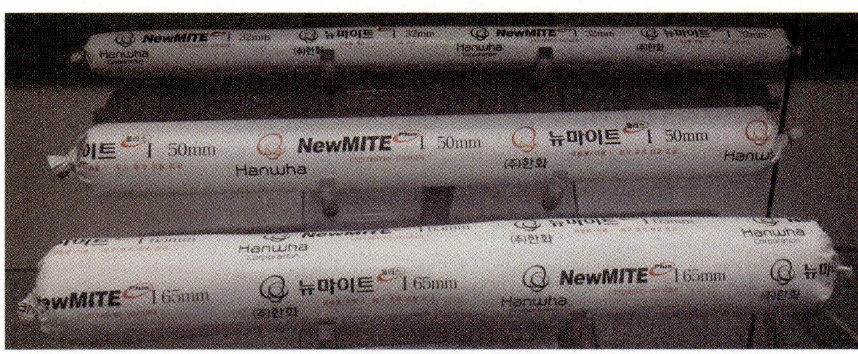

그림 8.10 에멀전계열 폭약(한화 NewMITE1)

그림 8.11 에멀전계열 폭약(한화 NewMITE2)

2차 고성능 폭약은 1차 고성능 폭약에 비하여 마찰, 열, 충격에 둔감하다. 많은 양이 사용되며 폭발력은 폭약의 타입, 기폭방법, 부스터의 사용여부 등에 따라서 달라질 수 있다.

2차 고성능 폭약의 특징

- 1차 고성능 폭약에 비하여 파괴력이 크다.
- 1차 고성능 폭약에 비하여 둔감하다.
- 1차 고성능 폭약에 비하여 많은 양이 사용된다.
- 예 : ANFO, dynamite, water gel, emulsion, booster

2차 고성능 폭약은 사용의도에 따라서 또 다시 부스터와 주장약으로 구분된다.

부스터는 뇌관만으로 기폭될 수 없는 둔감한 주장약을 기폭시키기 위해서 뇌관과 주장약 사이에 설치된다.

(4) 사제 폭약(IED 또는 HME)

사제 폭약은 정상적인 제조공정을 거쳐 공식적으로 생산된 폭약이 아니라 안전시설 등을 갖추지 않은 곳에서 즉응적으로 제조된 폭약을 말한다. 제조에 대한 방법은 외국의 사이트에서 어렵지 않게 찾아볼 수 있으며 국내에서도 일부 자료가 인터넷을 통해 유통되고 있는 것으로 알려져 있다.

사제 폭약의 제조는 시중에서 구입할 수 있는 화공품들을 혼합하거나 화공품을 처리하여 추출해 내는 방식으로 제조하게 된다. 화학 수업을 충실하게 들은 전공자라면 충

그림 8.12 수렵용 샷건(Shot gun) 탄환으로부터 추출한 탄환과 추진제

그림 8.13 화공약품을 혼합하여 제조한 종이컵 절반가량의 사제 폭약의 연소

분히 만들 수 있을 것이다. 이러한 제조는 정상적인 시설이 아니므로 불안정한 물질을 다루면서 발생하는 불의의 사고가 종종 발생하여 제조자 자신이 사망하거나 크게 다치기도 한다.

현재까지는 국내의 사제폭발물 사례에서 주로 사용하였던 폭약은 군이나 산업시설로부터 불법적으로 유출된 폭약과 놀이용 폭죽, 수렵용 탄환으로부터 추출한 화약이 대부분이다.

1개의 샷 쉘(shot shell)로부터 추출해낸 추진제는 1개당 2g 정도에 불과하다. 그러나 이 정도의 폭약만으로도 샷건의 탄환(shot)들을 약 1400ft/sec(426.72m/sec)의 속도로 날아가게 할 수 있다.

사제 폭약은 화공약품 점에서 구입한 화학재료를 혼합하여 사용하기도 하며 주변에 흔하게 구할 수 있는 세제, 비료, 설탕, 성냥의 두약부(유황), 숯 등을 혼합하여 사용하는 경우도 있다. 사제 폭약의 위력은 혼합물의 종류, 혼합비율에 따라서 다양하게 나타난다.

8.1.3. 기폭 시스템

기폭장치는 폭약을 반응을 개시하도록 하는 장치로 뇌관을 포함하여 뇌관을 작동시키는 스위치, 배터리 등 여러 가지 요소로 구성되어 있다. 일반적인 폭발물은 뇌관과 뇌관을 작동시키기 위해 도화선, 전기를 흘려보내는 전원과 전선, 스위치 등으로 구성되지만 시한폭탄이나 부비트랩, 무선 기폭장치 등과 같이 특정 이벤트를 통해서 폭발을 유도하는 경우에는 시계, 다양한 이벤트를 감지하기 위한 여러 종류의 센서와 신호를 주고받을 수 있는 라디오 송 · 수신기 등이 포함될 수도 있다.

(1) 뇌관

뇌관은 폭약을 점화시키기 위해서 사용되는 장치를 말한다. 전기, 충격, 불꽃 등에 의해서 작동하는데 충격에 의해서 작동하는 뇌관은 공이의 충격에 의해서 발사되는 총알이나 대포 등이 주요 예이며 폭발물에는 보통 원거리에서 작동시킬 수 있는 전기(전기적 뇌관), 불꽃(비전기적 뇌관)을 사용한다. 전기적 뇌관에는 전선을 통해 발파 신호가 전달되며, 비전기적 뇌관은 내부에 폭약이 코팅되어 있는 쇼크튜브를 통해서 불꽃으로 신호가 전달된다.

전기식 뇌관은 전선으로 발파 신호를 전달하며 전선 끝에 부착되는 뇌관에는 전기적인 줄열에 의해 과열되는 저항체가 있고, 저항체의 과열에 의해 뇌관 속의 폭약이 점화되는 구조를 가지고 있다. 뇌관의 내부에도 순차적으로 기폭 에너지를 증가시키는 1차 폭약, 2차 폭약의 explosive trains의 구조를 가지고 있다. 전선의 또 다른 방향에는 전기를 인가시킬 수 있는 배터리와 스위치가 연결되어 있다. 전기식 뇌관을 폭발시키기

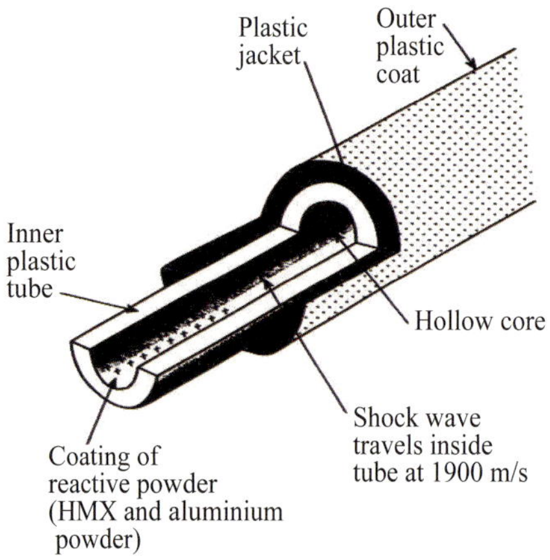

그림 8.14 Shock tube 구조

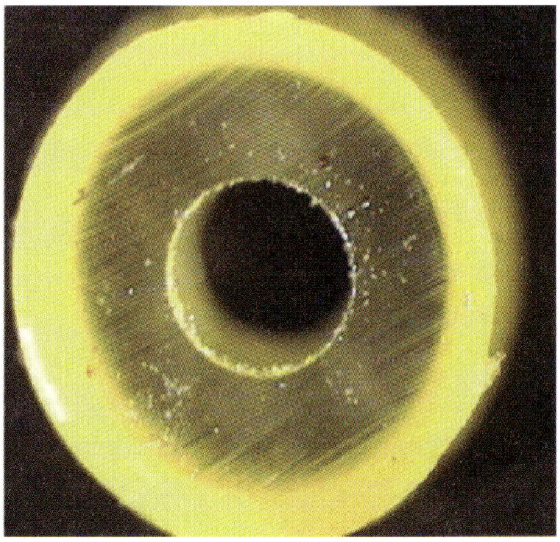

그림 8.15 Shock tube 단면

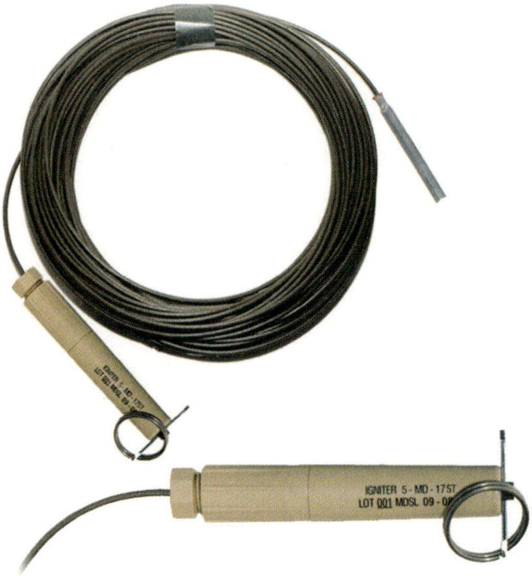

그림 8.16 격발기와 연결된 쇼크튜브 및 비전기적 뇌관

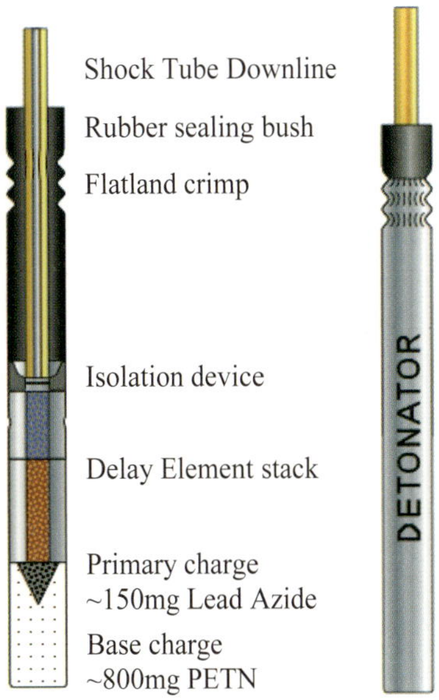

그림 8.17 비전기식 뇌관의 연결

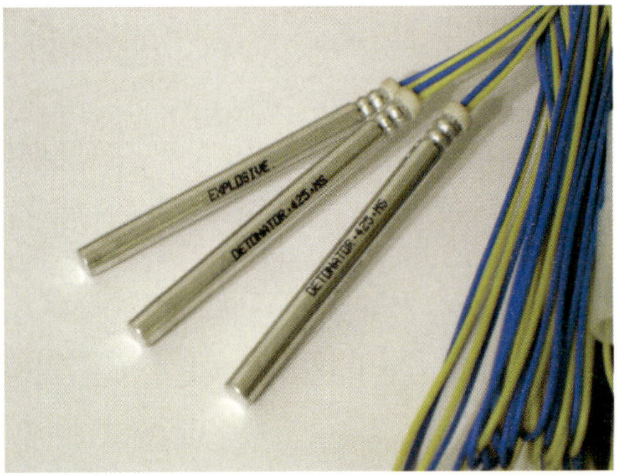

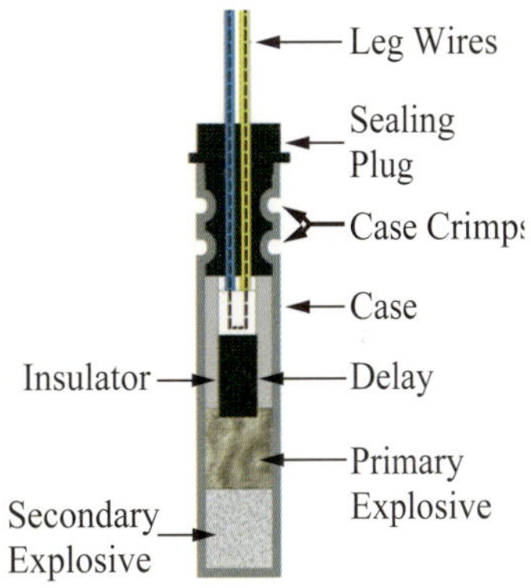

그림 8.18 전기식 뇌관의 외형과 구조

위한 전류는 많은 양을 필요로 하지 않는다. 일반적으로 1.5V 전지 1개로 대부분의 전기식 뇌관을 폭발 시킬 수 있다. 사제 폭발물에서는 시계전지에서부터 핸드폰 배터리, 1.5V, 6V, 9V 등 다양한 전지가 활용된다.

뇌관은 주장약을 기폭시키기 위한 장치의 일부지만 역시 그 자체만으로도 폭약이 사용되는 폭발물이다.

그림 8.19 뇌관의 성능 시험 후 관통된 1cm 납판의 모습

위 사진(**그림 8.19**)은 뇌관 생산공정에서 성능시험에 사용한 10mm 납판이 관통된 모습이다. 시험은 뇌관을 납판 위에 세로로 세워 접촉한 상태로 폭발시킨다. 이 정도의 폭발성능이 있어야 뇌관으로서 합격품으로 인정된다. 물론 주장약 보다는 현저히 약한 폭발력으로 일반적으로 매우 경미한 폭발력을 가지고 있을 것이라고 생각되지만 신체 가까이서 폭발이 발생할 경우 그만으로도 신체의 일부가 터져나가며 사망에 이를 수 있다. 만일 주먹으로 뇌관을 쥐고서 폭발이 발생한다면 손이 갈기갈기 찢어져 온데간데없이 사라져 버릴 것이다. 과거 암반 발파 관련 종사자가 자신의 작업장에서 밀반출한 뇌관을 이용하여 자살 도구로 사용하였던 사례도 있었다.

인터넷에 보면 정상적인 시설이 아닌 주변에서 쉽게 구할 수 있는 물품들을 이용하여 폭발물을 자체 제작할 수 있는 여러 가지 매뉴얼도 구할 수가 있으며 심지어는 자세한 설명의 제작 동영상도 볼 수가 있다. 이러한 자료들은 결국 반사회적 범죄에 이용되거나 정치적 테러에 사용될 수도 있다.

(2) 기폭 스위치

뇌관이 작동하기 위해서는 어떠한 방식으로든 신호가 전달되어야 한다. 이것은 여러 가지 방법에 의할 수 있으나 최근에는 전기식 뇌관이 주로 사용되고 있으며 특히 사제 폭발물의 경우 사용이 간편하며 여러 가지 센서 등을 쉽게 이용할 수 있는 이점이 있

그림 8.20 부비트랩형 기폭 스위치의 예시

으며 기폭시간을 정확히 할 수 있기 때문에 전기적인 신호를 이용하는 전기 뇌관을 가장 선호한다.

전기적 신호는 배터리로부터 스위치에 의해서 전달되는데 스위치는 일반적으로 손으로 직접 누르는 것부터 시작해서 다양한 이벤트에 반응하는 전기적 선서 또는 장치들을 이용하여 부비트랩 형태로 이용되기도 하며, 타이머 등을 이용한 시한폭탄, RC 등 무선조종 라디오 송수신기, 핸드폰이나 호출기 등을 이용하여 원거리에서 작동이 가능한 방법 등이 있다.

위 사진(그림 8.20)의 스위치 등은 간단한 스위치와 전선 등 도체 몇 개로 구성되어 있지만 진동, 기울기, 압력, 분리, 접촉, 시간 등의 이벤트에 의해서 작동하도록 설계된 기폭 스위칭을 위해 고안된 장치들이다.

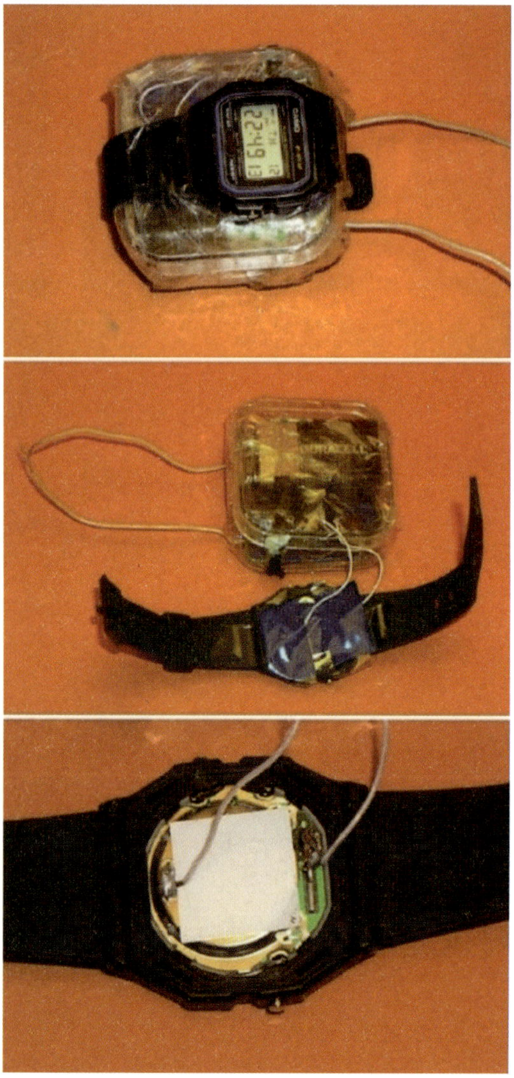

그림 8.21 손목시계 타이머 기폭 스위치

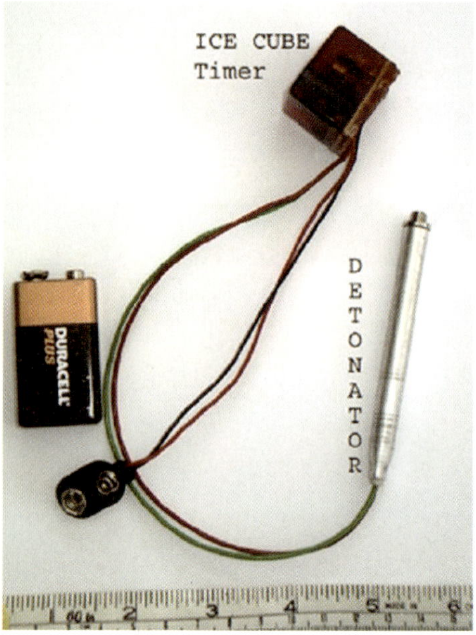

그림 8.22 타이머를 이용한 기폭 스위치

그림 8.23 휴대전화를 이용한 기폭 스위치

사제폭발물 현장에서의 조사는 이와 같은 여러 가지 요소들의 조합을 확인하여 폭발물이 전체적인 모습을 재구성하는 것을 목적으로 한다.

8.2 폭발물의 용기

동일한 양과 종류라고 하여도 폭약을 밀폐된 용기에 담고 있느냐 아니면 개방된 공간에서 반응시키느냐에 따라서 폭발의 위력은 큰 영향을 미친다. 용기에 담겨 있더라도 어떠한 용기에 담느냐에 따라서 위력에서는 큰 차이를 보인다. 견고하고 내압성능이

그림 8.24 파이프 폭탄

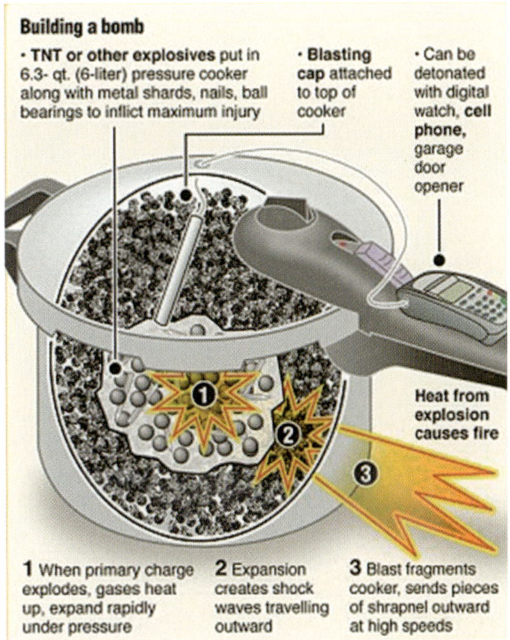

그림 8.25 압력밥솥 폭탄

우수한 것일수록 폭발압력, 폭발에 의한 피해는 커진다. 만일 쉽게 파괴되는 지관(종이관)을 사용한다면 어느 정도의 압력수준이 되기 전에 찢어져 버려서 압력피해가 크지 않다. 용기가 파괴된 이후 잔여폭약의 반응속도는 감소한다. 용기는 내부 압력이 최고로 극대화되었을 때 파열될 수 있는 것이 가장 효과적이다. 폭약이 완전히 연소하기도 전에 용기가 파열된다면 비효율적인 설계가 되는 것이다 따라서 정식으로 생산된 폭발물은 금속용기를 사용하고 사제폭발물에서는 용기의 내구성을 유지하기 위해서 배관용 금속파이프나 압력밥솥을 사용하기도 한다.

다음은 폭발물의 용기에 따라서 파편의 운동속도를 촬영하기 위한 연구[77]의 실험결과이다.

실험은 파편의 속도를 계산하기 위해서 30,000fps의 고속카메라와 프레임당 촬영된 파편의 궤적을 나타내는 컴퓨터 프로그램(DBSP. ProAnalyst software)을 활용하였다. 총 측정 시간은 160μs 동안 촬영된 것이다.

폭발물의 용기는 아연도금강관(galvanized steel), 흑철관(black steel), PVC관을 각 이

77 The anatomy of a pipe bomb explosion: The effect of explosive filler, container material and ambient temperature on device fragmentation, Dana Bors, Josh Cummins, John Goodpaster, Forensic Science International, Volume 234, January 2014, Pages 95 – 102

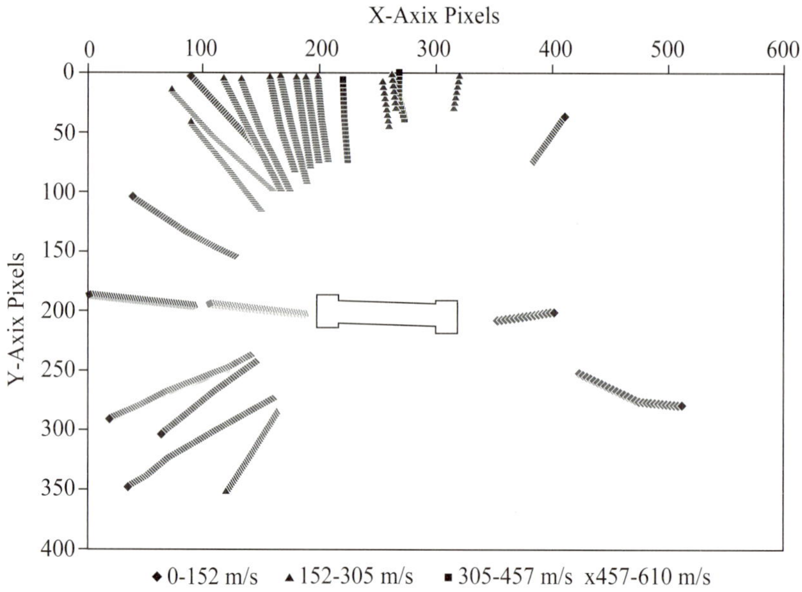

그림 8.26 A PVVM(particle velocity vector map) of PVC DBSP.

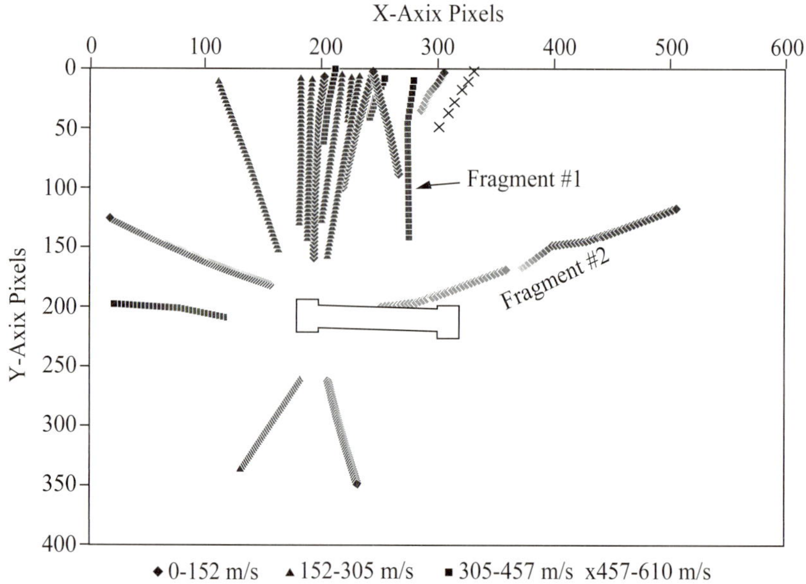

그림 8.27 A PVVM of the black steel DBSP device.

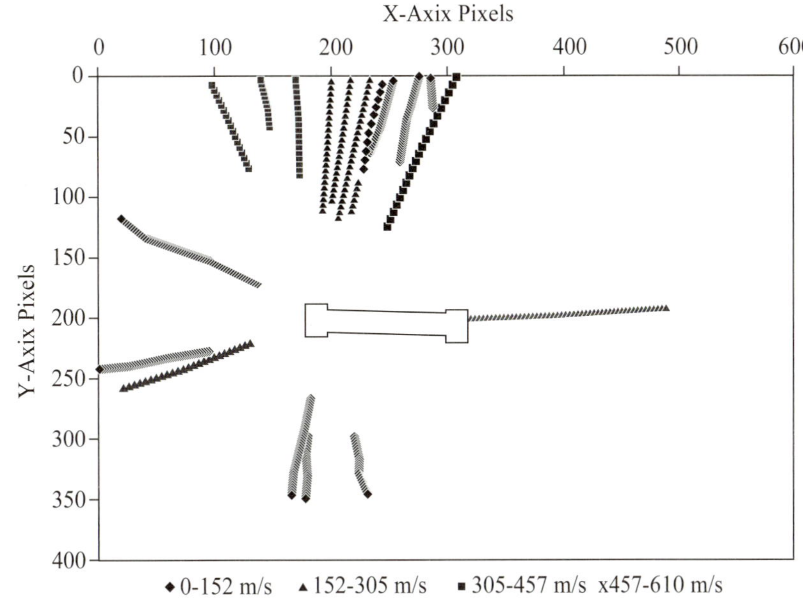

그림 8.28 A PVVM of the galvanized steel DBSP device.

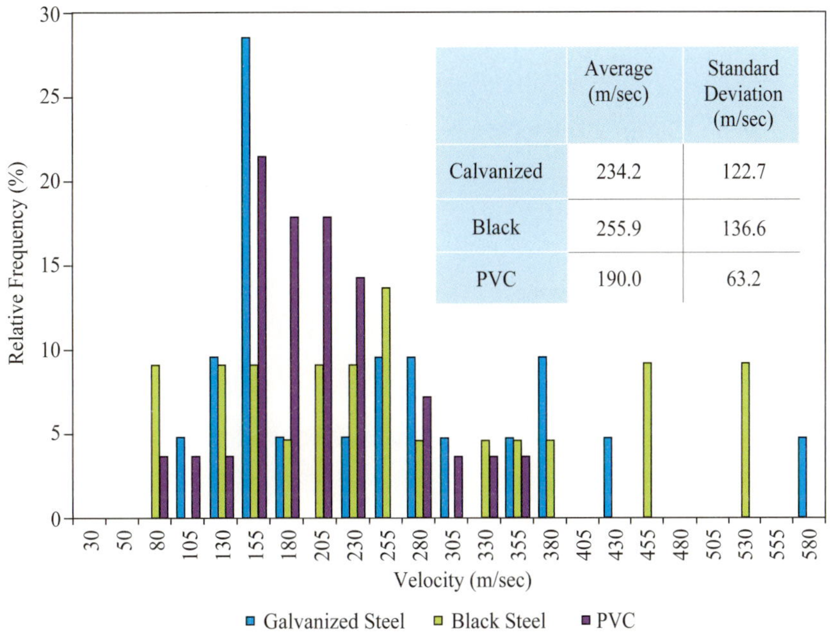

그림 8.29 Combined velocity histogram for DBSP devices.

용한 파이프 폭탄이며 각 실험은 점화방식과 폭약의 종류 및 양 등 동일한 조건[78]하에 시행하였다.

그림 8.29는 파편의 촬영 빈도와 속도를 계산한 그래프이다. 폭발력은 반응과 동시에 높은 압력을 발생시키고, 이 압력은 용기를 파괴시킨다. 또 파괴된 파편의 운동에너지로 전환되어 파편의 이동속도, 거리에 영향을 미친다. 실험 결과로 견고한 용기일수록 파편의 속도가 증가하는 것을 알 수 있다. 즉 견고한 용기일수록 폭발력이 높다.

8.3 폭발물의 성능(High order, Low order)

저성능 폭약(Low explosive)과 고성능 폭약(High explosive)은 폭약의 성질을 구분한 용어이며 하이-오더(High oder) 및 로-오더(Low order)는 폭발물의 성능을 말할 때 사용하는 용어 이다. 폭발물의 성능이란 얼마나 폭발이 잘되느냐를 말하는 것인데, 물질이 완전히 연소될수록 이와 같은 성능이 높다. 이 용어는 고성능 폭약(High explosive), 저성능 폭약(Low explosive)과 혼동하는 경우가 많다. hight oder 폭발물은 폭약의 점화이후 최고의 속도로 완전히 타서 없어지는 것을 말한다. low oder는 불완전하게 연소하며 최고 속도 이하로 불완전하게 연소되는 것을 말한다. 이 용어들은 매우 혼란스러울 수 있다. 실제 많은 조사관들이 폭발에 있어서 폭약의 유형을 말할 때 "이번 폭발사건에서는 low-order 폭약(explosive)이 사용되었다"라고 하는 것처럼 혼합해서 사용한다. 부적절한 용어를 사용하는 것이야 말로 가장 전문성을 떨어뜨리는 것은 없다.

저성능 폭약은 high order와 low order의 폭발을 할 수 있고 고성능 폭약도 high oder와 low oder의 폭발을 할 수 있다. 폭발현장에서 연소되지 않은 폭약의 성분이 남아있는 경우 low order 폭발의 증거가 된다. 이러한 불완전한 반응의 원인은 오래되거나 성능이 저하된 폭약인 경우, 뇌관과 폭약이 충분히 접촉되어 있지 않은 경우(뇌관과 폭약이 멀리 떨어져 있는 경우), 폭약의 타입에 적장하지 않은 뇌관이 사용되었을 경우(blasting agent에 booster가 설치되어 있지 않은 경우), 폭약의 용기가 예상보다 먼저 파괴되는 경우 등을 포함하여 매우 다양한 원인이 존재한다. 사제폭발물에 있어서 이런 low order 현상이 주로 발생하는 이유는 저성능 폭약의 용기로써 강철파이프

78 The pipes were Schedule 40 with eight-inch pipe bodies and a one-inch nominal diameter. The metal pipes had scarf marks on the inside of the pipe body indicating that they were manufactured using an electric resistance weld. The two energetic fillers used were Hodgdon Pyrodex and Alliant Red Dot double-base smokeless powder (DBSP). All devices were capped at each end with one end cap having a 3/16 inch diameter hole for inserting igniter wires.

보다는 얇은 금속 캔과 같은 저급한 용기 또는 종이로 만들어진 관을 사용하기 때문에 발생한다.

8.4 폭발물 사고 사례

우리나라는 폭약의 관리가 엄격한 편이다. 관련 산업이나 군에서 발생하는 사고를 제외하면 매우 적은 편이다. 또 기관의 특성 상 사고의 자세한 경위가 언론 등을 통해 노출되는 경우도 많지 않다. 본고에서는 필자가 경험하거나 언론을 통해서 간접적으로 경험하였던 몇 몇 사례를 소개하고자 한다. 소개되는 사례는 발생사고 중 극히 일부를 발췌한 것이다. 현재 대한민국은 민간인들의 자살 또는 반사회적인 범죄뿐만 아니라의 국제적인 정세 속에서도 폭발물에 의한 테러로부터 안전하다고 볼 수 없다.

8.4.1. 서울역-고속터미널 사물함 폭발 사건

과거 우리나라에서 발생한 폭발사건 관련 신문기사들을 검색하면서 폭발물 사건의 현장 대응요원으로 근무 중인 필자로서도 매우 놀라웠다. 외국의 영화에서나 나올법한 암살, 테러 등이 의심되는 많은 사건들이 있었으며 우리나라도 사제 폭발물로부터 안전지대가 아니라는 심각한 사실을 깨닫게 되었다.

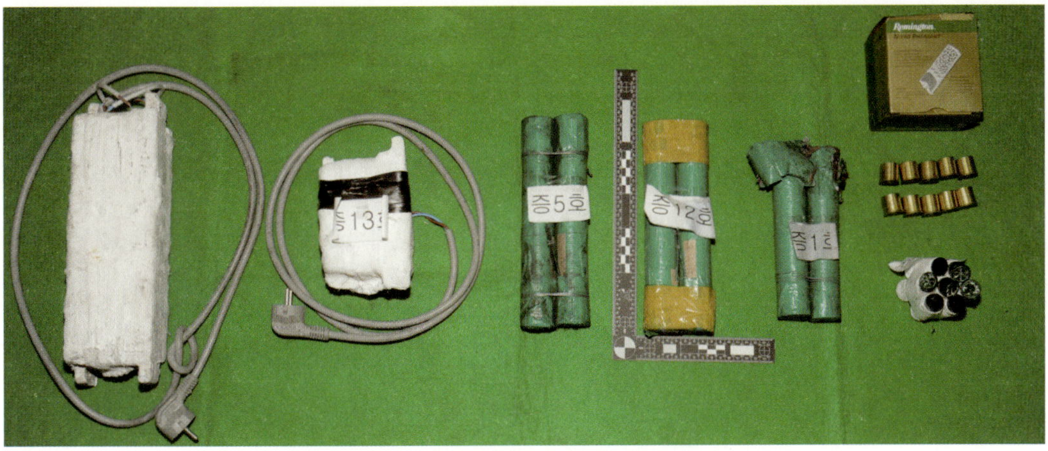

그림 8.30 다양한 종류와 형태의 사제폭발물(IED)

서울역 사물함 연쇄 폭발

서울역과 강남 버스터미널에 있는 물품 보관함에서 잇따라 부탄가스로 만든 사제폭탄이 터져 당국이 긴장하고 있다.

경찰에 따르면 12일 오전 11시1분께 서울역, 오후 12시 2분 서울 서초구 반포동 강남고속버스터미널 경부선 대합실의 물품보관함에서 부탄가스통으로 추정되는 물건이 연이어 터지면서 불이 났다. 이번 폭발사건로 인명피해는 없었지만 폭발음과 함께 불이 나면서 터미널에서 버스를 기다리던 승객 등이 놀라 대피하는 소동이 벌어졌다. 이번 폭발사건은 한 시간 간격으로 연쇄적으로 일어났다. 또 양쪽 사건 모두 대합실 물품 보관함 안에서 폭발이 일어났고 전선이 연결된 휴대용 부탄가스통이 발견된 것도 공통점이다. 이에 따라 경찰은 누군가 발화장치가 연결된 폭발물을 설치했을 가능성이 높은 것으로 보고 수사를 벌이고 있다.

특히 경찰은 서울역의 경우 타이머도 발견되는 등 시한폭탄의 모양새를 갖췄다고 설명했다. 하지만 서울역 폭발물은 터지지 않고 불에 타기만 했고 정교함도 떨어지는 것으로 보여 전문가의 소행은 아닌 것으로 보고 있다.

이청원 기자 lgoon@polinews.co.kr

강남고속버스터미널과 서울역 사제폭탄 폭발 사건은 선물투자에 실패한 한 40대 남성이 주가폭락을 유발해 이득을 얻으려고 저지른 계획적 범죄인 것으로 경찰 조사결과 드러났다.

이 사건을 수사 중인 서울지방경찰청은 사건의 주범 김 모(43)씨를 조사한 결과 김씨가 2010년 7월 출소 후 3억 300만원을 빌려 주식 선물거래에 투자했다가 실패, 심한 빚 독촉을 받았다는 진술을 확보했다. 김씨는 지난 11일 선배로부터 5000만 원을 빌려 선물옵션에 투자하고서 풋옵션 만기일인 12일을 범행일로 잡았으며 "공공시설에서 폭발사건이 일어나면 주가가 내려가 큰 이득을 볼 것으로 기대했다"고 진술한 것으로 전해졌다.

선물투자는 주식 등을 미리 얼마에 사거나 팔겠다고 약속해 두는 계약인데 향후 특정 시점에서 주식을 살 수 있는 권리를 '콜 옵션(call option)' 팔 수 있는 권리를 '풋 옵션'이라고 한다. 예컨대 주식을 한 달 후 1000원에 팔기로 한 경우(풋 옵션) 주가가 1200원이 되면 200원 손해를 보고, 800원이 되면 200원 이익을 보게 된다.

경찰에 따르면 김씨는 지난달 인터넷에서 '사제폭발물 제조법' 등 검색어를 입력해 나온 게시물을 보고 폭발물 제조업을 배웠으며 지난해 알게 된 공범 이 모(36)씨에게 폭죽 8 통과 타이머, 배터리 등 21만 원어치를 구입토록 했다.

이씨에게서 재료를 건네받은 김씨는 지난 12일 오전 4시쯤 천호대교 밑 한강공원 주차장에 렌터카를 세우고 차량 안에서 재료를 조립, 폭발물 2개를 만들어 당일 오전 10시50분과 11시50분에 폭발하도록 설정했다. 이어 김씨는 같은 날 오전 5시30분쯤 과거 교도소 복역 동기로부터 소개받은 박 모(51)씨에게 폭발물이 담긴 가방 2개를 전해주고서 "서울역과 강남고속버스터미널 물품보관함에 1개씩 넣어주면 3000만원을 주겠다"고 말한 것으로 조사됐다.

New daily 전경웅 기자

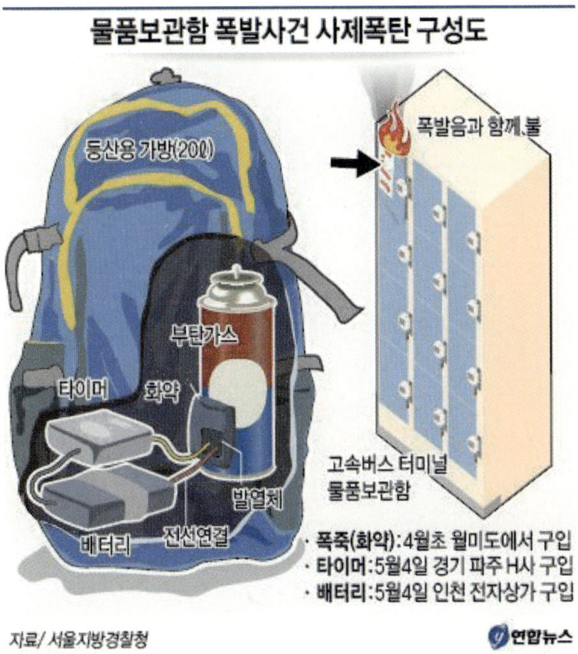

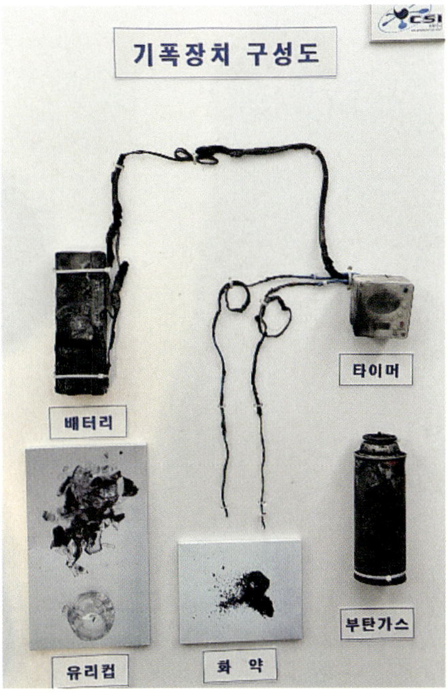

그림 8.31 서울역 · 고속터미널 사건의 폭발물 잔해와 구성도

8.4.2. CJ 엔터테인먼트 폭발 협박 사건

2002. 12. 27. CJ 엔터테인먼트사 회장실에 배달된 소포가 폭발한 것으로 소포 내에는 마그네틱 스위치를 탑재한 폭발물이 들어 있었다. 책 폭발물은 내부에 책 내용물을 오려내고 공간을 마련해 폭약과 배터리를 넣고 마그네틱 스위치로 책을 열어보는 순간 작동하도록 만들어졌으며 배터리에 연결된 전구를 가공하여 전구 내부에 흑색화약을 채우고 이를 놀이용 폭죽에 연결하여 뇌관으로 사용하였으며 비닐봉지에 휘발유를 담아 순차적으로 연소가 이루어지도록 만들어져 있다.

8.4.3. 부산 크라운호텔 폭발물 사건

1990. 7. 10. 21:00경 부산 크라운호텔 나이트클럽 화장실에서 종업원이 변기 물통에 보관 중이던 사제 시한폭탄을 발견하여 폭발은 미수에 그친 사건이다. 이 폭발물은 설정된 시간에 정확히 폭발함으로서 완벽한 폭발물임이 입증되었다.

8.4.4. 폭발물 인질협박 사건

1991. 5. 28. 22:30경 서울 광진구 광장동에서 에스콰이어 회장에게 금품을 요구할 목적으로 회장의 운전기사 박모씨를 유인 납치하여 몸에 벨트형 폭발물을 부착 후 협박

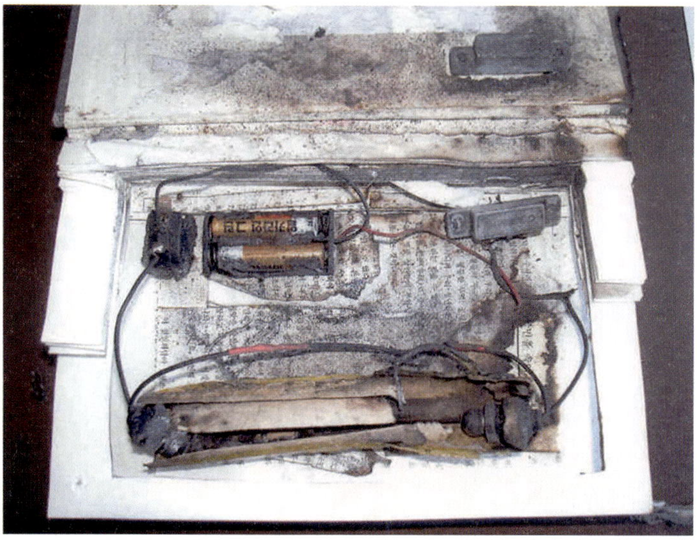

그림 8.32 당시의 사제 폭발물

한 사건이다. 벨트에 부착된 다이너마이트가 무선 리모컨에 의해 작동되도록 설계되었다.

8.4.5. 마포 매일 콜택시 폭발 사건

1991.6.24.21:45경 마포 콜텍시 소속 임모씨가 승객을 태우고 운행 중인 택시 내에서 서울 마포구 성산동 56번지 중동 로터리를 지나 성산대교를 지나던 중 발생장소에 이르러 좌회전 신호를 받기 위해 정차 대기 중 종류 미상의 폭발물이 조수석에서 폭발하면서 피해자들이 상해를 입은 사건으로 다이너마이트에 세탁기용 타이머 스위치가 장착되어 폭발한 시한 폭탄인 것을 확인하였다.

택시 노조위장 폭살기도 의혹

운행중인 택시에서 사제시한 폭발로 운전사와 승객 등 4명이 중상을 입은 사건이 발생하여 경찰이 수사에 나섰다. 이 사건은 당초 택시 트렁크에 부착된 LPG 통이 폭발한 단순사고로 처리됐으나 폭발 현장에서 시한폭탄에 장치되었던 태엽과 파편, 소형건전지 조각 등이 발견됨에 따라 운전사나 승객을 살해하기 위해 사전에 계획된 살인음모 사건으로 밝혀졌다.

지난달 24일 하오 9시 40분쯤 서울 마포구 성산동 중동로터리 횡단보도 부근에서 좌회전 신호 대기 중이던 매일 콜택시 소속 택시가 꽝하는 폭음과 함께 폭발했다. 이사고로 운전사 엄씨는 우측 고막이 터지고 뒷좌석에 탔던 승객 조씨와 조씨의 딸 김양 아들 오군이 중상을 입었으며 특히 김양은 머리를 심하게 다쳐 신촌 세브란스병원 신경외과 중환자실에 입원치료를 받고 있다. 또 사고택시는 운전사 옆 좌석 밑바닥이 직경 40cm 가량 구멍 뚫린 채 뚫린 부분이 바깥쪽으로 휘어졌으며 좌석 밑부분과 창문이 모두 부서져 완전 박살났다. 관할마포 경찰서는 사고 직후 누출된 LPG 폭발에 의한 사고로 판단, 교통사고 조사반을 보내 조사를 벌였으나 "밀폐되지 않은 공간에서 LPG가 누출됐더라도 화재 외의 폭발은 일어날 수 없다"는 전문가들의 지적에 따라 사건을 형사계 강력반으로 넘겨 다음날 25일 현장 검증을 실시했다.

경찰은 현장에서 1시간짜리 선풍기용 타이머 태엽과 싱가폴제 건전지, 다이너마이트 조각, 전기식 뇌관 등을 수거했다.

경찰은 수거한 타이머 태엽의 길이가 68cm로 1시간용임을 밝혀냈다. 경찰은 사고차량과 수거물 분석결과 문제의 폭발물은 150g 다이너마이트의 2/3 가량에 뇌관을 붙인 사제폭발물로 건전지를 이용한 시한장치가 된 것으로 추정했다.

경찰은 특히 폭발부분이 차내에서 외부로 휘어진 점을 감안, 이 폭발물이 운전사 옆 좌석 밑에 장치되었던 것으로 보고 있다. 이에 따라 경찰은 수거물을 국립과학수사연구소에 감정의뢰하는 한편 폭발물전문가를 동원하여 사제폭발물에 대한 조사를 벌이고 있다. 한편 경찰은 운전사 엄씨가 이날 하오 8시 회사에서 차를 출고해 집으로 시사를 하러 갔다가 집 부근에서 승객 조씨 가족을 태운 사실을 확인하고 이 과정에서의 승 · 하차자에 대해 수사를 벌이고 있다. 경찰은 노조위원장인 운전사 엄씨의 활동에 불만을 가졌거나 승객 조씨 가족을 겨냥한 가스폭발 위장 폭발기도 가능성에 대해 집중 수사를 벌이고 있다. 경찰은 또 운전사 엄씨가 집앞에 택시를 주차해두었을 동안 폭탄이 장착됐을 가능성도 이사고 보고 목격자에 대한 탐문 수사를 벌이고 있다. 이와 관련하여 경찰은 불특정 다수를 살해하여 사회혼란을 노렸을 가능성에 대해서도 수사를 펴고 있다. 8년째 이 회사에서 일하고 있는 엄씨는 지난해 7월 3년 임기의 노조위원장으로 선출된 뒤 전임노조간부로 일해와 평소 택시운전을 하지 않았다. 노조원 80명의 매일 콜택시는 지난달 11일 시작된 전국자동차노련산하 서울 택시지부의 파업에 조합원 90%이상의 찬성으로 참여했으나 1주일만인 18일 회사측이 선정상화 후협상안을 받아들여 파업을 풀었다. 사고차량은 사고전날인 23일 하오 동료기사 박씨가 영업을 나선 뒤 24일 상오5시쯤 귀사 회사주차장에 세워둔 채 일할 기사가 없어 묶여있던 중 이날 하오 정비주임 한모씨가 강동구 천호동 자동차부속상에 2차례 몰고 다녀온 것으로 밝혀졌다. 엄씨는 사고 당일 하오 5시쯤 회사측에 영업을 나가겠다고 마한 뒤 하오 8시쯤 차를 몰고 나갔다.

경향신문 1991. 7. 7. 김봉선 박래용 기자

8.4.6. 전남 순천 차량 폭발사건

1995.2.6.18:50경 순천 동의동 소재 미도장 여관 주차장에서 여주인 이모씨가 남편 소유의 승용차에 시동을 거는 순간 폭음과 함께 차량이 폭발, 전소되고 이로 인해 이모씨

는 사망하고 딸 2명은 중상을 입은 사건으로 폭발 분화구의 크기 등을 고려하여 볼 때 고성능 폭약에 의한 폭발 사건으로 확인되었다.

> 고급승용차에서 종류를 알 수 없는 폭발물이 터져 여관을 경영하는 40대 주부가 숨지고 두딸이 중화상을 입는 폭발사고가 발생, 경찰이 원한관계에 의한 사건으로 보고 수사에 나섯다. 이 승용차는 폭발과 함께 운전석 윗부분의 차지붕이 30m 가량 날아가는 등 차체가 크게 파손됐으며 이씨는 하반신을 크게 다쳐 그 자리에서 숨졌다. 경찰은 숨진 이씨가 시동을 거는 순간 폭발이 일어났으며 차 앞부분이 집중적으로 파손된 점으로 미루어 원한을 가진 운전석 의자 아래에 폭발물을 설치한 것으로 보고 있다.
>
> 경찰은 또한 최근 주인 이씨가 최근 가족과 상속문제를 놓고 자주 말다툼을 벌였다는 이웃주민들의 말에 따라서 가족과 친척 이씨 주변인물 등을 상대로 수사를 펴고 있다. 경찰은 사고가 나자 군부대 폭발물 처리반과 함께 현장에 출동 폭발물의 종류 및 사고원인 등에 대한 조사를 벌이고 있다.
>
> 경향신문 1995.2.7. 배명재 기자

8.4.7. 광진구 자양동 슈퍼마켓 폭발물 사건

1998. 8. 20. 19:15경 서울 광진구 군자동 화양슈퍼마켓 내에서 마켓 여직원이 창고에서 물건을 꺼내려던 중 검은색 가방에 담긴 폭발물을 발견하고 신고하여 미수에 그친 것으로 가방 내부에는 탁상 디지털 시계를 기폭장치로 하는 휘발유가 담긴 유리관이 설치되어 있었다.

> **사고 11시간 전에 상인 폭발물 신고 군경합심조 출동 수거**
>
> **"폭발음 뒤 불길 치솟아" 주민 누전가능성 부인**
>
> 상가가 밀집한 슈퍼마켓에서 사제폭발물이 발견된 데 이어 폭발사고에 의한 것으로 추정되는 화재까지 발생해 경찰이 수사에 나섰다.
>
> 서울 동부경찰서는 20일 오후 7시반경 서울 광진구 군자동 화양시장내 H슈퍼에서 "폭발물이 발견됐다"는 신고를 받고 긴급출동해 3시간만에 폭발물을 해체수거해 국립과학수사연구소에 감식을 의뢰했다.
>
> 문제의 폭발물은 이 슈퍼 물품보관창고에 설치돼 있었으며 휘발유가 가득 든 길이 20 cm 정도의 시험관모양 유리병 7개에 성냥개비에서 떼낸 화약으로 채운 뇌관이 부착돼 있었다.
>
> 경찰은 폭발물을 정밀조사한 결과 부착된 건전지의 수명이 다할 경우 릴레이스위치가 작동하면서 자동으로 터지도록 특수 제작된 사실을 확인하고 이 폭발물이 폭약전문가에 의해 제작됐을 가능성이 큰 것으로 추정하고 있다.
>
> 폭발물이 발견된 지 11시간이 지난 21일 오전 6시반경 이 슈퍼에서 강력한 폭발음과 함께 원인을 알 수 없는 화재가 발생해 매장 1백50여평 중 절반가량을 태우는 등 8천여만원의 재산피해가 났다.
>
> 경찰은 이 화재가 "전기누전에 의한 단순 화재사고로 추정된다"고 발표했으나 사제폭발물에 의한 화재 가능성을 배제하지 않고 있다.
>
> 인근 점포 상인들은 "폐점한 뒤 상가전체의 전원이 나간 상태였으며 불길이 솟기 전 강력한 폭발음이 들려 누전사고일 가능성은 적다"고 주장했다.
>
> 경찰은 폭발물에 의한 사고가능성에 따라 인근 동종업소나 납품업체 등과의 원한관계를 수사 중이다.
>
> 〈선대인기자〉
> eodls@ donga.com

그림 8.33 당시의 신문기사 내용

8.4.8. 대구 시민운동장 폭발 사건

2001. 2. 3. 14:26경 대구 고성3가 시민운동장 외곽에서 불특정 다수인을 대상으로 만든 폭발물이 폭발해 시민 2명이 중상을 입은 사건으로 화학물질을 혼합한 장약과 알람 시계를 기폭장치로 사용하였다.

8.4.9. 미대사관 사제폭발물 사건

> 20일 오전 11시 30분께 서울 종로구 세종로 주한미국대사관에서 박씨 등 대학생 7명이 4개의 사제폭발물을 던지고 이 중 5명이 대사관 안으로 들어가 시위를 벌이다 전원 경찰에 연행됐다. 학생들이 던졌던 폭발물 7개중 4개는 폭발했고 1개는 미대사관이 발견 대사관 내에서 터뜨렸으며 나머지 2개는 경찰이 수거했다. 이 폭발물은 봉봉주스 깡통과 요구르트병 모양의 플라스틱 용기에 화약을 넣고 15-20cm 길이의 심지를 뽑아 뇌관으로 연결시킨 것으로 살상용은 아닌 것으로 판명됐다. 이날 폭발음은 수류탄이 터질 때와 비슷한 반경 500m 이내에서 들릴 정도였다. 폭발음이 들리자 행인과 대사관 후문에서 비자를 받으려던 30여명이 놀라 대피하는 소동을 빚었다.
>
> 한겨레 1988. 5. 21.

CHAPTER

9 전기적 폭발

전기적인 폭발도 직접적인 원인은 전기 작용에 의해서 발생하는 고열에 의한 것이다. 전기에서 열이 발생하는 원인으로는 줄열과 아크가 있는데 전기적 폭발의 원인으로는 아크의 발열현상에 의한 영향이 주를 이룬다. 일반적으로 전기적인 폭발사고라고 일컬어지기 위해서는 물론 그 규모가 큰 경우가 대부분이며 이때 폭발이 발생한 설비들은 대부분 고압설비가 해당된다. 그러나 규모가 작은 220V 상용 전원에서도 동일한 메커니즘에 의해서 동일한 현상이 발생하는데 흔하게 접할 수 있는 것을 설명하자면 선간합선을 예로 들 수 있는데, 일반적인 배선은 물론이며 더욱 작은 직경 0.18mm 구리선의 합선 실험에서도 그것을 볼 수 있다. 0.18mm 배선으로 실험을 할 때 합선이 발생하면 순간적인 고열이 발생하여 구리의 증기가 대기 중에서 연소하고 스파크가 비산된다. 또한 압력이 발생하는 것을 눈으로 확인할 수 있으며 폭음이 발생한다. 압력과 폭음은 아크에 의한 온도 상승으로 인해 주변의 대기가 급격하게 팽창하기 때문에 발생하는 현상이다. 전기적인 고열은 대기를 가열시켜 체적이 증가한다. 그리고 배선을 이루고 있는 구리는 순간적으로 용융 및 증발하는데 구리는 증발하였을 때에는 고체일 때에 비하여 약 67,000배로 체적이 증가한다. 일반적으로 작은 전선이 합선되는 과정을 살펴보면 "퍽"하는 소음과 함께 주변으로 고온의 스파크를 비산시키는 것이 목격되는데 이때의 "퍽"하는 소음은 순간적으로 발생한 열로 인해 대기가 팽창하고, 도체의 증발로 인한 압력의 파장이 소음으로 전달되는 것으로 이 또한 소규모이지만 전기적 폭발의 메커니즘과 같다.

이 실험에서 관찰된 현상들은 고압배선이나 기구에서 발생하였을 때 더욱 크게 관찰될 수 있다. 예를 들자면 위 실험과 같이 소선이 접촉하여 소음과 같이 구리 용융물이 비산되는 현상, 낙뢰에 의해 굉음이 발생하며 낙뢰지점에 물질들을 파괴하는 현상 등 모두 전기적인 폭발의 범주에 포함될 수 있을 것이다.

9.1 전기적 폭발의 효과

전기적인 에너지는 종종 확산된 가연물에 점화원으로 작용하는 폭발의 원인으로 거론되는 경우가 많으나 전기적인 열은 그 자체만으로도 폭발로 간주된다. 아크에 의해 발생하는 온도는 약 2,000°C 이상인 것으로 알려져 있다. 이와 같은 온도는 대부분의 물질을 파괴시킬 수 있으며, 소음과 압력은 폭발 시 발생하는 고온에 의해 주변의 대기가 가열되어 팽창하면서 나타나는 현상이다. 압력이 강할 때는 주변으로 용융물이나 파편을 비산시키며 압력파의 생성으로 창문 등 인접부분의 취약한 구조물을 파괴시킬 수도 있다. 전기적 폭발에서 발생할 수 있는 주요 효과들은 다음과 같다(그림 9.2).

(1) 발광

공기 중으로 방전되는 아크에 의한 빛, 고온으로 가열된 금속에서 발생하는 빛, 도체증기의 연소에 의한 빛이 관찰된다.

(2) 발열

아크의 의해 순간적으로 온도가 상승하고 주변에 가연물이 존재한다면 이곳에 점화되어 화재로 이어지는 경우도 많다.

(3) 도체 증기의 발생

구리 도체의 증기는 체적이 고체일 때에 비하여 약 6,700배 팽창하는 것으로 알려져 있으며 이 증기는 대기 중에서 가스의 연소 시 발생하는 화염과 같은 모습으로 확산연소 할 수 있다.

(4) 도체 용융물의 발생

일반적 전기재료로 사용하는 도체는 구리(Cu)이며 이의 융점은 1,083°C로 아크의 고온 환경에서 쉽게 용융된다.

(5) 주변 대기의 급격한 팽창

아크의 고온에 의해 온도가 상승한 대기는 급격히 팽창되어 소음과 압력을 발생시킨다.

(6) 용융물 및 파편의 비산

폭발 부위에서 발생한 도체의 용융물과 파괴된 파편을 주변으로 비산시킨다. 개방된 공간에서 전기적 폭발의 효과는 여타 물리적 · 화학적 폭발에 비하여 위력이 크지 않아 폭발지점 직근의 작업자가 화상 및 사망하거나 화재 등 폭발의 인접지역에 국한하

그림 9.1 전기적 폭발로 인한 용융물의 비산 등

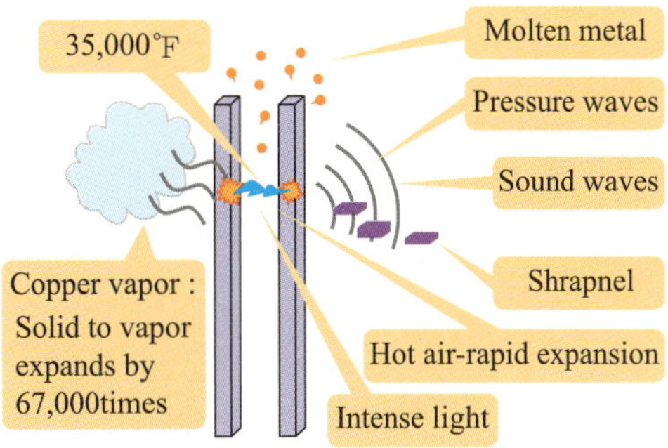

그림 9.2 전기적 폭발에 의한 효과

여 피해를 발생시킨다(화재 시 즉시 소화되지 못하여 화재의 성장으로 인한 확산 피해를 제외하였을 때).

9.2 용기내의 전기적 폭발

전기적 폭발은 약 2,000°C 이상의 고온을 발생시키지만 전기적 문제가 발생한 한정된 지점에서 발생하므로 개방된 공간에서는 그 영향이 크지 않고 변압기 등 내압용기에 전기적 폭발이 발생한 경우에는 용기의 내압한계까지 상승한 후 용기가 파괴되어 폭발하는 것이므로 개방된 공간에 비하여 그 위력이 크고 용기의 파편과 절연유의 비산에 의한 피해가 더욱 크게 나타날 수 있다.

전력기기 들이 용기에 담겨있는 경우는 대부분 절연상태를 유지하기 위한 경우로 변압기, 개폐기, MOF 등이 있다. 용기 내의 절연재료는 고체, 액체, 고체가 모두 사용되는데 사례로 볼 때 고체 절연물에 비하여 상변화와 팽창률이 큰 액체, 기체의 절연재료가 사용된 용기 폭발의 경우 그 피해가 더욱 크게 발생하고 있다.

> 길거리에 설치돼 있는 전류개폐기(고압스위치) 폭발 사고가 또 일어났다. 8일 오후 4시쯤 서울 종로 구 경운동 지하철 안국역 부근 운현궁 맞은편 도로 위의 전류개폐기가 터지면서 이를 감싸고 있던 철재 덮개(1.2m×1.2m)가 날아가 행인 김모(67-7 서울 성동구 사근동)씨의 목숨을 앗았다. 목격자 황××(67)씨는 “전류개폐기가 네 차례 ‘펑 펑’소리를 내며 폭발하면서 첫 번째 폭발 때 덮개가 날아갔다”면서 “현장에 가 보니 김씨가 얼굴과 머리에서 피를 흘리며 숨져 있었다.”고 말했다.
>
> 개폐기 폭발 당시의 관련 기사 / 2005. 4. 9. 신문기사 발췌

그림 9.3 전기적 폭발

9.3 전기적 폭발의 원인

전기적 폭발은 아크 플래시(Arc flash)에 의한 것으로 궁극적으로는 아크가 발생하는 원인이 될 것이다. 아크는 회로 자체의 문제에 의해 발생할 수 있고 외적인 접촉이나 지락에 의해서도 발생할 수 있다. 그 원인에 대하여는 무수히 많을 것이나 주변에서 종종 발생하는 원인에 대하여 대표적인 예를 다음과 같이 들어 구분하였다.

내적인 원인

1. 변압기 등의 전기회로를 포함하는 용기 내에서 절연유 및 절연가스 등 절연재료의 부족 등의 이유로 절연이 파괴되는 경우
2. 접점에서 발생한 아크가 신속히 소호되지 않는 경우
3. 부하의 사용이 급격히 증가하는 경우
4. 부하측에서 합선이 발생하여 회로에 과전류가 흐르게 되는 경우
5. 서지가 발생하는 경우
6. 회로의 접속 및 접촉이 불완전해지는 경우

외적인 원인

1. 인접한 곳에서 발생한 화재로 전선이 합선되어 회로상에 과전류가 흐르게 되는 경우
2. 크레인 고가사다리 작업 중 고압선과 접촉하여 지락이 되는 경우
3. 습기에 의해 절연이 파괴되고 지락이 되는 경우
4. 고압시설에 동 · 식물이 접촉하는 경우

5. 낙뢰가 전기시설에 피격되거나 인근에 피격되어 비정상적으로 전압이 상승하는 경우

그림 9.4 굴착 과정 중 매설되어있던 22.9KV 전선에서 합선이 발생하였다. 피복이 손상된 고압선은 지속적으로 굉음 발생시키며 전기적인 폭발이 일어났다.[79]

그림 9.5 고압배선의 합선으로 인해 전원측의 변압기가 이어서 폭발하였다.[80]

79 2016-03-03 20:30 서울 종로서 변압기 폭발사고, 한전 하청직원 부상, MBC 뉴스 동영상 캡처

80 2016-03-03 20:30 서울 종로서 변압기 폭발사고, 한전 하청직원 부상, MBC 뉴스 동영상 캡처

2016. 3. 3. 11:37경 서울 소재 광장시장의 도로에서 설비의 누전을 조사하러 온 한국전력 하청업체 직원들이 지중 22.9KV 고압전선 위에서 점검을 위해 굴착기로 파던 중 땅속에 매설된 고압전선의 피복을 손상시키면서 합선이 발생하였다. 고압선은 지속적으로 섬광과 폭음, 구리 용융물들을 비산시키며 전기적인 폭발을 일으켰으며 약3분후 이곳으로부터 50m 가량 떨어진 교차로에 설치된 변압기가 폭발하였다. 이 변압기는 앞서 발생한 사고 고압선의 전원측에 설치된 변압기로 폭발 당시 촬영된 동영상에서 폭음을 발생시키며 폭발 직후 파이어볼을 발생시키고 있다[81]. 앞선 합선사고로 회로에 과전류가 흐르면서 변압기가 폭발한 것으로 보고 있다. 이 사고로 업체 직원 64살 박모씨가 2도 화상을 입었고, 1천 2백만원의 재산 피해가 발생한 것으로 확인되었다.

81 당시의 뉴스 보도 재구성

CHAPTER 10

폭발에 의한 상해

폭발에 의한 상해[82]는 폭발에 직접, 간접적으로 노출되었을 때 인체에 미치는 복합적인 유형의 상해를 말한다. 대부분의 상해는 압력과 파편에 의해서 만들어지며, 폭굉현상이나 고폭발물의 폭발은 물론 비교적 폭속이 느린 현상인 폭연현상이나 저폭발물의 폭발에서도 발생한다.

의료분야 또는 경찰관, 구조대원들은 폭발에 의해 상해를 입은 사람들을 취급하기 위해서 피해자들이 겪게 되는 상처의 메커니즘은 물론 형태, 심각정도, 상해의 성질에 대하여 정통할 정도로 잘 숙지하고 있어야 한다.

폭발에 의한 상해는 4가지 유형의 상해로 구분할 수 있는데 폭심과의 거리를 고려했을 때 분포도는 그림 10.1과 같은 일반적인 형태를 갖으며, 폭발물체의 위력에 따라서 범위는 확대되거나 축소될 수 있다. 1차 상해는 폭심과 매우 가까운 지역에서 발생하는데 이곳은 1, 2, 3, 4차 상해의 교집합 지역이다. 1차 상해는 물론 2~4차의 상해가 모두 발생할 수 있다. 4차 상해는 가장 변두리 지역에서 경험하게 되는 상해이다. 만일 피해자가 이 구역에 있었다면 1~3차 타입의 상해가 관찰될 가능성은 상대적으로 적다.

10.1 상해를 가하는 폭발의 효과들

10.1.1. 충격파, 압력파

충격파는 공기폭발이라고 부르기도 한다. 폭발에 의해 내기가 압축되는 지역이 발생하며 이 지역은 주변으로 확대되어 퍼져나간다. 이후 파장의 압축은 음압을 생성시키기 때문에 피해자는 첫 번째로 양압에 의한 영향에 이어서 또다시 음압에 의한 영향을 받게 된다. 파장은 단일 파동이 아니므로 연속적으로 지속되는 파장을 일정기간 동안(물

82 참고문헌 : 위피피디아 Blast injury 검색, Dr. Sangeeta Chowdhry, Dr. Sunil Sharma, Blast injury Presentation file, Dr. sefeen Saif Attya, Blast inury Presentation file 인용 및 재구성

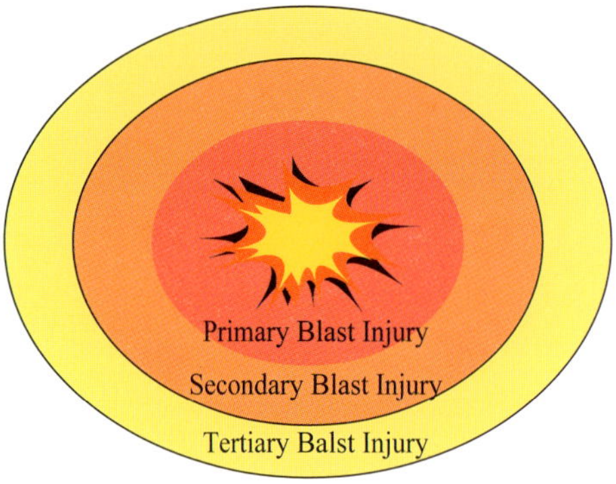

그림 10.1 거리에 따른 폭발 상해 유형

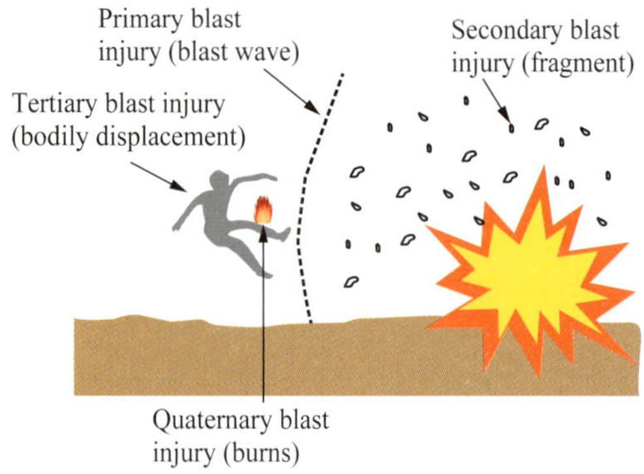

그림 10.2 4가지 유형의 상해

론 일상적으로 사람이 느끼는 시간에 비하면 밀리세컨드 단위로 매우 짧은 시간이다.) 충격하게 된다. 폭발의 파장은 앞서 설명하였던 것과 같이 반사파의 중첩에 의해 보강 간섭이 일어나 그 위력이 높아지는데 이 때문에 개방된 공간에 비하여 건물이나 동굴의 내부 등 제한된 공간에서 발생하였을 때 더욱 위험성이 높으며 결과적으로 더욱 큰 상해를 발생시킨다.

폭발의 압력은 폭발의 유형에 따라서 다르다. 예를 들어 TNT 50lb 가 폭발하는 경우에는 100~150psi의 압력을 발생시킨다. 이러한 충격파는 사람을 쓰러뜨리기고 상해를 가하기에 충분한 에너지를 가지고 있다. 인체 기관 중 주로 기체를 포함하고 있는 폐, 고막, 창자 등의 장기에 영향을 미친다. 파동은 흉곽을 충격하면서 양압과 음압에 의해 갑작스런 수축과 팽창을 하면서 폐에 가장 큰 손상을 입히는데 폐포 내에서 폐포중격이 파열되고 출혈이 발생하여 기도 내에 혈액이 가득 차오른다. 마치 무협지에서 장풍을 맞은 사람이 외상은 없으나 피를 토하며 쓰러지는 모습을 묘사한 것과 흡사하다. 호흡기의 기능을 상실하게 되며 종종 이러한 상태를 Blast Lung 또는 Blasting Lung 이라고 부르기도 한다. 피해자들은 약 50~100psi 의 과압에 노출되었을 때 약 50% 정도가 폐에 손상을 입으며, 200psi의 과압에 노출되었을 경우에는 일반적으로 사망에 이르게 된다. 폐 등 상복부에서 보이는 이러한 손상은 폭발을 경험한 후 8~36 시간 정도가 경과된 후 증상을 나타내는 특징이 있다.

충격파는 고막을 파열시킬 수 있다. 고막은 압력에 의해 쉽게 상해를 입을 수 있는 민감한 기관이다. 폭발을 경험한 피해자들의 41% 이상은 청각에 상해를 입는 것으로 알려져 있다. 고막은 최소 5psi 의 압력에서 파열될 수 있으며 15psi 가량의 압력에서는 피해자들의 약 50% 정도가 고막이 파열되는 상해를 입는다.

압축 공기로 인해 소화기도 큰 상처를 입을 수 있다. 간, 신장 등 내부에 빈 공간이 없

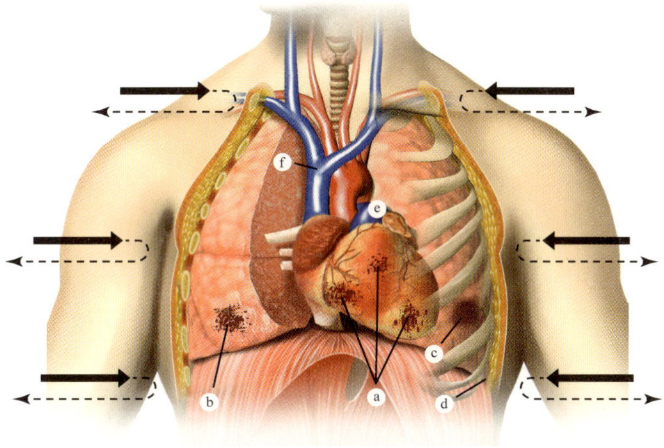

그림 10.3 파장에 의한 내상의 유형, 굵은 화살표는 양압, 가는 화살표는 음압

는 조직은 기체가 들어있는 폐나 위장과 같은 공동기관보다 충격파에 비교적 잘 견딜 수 있다.

충격파에 의해서 신체의 일부 또는 전부가 분리 및 절단되는 효과가 발생할 수 있다. 폭발물체와 매우 근접한 곳에 있던 피해자의 신체는 인체 조직과 골편들이 여러 조각으로 산산이 분리되어 주변으로 흩어 날아간다. 만일 약간 더 떨어진 곳에 있다면 팔이나 다리가 조금 더 큰 덩어리로 분리되어 날아가기도 한다. 이와 같이 신체가 분리되는 경우는 매우 심각한 수준의 상해로 즉시 사망하게 된다.

충격파는 두개골에 의해 보호되는 뇌에도 영향을 미치는데 이것은 매질을 통해 전달되는 파장이기 때문에 큰 충격파가 발생한 경우에는 안전모 등 덮어씌우는 안전장구로 충분히 보호할 수가 없다.

파동에 의한 뇌손상의 증상 등은 다음 표 10-1과 같다.

표 10-1 파동에 의한 뇌손상의 증상

Physical	Cognitive	Behavioral
Headaches	Attention difficulties	Irrtability
Dizziness	Concentration problems	Depression
Insomnia	Memory problems	Anxiety
Fatigue	Orientation problems	Sleep disturbances
Uneven gait		Problems with emotional control
Nausea		Loss of initiative
Blurred Vision		Problems related to employment, marriage, relationships, and home or school management

필자가 경험하였던 파장에 의한 뇌손상을 소개하고자 한다. 대형 덤프트럭이 도로에서 핸드브레이크를 채운 후 주행하는 바람에 타이어에 화재가 발생하였는데 운전자가 이를 확인하고 내려서 타이어를 소화하며 살피더니 중 타이어에 펑크가 나면서 물리적 폭발이 발생하였다. 불이 난 곳을 살피기 위해 고개를 숙이고 바라보고 있던 피해자는 압력파를 충격한 후 그 자리에서 바로 쓰러져 사망하였다. 피해자의 두부에서는 주목할 만한 외관적 손상을 발생시키지 않았지만 부검 결과 압력파에 의한 뇌손상으로 인해 사망하였다는 결론을 통보받았다. 일반적으로 외부에 드러나는 상처가 없이 장이 파열되는 등 내부의 장기가 손상되는 것을 내상이라고 한다. 충격파, 압력파에 의한 손상은 이러한 내상을 발생시키는 것이 특징이다.

10.1.2. 파편

파편은 폭발물체 그 자체 또는 이것을 에워싸고 있는 케이스가 될 수도 있으며, 어떤 폭발물들은 금속의 핀이나 베어링 볼, 나사못 등을 포함하고 있어 이것들은 폭발 시 주변으로 날아가는 파편으로 작용한다. 이러한 파편들은 비행 중 인체와 접촉하게 되면 관통 또는 상해를 발생시킨다. 파편의 속도는 고속의 경우 800~1000m/s 이며 저속의 경우는 300~400m/s 에 이른다. 파편의 속도는 폭발 물체의 유형에 따라서 달라질 수

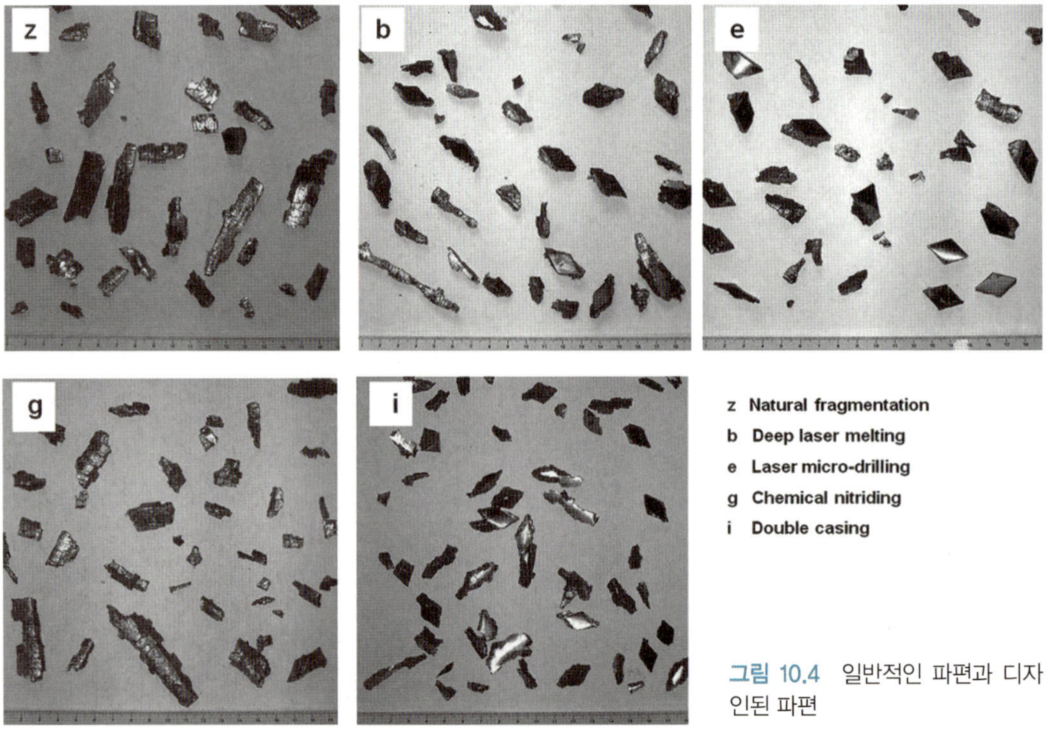

z Natural fragmentation
b Deep laser melting
e Laser micro-drilling
g Chemical nitriding
i Double casing

그림 10.4 일반적인 파편과 디자인된 파편

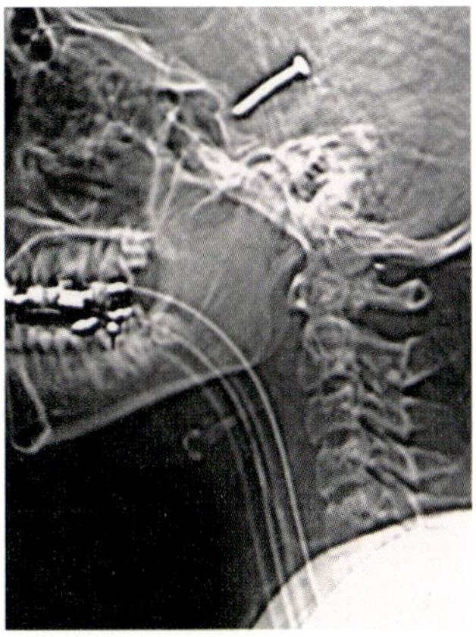

그림 10.5 Nail bomb 의 파편 X-ray

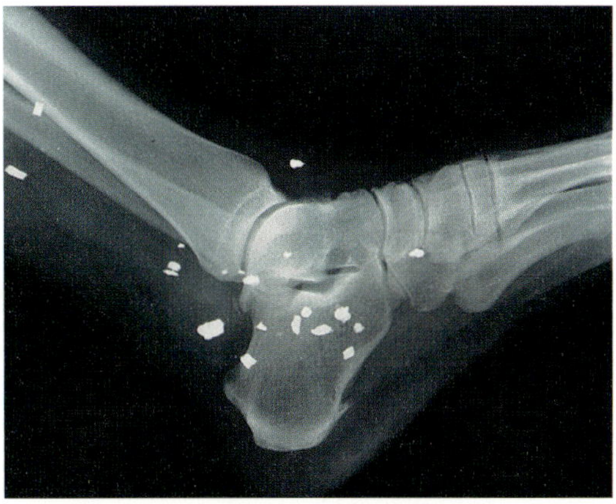

그림 10.6 파편 X-ray

있다. 상해 정도는 파편의 질량, 속도뿐만 아니라 형태에 따라서 좌우된다.

폭발에 의한 파편은 폭발 물체를 담고 있는 용기의 파편이나 인명살상을 위해서 별도로 추가된 파편만을 의미하지는 않는다. 어떠한 폭발이 발생하게 되면 압력이 주변에 전달되면서 예상치 못한 2차 파편들이 발생할 수 있는데 예를 들자면 폭발로 인해 파괴된 창문 유리가 비산되는 경우 등이 될 수 있다. 한국화약 여수 습상 유치고 내에서 발생한 폭발사고(2014. 2. 5)를 조사할 때 2차 폭발이 발생하여 조사 관계자들이 크게 부상을 입은 사건이 있었다. 당시 폭발로 인해 주변의 콘크리트가 부서지며 비산되었으며, 심지어는 바닥에 있던 모래까지도 폭발 압력에 의해서 고속으로 비산되면서 피해자들의 몸속에 박혔다.

10.1.3. 화상

폭발이 발생하였을 때에는 약 2000°C의 고온 가스를 방출하게 된다. 인체와 접하게 되면 심각한 화상을 입거나 쇼크로 사망에 이를 수 있다. 의복 등으로 피부가 가려져 있을 때에는 가려진 피복 때문에 복사선 등을 차단시킬 수도 있어 화상을 덜 입을 수도 있다. 피부가 직접 노출되었을 경우에는 의복 등으로 가려져 있는 부분에 비하여 더욱 심각한 화상을 입는다. 화염과 직접적으로 접촉하지 않더라도 가까이 있다면 화염으로부터 방사되는 복사선에 의해서도 화상을 입는다. 복사열에 의해 화상을 입는 경우는 복사선과 마주하고 있는 방향에서만 화상을 보인다. 만일 폭발 지점을 바라보고 있다면 얼굴과 가슴, 팔과 다리의 전면부에 화상을 입고, 등, 뒤통수, 엉덩이 등 뒤쪽에는 화상을 입지 않을 수도 있다.

폭발물은 물론 가스폭발의 경우에도 일반적인 화재의 화염에 노출되는 것을 비하여

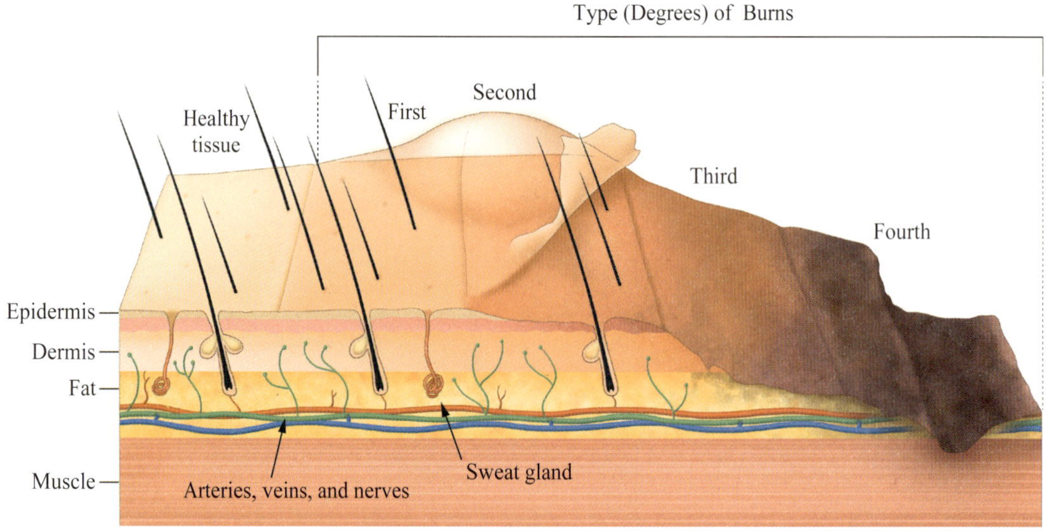

그림 10.7 화상의 4가지 유형

현저히 높은 화상을 입게 된다. 우리는 일반적인 라이터 불을 손바닥 등에 수초 동안 잠시 스쳐 지나가거나 하는 방법으로는 좀처럼 화상을 입지 않는다. 그러나 불과 몇 밀리세컨드 안에 현상이 마무리되는 폭발 현장에서는 그 짧은 시간 동안 노출된 화염에 의해서도 심각한 화상을 입게 되는 것을 종종 보아왔다. 라이터의 화염은 확산연소이며, 가스폭발의 경우는 예혼합연소이기 때문에 순간적으로 모든 에너지가 방출되는 현상이 발생하기 때문이다. 예를 들어 표현하자면 가스-산소 절단기 또는 용접기의 화염을 생각해 볼 수 있다. 토치에 점화를 위해서는 먼저 가스를 개방한 후 점화시킨 다음 산소 밸브를 열어 공급하는데 산소 밸브를 열면서 화염이 모양이 확연히 달라지는 것을 볼 수 있다. 가스만 연소할 때는 붉은색의 긴 화염이 보이며, 산소를 개방하면 화염의 색은 파란색으로 변하며 화염의 길이가 짧아진다. 빨간색의 긴 화염으로는 강철을 녹이지 못하지만 파란색의 짧은 화염은 충분히 강철을 녹여 작업을 할 수도록 높은 온도를 제공한다. 확산폭발은 예혼합연소로 동일양의 가연물이 시간적 공간적으로 집중된 상태에서 완전연소하는 방식이기 때문에 확산연소에 비하여 현저하게 높은 순간적인 열을 발생시킨다.

(1) 1도 화상

피부의 표면층에만 국한된 화상으로 가장 가벼운 정도의 화상을 말한다. 모세혈관의 충혈로 인하여 종창과 더불어 홍반만 보기 때문에 홍반성 화상이라고도 한다. 수포는 형성되지 않으나 표피가 벗겨질 수 있다. 여름철 태양의 강한 열기에 의한 화상은 주로 붉게 홍반이 생기는 정도의 1도 화상에 그친다. 화학적 폭발을 원거리에서 경험하게 되면 정도에 다라서 1도 화상에 그칠 수도 있다.

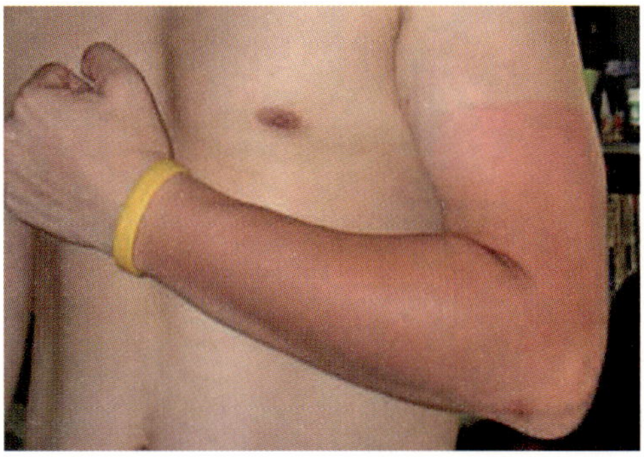
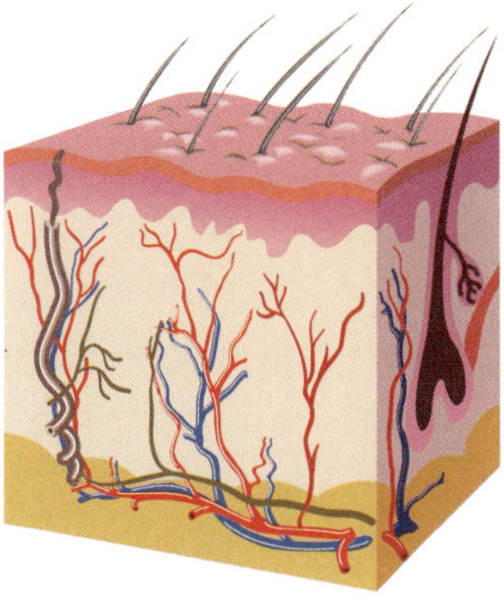

그림 10.8 1도 화상

(2) 2도 화상

표피와 진피 일부가 손상되며 진피의 아랫부분과 피하조직은 손상되지 않는다. 모세혈관의 투과성이 항진되어 혈장이 혈관 밖으로 빠져나와 수포를 형성하기 때문에 수포성 화상이라고도 한다. 뜨거운 물체를 잡거나 뜨거운 물에 의한 화상은 물집이 잡히는 등 보통 2도 화상을 입는다. 일반적으로 피부 이식이 없이도 자가 회복된다. 2도 화상은 진피를 넘지 않는 부분까지 확장된 손상을 말하며 진피의 손상 깊이의 정도에 따라서 표재성 2도, 중간 2도, 심부 2도 화상으로 분류된다.

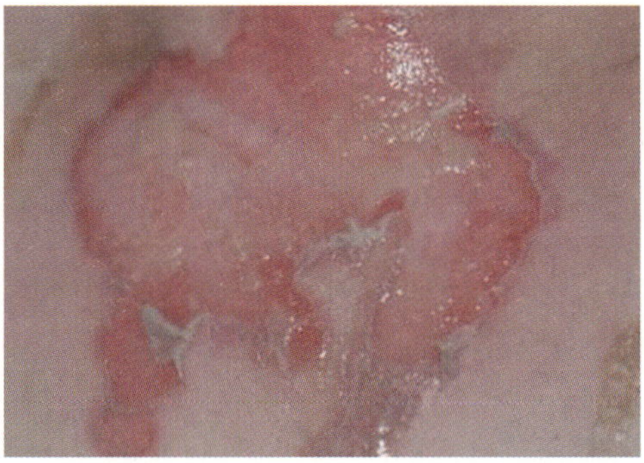
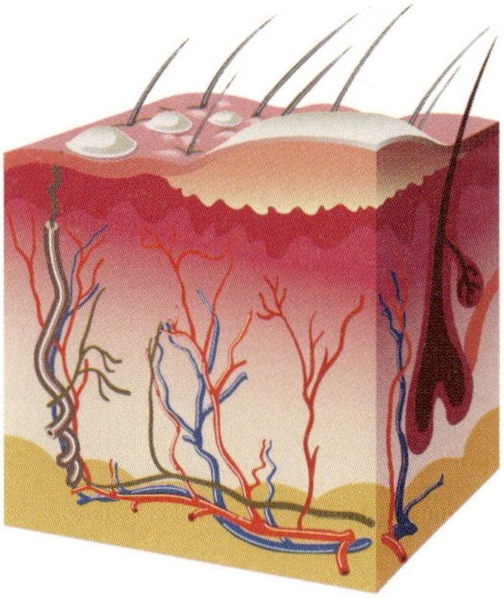

그림 10.9 2도 화상

(3) 3도 화상

피하지방을 포함한 피부의 모든 층이 손상을 입는 화상을 말한다. 조직이 응고되어 괴사성 화상이라고도 한다. 3도 화상은 화상을 입은 부분은 감각이 마비되지만 주변에

덜 손상된 부위에서 심한 통증을 느낄 수 있다. 모세관의 혈액 공급 과 조직이 파괴되었기 때문에 피부 이식이 없이는 회복되지 않는다.

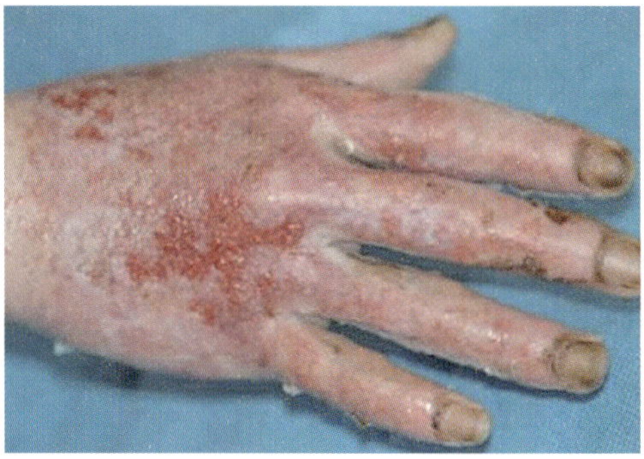
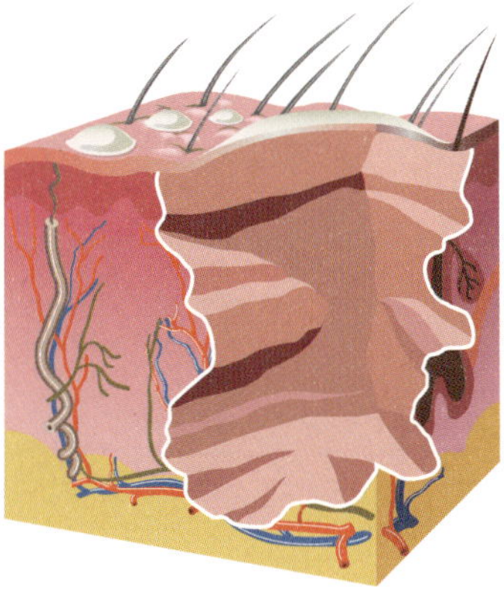

그림 10.10 3도 화상

(4) 4도 화상

피부 및 그 하방의 조직이 완전히 탄화된 것으로 감전에 의한 경우 발생할 수 있으며, 가장 심한 경우로 일반적으로 탄화된 신체의 상태를 말한다. 뜨거운 액체에 의한 탕상에서는 나타나지 않는다. 완전히 탄화된 것을 의미하므로 살아있는 사람에게서는 감전 또는 국부적으로 고온 물질과 접촉하는 경우, 폭약 등이 인접한 곳에서 폭발한 경우 등 발생할 수 있다.

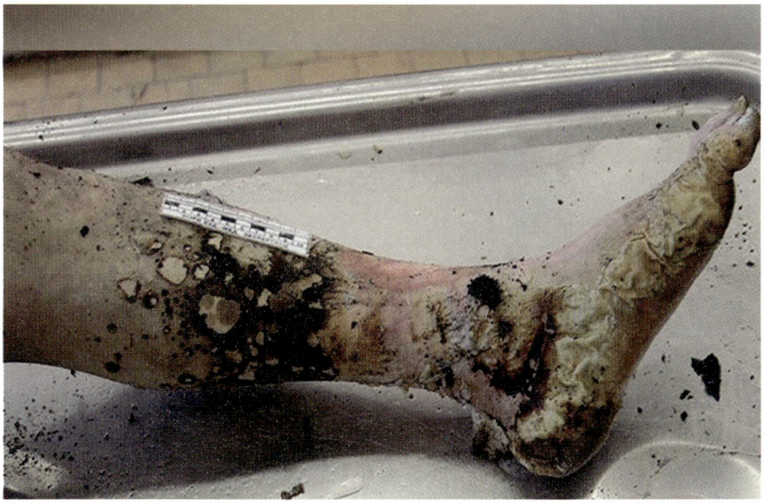

그림 10.11 4도 화상[83]

83 http://reference.medscape.com/features/slideshow/thermal-burns#page=4

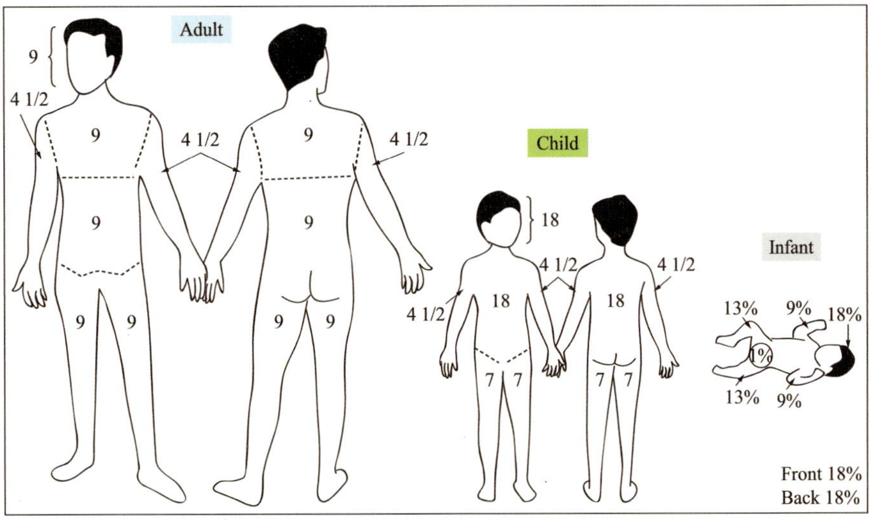

그림 10.12 9의 법칙

(5) 화상부위의 면적

화상의 면적은 신체 100% 중 화상면적의 비율을 %로 나타내어 화상의 정도를 표현하는데 신체의 각 부위를 9%씩 나누어서 면적을 쉽게 구하는 9의 법칙을 주로 사용한다. 영아와 소아의 성인에 비하여 머리와 몸의 비율이 다르기 때문에 이들에 대하여는 약간 변형된 방법이 적용한다. 화상은 그 범위가 넓어질수록 사망할 확률이 높아진다.

10.1.4. 추락하는 잔해

구조물 내에서 폭발이 발생하면 충격파에 의해서 구조물이 전부 또는 부분적으로 파괴되어 공중으로 떠올랐다가 중력에 의해 다시 바닥으로 떨어지게 되는데 주변에 있는 사람들은 이러한 잔해에 맞아 상해를 입는 경우도 있다. 주로 머리, 어깨 등을 다치게 된다. 폭발물이 개방된 공간의 바닥 위에 떠오른 상태에서 폭발이 발생하였다고 하여도 바닥의 파편이 주변으로 튀기며 유사한 위험을 발생시킨다(그림 10.13).

10.1.5. 질식

화학물질 공장의 폭발사고 또는 화생방 테러 등에 의한 폭발은 굳이 설명할 필요가 없을 정도로 매우 심각한 질식을 일으킬 수 있으며, 보통의 가스 등 확산에 의한 화학적 폭발이나 일반적인 폭발물이 폭발하였을 경우에도 먼지는 물론 이산화탄소, 일산화탄소, 황화수소 등의 유독가스가 발생하는데 폭발의 가까운 곳에 위치한 사람은 이로 인하여 질식을 경험하게 될 수 있으며, 호흡기를 통해 열기를 흡입하게 되면 순간적인 쇼크 및 기도 부종 등으로 인한 심장마비 또는 질식으로 사망에 이를 수도 있다.

그림 10.13 폭발에 의해 깨진 바위의 조각들이 주변으로 날리고 있다. 하늘로 치솟은 바위 조각들은 중력에 의해 다시 추락하며 사람에게 떨어져 상해를 가할 수 있다.

10.1.6. 폭풍

폭발이 발생하면 압력에 의해 대량의 공기가 이동하는 폭풍이 발생한다. 이 바람은 주변의 물체를 날려버리며 이동시킬 수 있는데 여기에 인체도 포함된다. 바람에 의해 몸이 날아가거나 쓰러져 벽이나 바닥 등 고정된 물체에 충격하게 될 수 있는데 이 과정

그림 10.14 폭발에 의한 폭풍으로 주변의 차량들이 날아가며 이동하고 있다. 사진은 영화 '캡틴 아메리카'의 한 장면

에서도 제2의 상해, 골절이나 외상, 뇌진탕 등이 발생할 수 있다.

위 사진(그림 10.14)은 영화(Captain America)의 한 장면으로 필자가 설명하고자 하는 폭발 현상을 잘 묘사하고 있다. 폭발로 인해 폭심 주변의 차량이 날아가며 이동하고 있다(물론 영화에서 보여지는 것처럼 뒤를 돌아보며 달릴 만큼 천천히 발생하는 현상은 아니다. 압력의 전달 및 압력파의 전달은 매우 짧은 시간 내에 완료된다.). 사진의 사람들도 폭발의 중심에 더욱 가까이 서 있거나 폭발의 위력이 더욱 강하였다면 비행하고 있는 차량들처럼 이동되어 벽이나 바닥, 또 주차되어 있는 차량 등 고정되어 있는 물체에 2차적으로 충격하면서 상해를 입게 된다.

10.2 폭발 상해(Blast injury)의 유형

폭발이 발생하면 위에 설명하였던 위험요소에 의해서 복합적인 상해를 발생시키는데 유형에 따라서 다음의 4종류(표 10-2)로 구분된다.

10.2.1. 1차 상해 (Primary injuries)

1차 상해는 폭발의 압력파 또는 충격파에 의해서 생성된다. 앞서 파장에 대하여 설명할 때 파장은 밀도가 다른 매질을 통해서도 전파된다고 하였다. 대기를 통해 전달된 충격파도 인체를 통해서 전달된다. 이 과정에서 뇌나 장기 등이 상해를 입게 되는 것이다. 이것은 지뢰를 밟은 것과 같이 폭발의 중심부와 가까이 있는 사람의 경우 주로 발생하지만 폭발의 위력에 따라서 그 범위는 점차적으로 넓어진다. 높은 압력은 주로 귀에 영향을 미치며 다음으로는 폐, 심장, 위장과 같이 속이 비어있는 기관에 영향을 미친다. 위장의 상태는 몇 시간이 지난 후에 발생할 수도 있다. 폭발의 높은 압력에 의한 상해는 압력과 폭발이 발생하는 사이의 기간에 따라서 다르게 나타나는데 압력이

표 10-2 폭발의 유형별 원인, 주요 상해부위, 상해의 유형

분류	성격	주요 상해 부위	상해의 유형
1차 상해 (Primary injuries)	충격파, 압력파에 의해서 발생한다.	기체를 포함하고 있는 신체기관, 폐, 귀, 내장 등	Blasting Rung 상해, 고막파열, 폐포 출혈, 뇌진탕
2차 상해 (Secondary injuries)	비산되는 잔해 또는 폭발물의 파편에 의해서 발생한다.	모든 신체부위	관통상, 안구손상
3차 상해 (Tertiary injuries)	폭풍압에 의해서 발생한다.	모든 신체부위	골절, 찰과상, 두개부 손상
4차 상해 (Quaternary injuries)	위에 포함되지 않는 모든 폭발과 관련된 상해	모든 신체부위	화상, 타박상, 두개부 손상, 질식

증가할수록 또는 기간이 길수록 상해는 증가한다.

일반적으로 폭발에 의한 첫 번째 상해는 외부에 상흔이 없는 것을 특징으로 한다. 그러므로 외부에서 상처가 인식되지 않는 경우도 내상이 발생하지만 심각할 정도로 과소평가되기도 하였다.

최근의 실험적 결과에 따르면, 폭발에 의한 1차 상해는 높은 압력에만 의존하는 것이 아니라 폭발 압력 피크의 횟수, 피크가 감소하는 정도, 피크 사이의 시간, 공명의 울림, 전자기적 펄스와 그 외 다른 것들에 의해서도 영향을 받는 것으로 나타났다. 일반적으로 동의하는 내용은 쪼개짐, 내부 파열과 압력의 차이는 첫 번째 상해의 발생원인에 있어서 중요한 메커니즘으로 작용한다. 그러므로 중요한 연구는 기체가 포함된 기관 또는 폐와 같은 호흡기와 같은 폭발 상해의 메커니즘에 집중되었으며 반면에 뇌의 상해에 대한 중요성은 여전히 과소평가된 상태로 남아 있다.

1차 상해는 주로 고막의 파열, 안구파열, 폐 손상, 위 등 소화기관의 손상, 압력파에 의한 뇌진탕 등을 발생시킨다. 파장에 의한 뇌의 손상은 외관상 아무런 표시가 나지 않더라도 심각한 손상으로 사망하는 경우도 있다.

폭발에 의해 상해를 입은 폐는 폐동맥의 심각한 타박상, 출혈, 또는 폐포 또는 혈관계 부종 또는 이들의 복합적인 상해로 나타난다. 이것은 폭발에서 초기에 살아남았던 사람들이 죽음에 이르는 가장 일반적인 원인이 된다.

10.2.2. 2차 상해 (Secondary injuries)

2차 상해는 파편이나 폭발에 의해서 추진된 다른 물체에 의해서 발생한다. 이러한 상해는 신체의 일부에 눈으로 쉽게 확인되는 상처 또는 관통상을 보인다. 실제로 폭발물의 케이스 또는 내부의 파편 등이 비산되어 신체에 충격할 때에는 총알보다 더욱 심각한 상해를 가할 수 있다. 파편 등 추진물체가 몸에 충격하여 박혀 있을 때에는 신체 외부로의 출혈을 막을 수 있지만 체내(복강 등)의 큰 출혈을 만들 수 있으며, 파편에 의한 상처는 치명적일 수 있기 때문에 사람을 겨냥한 많은 폭발물들은 파편을 별도로 포함시키거나 케이스가 쉽게 찢어져 수많은 파편이 될 수 있도록 디자인하는 경우가 많다.

대부분의 사상자는 2차 상해에 의해서 발생한다. 파편이 수백에서 수천 미터를 추진하므로 1차 상해가 발생하는 지형적 범위에 비하여 두 번째 상해는 일반적으로 더욱 넓은 범위에 영향을 미치기 때문이다. Nail bomb과 같은 어떠한 폭발물은 의도적으로 두 번째 상해를 증가시키도록 디자인된다. 다른 예에서는 건물의 창문이나 유리 외벽으로부터 유래된 깨진 유리파편들이 인체에 타격을 입히기도 한다.

10.2.3. 3차 상해 (Tertiary injuries)

폭풍압력은 희생자들을 날려버려 견고한 벽에 부딪히게 하는 대기의 이동, 즉 바람을 생성할 수 있다. 이러한 바람에 의해 날아가며 발생하는 외부 충격에 의한 상처를 폭발의 3차 상해로 간주한다. 3차 상해는 충격에 의한 뇌진탕과 골절을 포함하여 열상과 관통상을 복합적으로 나타나게 할 수 있다. 특별히 어린이들은 성인들에 비해 몸무게가 적게 나가기 때문에 상대적으로 쉽게 몸이 비행하므로 3차 상해의 위험이 높다.

10.2.4. 4차 상해(Quaternary injuries)

4차 상해 또는 그 외의 여러 이름으로 불리는 상해는 지금까지 설명한 위의 3가지 상해에서 제외한 모든 상해를 말한다. 거기에는 화상, 충격 부상, 호흡기 손상, 건물 붕괴로 인한 상해 등이 포함된다.

폭발을 경험한 사람은 어떠한 육체적 상해가 발생하였거나 발생하지 않은 경우에도 외상 후 스트레스 장애(PTSD, Post-Traumatic Stress Disorder)로 영향을 미칠 수 있다.

CHAPTER

11 폭발의 방지

자동차의 각 부품의 구조와 작동원리에 대하여 이해가 풍부한 정비사는 자동차의 현상을 통해서 고장도 잘 진단할 수 있고, 수리할 수 있으며, 자동차가 더 잘 달리게 할 수도 있다. 방폭에 대한 이해는 안전하게 시설을 이용하기 위해서도 중요하지만 폭발 사고를 조사하는 경우에도 매우 중요하다. 만일 보일러가 폭발한 사고의 조사에 참여하게 된다면 보일러의 각 부품에 대한 원리를 이해하고 있어야 하며 특히 안전장치에 대하여 다른 사람에게 충분히 설명할 수 있을 정도로 익숙하게 알고 있어야 한다. 사고를 자주 경험하는 것은 동일한 사고에 대한 설명이 가능하도록 할 수 있다. 그러나 각 원리의 이해가 없다면 경험하였던 동일한 사고에서 약간 벗어난 유사한 사고에 대하여도 해석이 어려울 수 있다. 결과보다는 원리와 과정에 대한 이해가 중요하다고 강조하는 이유가 바로 이 때문이다.

폭발이 예상되는 산업시설이나 장치에는 사고가 발생하지 않도록 하기 위해 현대과학으로 가능한 최선의 방법과 안전장치들이 강구되어 있다. 만일 이곳에서 폭발이 발생하면 현상을 통해서 가능한 폭발의 가설을 설정하고 관련 설비와 안전장치를 선별하여 테스트함으로써 가설을 검증할 수 있어야 한다.

이장에서는 폭발을 막기 위해 동원되는 안전장치와 설비들의 원리와 더불어 고장의 유형에 대하여 소개하였다. 이 책의 설명만으로는 충분하지 않을 것이다. 이 분야는 여러 학문에서 전문적으로 연구되어 왔다. 본고를 통해 포괄적인 이해가 가능했다면 다시 해당분야의 전문서적을 참고하는 것을 추천한다.

11.1 폭발의 안전 대책

화학적 폭발의 예방은 폭발 환경의 제어에 의해서 가능하다. 폭발의 환경은 앞서 공부하였던 것처럼 연소의 3요소(산소, 점화원, 가연물 또는 산소-가연물의 혼합비율)을 제어함으로써 가능하며 연소가 개시되었다고 하여도 이에 대한 피해 축소를 위해서

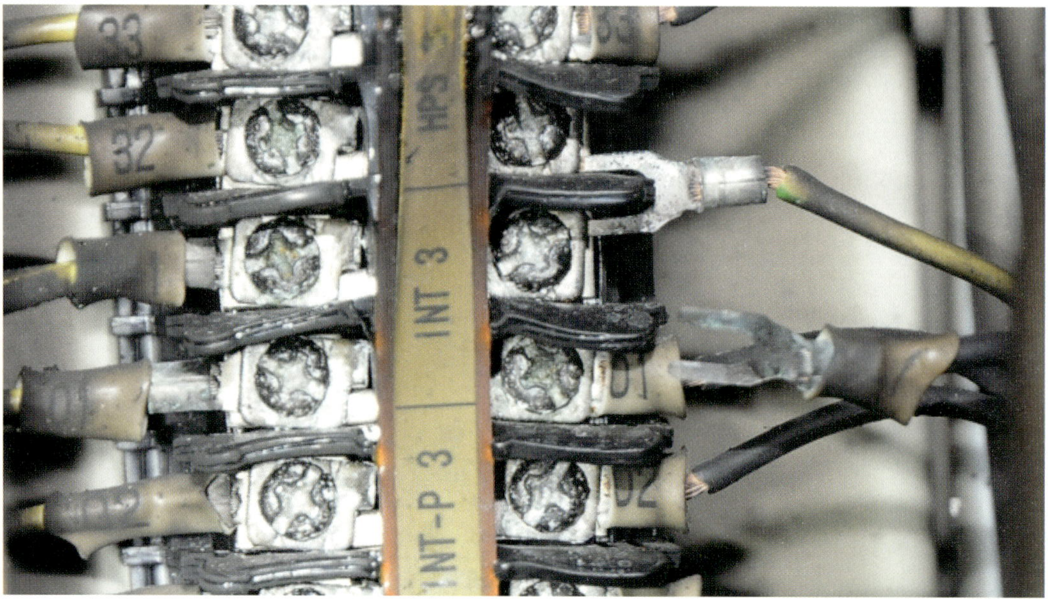

그림 11.1 안전장치의 입출력 신호가 전달되는 단자를 점프하여 직결함으로서 감지기를 무력화 시켰다. 컨트롤러에서는 정상작동 중인 것으로 인식하고 오작동에 대한 제어가 불가능하다.

연쇄반응을 제어할 수 있다. 또 폭발에 대한 예방 조치의 결함 또는 미흡은 곧 사고의 선행원인이 될 수 있기 때문에 이러한 예방 방법이나 시설, 조치에 대한 공부는 사고현장에서 원인을 분석하는 경우에도 매우 중요한 내용들이다. 보통 예방시설 및 안전장치는 2중 3중으로 설치하여 1개의 시설이 실패하였더라도 2차, 3차의 시설로 폭발사고를 막을 수 있도록 되어 있다. 만일 사고의 원인조사를 실시한다면 사고가 발생한 시나리오를 완성하기 위해서는 폭발 현상이 발생할 수 있는 메커니즘 전체에 대한 해석이 필요하며 1차, 2차, 3차 등 관련된 안전장치 전반에 대한 실패원인에 대한 분석이 요구된다.

사고를 막기 위해 설치되는 안전장치에 대하여 그 종류와 작동 메커니즘 고장의 유형 등에 대하여 조금 더 자세히 알고 있어야지만 사고를 예방할 수 있으며 또 사고 원인을 정확히 조사할 수 있다. 여러 가지 안전장치들은 그 기능이 서로 연결되어 상호보완적인 관계를 가진다. 심지어는 안전을 확보하기 위해서 동일한 안전장치가 2개 이상 직렬로 설치되는 경우도 있다. 1개의 장치에서 고장이 발생하였다고 하여도 다른 장치가 정상적으로 작동한다면 폭발사고가 발생하는 것을 막을 수도 있다. 그러함에도 불구하고, 종종 폭발사고가 발생하는 대부분의 원인은 이상을 감지한 사용자가 자동운전 방식이 아닌 수동 운전방식으로 사용하면서 부주의하게 조작하는 경우, 정기적인 점검을 하지 않아 여러 개의 안전장치들이 함께 고장 난 상태로 내내 방치되었던 경우가 있으며, 센서들의 감도 저하, 오작동 등의 이유로 적절한 보수작업을 하지 않고, 센서를 제외한 상태로 직접 결선하여 안전장치의 기능을 무효화시킨 경우 등에 의해서 폭발 사고가 빈번하게 발생한다.

만일 보일러 과열에 의해 폭발사고가 발생하였을지 모른다는 가설을 설정하게 된다면 정상적인 운전에서 폭발사고가 발생하기 이루어지는 모든 메커니즘에 관여된 보일러의 부분이나 안전장치에 대한 검사가 이루어져야 하고, 결국 폭발이 발생하게 된 선행원인 즉 과열이 발생한 원인, 폭발 이전에 압력이 해소되지 못한 원인이 무엇인지에 대하여 검토되어야 하는데, 이러한 검토는 보일러의 구조나 운전방식, 안전장치들에 대하여 자세히 숙지하고 있어야 가능할 것이다.

11.1.1. 가연물 제어

일반적인 환경에서는 일상적으로 발생하는 정전기 등 점화원과 대기 중에 포함된 산소가 존재하기 때문에 폭발성 혼합기가 발생하지 않도록 하는 것으로 사고를 막고 있다. 즉 가연물이 대기 중에 확산되지 않도록 하는 조치이다. 가연성 가스 및 유증이 발생하는 물질을 취급할 때에는 대기 중으로 누출되지 않도록 하는 것으로 밀폐용기와 파이프를 이용한다. 밀폐용기와 파이프는 부주의에 의해서 개방되거나 여러 가지 원인에 의해서 파괴되어 누출되는 경우가 있다. 일상에서 흔히 발생하는 사건들은 가스누출에 의한 폭발을 예로 들 수 있다.

페인트 및 유기용제 작업 등 불가피하게 가연성 가스 또는 증기가 발생하는 물질을 개방된 공간에서 취급하는 경우에는 작업 공간에 가연물이 혼합 범위 내에 들지 않도록 충분한 배기시설을 갖추어야 한다. 종종 배기시설의 미설치 또는 고장으로 인해 작동하지 못하는 경우에도 폭발이 발생한다.

11.1.2. 점화원 제어

가연물을 제어하지 못하는 특수한 환경에서는 점화원을 제어하여 폭발을 막을 수도 있다. 연소범위 내의 공기-가연물 혼합기체를 폭발성 기체라고도 한다. 이것은 점화원만 주어진다면 폭발이 가능하기 때문인데, 폭발성 기체는 매우 반응하기 쉬운 상태이므로 정전기 및 마찰 스파크 등 일반적인 가연물에 점화가 불가능한 작은 에너지에도 쉽게 반응하여 폭발로 이어진다. 폭발성 기체가 있는 산업공정에서의 작업은 점화원이 발생하지 않도록 모든 전기 시설들이 방폭구조로 사용되며 작업자들은 제전복, 제전화 등 정전기 발생하지 않는 조치를 해야 한다. 또 작업 공구는 떨어졌을 때에도 충격 또는 마찰에 의한 스파크가 발생하지 않는 특별히 제작된 공구를 사용해야 한다.

11.2 방폭조치

11.2.1. 제전

(1) 정전기

정전기는 전하가 축적되었다가 가까운 거리에 전위차가 높은 도체가 있을 경우 대기 중의 저항을 극복하고 전자가 방출되는 현상을 말한다. 정전기는 한번 방전하게 되면 등전위가 되므로 또다시 전하가 축적될 때까지 발생하지 않는다. 정전기는 라이터 등 불꽃에 비하면 매우 작은 에너지이기 때문에 일반적인 가연물에는 착화될 수 없지만 폭발을 일으키는 공기-연료 혼합기체를 충분히 점화시킬 수 있다.

주유소의 주유기에는 정전기 방지 패드가 있는 것을 보았을 것이다. 주유 중에는 휘발유 등의 유증이 발생하는데 주유원의 몸에서 발생한 정전기가 주유 시 점화원으로 작용하여 화재 또는 폭발사고가 발생할 수 있기 때문에 이를 예방하기 위한 조치이다. 주유원은 주유 전 패드에 신체를 접촉함으로써 몸이나 옷에 축적되어 있던 정전하를 방전 시키는 것이다. 제전이란 정전기가 축적되지 않도록 하는 조치를 말한다.

정전기의 축적을 막기 위한 또 다른 방법으로는 본딩(bonding)과 접지(earthing 또는 Grounding)가 있다. 정전기는 마찰, 유동, 분리 등 여러 가지 방법에 의해서 축적될 수 있는데 방전이 예상되는 동체를 미리 연결해 두거나 땅과 연결해 둠으로써 각 도체와 땅을 등전 위로 만드는 방법이다. 각 도체를 연결한 선을 연장하여 접지시키면 완벽한 등전 위로 정전기가 발생하지 않는다.

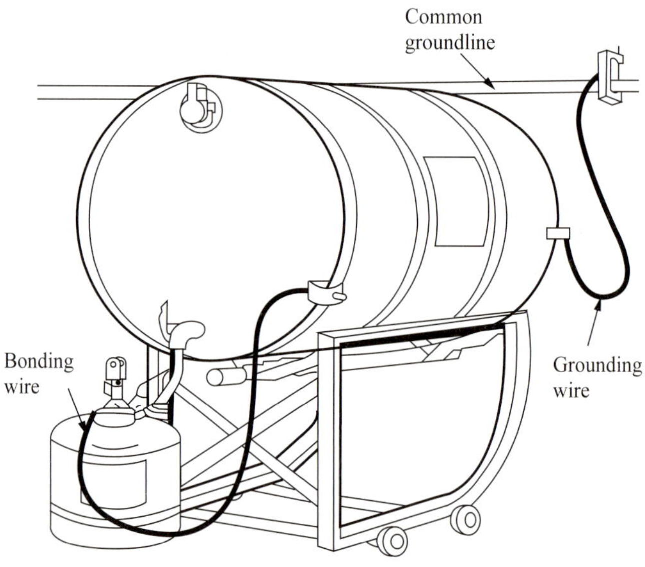

그림 11.2 본딩과 접지

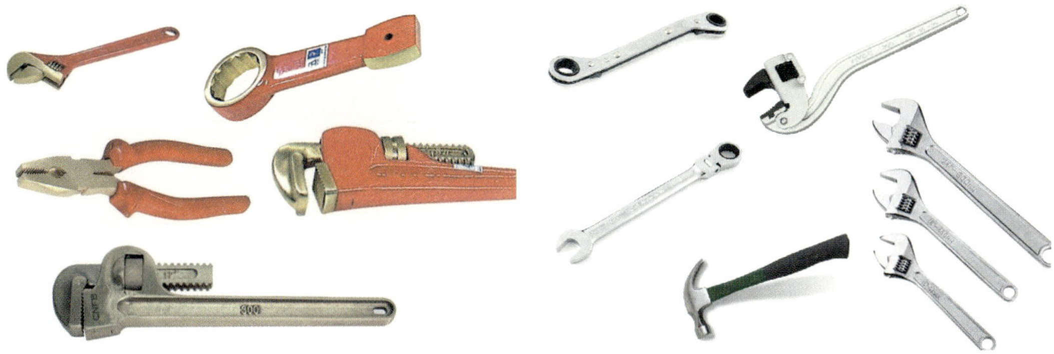

그림 11.3 방폭 공구(좌), 일반 공구(우)

- **본딩** : 물체와 물체를 전기적으로 연결
- **접지** : 물체와 땅을 전기적으로 연결

(2) 작업자들의 제전

몸에 착용하는 의류의 재료는 일반적으로 정전기의 축적이 용이한 재료들이다. 전전기 방지가 요구되는 산업시설에는 정전기가 축적되지 않도록 특별히 제작된 의복을 착용하는데 이것이 바로 제전복과 제전화이다.

제전복의 원단은 전기가 잘 통하도록(정전기가 축적되지 않도록) 일정간격으로 도전성 물질을 혼입하여 직조한다.

11.2.2. 방폭공구

일반적인 공구는 충격이나 마찰이 발생하였을 때 부싯돌과 같은 스파크가 발생하며 이것은 폭발성 혼합기체에 점화원으로 작용할 수 있다. 충격에 의해서 스파크가 발생하는 이유는 재료에 철(Fe)성분이 포함되어 있기 때문인데 이를 막기 위해서 철성분이 포함되지 않은 다른 금속 또는 합금을 이용하여 제작된 방폭공구를 사용해야 한다. 일반적으로 일반적 재질로는 Al-Bronze 합금이 사용된다. 산업안전 관련 법규에는 석유정재시설, LPG, LNG, 석유, 휘발유 저장이나 취급운송시설, 가스제조시설, 도료 및 페인트제조, 가스석유운반선, 식용유추출공장, 파이프라인 유지보수 등에서 위험물, 위험물외의 가연성 분진 · 가스, 화약류 등 가연성 물질이 존재하여 폭발 또는 화재가 발생할 우려가 있는 장소에서는 불꽃 또는 아크를 발생하거나 고온으로 될 우려가 있는 화기 또는 기계 · 기구 및 공구 등을 사용하여서는 안 되며 방폭공구를 사용하여야 한다고 명시되어 있다.

위 사진(그림 11.3)은 방폭 공구와 일반 공구를 비교한 것으로 방폭 공구는 철이 포함되지 않은 합금으로 이루어져 색상이 다르기 때문에 육안으로 확인하여 구분할 수 있다.

11.2.3. 방폭구조

(1) 내압(耐壓) 방폭구조 (Flame proof enclosure "d")

내압방폭은 용기 내부에서 가연성 가스가 폭발하였을 경우 용기가 폭발 압력에 견디고, 폭발 시 발생하는 불꽃이 틈새나 구조적인 접합면을 통하여 용기밖에 존재하는 위험 가스에 착화되지 못하도록 하며, 외부 폭발 시에 발생되는 폭발 압력에도 견딜 수 있어야 하며 용기 표면의 온도에 의해서 점화가 일어나지 않도록 설계된 구조를 말한다. 일반적으로 아크가 발생할 수 있는 모든 전기기기로써 스위치류, 변압기류, MCB, Motor 류 등에 적용된다.

(2) 안전증 방폭 (Increased Safety "e")

1종 장소와 2종 장소에 적합한 구조이다. 안전증 방폭 구조는 전기기기의 권선, Air Gap, 접속부, 단자부등과 같이 정상적인 운전 중에는 불꽃, 아크 또는 과열이 생겨서는 안 되는 부분에 이런 것의 발생을 방지하기 위하여 구조와 온도 상승에 대하여 특히 안전도를 증가시킨 구조이다. 이 구조는 단지 아크 또는 과열 등의 점화원이 될 수 있는 한 발생하지 않도록 고려한 것뿐이고 만일 전기기기의 고장이나 파손이 생겨서 점화원이 생긴 경우에는 폭발의 원인이 될 수 있다. 따라서 이 구조에서는 사용상 무리나 과실이 없도록 특히 주의할 필요가 있다. 스파크, 아크 또는 고온부가 발생하지 않는 전기기기에 적용한다.

(3) 압력(壓力) 방폭구조 (Pressurized Apparatus "f")

전기설비 용기 내부에 공기, 질소 등의 불활성가스 등을 불어 넣어 용기내의 압력을 외부 압력보다 50pa (5mm H_2O) 높게 유지하여 내부에 가연성 가스 또는 증기가 유입되지 못하도록 한 구조이며, 이 방폭구조의 용기 내부에는 비방폭형 전기기기를 사용하기 때문에 운전실수, 불활성 가스 공급설비 고장 등에 의해 가연성 가스 또는 증기가 용기 내부로 유입되어 보호효과가 상실되면 경보가 작동하거나 (Z Purge, 경보방식) 기기의 운전이 자동으로 정지 (X Purge, 통전정지방식) 되도록 보호장치를 설치하여야 하는 구조이다. 아크가 발생할 수 있는 모든 기구로써 전기 Panel 등에 적용된다.

(4) 유입 방폭구조 (Oil Immersion "O")

2종 장소에만 적합한 구조이다. 유입 방폭구조는 전기기기의 불꽃 또는 아크 등이 발생해서 폭발성가스에 점화할 우려가 있는 부분을 광물성 기름 (Mineral Oil)으로 적절한 절연 내력과 아크를 소멸시키는 특성을 갖는 오일 속에 장치를 잠기도록 하여 폭발성가스에 착화될 우려가 없도록 한 것이다. 따라서 사용중에 항상 필요한 유위를 유지해야 하고 또 유면상에는 외부의 폭발성가스가 침입하고 있다고 생각해야 하므로 유면의 온도상승 한도에 대해서 규정하고 있다. 아크를 발생할 수 있는 기기로써 개폐기류, 스위치류, 변압기류, MCB, 저항기류 등에 적용한다.

(5) 본질 안전 방폭 구조 (Intrinsic Safety "a, ib")

0종, 1종, 2종 장소 또는 Class I Division 1 지역에 모두 적합한 구조이다. 본질적인 방폭 구조는 폭발성 가스등의 혼합물이 점화되어 폭발을 일으키는 데는 전기불꽃에 의해 어느 최소한도의 에너지가 주어질 필요가 있다는 개념을 기초로 하고 있다. 물론 전기 불꽃에 의한 점화 외에 열에 의한 점화와 전류에 의해 가열된 도체의 뜨거운 표면에 의한 점화들도 있지만 극히 예외적인 경우를 제외하면 보통은 불꽃점화의 경우보다 훨씬 전기에너지가 크지 않으면 점화가 일어나지 않으므로 제외한다. 방폭지역에서 정상 시 및 사고 시에 발생하는 스파크, 아크 또는 고온부에 의하여 발생되는 전기적 에너지를 제한하여 전기적 점화원 발생을 억제하고 만약 점화원이 발생하더라도 위험물질을 점화할 수 없다는 것이 시험을 통하여 확인된 구조를 말한다. 즉 단선이나 단락 등에 의해 전기회로 중에서 전기불꽃이 생겨도 폭발성 혼합물이 결코 점화하지 않는 경우에는 본질적으로 안전하다고 할 수 있다.(전기기기를 전자화하여 최소한의 전기에너지만이 위험지역에 흐르도록 제한하여 필요로 하는 신호를 얻고 주위의 가연성 물질에는 점화능력이 없도록 함. Thermocouple, Switch, Flow, Temperature, Pressure Transmitter 등에 적용된다.

(6) 사입방폭구조 (Sand Filled Type)

전기기기의 용기를 모래와 같은 성질의 가늘고 고른 고체 입자로 채워 운전 중 용기 내부에서 발생하는 아크에 의해서 용기 내외부에 존재하는 가연성 가스 또는 증기가 점화되지 않도록 한 구조이다.

(7) 몰딩방폭구조 (Mould Type)

보호기기를 고체로 차단시켜 열적 안정을 유지한 것으로 유지보수의 필요가 없는 기기를 영구적으로 보호하는 방법에 효과가 큰 구조이다.

(8) 비착화 방폭구조 (Non-incendive Type)

정상운전 중에 전기 기기의 주위에 있는 가연성 가스 또는 증기를 점화시킬 수 없고 점화를 야기할 수 있는 결함이 발생하지 않는 구조이며 아래와 같이 3가지로 구분된다.

① A 종 구조

정상운전 중에는 스파크나 아크가 발생하지 않고 또한 점화능력이 있는 고온의 부품이 없는 전기 기기의 비착화 방폭 구조

② B 종 구조

정상운전 중에는 스파크나 아크를 발생하는 부품과 점화 능력이 있는 고온의 부품은 내압방폭이나 몰딩방폭으로 보호하고, 그 외 부품은 비착화 방폭구조로 하는 구조.

③ R 종 구조

정상운전 중에 스파크나 아크를 발생하는 부품과 점화 능력이 있는 고온 의 부품은 통기 제한 용기(용기 내부로 가스가 침입하는 양을 억제하도록 설계된 용기)로 보호하고, 그 외 부품은 비착화 방폭구조로 하는 구조.

11.2.4. 역화방지 장치(flashback arrestor)

스프링을 이용한 압력조정기와 유사한 성격의 장치가 들어 있다. 심장의 판막과 같이 유체의 역류를 감시하고 이를 차단한다. 장치의 양측의 압력을 감시하며 폭발에 의해서 역방향으로 발생한 압력에 의해 밸브를 닫는다. 순방향 흐름일 경우 압력이 스프링의 밀고 벌어진 밸브 시트 사이로 공급이 이루어지며 폭발에 의해서 출력부의 압력이

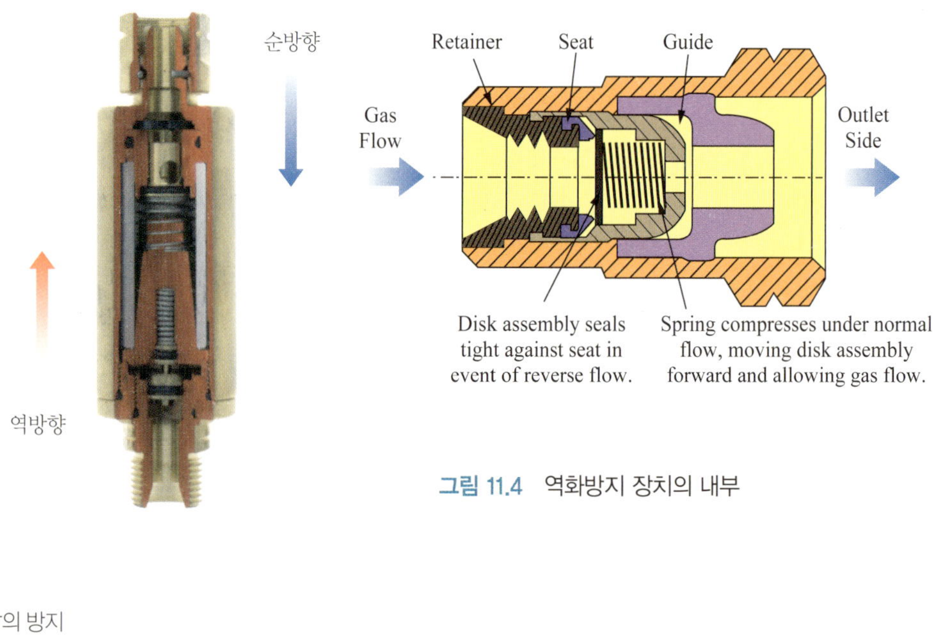

그림 11.4 역화방지 장치의 내부

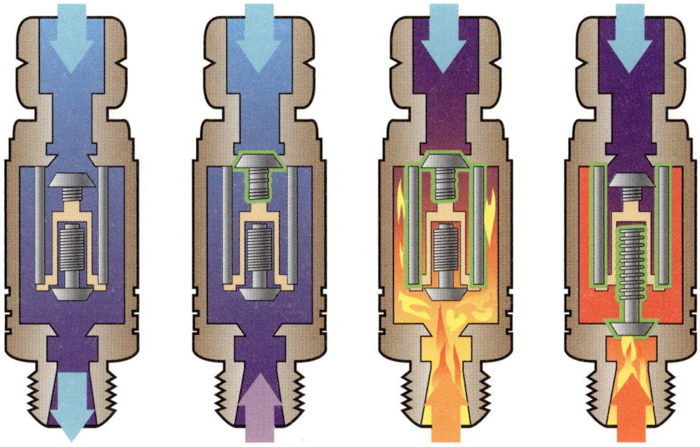

그림 11.5 역화방지장치의 작동원리

공급압력보다 높아지면 밸브를 밀어 닫아버린다. 가스 용접 및 절단 시 연료 호스와 산소 호스 사이에 설치되며 정상 사용 방향에서 역류하여 가스가 산소 방향으로 또는 산소가 연료 방향으로 진행하는 것을 막는다.

11.2.5. 플레임 어레스터(Flame arrestor)

플레임 어레스터는 폭발이 발생하였을 때 장치 내부로 화염 전파가 우려되는 경우 라인 중간에 설치하게 된다. 소거장치의 내부에는 열전달을 차단하는 촘촘하게 짜인 금속망이 있으며, 화염이 이곳을 통과하면서 금속망에 열을 빼앗긴 상태로 통과하면서 장치의 반대쪽에 있는 미연소가스에 반응을 전달하지 못해 전파를 막는다. 예를 들어 비교적 저압 또는 상압(常壓)에서 가연성증기를 발생하는 유류를 저장하는 탱크에서 외부로 그 증기를 방출하거나, 탱크 내에 외기를 흡입하거나 하는 부분에 안전장치로

그림 11.6 플래임 어레스터

그림 11.7 장치 내부의 소결 금속망

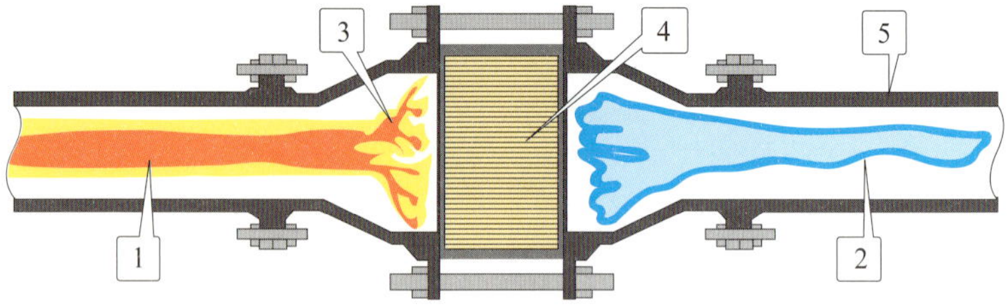

그림 11.8 플래임 어레스터의 작동 원리

설치한다. 탱크의 입구에서 낮은 압력으로 배출되는 가스 또는 증기는 입구 주변에서 확산운동에 의해 대기와 혼합되면서 폭발성 혼합기체가 될 수 있으며, 이곳에서 착화된다면 연료의 배출구를 따라서 화염이 인화될 것이다. 그러나 플레임 어레스터를 통과하는 동안 열을 빼앗겨 화염은 소멸되며 탱크의 내부로 전달되는 것을 막을 수 있다.

11.2.6. 폭압방출(explosion venting) 장치

플랜트 등의 운전 중에 폭발 등 여러 이유에서 내부의 압력이 높아져 구조 전체가 파괴될 수 있다. 이 위험을 미연에 방지하기 위해 여분의 압력을 신속하게 방출해서 전체적인 구조를 과압으로부터 보호하는 압력방출장치이다. 이와 같은 장치에는 안전밸브, 릴리프 해치, 브리더 밸브, 폭발문, 파열판 등이 사용된다. 폭압 방출장치는 구조의 내력에 비하여 현저히 낮은 압력에서 미리 개방되어야만 한다. 따라서 가볍고, 쉽게 파열될 수 있는 알루미늄 등 경금속을 사용하며 표면에 스크래치 등으로 더욱 쉽게 파열될 수 있도록 만들어진다(그림 11.9).

그림 11.9 내부에서 폭발이 발생하였지만 폭압방출구로 해소되면서 구조와 여타 장치는 손상되지 않았다.

그림 11.10 다양한 종류의 릴리프 밸브 (Relief valve)

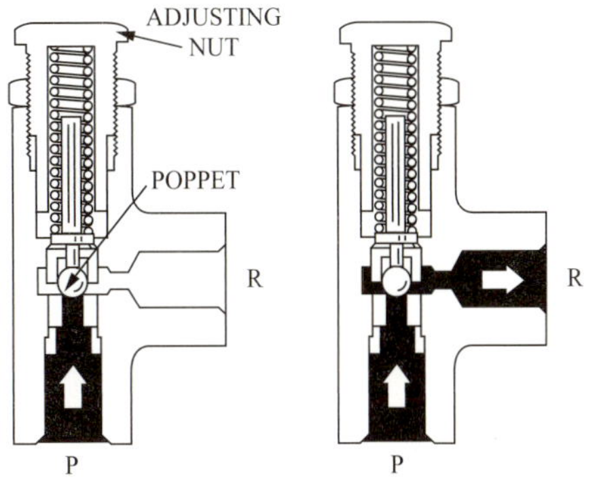

그림 11.11 스프링식 릴리프 밸브의 작동원리[84]

11.2.7. 용기의 릴리프 시스템(Relief system)

릴리프 시스템은 압력이 발생하는 용기 또는 배관에서 과압에 의한 폭발을 막기 위해 내압한계점 이하에서 압력을 해소시키는 기능을 말한다. 작은 휴대용 부탄가스용기에서부터 대용량의 산업기기까지 모두 사용되고 있다. 압력용기나 공정에서 릴리프 시스템은 최악의 경우에 대한 시나리오를 선택하여 디자인되지만 그럼에도 불구하고 고압시스템의 파열사고는 종종 발생한다. 릴리프시스템은 스프링식과 파열판식, 가용전식으로 크게 구분된다.

(1) 스프링식 릴리프시스템

용기내의 디자인된 압력 이상으로 상승할 경우 압력이 스프링을 밀어 올려 밸브를 열고, 압력이 해소되면 다시 스프링의 복원력에 의해 밸브가 닫히는 구조로 만들어져 있다. 가스가 분출되는 경우에도 스프링의 복원으로 용기 내부에는 일정 수준의 압력이 유지되게 된다. 주로 LPG 등 액상가스를 보관하는 탱크에 사용되는데 이는 액상이 담긴 용기에서 압력이 일시에 해제될 경우에는 액격현상이 발생하여 용기가 파열될 수 있기 때문이다.

(2) 파열판식 릴리프시스템

파열판식 릴리프시스템은 압력용기, 회전기계, 배관계, 봄베 등 밀폐장치가 과잉압력 또는 과잉부압에 의해 파손되는 것을 막기 위한 안전장치이며 파열판(Rupture disk)과 그것을 지지하는 지지부(Holder)로 구성되어 있으며 파열판은 니켈, 알루미늄, 오스티나이트 스텐인리스강, 구리 등이 일반적이고 내식재로 은, 티탄, 내고온용으로 인

84 http://www.tpub.com/content/aviation/14018/img/14018_285_1.jpg

그림 11.12 다양한 종류의 파열판(Rupture disk)

그림 11.13 파열판의 파열 전, 후

코델, 모넬 등이 사용된다.

디자인된 압력이상일 경우 판(Disk)이 파괴되어 압력을 해소하는 장치로 파열판은 복원되지 않으므로 한번 파열되면 용기의 내용물이 대기압에 이를 때까지 모두 방출된다. 따라서 독성이나 가연성 가스를 보관하는 탱크에는 사용을 피해야 하며 작동시 액격현상이 발생할 수 있으므로 고압으로 액상이 유지되고 있는 탱크(예 : 고압온수보일러의 탱크, LPG 탱크 등)에 사용해서는 안된다.

(3) 가용전식 릴리프시스템

온도가 상승하였을 때 내부의 기체 팽창으로 폭발이 우려되는 탱크에 부착되는 릴리프시스템으로 플러그의 중앙구멍에 납, 주석 등 낮은 온도에서 융해되는 성분의 저융점금속 또는 이들의 합금을 채운 것으로 가용전은 탱크가 손상되기 전에 일정 온도에서 녹아내려 압력을 해소시키는 장치이다. 이 또한 파열판식과 같이 내용물이 대기압에 이를 때까지 방출되므로 독성이나 가연성 가스를 보관하는 탱크에는 사용을 피해야 하며 작동시 액격현상이 발생할 수 있으므로 고압으로 액상을 유지하고 있는 탱크에는 사용해서는 안 된다. 고압기체용기에만 사용된다. 파열판식은 탱크 내부 압력에

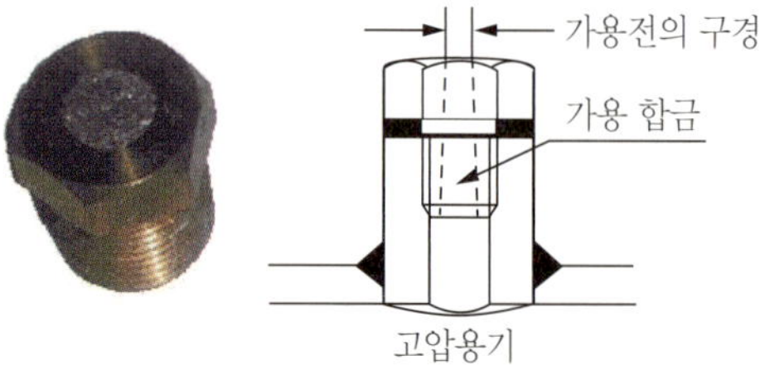

그림 11.14 가용전

그림 11.15 온도 감응 유리벌브를 이용한 안전밸브

그림 11.16 CNG 탱크가 화재로 인해 가열되었는데 가용전이 작동되어 탱크는 손상되지 않았다.

반응하지만 가용전식은 온도에 반응하는 방식이기 때문에 탱크가 가열되어 압력이 증가하여도 가용전 자체의 온도가 상승하지 않으면 작동하지 않으므로 이 경우 탱크가 손상될 수 있다. 중공부에는 가용합금 외에 팽창율이 좋은 물질(공업용 알코올 등)을 담은 유리벌브로 중공부를 막는 장치도 있다.

11.2.8. 보일러의 안전장치

보일러는 고온의 물이나 증기, 열매(Heat transfer liquid)를 데워 사용하기 위한 장치로 최근의 보일러는 여러 안전장치가 집약적으로 사용된 기기이다. 폭발 등 사고를 예방하기 위해서 다양한 안전장치가 2중 3중으로 설치되어있다. 보일러의 폭발은 보통 수증기폭발과 같이 가열물질의 물리적 체적 변화에 의한 폭발사고가 주를 이루지만, 연소실에서의 화학적 폭발도 종종 발생하고 있으며, 물리적 폭발 후 연료 가스 등 연료 누출에 의한 화재 사고도 빈번히 발생하고 있다. 최근의 보일러는 단순히 물을 가열시키는 필수장치 외에도 사고 예방을 위한 다양한 안전모듈이 2중, 3중으로 꼼꼼하게 부착되어 있고, 이들 장치가 서로 연동되어 작동하도록 되어 있기 때문에 그 중 1개가 작동하지 않는다고 해서 폭발 등의 사고로 이어지는 경우는 많지 않다. 대부분 몇 개의 복합적인 장치적 결함이 동시에 발생하거나 보일러에 대한 상식이 없거나 부주의한 운용자가 매뉴얼을 위반해 오작동 시켰을 경우, 잘못된 유지관리 및 보수가 이루어진 경우 등에 의해서 사고가 주로 발생한다.

예를 들자면 보일러의 압력증가에 의해서 폭발사고가 발생하였다고 가정하였을 때 단순히 안전밸브가 고장이었다는 점만으로는 사고를 설명하기에 부족하다. 이 경우 증명을 위해서는 압력증가의 원인과 파괴의 원인이 모두 검토되어야 한다. 안전장치에 대하여 한가지 예를 들자면 보일러는 과압이 되었을 때 버너의 운전을 정지시켜 더 이상 압력이 상승하는 것을 막는 과압방지 장치가 달려있으며, 계속해서 탱크 내의 압력

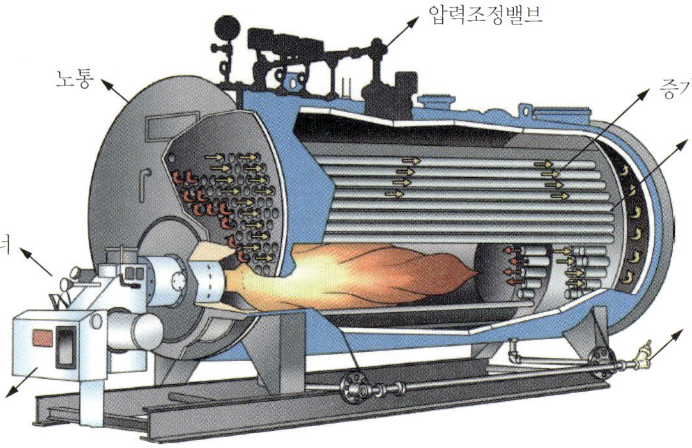

그림 11.17 노통연관보일러의 구조

이 증가할 때에는 안전밸브를 통해서 외부로 압력이 배출되도록 하는 안전장치가 부착되어 있으므로 이 경우 이 2가지 중 1개만이라도 적절하게 작동하였다면 폭발사고는 발생하지 않았을 것이다. 따라서 안전장치들의 작동여부에 대한 검사가 선행되어야 한다. 2가지가 동시에 작동하지 못한 원인을 분석해야만 신뢰할 수 있는 결과를 도출할 수 있게 된다.

보일러의 구조는 크게 3가지로 구분하였을 때 1.보일러 본체, 2. 연소장치, 3. 부속장치로 구분할 수 있다.

(1) 보일러 본체

기관을 형성하는 본체는 대부분 원통형으로 만들어져 있는데, 그 형태는 다양할 수 있다. 연소실에서 발생한 열로 내부의 액이 가열되어 증기를 발생시키는 등의 용기를 말한다. 연소열이 전달되는 열교환기의 역할을 한다. 본체는 수실(수부, 물로 채워진 부분), 증기실(증기부, 증기로 채워진 부분)으로 구성된다.

(2) 연소장치

가스, 석유 등의 연료를 연소시키는 장치로 연료저장탱크, 연료공급장치, 버너, 연소실, 연도로 구성된다. 어떠한 연료를 사용하느냐에 따라서 가스보일러, 석유보일러, 화목보일러 등으로 분류할 수 있다.

(3) 부속설비

부속설비는 보일러의 효율을 높이기 위해 조절하는 여러장치와 보일러의 과열이나 폭발 등을 방지하기 위한 안전장치, 보일러의 시퀀스 운전을 위한 자동제어 장치 등으로 구성된다.

- **안전장치** : 안전밸브, 화염검출기, 고저수위 경보기, 가용마개, 방폭문, 유전자변 압력제한기, 압력조절기
- **지시기구** : 온도계 수면계, 유면계, 압력계, 수고계, 통풍계, 급유 및 급수 유량계
- **분출장치** : 분출관, 분출밸브, 분출콕크
- **송기장치** : 주증기관, 비수방지관, 기수분리기, 주 증기변, 신축조인트, 감압변, 스팀헤더, 스팀트랩
- **급수장치** : 급수펌프, 인젝터, 급수배관, 급수탱크, 급수내관, 급수정지변, 체크변
- **여열장치** : 과열기, 재열기, 절탄기, 공기예열기
- **통풍장치** : 송풍기, 댐퍼, 연도, 통풍계, 연돌

주요 위험요인으로는 다음과 같다.

1. 착화불량에 따른 연소실의 역화로 노내 폭발
2. 이상압력 상승으로 인한 수관 또는 노통 폭발
3. 버너 노즐이 막혀 국부 가열로 인한 노통 및 수관 파열
4. 자동급수 장치 고장으로 인한 저수위 급수로 노통 또는 수관의 폭발

11.2.9. 보일러의 주요 안전장치

(1) 주안전제어기(연소감시릴레이)

주안전제어기는 안전장치의 중추로서 각종 센서로부터 전달되는 신호를 수신하여 안전 운전에 필요한 압력, 온도 등 보일러의 조건과 상태를 감시하고, 연소에 적절하지 않은 조건이나 위험신호가 수신되면 경보를 발생시키거나 연료차단으로 버너를 정지하는 기능을 가지고 있다.

① 주안전제어기의 주요기능

1. 점화를 시작하기 전에 연소실과 연소부에 남아있는 미연소 연료-공기 혼합기를 배출 제거하는 동작
2. 일정시간 점화를 시도하였음에도 불구하고, 점화가 이루어지지 않았을 경우 즉 점화실패가 발생하였을 때 즉시 경보를 발하며 연료를 차단시킨 후 송풍기만 일정시간 가동하며 연소실 내의 점화되지 않은 연료를 배출시킨다.
3. 연소실 내에서 연소상태를 감시하다가 연소가 멈추었을 때 연료를 차단시킨 후 송풍기만 일정시간 가동하며 연소실 내의 미연소 연료를 배출시킨다.
4. 탱크가 저수위가 되었을 때 저수위 경보를 발하고, 연료를 차단하여 작동을 멈추

는 동작, 연료 공급을 차단시킨 후 송풍기만 일정시간 가동하며 연소실 내의 미연소 연료를 배출시킨다.

5. 탱크 내부의 압력이 설정압력 이상으로 상승하였을 때 연료를 차단시킨 후 송풍기만 일정시간 가동하며 연소실 내의 미연소 연료를 배출시킨다.

② 연소실 내부의 퍼지

보일러의 내부는 밀폐된 연소실 내에 연료와 연소에 필요한 공기를 혼합시킨 상태에서 점화한다. 따라서 적절한 타이밍에 연소가 되지 않는다면 점화에 필요한 양 이상으로 혼합기가 축적되는데 일정 시간 내에 점화가 되지 않았을 때에는 연료 공급을 차단하고, 신선한 공기를 불어 넣어 내부에 축적되었던 연료–공기 혼합기를 불어내어야 한다. 이렇게 혼합기를 불어내는 것을 퍼지라고 하며 퍼지를 시킨 후 이 공정을 처음부터 다시 시작해야 한다. 만일 퍼지를 시키지 않은 상태로 혼합기가 있는 연소실 내에서 점화가 이루어진다면 보일러는 연소실 내부에서 화학적 폭발이 발생한다. 이와 같은 이유 때문에 연소실에 점화를 시작할 때 남아있을지 모르는 혼합기를 배출해내는 퍼지(pre-purge)와 연소를 마친 후에도 연소실 내에 미연소 혼합기가 남아있지 않도록 하는 퍼지(post-purge)가 필요한 것이다.

③ 정상운전의 시퀀스

- **점화시** : 운전준비상황 확인–송풍모터 작동–연소실 내부 및 연도 퍼지 (Pre-purge)–파일롯트 버너 작동–주버너 작동–화염감지기, 연소안전장치 작동 주버너 화염 감시
- **소화시** : 주버너 소화–연소실 내부 및 연도 퍼지 (Post-purge)–송풍 모터 정지

(2) 연료차단밸브

연료차단밸브는 여러 감지기로부터 이상신호가 감지되었을 때 안전제어기에 의해서 자동으로 작동되는 전자밸브를 말한다. 전자석을 이용하기 때문에 솔레노이드 밸브(Solenoid valve), 마그네틱 밸브(Magnetic valve)라고도 부른다. 밸브에 통전되는 동안 전자석이 작동하여 밸브를 열림상태로 유지하게 되는데, 이와 직렬로 연결된 안전장치가 작동하여 회로가 차단된다. 정전 등으로 인해 전원이 차단되는 경우에는 전자석이 자력을 잃고 밸브시트가 스프링에 의해 밀려나가 유로를 차단하게 되어 연료의 누출을 막을 수 있다.

(3) 안전밸브

안전밸브는 보일러의 압력이 용기의 내압한계를 초과하기 전에 일정수준 이상을 넘어

서는 압력이 발생하면 이를 외부로 분출시켜 용기가 압력에 의해 파괴되는 것을 막기 위한 장치이다. 대부분 구조가 간단하면서 사용이 편리한 스프링식 안전밸브를 사용하고 있다.

- **스프링식 안전밸브** : 용기 내부의 압력이 설정된 스프링의 압력을 넘어서는 경우 밸브시트를 밀어 올려 내부의 압력이 외부로 분출되고, 설정된 압력보다 낮아지는 경우에는 스프링의 작용에 의해 밸브시트의 위치가 복귀되어 용기 내부에 일정한 압력을 유지할 수 있다. 또 스프링의 압력조절나사를 이용하여 미세한 압력의 조정이 가능하다. 대부분 포화액체를 담는 용기의 안전밸브로 주로 사용된다.
- **추식 안전밸브** : 밸브시트 위로 원반 형태의 추를 올려두고, 추의 무게로 배출압력을 조정한다. 스프링에 비하여 미량의 압력을 조절하기가 곤란하다. 밸브시트가 추의 무게에 의해 복귀되는 복귀식 안전밸브로 스프링식과 마찬가지로 일정한 압력을 조정할 수 있다.
- **지렛대식 안전밸브** : 추식 안전밸브의 경우 설정압력이 높을수록 많은 추가 필요한데 지렛대의 원리를 이용하여 추의 무게를 경감시킨 장치로 밸브에 가해지는 전압력이 600kg을 넘어서는 경우에는 사용할 수 없다. 밸브시트가 추의 무게에 의해 복귀되는 복귀식 안전밸브로 스프링식과 마찬가지로 일정한 압력을 조정할 수 있다.

고장의 유형

1. 스프링의 압력이나 추의 무게조정을 잘못하여 적정 압력에서 작동하지 않는 경우
2. 안전밸브의 밸브시트에 이물질의 부착 등으로 부분적인 증기 누설이 발견되는 경우
3. 정상작동이 되어 이를 막기 위해 무리하게 밸브의 하중을 증가시켜 적정 압력에서 작동하지 못하는 경우
4. 스케일이나 부식으로 인해 밸브시트가 고착되어 작동하지 않는 경우
5. 보일러 본체의 수압시험 등을 하기 위해서 안전밸브 부착 플랜지부에 맹판을 설치하였다가 제거하지 않은 경우

(4) 압력차단기

보일러의 압력이 최고사용압력 또는 최고 사용온도에 도달하기 전에 연소실에 연료공급을 차단시켜 연소를 멈추게 함으로써 더 이상 보일러 내의 온도나 압력이 증가하는 것을 막는 장치이다. 이 장치에도 스프링식 안전밸브와 같이 나사를 죄거나 풀어 작동압력을 조정할 수 있는데 안전밸브의 설정치 보다 낮게 세팅하여 안전성을 확보한다. 통상적으로 최고사용압력이 10kg/cm^2 인 보일러의 경우 압력차단기는 9kg/cm^2 이하의 값으로 설정한다.

이 장치는 압력에 따라서 작동하는 전기스위치로서 보일러의 압력이 높아져 스프링의 힘보다 커지면 레버를 밀어 올려 마이크로 스위치를 작동시키거나 레버가 밀어 올려져 수은 스위치를 기울이게 되는데 이때 수은 방울이 다른 곳으로 흘러가서 전극을 차단시켜 경보가 울리면서 연료차단밸브를 작동시키므로 연소를 멈추며, 다시 압력이 낮아지게 되면 밀어 올려졌던 로드가 내려와서 접점이 복원되므로 연소실은 다시 연소를 시작한다. 보통 압력 게이지와 같이 나란히 설치된다.(수은의 환경오염 문제로 인해 수은스위치를 이용한 압력차단기는 최근 생산되고 있지 않으나 예전 제품에는 그대로 사용되고 있다.)

고장의 유형

1. 압력차단기의 압력 입력구에 스케일이나 부식으로 구멍이 막히게 되면 보일러의 압력을 차단기로 전달하지 못해 작동되지 않는다.
2. 수은 스위치를 사용하는 압력차단기는 기울기에 따라서 수은방울이 이동하는 것을 이용한 것으로 설치된 기울기의 상태에 따라서 압력이 상승하여도 작동하지 않을 수 있다.
3. 압력차단기의 설정 압력을 과도하게 높은 압력으로 설정하는 등 적절하지 않은 경우
4. 잦은 오작동으로 인해 안전장치를 경유하지 않은 채 배선을 직접 연결시킨 경우

(5) 비례제어기

부하의 사용에 따라서 보일러 내부의 온도와 압력은 변화하게 되는데 이때 변화를 감지하여 연소실에 투입되는 연료와 공기의 양을 조절하며 내부의 온도와 압력을 일정하게 유지시켜주는 장치이다. 보일러 내부의 압력을 벨로우즈(주름관)로 감지하여 접점의 위치를 이동시키는데 접점의 위치는 저항값의 변화를 일으킨다. 전기적 신호를 감지하여 연료조절밸브와 공기조절 댐퍼를 컨트롤 한다.

고장의 유형

벨로우즈는 압력에 따라서 신축되는 주름관으로 주름관이 파열되어 내, 외부의 압력이 동일해진다면 신축되지 않으므로 조절이 불가능해 진다. 압력이 증가하더라도 벨로우즈가 수축하지 못하므로 온도를 낮추는 동작을 취할 수 없게 된다.

(6) 저수위 감지 장치[85]

보일러 내부에 수위를 감시하여 사고를 막는데 사용된다. 저수위 검지기는 보일러의

---

85 www.spiraxsarco.com/global/kr/News/Documents/B-2-1.pdf B.2.1 보일러 수위 검지기 종류 및 측정원리

가장 중요한 안전장치 중의 하나이다. 대개 보일러에서 발생되는 안전사고는 저수위로 발생되며 이는 대개 저수위 경보센서의 오동작으로 인한 것이다. 보일러 내의 수면이 낮아져 연소실과 접한 전열면이 기상에 노출될 경우에는 액에 의해 냉각되지 못하고, 계속해서 온도가 상승하는 경우에는 열에 의해 연화될 수 있는데, 이 경우에는 설계된 내압 수준 이하에서도 연성파괴가 될 수 있다. 따라서 보일러 내부의 수위를 안전한 상태로 유지하는 것은 매우 중요하다. 수위를 감지하는 장치로는 전극식, 플로트식, 정전용량식 수위 검지기가 일반적으로 사용되고 있다.

① 전기 전도도식(전극봉 타입) 수위 검지기

몇 개의 길이가 다른 전극봉을 삽입하여 수위에 따라서 접촉되는 전극이 달라지는데 이때 발생하는 전기적 신호를 감지하여 낮은 수위에서는 펌프를 동작시켜 일정 수위를 조절하며 더욱 낮은 수위에서는 노내에 연료를 차단시켜 연소를 정지시킨다.

전기 전도도식 검지기를 보일러 수주통에 설치하여 오랫동안 사용하게 되면 금속팁 부분에 스케일이 낄 수 있다. 이러한 스케일은 항상 다공성 막으로 되어있으며 젖어 있는 부분은 수분을 머금고 있어 전도체가 되므로 전기 전도도식 수위검지기 운전상에는 영향을 미치지 않는다. 때때로 스케일이 수면 윗부분의 검지기 절연체에 낄 수 있어 한쪽 팁으로부터 다른 쪽 팁으로, 또한 한쪽 팁으로부터 접지와 전기 회로가 형성 될 수 있는 문제가 있다. 이 경우 검지기는 수위와 관계없이 오동작을 할 수가 있다.

② 플로트 방식

부력이 있는 플로우트를 이용하여 수위에 따라 변화되는 플로우트의 위치에 따라서 플로우트를 고정하는 로드의 각도변화를 이용해서 마이크로 스위치를 작동시킨다.

③ 정전 용량식 수위 검지기(Capacitance Probe type)

정전 용량식 수위 검지기의 측정원리는 콘덴서의 원리와 동일하다. 아래 그림과 같이 두개의 금속판 사이에 유전체를 두고 일정한 전압을 걸면 두 금속판 사이의 거리, 마주보는 금속판의 면적 그리고 유전체의 유전율에 의해 금속평판에 모여드는 전하량의 크기가 변하게 되는데, 정전 용량식 수위검지기의 경우 수위에 따라 면적이 변하며 따라서 수위의 증감에 따라 정전용량이 선형적으로 비례하게 된다.

오랜 시간 사용하다 보면 다공성 스케일막이 검지기의 PTFE 절연체 위에 누적될 수 있다. 얇은 스케일 막은 거의 영향을 미치지 않으나 수처리 상태가 양호하지 못한 경우는 그 스케일막이 점차 두꺼워진다. 두꺼운 스케일막은 상당히 많은 양의 물을 머금을 수 있어 검지기가 실제보다 더 많이 잠겨있는 것으로 오판하게 할 수 있다. 그 결과 실제보다 수위가 낮게 운전될 수 있다.

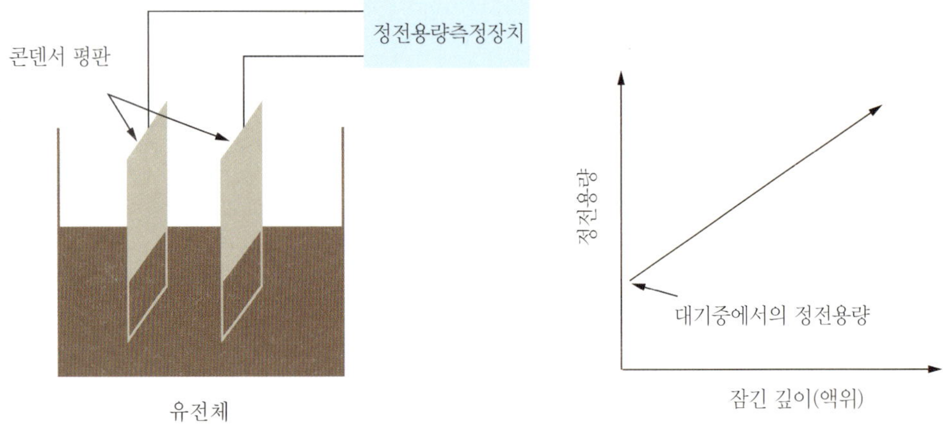

그림 11.18 정전 용량 측정 장치의 원리

④ 자기진단식 2 팁 저수위 경보 검지기(LP30)

이 검지기는 반드시 LC3000 컨트롤러와 함께 사용하여야 한다. 이 검지기에서는 수위 검지기팁과 접지사이의 저항이 비교팁과 접지사이의 저항보다 클 경우에 저수위로 판단하게 된다. 비교팁과 접지간에는 10KΩ 의 저항이 부착되어 있다. 정상 수위인 경우 수위 검지기팁은 물에 잠겨 있게 되고 비교팁은 물밖으로 노출된다. 수위 검지기팁과 접지사이의 저항이 비교팁과 접지사이의 저항보다 크지 못하므로 정상수위로 판단한다.

수위 검지기팁은 물과 접촉되는 면적이 넓기 때문에 약간의 스케일이 끼더라도 정상 작동에 크게 영향을 미치지 않으며 만약 비교팁에 스케일이 끼면 비교팁과 접지와의 합성저항은 10KΩ 보다 더욱 작게 되어 검지기는 오히려 더욱 민감하게 작동된다.(비교팁에 낀 스케일저항은 비교팁 저항과 병렬회로를 구성함) 저수위 조건이 된 경우에는 수위 검지기팁과 접지사이의 저항이 비교팁과 접지사이의 저항보다 높게 되므로 저수위로 판단한다.

(7) 화염감시장치

연소실 내에서 정상적으로 연소하고 있는지를 감지한다. 연소실에서 연소가 멈춘 이후에도 버너를 통해 계속해서 연료와 연소에 필요한 공기가 공급되어 혼합기를 이루게 되는 경우에는 화학적 폭발이 발생할 위험이 있으므로, 연소실 내에서 연소가 정상적으로 있는지를 감시하는 장치이다. 이 장치는 화염의 검출신호가 감지되지 않으면 주안전제어기에 신호를 보내고, 주안전제어기는 연료밸브를 차단시킨다. 검출방법으로는 열적 검출, 광학적 검출, 전기전도적 검출 방법이 사용된다. 각 화염의 검출방법은 사용되는 연료의 종류나 다양한 오작동 가능성이 있으므로 사용환경에 적절한 장치가 사용되어야 한다.

- **열적 검출** : 열적 검출방법은 화염에서 발생하는 열을 열전대(Thermocouple)[86]로 감지하여 화염을 감시하는 방식을 사용하는데 가정용 소형보일러에만 적용되고 있다.
- **광학적 검출** : 중, 대형 보일러에 사용하는 방식으로 화염에서 발생하는 빛을 광전소자[87]로 감지하여 화염을 감시하는 방식을 사용한다. 플레임 아이(Flame eye)라고도 부른다.
- **전기 전도적 검출** : 황염의 전기전도 성질을 이용한 것으로 불꽃이 발생하는 지점에 전극(Flame rod)을 삽입하여 이곳에 화염이 접촉하는 동안 전기적 신호가 유지되는 방식으로 화염을 감시한다. 화염이 전극 사이에 존재하지 않게 되면 전극 사이에 회로가 차단되어 단전이 된다.

고장의 유형

감시장치의 오작동이나 고장으로 인해 안전장치를 회로에서 배제한 후 직접 결선하였을 때에는 화염을 감시할 수 없으며, 작동 중 화염이 꺼진다고 하여도 주제어장치에서는 정상적인 연소가 지속되고 있는 것으로 간주된다.

보일러는 화학적 폭발과 물리적 폭발의 요소를 모두 포함하고 있다. 보일러의 열교환장치는 금속재질로 구분된 관이나 노벽을 사이에 두고, 물이 담긴 탱크와 화염이 발생하는 연소실로 구분된다. 여기서 구분하고 있는 금속재질의 변형 형태를 확인하여 어느 방향에서 압력이 발생한 것인지를 판단할 수 있다.

보일러에서 화학적 폭발은 주로 연소실 내부의 이상동작에 의해서 연소실의 연료-공기 혼합기가 폭발을 일으켜 사고가 발생하는데, 이 경우 열교환 장치는 연소실에서 발생한 압력에 의해 물탱크 방향으로 팽창되어 변형되어 있는 모습을 확인할 수 있다. 만일 설명한 바와 같이 연소실 내에서 화학적 폭발이 발생한 것으로 추정된다면 연소와 관련된 퍼지, 화염검출기 등의 장치를 검사해 원인을 밝힐 수 있을 것이다.

반대로 물리적 폭발은 탱크 내에 보관 중인 과포화 액체가 탱크의 균열 등으로 인해 압력이 낮아지면서 일순간에 비등하는 폭발 사고가 주를 이룬다. 이 경우에는 열교환

86 열전대 : 이종금속을 붙여둔 것으로 열에 의해 전기가 발생하고 이 전기적인 신호로 열을 감지한다.

87 광전소자 : 태양열 전지와 같이 빛에 의해 전기가 발생하고 이 전기적 신호로 화염을 감지한다.

88 http://www.aalborg-industries.com/ifs/files/AI/eng/Presentation/Website/Downloadablefiles/pdf/Aalborg_Solutions_download/aal_sol_6_mar04.pdf

보일러의 일반적인 위험성 스케일

스케일(Scale)이란?

일반적으로 보일러에 사용되는 용수로는 수도수, 공업용수, 지하수, 하천수 등이 있는데 이러한 용수 속에는 현탁물질이나 용해성물질, 용존가스 등 다양한 물질들이 포함돼 있다. 이들 불순물은 주로 Ca^{++}, Mg^{++}, Fe^{++}, Mn^{++}, Na^{+} 등 양이온과 $HCO3^{-}$, SO4=, Cl^{-} 등의 음이온이다. 이러한 불순물이 냉각이나 가열로 인한 온도변화에 분자가 이온 결합하여 파이프 및 물 순환 시스템의 벽면에 딱딱하고 두껍게 부착되며 형성하게 되는데 이 결정체를 스케일이라고 한다.

스케일이 생성되는 원인

물에 용해되어 있는 양이온(+)의 물질(Ca^{++}, Mg^{++} 등)이 파이프 벽에 모여 들게 되는 이유는 이온의 전기적 작용에 의한 것이다. 파이프는 항상 접지된 상태로 있기 때문에 마이너스(−)의 극성을 가지고 있기 때문에 물속의 양이온(Ca^{++}, Mg^{++} 등)에 정전인력에 의한 효과로 인해 파이프 벽쪽으로 끌려 가 부착된다. 열이 가해지거나 유속이 증가하면 물은 더욱 플러스(+)의 전위가 높아지고 파이프 벽으로 향하는 경향 또한 크게 촉진되어 모든 양이온 물질이 파이프 벽에 모여들게 된다. 더욱이 이들 양이온 물질은 주위에 있는 불순물, 부유고형물이나 콜로이드(아교질)가 달라붙어 파이프 벽에 딱딱하고 두꺼운 스케일 층을 형성하며 지속적으로 증대된다.

열전달 효율의 저하

스케일은 배관이나 탱크의 벽에 부착되어 마치 '단열재'와 같은 역할을 하는데, 연소실과 용수사이에서 열전달을 저하시킨다. 보일러의 경우에는 관(Pipe) 내부가 협소하여 많은 연소열이 보일러 수로 충분히 전달되지 못하게 되며 그만큼 연소실은 더욱 고온상태로 된다. 이것은 보일러의 동체, 연관, 배기계를 과열시켜 열적피로를 가중시키며, 강도를 저하시키는 원인이 된다.

부식을 촉진

스케일이 생성되면 보일러 튜브 벽면의 온도가 상승하고 관내유속이 증가되며 철박테리아 생성도 촉진되어 배관이나 탱크의 부식은 급격히 증가한다.

보일러의 파손, 균열의 위험

스케일이 부착되면 보일러수로 전달되지 못한 연소열의 대부분이 보일러 몸체나 튜브 등을 지나치게 가열시켜 열팽창에 의한 피로를 증가시켜 파괴의 위험이 증대되며, 안전밸브의 밸브시트, 압력차단기의 입력부를 막아 장치의 정상작동을 방해하며, 온도센서의 감도를 저하시켜 과열이 발생할 수 있다. 또 스케일은 다공성 막으로 형성되어 있는데 물에 젖어 있을 경우 도전성을 띄므로 수위감지기와 같이 물의 도전성을 이용한 전기적 감시에 오류가 발생할 수 있다. 수위가 낮아져도 스케일에 의한 도전경로 형성으로 높은 수위로 감지할 수 있다. 전기적 신호 검출의 오류 등 안전한 작동의 장애가 증가한다. 또 압력의 방출구인 릴리프밸브를 막아 배출되지 못하고 결국 보일러 폭발의 주원인으로 작용하게 될 수 있다.

그림 11.19 위 사진은 스케일이 가득 채워진 보일러 파이프의 단면이다. 만일 이와 같은 스케일이 안전밸브의 플랜저를 막고 있거나, 압력차단기의 압력 입력구멍을 막고 있을 때에는 정상적으로 작동하지 않을 것이다.[88]

장치는 물탱크 방향에서 연소실 방향으로 팽창되어 변형되는 모습을 확인할 수 있다.

만일 물탱크 내에서의 물리적 폭발이 발생한 것으로 추정된다면 탱크에 부착되어 있는 여러 가지 압력제어 센서와 스위치, 안전밸브의 상태 등을 검사해 원인을 밝힐 수 있을 것이다. 여기까지 보일러의 구체적인 폭발 사실이 확인된다면 다음으로는 위에서 설명하였던 보일러 구조의 결함이나 안전장치의 결함 등에 대하여 심층적인 조사를 진행할 수 있다. 안전장치 등의 결함여부는 위에서 설명하였던 안전장치을 구조와 작동원리를 살펴보면 상황에 따라서 어떠한 장치들을 살펴보아야 할지 알게 될 것이다. 또 장치와 관련된 일반적인 고장의 유형을 참고하면 도움이 될 것이다. 보일러의 용기나 파이프 등 재료적인 결함 여부 또는 외력에 의한 파괴 여부에 대하여도 조사가 필요할 것이다.

11.3 사례: Static Spark Ignites Flammable Liquid[89]

다음은 정전기에 의해 점화된 폭발사건의 원인조사 보고서 중 일부를 발췌, 번역, 정리한 것이다.

11.3.1. 사고의 개요

2007. 10. 29. 13:00경 미국 아이오와주의 솔벤트 소분 공장에서 연쇄적인 폭발과 화재가 발생하였다. 화재는 에틸아세테이트($C_4H_8O_2$)를 300갤런(약 1,136리터) 급 운송용 강철 용기에 소분하는 장소에서 발생하였다. 작업자는 노즐을 소분용기에 꽂은 후 다

89 CSB(Chemical Safety and Hazard Investigation Board), Static Spark Ignites Flammable Liquid during Portable Tank Filling Operation, **No. 2008-02-I-IA (September 2008)**

른 일을 보기 위해 잠시 자리를 비웠으며, 노즐은 자체의 무게로 용기의 위에서 고정되어 용기를 채우기 시작하였으며, 작업자는 잠시 후 "펑"하는 소리를 듣고 돌아보니 용기가 화염에 휩싸여 있고, 노즐은 바닥에 떨어져 계속해서 에틸아세테이트가 세어 나오고 있었다. 작업자는 휴대용 소화기로 불을 끄려고 하였으나 실패하였고 불은 주변에 있던 대량의 인화성 물질에 착화되었다.

11.3.2. 사고의 분석

에틸아세테이트는 National Fire Protection Association (NFPA) 30, *Flammable and Combustible Liquid Code* 에서 IB 등급의 인화성 액체로 구분되어 있다. 사고 직전 위와 같은 작업은 유증을 발생시켜 주변에 확산되면서 혼합성 폭발 기체를 형성할 수 있다. 호스 및 노즐과 금속재 용기 사이에서 발생한 정전기는 이 폭발성 혼합기에 쉽게 착화될 수 있다.

용기에 에틸아세테이트를 공급하던 호스는 펌프로부터 연장되어 볼밸브에 연결되고 노즐로 연결되어 있다. 작업 공정에서 용기와 펌프는 접지가 되어 있으나 노즐의 금속부와 합성고무로 만들어진 호스 그리고 펌프가 용기와 본딩이 이루어지지 않았다. CSB(Chemical Safety and Hazard Investigation Board)는 사고의 원인에 대하여 현장과 같은 작업상황은 호스와 노즐밸브에 정전기가 축적되기 쉬우며 스테인리스강 용기에 방전될 수 있다고 결론지었다.

노즐은 부도체인 플라스틱 물질로 만들어졌지만 스테인리스 볼 밸브 내에 quick-

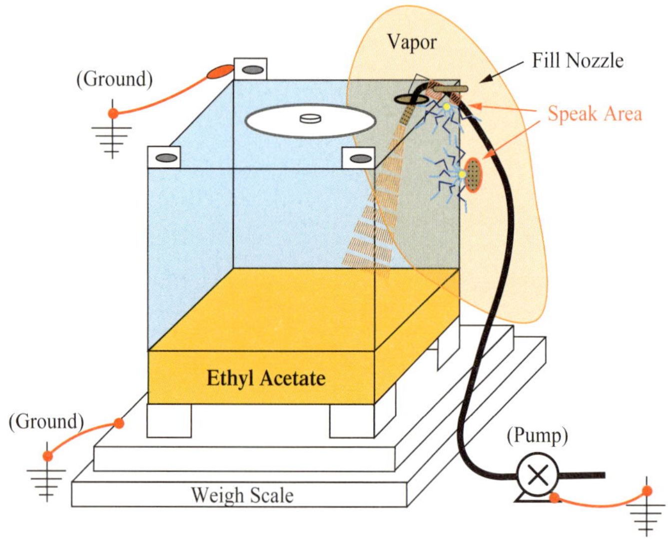

그림 11.20 사고 당시의 작업상황

connect fitting 방식으로 연결되어 있었다. 노즐은 볼밸브의 무게에 눌려 주유하는 동안 노즐이 빠지지 않을 수 있었다. 이와 같이 접지와 전기적으로 독립된 전도체는 정전기의 축적과 방전에 취약한 상태이다. 관련된 제조사의 기술자료를 검토하였을 때 사고현장의 노즐과 호스는 인화성 물질을 취급하는 작업에 적합한 제품이 아니라는 것이 밝혀졌다.

용기의 입구 위쪽에서 떨어뜨려 주입하는 방식은 접지되지 않은 주유장비에 정전기를 축적시키며 스테인리스 소분용기에 방전될 수 있는 좋은 조건이다. 금속재 노즐 또는 유중에 잠길 수 있도록 긴 노즐(dip piping nozzle)이 접지 금속과 본딩이 이루어졌을 때 정전기의 발생을 막을 수 있다. NFPA 77[90]은 휴대용 용기 또는 대량 용기에 인화성 물질을 주입할 때에는 가능한 한 바닥부터 채우는 방식으로, 1m/s 의 낮은 속도로 유동하도록 하며, 주유 노즐이 최소 15cm 이상 잠기도록 하여 주유되어야 한다고 권장하였다.

11.3.3. 사고 발생 및 확대 원인

1. 가연성 유증이나 가스발생이 예상되는 장소에 충분한 배기 장치가 설치되지 않았다.
2. 대량의 가연성 연료가 작업 공간 인근에 위치하여 연소확대로 착화되었다. 대량의 가연성 연료는 연소확대로 인해 착화되지 않을 정도로 격리 등 보호되어야 한다.
3. 주입시 정전기의 축적 및 방전을 막기 위해서는 도전성 철사 도는 섬유로 본딩된 호스와 노즐을 사용하여야 한다.
4. 작업에 권장되는 규칙을 따르지 않았다.

11.4 사례: Barton Solvents Static Spark Ignites Explosion in Valley Center, Kansas

다음은 미국 캔자스 지역 내 인화성액체 저장탱크 내부에서 발생한 정전기로 폭발과 화재가 발생한 사건에 대한 화학안전위원회의 시고조사 결과 보고서를 발췌, 번역, 정리한 것이다.

Barton Solvents Static Spark Ignites Explosion Inside Flammable Liquid Storage Tank

90 NFPA 77 ,*Recommended Practice on Static Electricity*

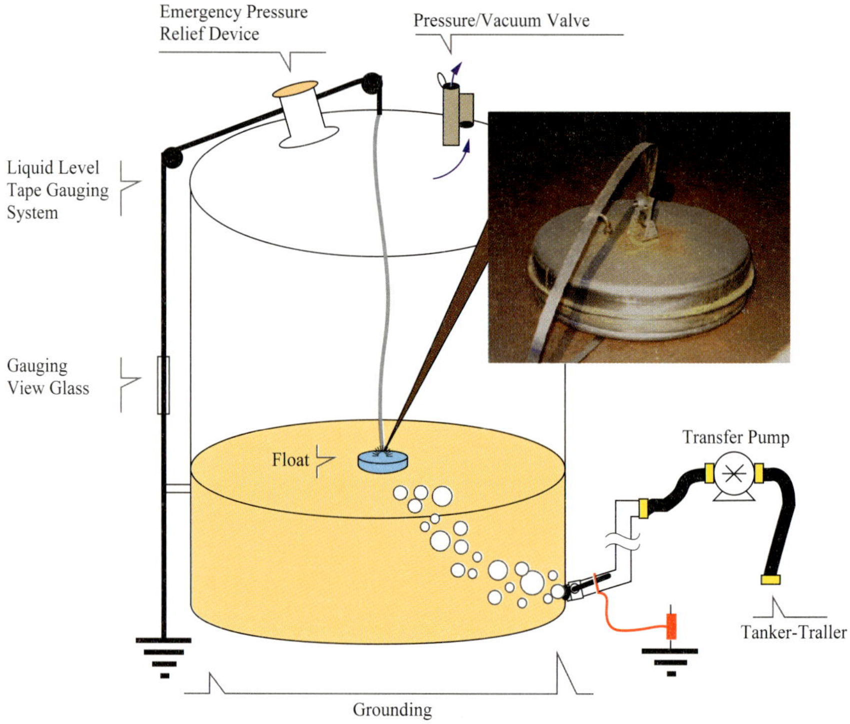

그림 11.21 VM&P naphtha tank and photo of an example float

11.4.1. 개요

2007. 5. 17. 09:00 에 Valley Center, Kansas 지역에 있는 Barton Solvents Wichita 공장에서 화재와 폭발이 발생하였다. 11명의 주민과 1명의 소방대원이 치료를 받아야 할 정도로 부상을 당했다. 이 사고로 인하여 Velley Center에서 약6,000명이 대피하였으며 Barton사의 탱크단지가 파괴되고 중대한 손실이 발생하였다. 미국 화학안전 위원회는 조사를 통하여 Varnish Makers' and Painters' (VM&P) naphtha가 담겨 있던 수직 지상 저장 탱크의 내부에서 최초로 폭발이 발생한 것으로 결론지었다. VM&P naphtha는 international Fire Protection Association (NFPA) Class IB[91] 등급의 인

91 Liquids most likely to form ignitable vapor–air mixtures during tank filling at ambient operating temperatures are normally those designated as Class IB or Class ICin NFPA 30 (flammability hazard rating of "3" in NFPA 704). In the American Petroleum Institute (API) classification system these liquids usually fall into the "Intermediate Vapor Pressure Products" category. A notable exception is motor gasoline, an NFPA Class IB liquid that is designated as a "High Vapor Pressure Product" in the API system, implying that (except at very low operating temperatures) the vapor–air mixture formed during tank filling rapidly becomes too rich to be ignitable. (See NFPA 30, Section 4.3 "Classification of Liquids" and NFPA 704 Chapter 6 for a detailed discussion of NFPA's classification and flammability hazard rating systems. See API 2003 (2008 edition), Section 3 "Definitions" for an explanation of "High," "Intermediate," and "Low" vapor pressure product classes.

그림 11.22 Tank top projectile struck a mobile home

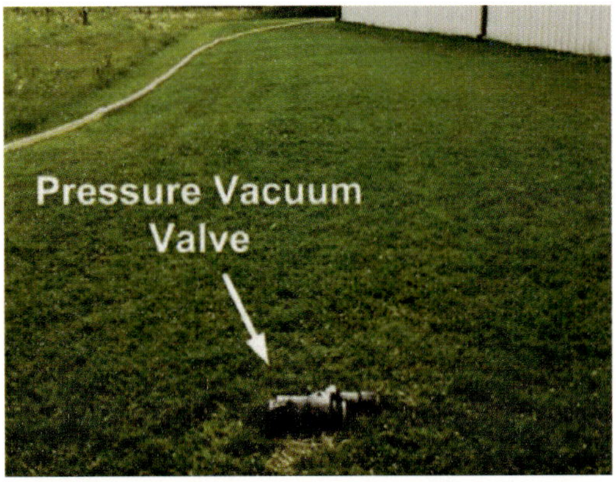

그림 11.23 Pressure vacuum valve projectile struck neighboring business

화성 액체로 탱크 내부에서 혼합기를 형성할 수 있으며 전기 전도도가 낮기 때문에 위험한 수준의 정전기를 축적할 수 있다.

화재안전위원회는 기업들이 인화성 액체에 축적된 정전기의 위험성에 대하여 인식하고 Barton에서의 사고와 같은 폭발과 화재에 대하여 경각심을 일깨우기 위해서 이 사례를 연구하여 발표하였다.

11.4.2. 사고의 요약

탱크 단지의 감독자가 탱크로리의 마지막 격실로부터 VM&P naphtha를 15,000 갤런 용량의 지상 저장 탱크에 이송을 시작하자마자 폭발이 발생하였다.

폭발로 인하여 VM&P 탱크는 불이 붙은 액체에서 화염과 검은색 연기를 날리면서 공중으로 날아올랐고 약 130feet 떨어진 곳에 떨어졌다. 몇 마일 떨어진 곳에서도 이 폭발음이 들렸고 파이어볼을 목격할 수 있었다. 잠시 후 2회 이상의 탱크 폭발이 추가적으로 발생하여 탱크가 파열되고 탱크 내에 있던 내용물들이 누출되어 탱크 단지를 둘러싸고 있는 유출봉쇄 구획 내부에 집중된 화세를 강화시켰다[92]. 화재에 의해서 다른 탱크의 내용물들도 과압상태가 되거나 연소되었다. 직경 10~12feet 가량 철제 탱크의 헤드부분과 안전밸브, 파이프, 강철 부품들이 날아가서 근처의 지역에 떨어졌다. 탱크의 위쪽은 약 300feet를 비행하여 이동식 주택을 충격하였다. 진공/압력 밸브는 약 400feet를 날아가서 근처의 사업장에 떨어졌다.

92 Approximately 20,000 gallons of flammable liquid were released into the spill containment. The tank farm included 43 above-ground storage tanks with capacities ranging from 3,000 to 20,000 gallons. Tank heights ranged from approximately 15 to 40 feet.

11.4.3. 인화성액체와 정전기

가연성 혼합기는 정전기와 같은 점화원이 있게 되면 폭발이 발생한다. 보통 상온에서 가솔린을 보관 중인 인화성 액체 저장 탱크에는 탱크 내에 혼합기가 존재하게 될 수 있지만 이것은 연소범위 상한계 이상으로 연료가 풍부하고 산소가 부족한 상태이므로 정전기와 같은 점화원에 착화되지 않는다. 그러나 VM&P naphtha 및 그외의 NFPA Class IB Flammables 들은 상온에서 가연성 혼합기를 형성할 수 있다.

파이프와 밸브 그리고 필터에 액체가 유동하면 정전기가 생성된다[93]. 또 물이나 공기를 유동시키거나, 첨벙거리거나 휘젓는 경우에도 정전기가 축적될 수 있으며 탱크 바닥의 침전물이 부유하는 경우에도 발생할 수 있다.

VM&P naphtha 및 다른 인화성 물질은 전기적으로 부도체이기 때문에 정전기가 축적되고정전기의 축적은 탱크 내부에서 위험한 방전이 발생할 수 있다[94].

11.4.4. 주요 조사결과

화학안전 위원회는 탱크 내부에서 폭발이 발생할 수 있는 몇 개의 환경들에 대하여 판단하였다.

- 탱크의 위쪽에 가연성 혼합기가 형성되었다.
- 주유할 때 공기가 파이프를 따라서 이동하였으며 침전물과 물에 의해서 VM&P naphtha 탱크 내부에 빠르게 정전기가 축적되었다.
- 탱크 내부에는 플로트와 헐겁게 연결되어 전기적으로 분리된 유위 측정 장치가 있었으며 주유하는 동안 이곳에서 스파크가 발생하였다.
- 이 사고와 관련된 VM&P naphtha의 MSDS는 폭발 위험을 적절하게 다루지 못하였다.

(1) VM&P naphtha의 인화성

화학안전 위원회는 당시 사고에서 탱크 내부에 가연성 혼합기가 형성되었는지를 확인

93 The rate of static charge generation during flow through pipe increases roughly with the square of the flow velocity. A liquid whose conductivity is less than 100 pico siemens per meter (pS/m) is generally considered nonconductive (Britton, 1999). The VM&P naphtha involved in the Barton incident had a conductivity of 3 pS/m. Some common nonconductive liquids are listed in NFPA 77 (Annex B – Table B.2). See the Resources Section at the end of this Case Study for web access instructions

94 The length of the transfer piping from the pump to the storage tank was approximately 215 feet (66 meters); the piping was 2.5 inch NPS Schedule 40, (6.3 cm inside diameter); and the pump flow velocity was 4.6 meters per second (15 feet per second). A 425 micron (0.017 inch) mesh strainer was located at the pump outlet.

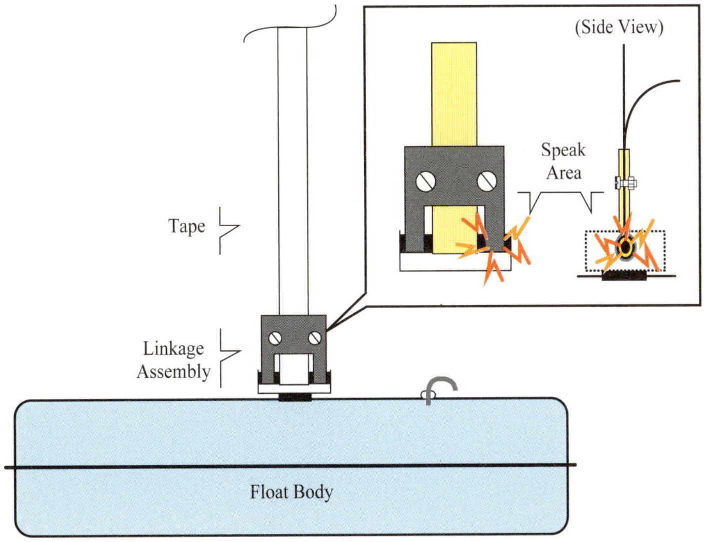

그림 11.24 Float linkage and area where the spark likely occurred

하기 위해서 VM&P naphtha을 검사하였으며[95], 실험 결과 약25°C(VM&P naphtha를 취급하던 사고 당시의 온도) 탱크의 상부에는 가연성 혼합기의 형성이 매우 용이한 상태였으며, 정전기 방전으로 인한 에너지는 이 가연성 혼합기에 점화원으로 충분히 작용 가능하였다[96].

(2) 탱크 유위 측정용 플로트의 디자인

Barton 주식회사에서 사용중이던 유위 측정 기구는 플로트와 테입의 연결부위가 느슨하였으며 이로 인하여 접지가 충분하지 않았고 스파크가 발생할 수 있는 잠재적인 위험이 발생하였다[97]. 화학안전 위원회는 펌프를 이용한 이송이 이루어지는 동안 난류와 기포가 정전기를 빠르게 축적시키고 플로트와 느슨하게 연결된 늘어진 측정 테입은 연결부가 전기적으로 분리되어 스파크 방전을 발생시켰다[98].

95 Its flashpoint was 58 °F (14 °C); its vapor pressure was approximately 0.7 kPa (5 mmHg) at 68 °F (20 °C) using an Isoteniscope; and its flammable range was approximately 0.9–6.7% in air. The Reid VP of the VM&P naphtha was 3.1 psia (21.4 kPa) at 100 °F (38 °C).

96 The CSB estimates that the minimum ignition energy required for a spark to ignite the Barton VM&P naphtha was 0.22 mJ (plus/minus 0.02 mJ).

97 Electrical testing of an exemplar tank level float indicated that a loose linkage could produce a spark with sufficient energy to ignite a flammable vapor–air mixture inside a tank.

98 While the CSB has concluded that the loose linkage level float was the most likely spark location, a spark from a "brush discharge" cannot be ruled out. Brush discharges encompass a variety of "non-spark" static discharges that occur between a charged liquid surface and a grounded conductive object, such as a dip pipe or other metal component acting as an electrode, or even the tank wall itself. Brush discharges can occur even when all equipment is properly bonded and grounded (Britton, 1999). See the Resources Section at the end of this Case Study for more information on brush discharge.

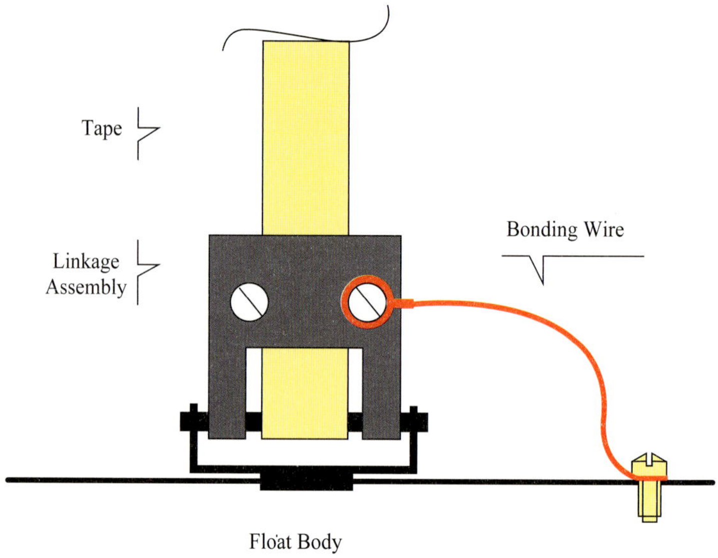

그림 11.25 Tank level float bonding wire

(3) 펌핑 중인 액체의 정전기 축적

Barton사는 탱크로리의 구분된 3개의 격실로부터 VM&P naphtha 탱크로 펌핑하여 VM&P naphtha을 이송하였다. 탱크로리의 격실을 바꾸고 호스를 재연결하는 과정에 파이프에 에어포켓이 만들어졌으며 이 에어포켓이 탱크 안으로 유입되었다. 관련 연구(Walmsley, 1996) 들은 전기적으로 부도체인 액체가 탱크 저장소로 이송되면서 정전기가 빠르게 축적된다는 것을 밝힌바 있다. 이 사례의 경우 정전기의 축적은 에어포켓과 탱크 내부에 있는 물, 침전물의 부유로 인해 더욱 가중되었다. 게다가 VM&P 탱크는 폭발당시 약 30% 정도만 채워져 있었는데 이것은 주유 중 예상할 수 있는 최고의 정전압이 생산될 수 있는 상태인 것으로 판단된다.

11.4.5. 추가적 예방조치

naphtha, toluene, benzen, heptane 등과 같이 전기적으로 부도체인 인화성 액체를 이송, 저장, 취급하는 회사들은 Barton에서와 같은 사고를 막기 위해서는 다음과 같은 추가적인 예방조치가 요구된다.

- 추가적인 안전 지침서가 필요하다.
- 공기로 채워질 수 있는 탱크의 위쪽 공간에 불활성 가스를 채워 넣는다.
- 탱크 유위 플로트의 연결이 헐거워졌을 때에는 교체하거나 보수한다.
- 정전기를 제거하기 위한 요소들을 삽입한다.
- 이송되는 액체의 유속을 줄인다.

(1) 추가적인 제조자 안전 수칙

일반적으로 MSDS는 전기 전도도 대한 실험 자료 또는 관찰되어야 하는 필요한 추가적 예방조치들을 제공하지 않으며 일반적으로 정전기 및 저장 탱크 증기-공기 혼합물의 유해성에 관한 관련 합의된 지침을 언급하지도 않는다.

그러므로 폭발에 대한 잠재적인 위험성을 제거하기 위해서는 MSDS 외 추가적인 예방조치가 필요하며 인화성 액체를 이송하기 위해서는 액체의 제조사 또는 검증된 전문가에게 인화성 액체가 전기적인 부도체(정전기의 축적)인지 여부 및 탱크 내부에 가연성 혼합기를 만들 수 있는지 등에 대하여 자문을 구해야 한다.

(2) 탱크의 상부 공간에 불연성, 불활성 가스를 주입[99]

질소와 같은 불활성 가스를 사용하는 것은 탱크 상부 공간에서 정전기의 점화로 인한 연소가 지속되지 않게 하므로 폭발과 같은 점화사고의 잠재적 위험성을 줄이는 데에 효과적이다[100]. 그러나 이것은 탱크 내부에 산소부족 환경을 제공하기 때문에 전형적인 일반적인 탱크의 관리 및 유지보수 작업에 높은 주의가 요구된다[101].

(3) 탱크 유위 플로트의 헐거운 연결의 보수 또는 교체

가연성 혼합기가 포함된 탱크에서 전기적으로 연결이 헐거운 유위 측정 플로트를 사용하는 기업에서는 다음 조치 중 한개 또는 한 개 이상의 사항을 취해야 한다.

- 탱크 상부공간에 불활성을 유지하기 위해서 적절한 가스를 사용해야 한다.
- 탱크 내부에서 정전기에 의한 방전이 발생하지 않도록 플로트를 이용한 유위 측정 장치를 감독하고 교체해야 한다.
- 본딩과 접지가 충분하도록 디자인이 수정되어야 한다[102].(그림 11.25와 같이)
- 이송 중인 액체의 유속을 감소시킨다[103].

99 NFPA 69 "Standard on Explosion Prevention Systems" (2008) for guidance pertaining to proper inerting practices.

100 Before using inert gases in tanks, companies should contact the liquid manufacturer to determine if the proposed gas is appropriate for the particular liquid.

101 Employers who require employees to enter confined spaces—particularly those with oxygen-deficient or other hazardous atmospheres—must comply with the requirements of the OSHA "Permit Required Confined Space Program" (29 CFR1910.146).

102 This figure illustrates the modification recommended by the manufacturer of the floats used at Barton's Wichita facility. Companies with floats equipped with loose linkages should contact the manufacturer for modification recommendations.

103 NFPA 77 (2007); API 2003 (2008); and Britton (1999) recommend a flow (pumping) velocity of 1 meter per second when the risk of static ignition is high. Until the spark potential inside the tank is eliminated, companies should use a pump flow velocity at (or near) 1 meter per second to transfer nonconductive flammable liquids.

- 정전기가 방전될 수 있는 간극이 발생하지 않도록 플로트에 연결된 테입이 느슨해지지 않도록 한다.

(4) 정전기 제거를 위한 첨가물

제전을 위한(전기 전도도를 높이는) 첨가물은 액체의 전기 전도도를 높여서 정전기의 축적을 감소시킨다. 기업에서는 첨가물을 사용할 때 이러한 첨가물이 특정 액체에 적절하며 효과적인지 확인하기 위해서 인화성 액체의 제조사들과 연락하여 확인해야 한다.

(5) 유속의 감소

가연성 혼합기를 만들 수 있는 부도체인 인화성 액체는 정전기에 의한 점화 가능성을 최소화하기 위해서 낮은 유속으로 이송되어야한다는 것을 다양한 지침서에서 제안하고 있다[104].

11.5 사례: Heat exchanger rupture in Houston, Texas

다음 사례는 미국의 화학안전위원회에서 안전장치 조작 미흡으로 인해 열교환기가 파열되고 암모니아가 유출되었던 사고의 조사보고서를 발췌, 번역, 정리한 것이다.

Heat exchanger rupture and ammonia release in Houston, Texas

11.5.1. 개요

이 사례 연구는 Houston, Texas에 위치한 Goodyear Tire and Rubber Company (Goodyear)의 공장에서 열교환기의 파열과 암모니아 유출로 1명이 사망하고 6명이 부상을 당한 사건을 조사한 것이다.

Goodyear 사는 합성고무를 생산하는 공정에서 화학물질들을 열교환기 내의 압축 무수암모니아를 이용해서 냉각시킨다. 화학물질이 열교환기 내부의 관으로 펌핑되어 통과하는 사이 원통형의 강철 용기 내에서는 이 관의 주변을 흐르는 암모니아에 의해서 화학물질이 냉각된다.

104 The guidance pertaining to reduced flow (pumping) velocities include API 2003 (2008), Sections 4.2.5.6 and 4.5.1; NFPA 77 (2007), Table 8.6 (footnote f); and Laurence Britton, "Avoiding Static Ignition Hazards in Chemical Operations", Chapters 2–1.6 and 5–4. While toluene and heptane are specifically identified in NFPA 77, Table 8.6 (footnote f), typical VM&P naphthas exhibit similar characteristics and should also be transferred at reduced flow rates. Recommended maximum flow (pumping) velocities provided in the various guidance differ. However, the most protective recommended flow (pumping) velocity is 1 meter per second.

그림 11.26 파괴된 열교환기의 현장 사진

2008. 5. 10. Goodyear 작업자는 릴리프 밸브 아래에 과압보호를 위해 설치된 파열판을 교체하기 위해서 암모니아로 냉각이 이루어지는 열교환기와 릴리프 밸브 사이의 격리 밸브를 폐쇄하였다. 유지보수 직원은 그날 파열판을 교체하였으나 격리밸브를 다시 개방하지 않았다. 11일 아침 어떤 작업자가 열교환기의 암모니아 압력 조정 밸브와 연결된 차단 밸브를 닫았고, 이어서 배관을 청소하기 위해서 스팀배관을 연결하였다. 스팀이 열교환 배관으로 흘러들어갔고 액화 암모니아가 열교환기 내에서 가열되고 용기의 압력을 상승시켰다. 용기에는 격리밸브와 차단 밸브가 닫혀있었기 때문에 압력 조정 밸브 또는 파열판 및 릴리프 밸브 어느 쪽으로도 안전하게 압력을 뿜어내지 못하였다. 07:30경 열교환기 내의 압력은 파열에 이를 만큼 지속적으로 상승하였다.

비극적인 파열사고 의해 비산되는 잔해들이 인근에서 근무중인 작업자를 충격하여 사망케 되었으며, 파열 이후 암모니아가 누출되어 인근의 작업자 5명이 노출되었고, 추가적으로 1명의 작업자가 그 지역을 피난하는 사이 노출되기도 했다.

파열 및 누출사고가 발생하고 나서 Goodyear 직원들은 공장으로부터 즉각적으로 피난하였고 구급대원들이 6명의 부상자들을 이송하였다. 직원 추적 시스템이 기능을 충분히 하지 못해서 Goodyear는 결과적으로 모든 작업자들이 현장으로부터 안전하게 피난한 것으로 생각하였다.

비록 열교환기의 주변에 대하여는 즉각적으로 출입을 통제하였지만 운영진은 5월 11일 아침이 지나서야 사고를 선언하였다. 공장의 사고대응팀은 다른 공정이 작업을 재

그림 11.27 Area of fatality

개하는 사이 청소를 시작하였다. 공장이 재가동된지 몇 시간이 지난 후 사고현장의 손상정도를 살피던 감독자가 불빛이 어둑한 잔해 아래에서 Goodyear 직원의 시체한구를 발견하였다.

11.5.2. 배경

(1) Goodyear

Goodyear는 1898년도에 설립한 세계적인 타이어 및 고무 생산 업체이며 본사는 Akron, Ohio에 위치하고 있다. North American 공장에서는 타이어 및 타이어의 부품을 생산한다. Houston 공장은 1942년에 건축되었고 1989년에 확장 건축되어 몇 개의 공정에서 합성고무를 생산한다.

① 공정의 요약

시설은 생산과 마감처리 구역으로 구분되어 있다. 생산 구역에서는 스타이렌과 부타디엔 등을 연속적인 반응기에서 화학 처리한다. 반응공정라인에 있던 열교환기는 온도를 제어하기 위해서 암모니아가 사용된다. 반응기에서 나온 물질은 파이프를 통해 이동시켜 마감처리 지역으로 보낸다.

② 암모니아 열교환기

암모니아는 산업용 냉각기에 일반적으로 사용된다. Goodyear 사는 생산공정에 3개

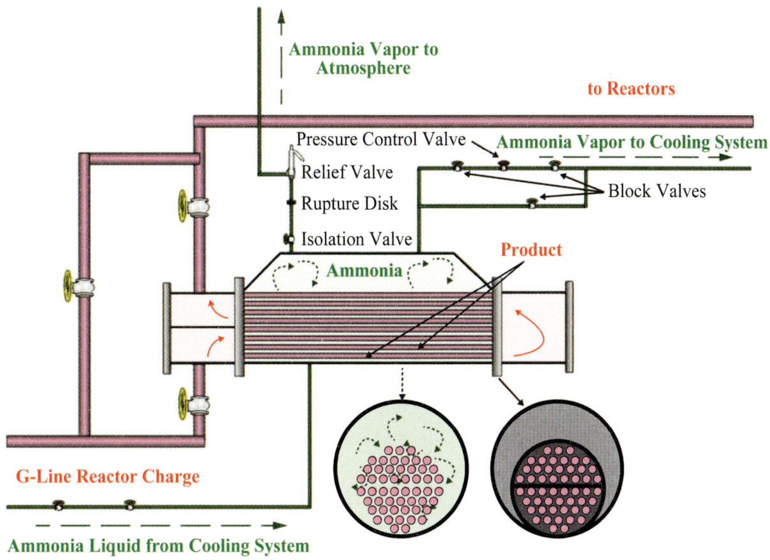

그림 11.28 Ammonia heat exchanger

의 암모니아 열교환기를 사용한다. 암모니아 냉각 시스템은 암모니아 열교환기에서 압축된 암모니아가 사용된다. 암모니아가 열교환기 중심에서 튜브 내로 유동하는 화학물질로부터 열을 흡수했을 때 암모니아는 열교환기 용기 내에서 비등하게 된다(그림 11.28). 압력조정 밸브는 열교환기 내부의 압력을 150psig로 유지한다. 암모니아 증기는 다시 압축과 냉각을 통해 액화시키는 암모니아 냉각시스템으로 복귀한다.

이공정의 화학물질은 열교환기로부터 반응기 공정으로 흘러간다. 각 열교환기는 과압으로부터 보호하기 위해서 각 300psig에 설정된 파열판과 릴리프 밸브가 직렬로 장착되어 있다. 릴리프 밸브는 암모니아 증기를 지붕을 통해 대기로 방출시킨다.

③ 암모니아의 성질

무수암모니아는 무색이며 독성이 있고 실내 온도에서 인화성이 있다. '톡'쏘는 냄새가 나고 호흡하거나 삼키거나 또는 눈이나 피부에 접촉하면 해롭다. 암모니아 증기는 눈과 호흡기에 자극적이며 호흡을 곤란하게 한다.

액상 암모니아를 접촉하면 동상에 걸린다. 액상의 암모니아는 증기화되면 용적이 850배로 증가한다. 암모니아 증기는 공기보다 가볍기 때문에 누출되었을 때 위로 상승하는 경향이 있지만 습도가 높은 환경에서는 대기중의 수증기에 흡수되어 지면 가까이 남아있을 수도 있다.

The Occupational Safety and Health Administration (OSHA) 와 National Institute for Occupational Safety and Health (NIOSH) 는 작업자들이 암모니아 25~50ppm 농도에 노출되는 환경에서 시간 가중 평균(time-weighted average) 8시간이상 근무하는 것을 제한하였다. 암모니아는 5ppm 농도에서 취향을 감지할 수 있다.

11.5.3. 분석

(1) 응급절차

① 현장의 긴급대응 훈련

Goodyear사는 외부의 산업 진압훈련에 참석하고 지역의 긴급 시나리오를 기반으로 대응 훈련을 실시한 긴급 대응팀을 운영하고 있었다. 다른 고용자들은 건강 및 안전 교육의 일환으로 컴퓨터 기반의 비상대비훈련 교육을 받았다.

비록 Goodyear 절차서에는 공장 전체의 탈출과 피난에 대한 엄격한 훈련이 1년에 4차례 규정되어 있지만 작업자의 화학안전위원회에 진술하였던 바에 의하면 이러한 훈련은 2008년 5월 11일 사고가 발생하기 이전 4년 동안 없었다고 하였다. 공정 절차에는 공장 전체 또는 일부의 경보 작동과 비상시 집결장소에 대하여 논하고 있지만 일부의 직원들은 이러한 절차에 대하여 완벽하게 훈련되지 않은 상태였다.

② 공장 경보 장치

비록 Goodyear사는 공장 전체에 경보장치를 갖추었지만 일부 작업자들은 이번 사고에서와 같이 사고의 성격에 대하여 즉각적으로 알 수 없었으며 그 장치를 신뢰할 수 없다고 하였다.

파열된 열교환기로부터 암모니아가 누출되었음도 불구하고 생산 단위 지역을 따라서 설치된 비상경보기는 지역에 특화된 경보가 울렸으며 자동 water deluge system에서 뿜어져 나오는 물은 사고 대응팀이 영향을 미친 공정의 비상 경보기가 있는 곳에 진입하는 것을 방해하였다. 대응팀의 책임자와 멤버들은 몇몇의 작업자들에게 무선과 육성으로 용기가 파열되었으며 암모니아가 누출되었다는 것을 주변에 알리도록 조치하였다.

③ 비상 상황에서 직원들을 위한 계정

공장운영 절차서에는 Goodyear 직원들의 비상 책임 제도에 대한 개요가 정리되어 있다. 책임자들은 그들의 직원들을 마스터 리스트가 컴퓨터에 의해서 생성되는 badge-in/badge-out system을 이용하도록 계정화하였다.

그러나 사고가 발생하였을 때 뱃지 추적 장치의 오작동 때문에 그들이 있는 장소의 목

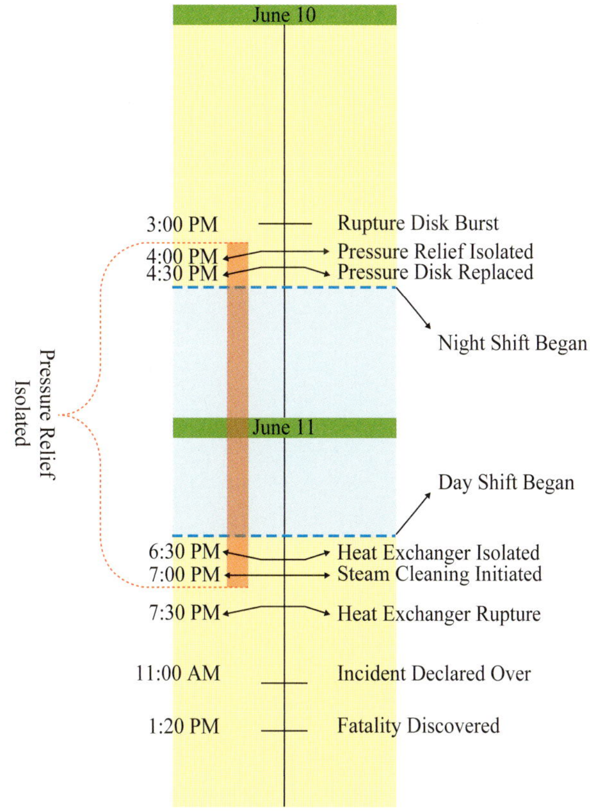

그림 11.29 Event timeline

록을 즉각적으로 받지 못하게 되었다. 현장의 집결장소에 밀집한 직원들을 일일이 확인하여 수기로 작성한 작업자와 하청업자들의 목록이 만들어졌다. 잠시 후 긴급대응팀의 대원이 수기로 작성한 목록과 생산 지역으로 들어간 상태로 남아 있는 사람의 컴퓨터 기록을 비교하였다.

게다가 긴급대응팀은 직원책임절차에 대하여 익숙했지만 계정에 관여된 모든 책임자와 안전관리요원은 교육을 받았음에도 불구하고 익숙하지 않았다. 사실상 책임에 관여된 직원들 중 일부는 비상시에 이러한 직무가 자신들의 직무 중 일부인 것도 사고 이전에는 알지 못했다.

치명적인 부상을 당한 직원은 긴급출동 대원중의 한명이었으며 책임자는 집결장소에서 그녀가 없는 것도 인식하지 못했었다. 긴급지휘소는 8:40이 되어서 모든 직원들의 소재를 확인했으며, 하청업자들의 소재파악은 긴급지휘소가 공장 전체가 피난하고 구역의 출입제한을 해제한 시간인 11:00까지 지속되었다. 오직 파열사고 직근의 장소만 제한구역으로 남아있었다.

13:20경 운영 책임자 사고지역의 손상을 살피던 중 빛이 희미한 지역의 허물어진 잔해

속에서 희생자를 발견하였으며 City of Houston 의 긴급의료팀에 연락하였다.

(2) 유지보수 절차

생산지역의 작업자들에게 요구되는 훈련은 특히 5월 10일 날 수행하였던 파열판의 유지보수 등 표준 생산절차가 포함된다.

- 작업의 시작 전과 작업 종료 후에 확인 사인을 받는 작업지시서의 활용
- 유지보수가 진행 중인 장비에 대한 lockout/tagout procedures의 활용

화학안전위원회는 작업지시서와 lockout/tagout programs 2곳에서 사고에 기여했던 결함을 발견했다.

그 작업자들의 작업지시서에는 일을 시작하기 전과 일이 완료된 이후 서명이 필요하였음에도 불구하고 운영자의 진술에 의하면 유지보수직원이 필요한 생산 운영자의 서명을 항상 받지는 않았다고 진술하였다. 게다가 작업지시 서류는 생산 관제 스테이션에 보관되지도 않았다.

(3) 압력용기의 과압방지

① 열교환기의 파열

파열판과 릴리프 밸브는 직렬로 설치되어 열교환기를 과압으로부터 보호한다. 파열판과 열교환기 사이에 설치된 격리밸브는 유지보수를 위해서 파열판과 릴리프 밸브를 격리하였다. 이 밸브가 폐쇄 위치에 있을 때에도 열교환기는 자동압력조절 밸브가 있기 때문에 여전히 과압으로부터 보호되었다. 그러나 다음날 작업자가 배관의 스팀 청소를 위해서 분리작업을 시작하며 열교환기와 자동 압력조절 밸브 사이에 설치된 차단밸브를 폐쇄하였다. 이로 인하여 열교환기 내부의 암모니아 측에서 발생할 수 있는 과압은 모든 보호장치로부터 고립되었다. 열교환기 내부로 스팀이 흘러들어가면서 암모니아의 온도를 높이고 고립된 열교환기 내부의 압력이 증가하였다. 과압보호 장치로부터 고립된 상태였기 때문에 파열이 발생할 때까지 열교환기 내부의 압력은 상승하였다.

11.5.4. 교훈

(1) 유지보수의 완성

비록 유지보수 직원은 5월 10일 16:30경에 파열판의 교체작업을 완료하였음에도 불구하고 열교환기의 근본적인 과압 보호장치들은 열교환기가 파열된 다음날 07:30경까지 격리된 상태로 남아있었다.

유지보수 담당자과 운영 담당자 간의 커뮤니케이션 환경은 공정 안전운영에 있어서 매우 중요하다. 유지보수에 대한 준비가 완료되었을 때 유지보수 직원에게 알려주거나 유지보수가 완료되었을 때 작업 담당자에게 알려 줄 수 있는 공식적인 문서에 기재하는 것은 좋은 실무적인 예이며 이러한 과정은 안전하게 저장될 수 있어야 한다.

(2) 고립된 압력용기

Goodyear 직원들이 열교환기로 가는 배관에 스팀을 보내는 동안 암모니아 열교환기는 과압보호 장치로부터 완벽하게 격리되어 있었다. 작업자들은 릴리프밸브를 유지보수가 끝난 이후로도 몇 시간 동안 고립된 상태로 방치하였다.

ASME Boiler and Pressure Vessel Code에 따르면 "비록 용기가 외부의 가압 및 외부의 가열, 화학적 반응 그리고 액체의 증기화 등을 포함하는 어떠한 원인으로도 과압될 가능성이 없다고 하더라도 압력 용기에는 보호장치가 지속적으로 제공되어야 한다."고 명시되어 있다. 작업자들은 고립된 릴리프 밸브의 상태를 수리하고 차단 밸브를 다시 개방하며 작업이 마무리된 직후에도 모든 공정에서 지속적으로 감시했어야 했다.

CHAPTER

12 폭발의 조사

12.1 폭발 현장의 안전

폭발현장에서 가장 안전하기 위한 방법은 근처에 접근하지 않는 것이다. 하지만 폭발 조사를 하고자 한다면 현장 내부에 들어가지 않고서는 불가능한 일이다. 이미 폭발은 발생하였지만 추후에 발생할 수 있는 위험상황에 대하여 인식하고 충분한 안전조치를 해야 한다.

폭발 사고가 발생한 지역은 매우 위태로운 상태이다. 폭발로 인해 구조물의 2차 붕괴 위험이 발생할 수 있으며, 선행된 폭발 사고로 인해서 화재 또는 2차 폭발의 위험이 존재한다. 특히 폭발물이 관여된 테러 등 폭발사고의 현장은 대량의 인명피해를 겨냥한 고의적 2차 폭발을 예상해야만 한다. 그 외에도 누출된 독성물질에 의한 중독과 화학적 화상 등의 위험이 있다.

폭발 이후 2차 사고의 위험은 실제로 현장을 조사하는 조사관들이 간과하기 쉬운 위험이며 또 철저한 준비 후 현장에 출동하는 것이 많은 부분에서 현실적으로 어렵다는 것을 잘 알고 있다. 그러나 만일 다치거나 건강을 잃게 된 후 이러한 말은 스스로에게 구차한 변명밖에는 될 수 없다. 만일 목숨을 버려 나라를 구해야할 만한 명분이 있다면 현장에 맨몸으로라도 들어가야 하겠지만 필자가 아는 한 폭발현장 조사에서는 그만한 명분은 없다. 이미 발생한 사고에서는 2차 피해가 발생하지 않는 것이 중요하다. 무엇보다도 조사관의 안전에 만전을 기해야 한다.

혹자는 위험한 업무에 종사하는 담당자로서 어느 정도의 위험은 감수해야한다고 말할 수도 있을 것이다. 그러나 조금 더 알아보고 조심하고 준비를 한다면 위험에 노출되는 것을 피할 수도 있다.

실무조사관들은 목적에 급급하여 자신이 곤란해 질 수도 있는 안전조치에 대하여는 충분한 시간을 가지고 고민하지 못하는 경우가 많다. 폭발현장에 진입하기 전에 점검되어야 하는 항목을 체크리스트로 만들어 활용하는 것은 좋은 방법이 될 수 있다.

12.1.1. 구조물의 붕괴 위험

폭발 현장은 거대한 압력이 발생하였던 곳이다. 굳이 설명하지 않아도 폭발로 인해 많은 구조물과 시설의 파괴가 발생한 모습은 누가 보기에도 매우 위태롭다는 것을 인식할 수 있다. 현장은 완전히 파괴될 수도 있지만 반파정도의 수준으로 취약해진 상태로 남아 있을 수 있다. 붕괴의 위험은 폭발 직후 가장 위험하며 점차적으로 시간이 갈수록 가능성은 적어진다. 그러나 내부에서 조사활동에 수반된 물리적 변형이나 충격 등에 의해서 구조물이 붕괴되는 경우도 종종 발생한다. 구조물의 붕괴는 이미 취약해진 현장에 살포된 물이 얼거나 녹는 과정에서도 발생할 수 있으며, 외부에서 불어오는 강풍에 의해서도 발생할 수 있다. 조사를 계획할 때에는 지역의 기상 상태에 대하여도 충분히 고려해야 한다. 현장의 조사하는 업무는 사뿐히 걸어 다니며 관찰하는 것만으로는 해결할 수 없다. 폭발현장을 뒤덮고 있는 시설이나 구조물의 잔해 일부를 분리해서 치워야하는 경우가 있는데 이 때 작업 과정에서는 발생한 충격과 물리적인 힘이 이미 취약해진 구조물에 전달될 수밖에 없다. 또 잔해를 제거하면서 중장비가 동원되기도 하는데 현장에서 발생하는 충격이나 변형은 이미 취약해진 구조물을 추가적으로 붕괴시킬 수 있다.

구조물의 내부로 조사를 진행해야한다면 구조물의 파괴상태를 외부에서 충분히 관찰하고 판단이 서지 않는다면 안전진단 전문가들에게 추가 붕괴 위험성에 대한 안전을 진단받은 후 진입해야 한다.

12.1.2. 2차 폭발 위험

폭발물이 관여된 현장에는 또 다른 폭발물이 존재할 수 있다. 최근 이슬람무장단체들에 의한 테러 유형을 살펴보면 간단한 폭발이 발생한 후에 2차의 대규모 폭발이 발생

그림 12.1 "If you see me running, Try to keep up!"

하도록 시나리오에 의해서 폭발하는 경우가 있다. 의도된 시나리오가 아니더라도 주변에는 불발의 폭발물이 잠복하고 있을 수 있다. 폭발물 사고에서는 특히 2차 폭발의 위험성을 인식하고 특공대 또는 군에서 운영중인 EOD의 안전진단을 마친 후 폭발현장 조사를 실시하도록 한다.

"내가 달리는 것을 보았다면 나보다 더 빨리 달려라!(If you see me running, Try to keep up!)"는 EOD 요원들의 옷에 부착된 문구다. 지난 보스턴에서 발생한 폭발사건에서는 2건의 폭발물이 터졌으며, 이후 EOD의 주변 수색 과정에서 불발의 폭발물 1개가 추가로 발견되었다. 폭발물에 의한 폭발이 발생한 곳이라면 완벽히 통제되어야 하며 전문가들의 철저한 수색과 안전진단이 필요하다. 만일 이미 폭발이 발생한 곳이라고 인식하고 추가 위험을 예상하지 못한 채로 주변을 함부로 돌아다니다가는 2차 폭발에 의한 피해를 입을 수 있다.

12.1.3. 화학적 위험

폭발 현장에 조사를 위해 임장하기 위해서는 해당 폭발현장의 성격에 대하여 확인하고, 안전을 위한 대비를 해야 한다. 만일 유해화학물질을 취급하는 실험실 및 시설에서 폭발이 발생하면 폭발로 인해 용기 또는 배관 등 시설물의 일부가 파괴되면서 위험물질이 누출될 수 있다. 이 경우 폭발사고와 무관하게 독성물질에 오염될 수 있다.

필자는 폭발과 화재 사고의 현장에 출동하여 사고를 조사하는 과정에 독성물질에 오염되어 가벼운 호흡기 질환, 안점막 손상 등으로 인해 곤란을 겪기도 했으며, 심지어는 고농도 산성 물질이 쏟아진 부위를 검사하다가 장갑이 녹고 양손에 화학적 화상을 입은 경험이 있다. 물론 당시에도 관련자의 인터뷰를 통해 해당지역에 위험물질이 없다는 것을 구두상으로 확답을 받았으나 아쉽게도 당시의 관련자는 조사관들의 안전보다는 해당지역을 빨리 정리하고 복원하기 위해서 거짓말을 한 것이었으며, 실험실의 위험물질에 대하여도 잘 알지 못하는 상태였던 것으로 확인되었다. 독자들은 필자와 같은 우를 범하지 않길 바란다.

화학물질을 취급하는 시설이나 실험실에서 발생한 사고를 조사하기 전에는 관련 물질의 전문가에게 자문을 얻거나 MSDS를 서면으로 제출받아야 검토한 후에 현장에 들어가는 것을 권한다.

12.1.4. 일반적인 안전대책

1. 현장을 조사할 때에는 조사에 방해가 될 만한 모든 요소들을 사전에 제거해야 한다. 제거되어야 하는 요소들로서는 기본적으로 단수, 단전 조치 및 배관 등

밸브의 차단, 기타 주변 시설 및 공정의 정지를 요한다.

2. 안전진단을 마치고 내부로 진입할 때에는 안전화, 안전모 등 기본적인 개인 안전장구 외 필요에 따라서는 방독면, 산소 호흡장치 등을 선택적으로 활용한다.

12.2 폭발에 대한 정보 수집

폭발 사고가 발생하면 현장은 파괴된다. 폭발사건을 재구성하기 위해 필요한 많은 증거물들은 과압에 의해서 파괴되고 변형되고 또 바닥에 묻히거나 현장으로부터 멀리 비산되어 발견되지 않는 경우도 많다. 폭발 이후 현장에 임하는 조사관이 아무리 철저한 수색을 실시한다고 해도 현장으로부터 얻을 수 있는 정보는 극히 제한적이다. 또 어떤 경우는 변형이 발생하면 폭발 이전의 상태를 판단할 수 없는 경우도 많다. 여기에 화재까지 진행된다면 사건을 재구성할만한 증거물들은 거의 발견되지 않을 수도 있다. 따라서 관계자들과 협조하여 얻는 정보는 조사의 성패를 판가름할 만큼 중요하다.

폭발에 대한 정보를 수집하는 것은 폭발사건 조사를 더욱 수월하게 만든다. 아무리 뛰어난 조사관도 현장을 관찰하는 것만으로 원인을 판단할 수는 없을 것이다. 정보가 부족할 경우에는 사고의 원인을 미상으로 남겨두어야 하는 경우도 많이 발생을 한다. 관련 정보가 많을수록 풍성한 분석재료가 될 것이며 더욱 사실에 근접한 결론을 내릴 수 있다. 조사관의 능력은 양질의 정보를 얼마나 많이 수집할 수 있는가를 통해서 판단할 수도 있을 것이다.

본문에 중간 중간 삽입된 외국의 조사사례들을 살펴보면 현장의 목격자는 물론 책임자, 기술자 등 시설에 관련된 인원 전체라고 해도 과언이 아닐 만큼 방대한 인원의 진술을 확보하였다. 현장에 남겨진 객관적인 지표들과 비교하며 각 진술의 진위를 가리고, 진실한 진술을 근거로 사고현장을 재구성하며 가설을 검증해 나가는 것을 볼 수 있다. 매우 모범적인 사고 조사방법이라고 생각한다. 사례에서 보았던 바와 같이 폭발과정을 설명해 줄 수 있는 물리적 증거물들은 많이 발견되지 않았다. 이러한 점을 고려해 본다면 사고의 재구성과 가설검증을 위해서 관련자와 목격자들로부터 수집하는 자료들이 얼마나 중요한지를 더욱 잘 알게 될 것이다.

조사관은 사건 조사에 관여하기 전 현장의 상황에 대하여 알지 못한다. 조사에 임하기 전에 관련된 시설물의 정보와 작업공정, 기계의 작동원리, 안전장치 등에 대한 정보를 구하고 이를 이해한 상태에서 현장 조사를 실시해야 한다. 당시의 목격자들의 진술을 현장 조사 중 발견되는 객관적 지표들과 비교하여 진술의 진위를 판단해야 한다.

현장 조사 전 시설물에 대한 정보와 폭발상황에 대한 목격자들의 진술에 대한 이해는 조사시에 발견되는 증거물들의 중요도를 판단할 수 있게 한다. 따라서 조사 전에 선행되어야하는 조사관들의 과제이다. 만일 시설물의 구조와 원리에 대한 이해가 없을 경우에는 사건에 중대한 영향을 미친 장치 또는 부품이 발견된다고 하여도 중요성을 인식하지 못해서 수집하지 않거나 함부로 다루게 될 수도 있다. 마치 글을 모르는 사람이 책을 펼쳐 바라보는 것과 다를 바가 없다.

만일, 조사 전 충분히 이해할 수 없을 만큼 복잡하다면 관계자들을 가까운 곳에 위치시키고 조사를 진행하는 중간에 질문을 하고 정보를 구할 수 있어야 한다.

12.3 폭발여부의 확인

폭발사고만 발생한 경우에는 구조물이 파괴되고 파편이 발생하는 등 거시적인 폭발 현상이 관찰되기 때문에 폭발이 발생한 사실을 확인하기 위한 별도의 분석이 필요하지 않다. 그러나 화재와 함께 발생한 경우에는 실제 폭발이 발생한 것인지 아니면 화재로 인해 발생하는 여러 소음들을 폭발로 인식하게 된 것인지 재차 확인해야 한다. 실제로 화재가 발생하면 내부의 압력용기의 물리적 폭발이 발생하며 화재로 인해 구조물이 붕괴되는 경우에도 폭발로 의심하게 된다. 심지어는 유리창이 파괴되고 콘크리트가 폭열하는 소음도 목격자들로 하여금 폭발이 발생했다고 오인하게 하는 경향이 있다. 그 외에도 화재가 발생한 현장에서는 폭발이 발생한 것으로 오인하게 하는 요소들이 많다.

실제로 화재가 발생한 것을 인식하지 못한 목격자들이 화재 중 발생하는 여러 가지 원인에 의한 폭음으로 인해 화재 사실을 인식하는 경우가 있다. 이러한 경우에 목격자들은 '폭발이 발생하면서 화재가 발생하였다.' 또는 '폭발 이후 화재가 발생하였다.'라고 진술하는 경우도 흔하다. 현장을 조사할 때 폭발이 발생하였다는 목격자의 진술이 있다면 진술 외에 실제로 폭발이 발생하였는지를 확인하는 과정이 필요하다.

12.3.1. 폭발사고로 오인하게 되는 예

(1) 화재의 후속이벤트로 발생하는 압력 용기 등의 폭발

화재현장의 압력용기들은 현장의 열기로 인하여 용기 내부의 압력이 상승하고 이 압력이 용기의 내압한계에 도달하게 되면 물리적 폭발이 발생한다. 화재 현장에서 수시로 발생하는 일반적인 현상이지만 목격자의 화재 발견 시점에 따라서 폭발이 선행된 것으로 인식하는 경우도 있다.

(2) 화재 중 발생하는 콘크리트 박리에 의한 소음

콘크리트의 박리 현상 콘크리트 내부에 생산과정에서 포함된 기포, 또는 수포가 가열되어 압력이 상승하고 콘크리트가 물리적으로 폭발하는 현상에 대하여 외부에서는 소음 때문에 폭발사고가 발생한 것으로 인식하는 경우도 있다.

(3) 대형 유리창의 파괴

화재가 발생하면 구획실 내부의 압력은 상승한다. 일반적인 화재의 압력은 유리창을 깨뜨릴만한 압력을 생성하지는 못한다. 그러나 유리창에 차단되어 내부의 압력을 보존하고 있는 상태에서 유리창이 열에 의해서 파괴되는 순간 외부에서는 "펑"하는 소음을 듣게되어 폭발이 발생한 것으로 인식하게 된다. 이 경우 펑하며 깨지는 순간 내부의 연기가 압력에 의해서 외부로 분출되기 때문에 폭발이 발생하여 분출되는 것으로 오인할 수 있다.

(4) 건물 붕괴로 인한 소음과 압력 발생

폭발이나 화재와 무관하게 단지 건물 구조의 취약으로 인해 붕괴되는 경우, 건물 내부에 있던 대기는 압축되며 창문, 출입문, 복도, 계단실 등을 통해서 짧은 시간내에 분출된다. 이 때의 압력은 압력파를 생성시키며 주변 건물의 유리창이 파괴되는 등 실제 폭발이 발생하였을 때와 유사한 손상을 보일 수 있다.

(5) 백드래프트에 의한 압력 발생

백드래프트는 화재가 발생한 구획실이 뜨겁게 달구어진 상태에서 산소 부족으로 인해 가연성 열분해 가스가 연소하지 못한 상태로 남아있는 경우에 발생할 수 있다. 이때 벽체의 균열, 창문 및 출입문의 파손 등으로 인해 외부의 신선한 공기가 내부로 유입되면서 미연소 열분해 가스와 혼합되면서 순식간에 연소하는 화학적 폭발 현상이 발생한다. 외부에서 이 현상을 목격한 사람들은 내부에서 높은 강도의 폭발이 발생한 것으로 오인하게 된다. 엄밀히 보면 이것도 폭발현상이지만 화재라는 선행된 사고에 의해서 뒤따르는 이벤트이므로 전체적인 사건 재구성의 일부로 검토되지만 직접적인 사고의 원인 조사에서는 배제된다.

12.4 폭발 유형의 결정

폭발은 여러 가지 원인에 의해서 발생하지만 그 일관된 효과는 급격한 압력의 방출이라는 점에서는 동일하다 그러나 압력과 더불어 발생하는 여러 효과들은 폭발 사고의 원인을 조사할 때에 매우 유용한 물리적 지표들을 남기게 되며 사후에 이러한 특징적인 지표들을 분석하면 역으로 해당 폭발사고의 원인을 판단할 수 있으며 이를 입증할 수 있다.

폭발 사고의 조사는 우선 실제 폭발이 발생하였는지를 판단하고, 폭발이 발생하였다면 폭발의 유형을 결정하는 것이 가장 중요하다. 산업시설 뿐만 아니라 일반 주거용 가옥에서도 다양한 폭발의 가능성이 있다. 예를 들자면 다음과 같다.

필자가 생활하고 있는 집, 주거용 가옥의 폭발 가능 요소

1. 취사, 난방용으로 사용하는 도시가스 배관의 누출(LNG)에 의한 폭발
2. 압력밥솥 조리 중 릴리즈밸브 등 고장에 의한 폭발
3. 보일러 열교환기의 폭발
4. 보조용 난방장치로 사용하는 캐비닛 히터(LPG)의 폭발
5. 헤어스프레이, 부탄가스 캔 용기 등의 폭발

간단히 생각해 보는 것만으로 단숨에 위 5가지의 폭발 가능한 요소들에 대하여 떠올릴 수 있었다. 가연성 물질이나 압력 등을 사용하는 산업시설에서는 위 거론한 것에 비하여 수십에서 수백 배로 더 많은 폭발 가능 요소들이 존재할 것이다.

이제 폭발 현장에 임장하였다. 현장을 둘러보면서 열변형 흔적이 발견된다면 당신은 그것만으로도 위 요소 중 2과 3의 가능성을 배제할 수가 있다. 열변형 흔적은 화학적 폭발에 의한 증거이므로 현장에서 발생한 폭발이 물리적 폭발과는 거리가 멀다는 것을 판단할 수 있을 것이다. 이미 현장의 다양한 폭발 가능성 중 약 절반가량의 폭발 가능성을 배제하였으므로 당신이 조사해야 할 많은 수고와 시간을 줄일 수 있게 되었다.

폭발 여부의 확인과 폭발 유형의 결정에 대하여 조금 더 자세히 알아보자.

폭발은 화재와 매우 밀접한 관계를 가지고 있는 사고들이다. 폭발이 발생한 후 폭발에 대한 후속 이벤트로 화재가 발생할 수도 있으며, 화재가 발생한 이후 후속 이벤트로 폭발이 발생할 수 있다. 외관상 거의 동시에 발생하는 것처럼 보이는 경우도 있지만 한 개의 이벤트에 의해서 그 다음 이벤트가 발생하게 되는 것이다. 후속 이벤트는 선행이벤드에 대한 자연스러운 효과들일 뿐이므로 만일 이와 같은 사고의 원인을 조사한다면 선행된 이벤트를 확인하여 해당원인을 조사해야 한다. 폭발과 화재의 선후관계를 파악한다면 자연스럽게 어떠한 유형의 폭발이 발생한 것인지도 알 수 있다. 폭발 사고 현장에서 열변형 흔적의 검사와 부분적 파괴흔적의 검사는 많은 폭발의 가능성 중에서 조사의 범위를 파격적으로 줄여준다.

12.4.1. 열변형 흔적 검사(물리적 폭발, 화학적 폭발의 구분)

폭발 현장에서 열변형 흔적을 검사하는 것은 물리적 폭발과 화학적 폭발을 구분하는 최선의 방법이다. 앞서 폭발의 유형에서 수회에 걸쳐 강조하였던 바와 같이 물리적 폭발은 열이 발생하지 않는 냉폭발이며 화학적 폭발은 반응열이 발생하며 심지어는 이 반응열 때문에 화재로 진행되기도 한다. 폭발 현장에서 추가적으로 화재가 발생하였다면 몇 개의 단서의 경우를 제외한다면 대부분 화학적 폭발이다.

- **물리적 폭발** : 용기 내에서의 압력 증가에 의한 폭발, 상변화에 의한 폭발, BLEVE
- **화학적 폭발** : 가스, 분진 등이 대기 중에 확산된 후 점화되는 폭발(일반적인 가스폭발 등), 폭발물에 의한 폭발

물리적 폭발은 고압상태의 기체가 압력이 낮아지거나 액체상태의 물질이 기체상태로 상변화되면서 발생한다. 밀도가 높은 상태에서 낮은 상태로 변하게 된다. 단열 팽창의 원리에서 설명하였던 바와 같이 물질은 밀도가 높은 상태에서 낮은 상태로 변할 때에는 에너지가 필요하기 때문에 주변의 열을 빼앗아가고 결국 주변을 냉각시키는 효과가 발생한다. 따라서 추가적인 열을 발생시키지 않으며 오히려 냉각시키기 때문에 냉폭발(Cold explosion)이라고 부르기도 한다. 따라서 화재로 발전하는 경우가 거의 없고, 폭발 주변에서 열적인 효과들이 발견되지 않는다.

물리적 폭발임에도 불구하고 화재로 진행될 수 있는 몇 가지 경우는 다음과 같이 예를 들 수 있다.

1. 폭발로 파괴된 전기 등 시설이 점화원으로 작용하여 2차적으로 화재가 발생하는 경우
2. 폭발로 인해 파괴된 가스배관 등에서 누출이 발생하여 2차적인 폭발 및 화재가 발생하는 경우
3. 주조공장에서 수분이 남아있는 주형틀에 금속용융물이 접촉하여 고온의 쇳물이 비산하여 화재가 발생하는 경우

연소반응을 '빛과 열을 수반하는 급격한 산화반응'이라고 정의한다면 화학적 폭발은 '급격한 연소반응'이라고 표현할 수도 있을 것이다. 결국 화학적 폭발은 연소반응이기 때문에 정도의 차이는 있겠지만 열에 의한 효과, 그을음 등 연소생성물, 섬광 등 화재 현장에서 쉽게 볼 수 있는 부수적인 효과들이 발생한다. 열에 의한 효과는 폭발이 발생한 주변의 물질에 영향을 미칠 수 있는데 주변의 물질이 쉽게 탈 수 있는 물질이라면 화재로 성장하게 될 것이다. 폭발 현장에서 열에 의한 효과를 찾아 물리적 폭발 가능성을 확실히 배제할 수 있다. 그러나 쉽게 타지 않는 물질이라면 단순히 열에 의한

그림 12.2 벽지의 끝부분에 탄화흔적

그림 12.3 코너의 가스포켓 연소흔적(그을음)

그림 12.4 비닐의 용융흔적

그림 12.5 페인트 탄화흔적

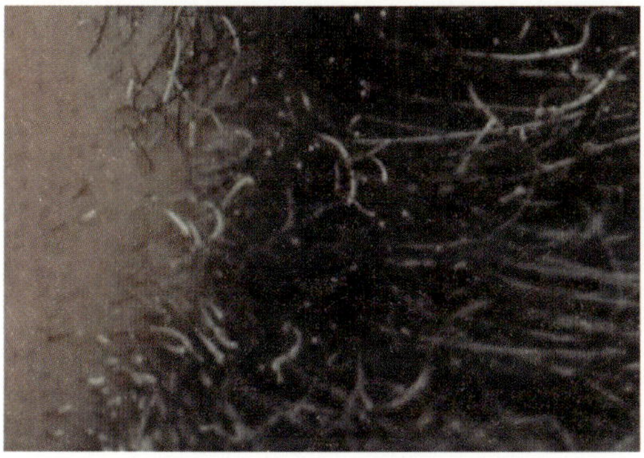

그림 12.6 열에 의해 변형된 모발

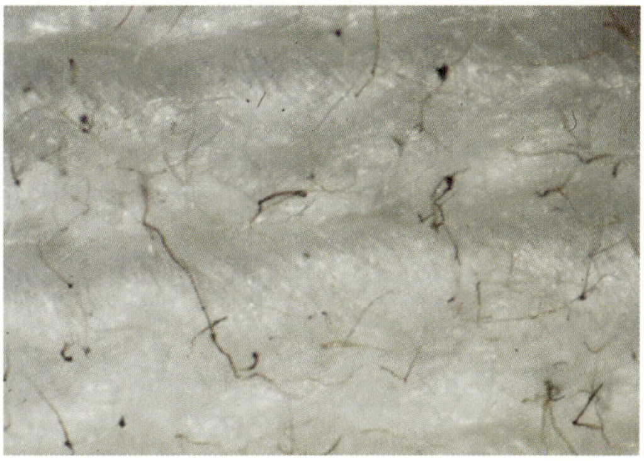

그림 12.7 열에 의해 변형된 의복의 섬유

미시적인 흔적이 남을 수도 있는데 미시적 흔적들은 비닐 포장지가 오그라지거나 낱장의 메모지 테두리 부위가 탄화되는 것 등 육안으로 관찰 가능한 것부터 시작해서 인체의 모발이나 의복의 섬유 끝부분이 오그라지는 등 현미경을 사용했을 때에나 관찰이 가능한 미시적 흔적이 될 수도 있다. 또 금속과 같이 열에 강한 물질, 밀도가 높은 물질이라면 화학적 폭발이 발생하였을 때에도 열에 의한 흔적이 전혀 남지 않을 수도 있다. 충분한 검사와 재질에 대한 고려가 없이 변형흔적이 관찰되지 않는다는 이유로 화학적 폭발 가능성을 단정적으로 배제하는 것은 오류를 범할 수 있다는 것을 주의해야 한다.

12.4.2. 폭발과 화재의 선후관계

화재와 폭발은 각 다른 이벤트이지만 사고현장에서 상호 매우 밀접한 관계를 가진다. 화재사고가 폭발 사고를 야기하는 경우도 있고, 반대로 폭발사고가 화재사고를 야기하는 경우도 발생한다. 예를 들어 "식당에서 가스 폭발이 발생한 후 화재가 발생하였습니다." 또는 "화재사건으로 인해 가스충전소의 저장 탱크가 폭발하였습니다." 등 일상에서 접하는 사고사례의 언론보도만을 고려하더라도 자연스럽게 느낄 만큼 두 개의 이벤트는 밀접한 관계가 있다.

앞 서 설명하였던 바와 같이 화학적 폭발은 화재를 이끌고 화재는 물리적 폭발을 이끈다. 따라서 화재와 폭발의 선후관계를 판단하는 것만으로도 폭발의 유형을 판단하는 데에 큰 도움이 된다. 또 사고의 조사에 있어서 선행된 이벤트가 자연스럽게 후속 이벤트를 야기한 것이므로 사고의 원인조사는 선행된 이벤트에 집중되어야 한다.

(1) 구분 방법

구분은 비산된 파편의 그을음 부착여부나 열변형 흔적을 살펴보면 어렵지 않게 알 수 있다. 현장에서 폭발로 인해 비산된 파편을 찾아 그을음이 부착되었는지, 열변형 흔적이 식별되는지의 여부를 관찰해 판단할 수도 있다. 만일 파편에 이와 같은 열변형 흔적이 발견된다면 이는 화재당시 현장에 존재했다는 것을 증명해 주는 근거이므로 화재 이후에 발생한 폭발로 비산되었다고 본다. 그을음이 부착되지 않았다면 화재가 발생하기 전에 발생한 폭발로 인해 비산되었다고 볼 수 있다. 즉, 이러한 현장은 폭발이 발생한 후에 화재로 이어졌다는 것을 입증한다.

화학적 폭발이 발생하면 압력이 열과 동시에 발생하는데 열에 의한 효과가 발견되지 않는다는 말인가? 이것은 폭발과 동시에 압력에 의해 현장을 이탈하기 때문에 열에 의한 효과가 매우 미약하다는 것을 설명하기 위한 것이며, 전혀 없다고 단언할 수는 없다.

① 화재가 선행된 경우

화재가 선행된 경우는 발화원인에 대하여 조사하면 된다. 왜냐하면 화재가 확산되는 과정에서 밀폐용기나 탱크 등이 있다면 화염에 의해 가열로 내압이 증가하여 폭발하

그림 12.8 화재 후 물리적 폭발, 사진의 실린더에는 화염에 의한 변색 또는 그을음이 부착되어 있다.

는 것은 매우 당연한 일이기 때문이다. 용기나 탱크의 폭발은 화재에 의한 것이므로 이와 같은 사고에서는 탱크의 폭발보다는 발화원인에 대한 조사가 사고원인의 주가 될 것이다.

위 사진(그림 12.8)은 화재가 발생하여 가열에 의한 내부 압력 상승으로 인해 폭발이 발생하고 현장으로부터 멀리 비산된 실린더의 모습을 보여 주고 있다. 각 실린더에는 과열에 의한 변색, 부식, 그을음의 부착 등 화염의 흔적이 발견된다. 따라서 이것은 선행된 화재에 뒤따르는 물리적 폭발 현상이었다는 것을 판단할 수 있다.

압력상황과 화재의 선후 관계는 압력으로 인해 현장으로부터 이탈된 잔해에 대한 검사이다. 만일 내부에서 폭발이 발생하였지만 현장으로부터 이탈되지 않고 계속해서 화재의 열기에 노출된다면 이 잔해를 통해서는 화재와 폭발의 선후 관계를 구별할 수 없을 것이다.

② 폭발이 선행된 경우

폭발이 선행된 경우는 고압용기 파열 및 가스누출 경위 등 폭발의 원인을 조사한다. 자동차 도장 부스 등과 같이 점화원을 제어해야 하는 특별한 현장을 제외하면 대부분의 일상적인 공간에서 가연성 혼합기에 주어질 수 있는 점화원은 매우 많다. 예를 들어 폭발 범위 내에 존재하는 혼합기는 사람이 옷을 벗을 때도 수시로 발생하는 정전기, 마찰이나 충격에 의한 불꽃, 기계 작동으로 인해 발생하는 전기접점의 아크, 전등의 스위치에서 발생하는 아크 등 에너지가 미약해 일반 가연물에는 점화원으로 작용할 수 없는 것들도 혼합기에는 충분한 점화 에너지를 제공할 수 있다. 그러므로 이미 점화원이 존재하는 공간에는 가연성 가스가 누출되었다면 누출 자체가 사고의 직접적인 원인이 된다.

그림 12.9 사고 건물 내부의 화재상황

그림 12.10 주방의 창문이 파괴되어 건물 외부에 떨어져 있다.

실험실이나 특수한 물질을 사용하는 화학공장 등의 특별한 경우를 제외하고는 유증에 의한 폭발과 가스누출에 의한 폭발이 일반적인 사고이다. 이는 방화를 위해 인위적으로 만들어지는 경우도 있으며, 시설의 관리소홀이나 취급부주의, 제품이나 시설의 결함에 의한 경우에도 발생한다.

그림 12.11 화재 건물로부터 떨어져 나간 유리창문의 내, 외측에 열에 의한 흔적이 발견되지 않는다.

위 사진들(그림 12.9, 12.10, 12.11)의 사례는 자살을 계획한 용의자가 방 내부에 휘발유를 살포한 후 라이터로 점화시킨 사고의 현장이다.

인화성물질은 넓게 살포되면 더욱 빠르게 증발한다. 구획실 내부에 살포된 휘발유에서 증발한 유증은 확산에 의해 내부의 공기가 혼합되면서 폭발성 혼합기를 형성하게 되는데 살포 후 점화의 지연 등으로 인해 혼합기의 양이 많아지면 높은 압력이 발생하는 화학적 폭발을 일으킨다. 폭발 이후에는 잔류하는 인화성물질에 착화되어 자연스럽게 화재로 진행하게 된다. 위 유리 그림(그림 12.11)과 같이 현장에서 이탈된 파편에 그을음이나 열에 의한 흔적 등이 발견되지 않는다는 것은 폭발이 발생한 이후 화재가 발생하였다는 점을 말해주며 이 폭발은 화학적 폭발이라는 점을 증명할 수 있는 가치 있는 증거가 된다.

12.4.3. 부분적 파괴의 흔적 (집중폭발, 확산폭발의 구분)

폭발에 의해서 만들어진 부분적인 파괴흔적이 발견되지는 지를 검사하는 것은 폭발의 유형 중 집중폭발인가 확산폭발인가를 구분하기 위한 최선의 검사이다.

어떠한 공간 내에서 가스가 누출 확산된 이후 점화원이 주어져서 폭발하는 확산폭발의 경우에는 공간 내에 비교적 균일하게 분포하고 있는 가연물이 연소하는 것이다. 확산폭발에서 점화에너지가 주어진 지점은 가장 낮은 압력을 발생시키며 점차적으로 주변의 가연물로 에너지가 전달되면서 연소속도가 빨라지고 압력도 강해지기 때문에 구획실의 담벼락을 무너뜨리고 파괴할 수 있지만 최초 점화되었던 지점에 집중된 파괴를 발생시키지는 않는다. 이러한 경우 최초 점화된 지점을 폭심부라고 한다면 그것을 찾는 것은 매우 어렵다. 그러나 폭발사고조사에 있어서 이와 같은 확산폭발의 경우에는 폭심부를 찾는 것이 별다른 의미를 갖지 못한다는 것도 중요하다. 만일 조사하는 폭발현장에서 폭심을 확인할 수 있는 부분적인 파괴흔적이 발견되지 않는다면 이 현장은 확산폭발이라는 것을 증명해 준다.

그림 12.12 가스의 확산 폭발로 벽이 무너져 내린 현장 – 구획실의 내부에서 집중된 파괴흔적이 발견되지 않는다.

그림 12.13 가스의 확산 폭발로 출입문과 벽이 무너져 내린 현장 – 구획실의 내부에서 집중된 파괴흔적이 발견되지 않는다.

그림 12.14 보일러의 물리적 폭발 현장

그림 12.15 집중된 파괴흔적이 발견된다.

그림 12.16 위 사고현장 열교환기의 물리적 폭발에 의한 부분적 파괴흔적 내부에서 외부로 압력이 발생

그림 12.17 폭발물의 폭발에 의한 부분적인 파괴 흔적

집중폭발이란 에너지가 밀집된 상태에서 일시에 방출되는 것이다. 확산폭발의 경우에는 점화 이후 기하급수적으로 반응이 증가하며 연소속도와 압력이 증가하는 것에 반하여 집중폭발이란 폭발 순간이 가장 높은 압력 순간이며, 폭심부위로부터 멀어질수록 압력이 현저히 낮아지기 때문에 폭발이 발생한 최초 지점 즉 폭심부의 파괴가 가장 심하며 거리가 멀어질수록 폭발에 의한 파괴흔적이 관찰되지 않는다. 따라서 분화구 등과 같은 부분적인파괴흔적은 집중폭발이 발생하였다는 것을 증명해 주는 중요한 증거가 된다.

- **확산폭발** : 가스 누출과 같이 대기중에 확산 분포하고 있던 가연물의 연쇄반응에 의해 폭발하는 현상
- **집중폭발** : 용기의 물리적 폭발, 폭발물에 의한 폭발 등 집중된 에너지의 폭발

집중폭발과 확산폭발의 유형을 결정하였다면 이미 폭발이 발생할 수 있는 많은 경우의 수를 배제하였다.

집중된 폭발흔적은 집중된 에너지의 폭발이라는 점을 알려줌과 동시에 폭발이 발생한 집중된 에너지의 용기 또는 폭발물이 놓여있는 지점을 확인할 수 있게 해준다.

12.5 챠트의 적용

앞에 설명을 통해서 우리는 조사해야하는 폭발이 어떠한 유형인지를 구분해내는 2가지 방법에 대하여 설명하였다. 폭발은 다양한 메커니즘에 의해서 발생하지만 현장에서 나타나는 몇가지 특징적 흔적들을 통해서 폭발의 유형을 먼저 확인한다면 광범위한 분야 중에서 조사의 범위를 현저히 줄여주기 때문에 경제적일 수 있으며, 또 어떠한 현상들에 대하여 초점을 맞춰 조사를 진행해 가야하는지 방향을 설정하고, 관련 증거물의 수집에 집중하게 되므로 실패의 확률이 적어진다. 그림 12.18과 같은 툴을 이용하여 폭발의 유형을 판단하는 방법을 더욱 쉽게 실제에 적용하기 다음과 같은 간단한 차트를 활용할 수 있다.

우선적으로 폭발이 발생하였는지를 확인하고 폭심부에 분화구 또는 부분적인 파괴흔적이 있는지, 그을음의 부착이나 열에 의한 변형흔적이 발견되는지를 순차적으로 검토면 어떤 유형의 폭발이 발생했는지를 알 수 있는데 현장에서 그러한 유형이 폭발이 가능한 시설이나 조건 등에 대해서만 집중적으로 조사를 할 수 있기 때문에 매우 경제적이고 집중적인 조사가 가능하다.

만일 현장에 임하였을 때 아래 챠트(그림 12.18)에서 표시된 것과 같이 폭심부에 분화

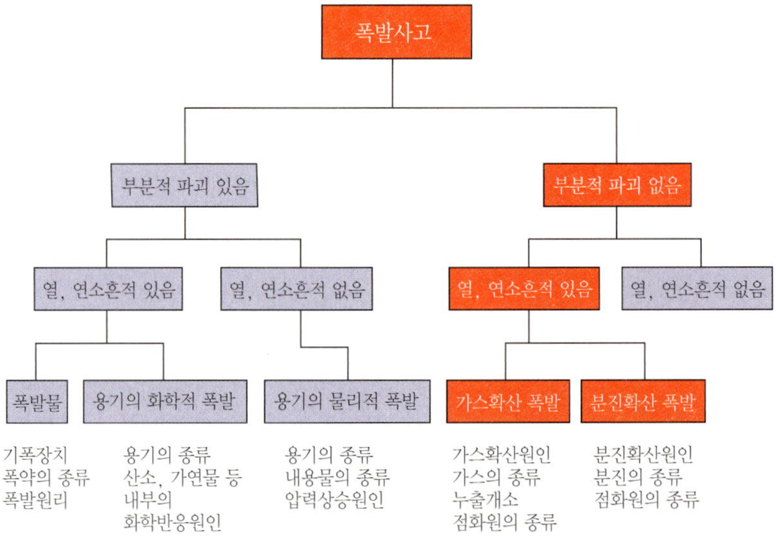

그림 12.18 폭발 원인조사를 위한 플로차트의 예시.

필자는 위 차트의 활용에 대한 강의 중 "부분적 파괴가 없고, 열 · 연소흔적이 없는 폭발은 무엇인가?"라는 질문을 받은 적이 있다. 아마도 그 교육생은 위 차트에서 다른 카테고리에 비하여 하위 카테고리가 없는 것에 대하여 미완성의 차트로 보고 질문하였던 것으로 생각된다. 열이 발생하지 않는다면 물리적 폭발에 해당되는데 물리적 폭발은 용기 또는 용기의 역할을 하는 무엇인가가 존재해야만 가능하다. 대기압 상태에서는 발생하지 않으며 항상 용기에 의해서 집중된 에너지 상태로 존재해야 하기 때문에 폭발이 발생하였을 때 용기 자체 또는 용기가 놓여 있던 장소에 부분적인 파괴를 동반한다. 즉 부분적인 파괴흔적이 없는 물리적 폭발은 없다.

구나 부분적인 파괴흔적이 발견되지 않는다면 오른쪽의 선을 따라서 다음 단계로 진행한다. 이후에 관찰해야 할 것은 그을음이나 열에 의해 변형된 흔적이 있는지를 관찰한다. 만일 열에 의한 흔적이 있다면 왼쪽 선을 따라 내려가는데 이것은 확산폭발, 화학적 폭발에 해당된다. 폭발이 발생한 장소가 가정집처럼 특별히 가스 또는 인화성 물질을 생성시키는 조건이 없다면 조리나 난방용으로 사용하는 LPG 또는 LNG의 누출에 의해서 폭발이 발생한 것이므로 이와 관련된 배관 또는 기구 등 시설에 집중해서 누출원인을 찾으면 될 것이다.

또 다른 가상의 현장을 예로 들어 보자. 만일 폭발 현장에 도착하였는데 눈에 띄는 부분적인 파괴가 발견되었다. 그렇다면 좌측의 선을 따라서 내려가자. 이후에도 마찬가지로 연소생성물이나 열에 의한 효과가 발견되는지 또는 아닌지를 관찰해야 한다. 만일 열이나 연소흔적이 발견된다면 이것은 집중폭발이며 화학적 폭발에 해당된다. 여기에 해당되는 것은 폭발물 또는 용기 내에서 화학적 폭발이 발생한 경우 등을 예로 들 수 있다.

위 플로차트에 의해서 폭발의 유형은 크게 화학적-확산 폭발, 화학적-집중 폭발, 물리적 폭발 3가지로 구분할 수 있다.

12.5.1. 화학적-확산 폭발

폭발의 원인은 경우에 따라서 점화원, 산소, 가연물이 모두 될 수 있다. 폭발을 점화원이 제어되어야하는 특수한 환경에서의 확산폭발 사고는 점화원이 발생한 원인에 대하여 초점이 맞추어져야 하며 대기와의 혼합비율을 제어해서 폭발을 막는 특수한 환경에서는 산소가 유입되거나 연소범위내로 희석된 원인에 대하여 초점을 맞추어 조사가 진행된다. 일반적인 가정이나 사무실 등 보통의 환경에서는 일반적으로 가연물을 제어

그림 12.20 배관 이음부에서 누출되며 비누거품이 부풀어 오르고 있다.

그림 12.19 압력계를 이용하여 배관 등의 누설여부를 확인하는 모습

하여 폭발을 제어하고 있으므로 당연히 폭발의 원인 조사는 가연물의 확산원인 또는 누출 원인에 초점을 맞추어 조사가 진행되어야 한다.

12.5.2. 누출개소의 확인

폭발현장은 물리적으로 파괴 및 변형을 동반하기 때문에 원초적으로 누출이 발생하였던 부분 외에도 많은 곳의 배관이나 용기가 분리되고 파괴되어 기밀을 상실한 상태가 된다. 운이 좋게 가연물을 가두고 있는 배관이나 용기에 추가적인 변형과 파괴가 없다면 가압상태로 밀폐시킨 후 시간이 경과하면서 압력이 변화가 발생하는지를 관찰하여 누설여부를 확인한다. 누설여부를 확인한 이후에는 의심되는 부분에 비누거품 등을 바르거나 흘렸을 때 기포가 커지는 것을 통해 육안으로 누출을 확인할 수 있다.

(1) 가연물의 이동

누출개소는 항상 폭발지역에만 존재하는 것은 아니다. 예를 들자면 2층 건물의 1층에서 폭발이 발생하였다면 가연물의 누출은 항상 1층에 있을 것이라는 편견을 버려야 한다. 다른 곳으로부터 누출된 가연성 증기 또는 가스가 이동되어 다른 장소에서 폭발이 발생할 수 있다. 확산폭발의 가연물이 누출장소로부터 이동되어 다른 장소에서 폭발이 발생하는 것은 이미 폭발 사고조사 실무에서 여러 사례가 발견되었다. 화학적 폭발의 가연물이 되는 유증, 가스, 분진은 매우 미세한 입자이기 때문에 강제 배기 장치 또는 자연스러운 대기의 유동에 따라서 이동될 수 있으며, 대기의 유동이 없을 경우에

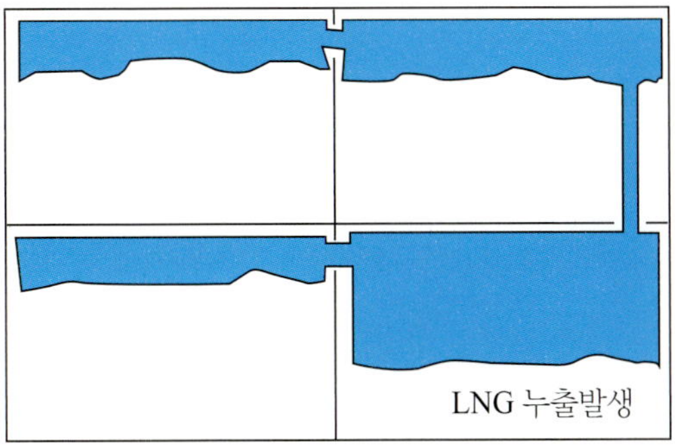

그림 12.21 낮은 비중 물질의 이동

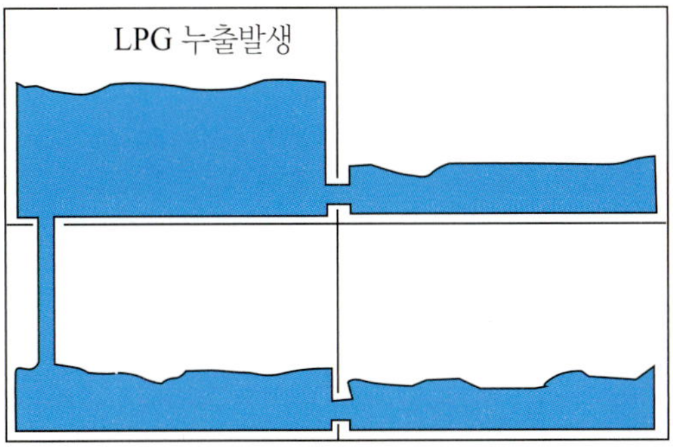

그림 12.22 높은 비중 물질의 이동

는 물질 자체의 비중에 의해서 위 또는 아래로 이동한다.

주변에서 흔히 볼 수 있는 폭발의 가연물인 LPG, 유증은 공기보다 무거운 비중을 가지기 때문에 공간의 가장 낮은 곳을 중심으로 고인다. 이 때 공간의 아래층으로 향하는 파이프홀 등 개구부가 있을 경우에는 물이 흘러가듯 고여 있던 가연물이 개구부를 통해 아래층으로 흘러가게 되는데 만일 아래층에 충분한 양이 흘러들어가고 적절한 점화원이 발생하게 된다면 폭발 현상은 아래층 중심의 파괴를 발생시킬 것이다. LNG는 공기보다 가볍기 때문에 아래층에서 발생한 누출가스가 같은 방식을 통해서 위층으로 이동될 수 있다. 이러한 경우 폭발이 발생한 현장을 조사하는 것만으로는 누출개소를 찾을 수 없을 것이다. 아니면 잘못된 누출개소를 지목하는 결론을 내리게 될 수 있을 것이다.

위 그림들(**그림 12.21, 12.22**)은 건물 내 특정 구획실에서 누출이 발생하였을 때 가연물의 비중에 따라서 수직 및 수평인 개구부를 통해 물질이 이동하는 모습을 그린 것이다.

위 그림 4개의 구획실의 폭발의 위력은 다양할 수 있다. 누출이 시작된 지점, 가연물의 양이 많은 구획실이 가장 폭발의 위력이 큰 것은 아니다. 폭발의 위력은 연소범 내의 폭발성 혼합기체의 양에 비례한다. 즉, 많은 양의 가연물이 있더라도 공기와 충분히 혼합되어 있지 않다면 폭발의 위력은 낮거나 폭발이 발생하지 않을 수도 있다. **그림 12.21**을 예로 들어 보자. 위와 같은 2층 구획 구조 중에서 1층 우측의 구획실에서 LNG의 누출이 되었으므로 위 4개의 구회실 중 가연물의 양이 가장 많은 구획은 이곳이 된다. 그러나 이곳은 연소범위를 초과하고 있어 폭발이 발생하지 않을 수도 있다. 또 대기가 비교적 안정적이어서 비중에 의해서 분리되어 있는 상태일 수도 있다. 이 경우에는 전체 체적의 일부만이 연소범위 내의 폭발성 기체로 존재할 수도 있다. 누출장소를 제외한 다른 장소는 누출장소에 비하여 가연물의 양이 적지만 환기 등의 이유로 대기가 유동하면서 비중에 의한 층을 형성하지 않고, 균일하게 혼합된다면 연소범위 내의 폭발성 혼합기체의 양은 더욱 많아질 수 있다. 만일 이곳에 점화된다면 폭발의 위력은 가스가 누출되고 있는 구획에 비하여 더욱 강력한 폭발에 의한 손상이 관찰될 것이다.

(2) 누출을 향한 화염의 추적(인화)

가연성 물질이 누출되어 폭발이 발생하는 경우 또 폭발 이후에도 지속적으로 누출되고 있는 지점이 있다면 이 경우에는 누출된 가연성 물질에 의해 화학적 폭발이 발생한 후에 화염은 누출되는 지점을 향해 연료를 추적해 간다. 따라서 폭발 이후에도 지속적으로 누출되고 있다면 이곳에 점화되어 지속적으로 누출되는 가연물의 확산연소를 진행하게 된다. 연소가 지속된 지점은 다른 곳에 비하여 더욱 강한 화염의 흔적을 남기게 된다. 따라서 이러한 경우에 누출장소를 찾는 방법은 연료를 추적해간 화염의 흔적을

그림 12.23 보일러의 가스배관 누출로 인해 폭발이 발생한 후 누출부위로 인화된 화염이 누출부위에서 지속적으로 연소하면서 다른 부분에 비하여 더욱 심각한 부분적인 연소흔적을 남겼다.

그림 12.24 폭발 이후 현장에서 누출되고 있던 LPG 용기의 배관이다. 폭발이후 화염이 인화되어 배관의 다른 부분에 비하여 끝부분에서 부분적인 열변형 흔적이 관찰된다.

관찰하거나 배관이나 용기에서 집중적으로 또는 부분적으로 화염흔적을 보이고 있는 지점을 찾는 방법으로 해결할 수도 있다.

(3) 화염 인화의 단절

지속적으로 누출되고 있더라도 화염이 누출부위로 인화되지 않는 경우도 발생하는데 이러한 경우는 다음과 같은 예를 들 수 있다.

1. 가연물의 이동 경로 상 매우 좁은 틈이 있다면 이 부분은 화염의 진행 경로 상 플레임 어레스터와 같은 역할을 하기 때문에 화염의 연쇄반응이 차단된다. 연료를 추적해가는 화염이 이곳에서 멈출 수 있으며 누출부위까지 화염이 전달되지 않을 수 있다.
2. 내부의 산소가 소진된 경우에도 화염이 계속해서 인화되지 않고, 누출개소로 향하는 화염이 차단될 수 있다. 폭발은 내부에 확산된 가연물이 일시에 연소하는 것이므로 외부에서 신선한 공기가 유입되는 시간만큼 연소가 유지되는 않는 경우가 있다. 이 경우에는 내부에 존재하는 산소만을 취하고 연소가 멈춰버리게 되므로 누출개소로부터 지속적으로 가연물이 공급된다고 하여도 이곳으로 인화되지 않을 수 있다.
3. 누출속도가 매우 느린 경우, 단위 시간당 누출량이 미량인 경우 폭발 이후 연소를 지속하기에 가연물이 부족한 경우 폭발이후 연소는 멈추게 된다. 예를 들자면 비점이 높은 벙커유는 유증이 장시간에 걸쳐 공간 내에 체류하다가 폭발이 발생할

수 있는데 이 순간 기상의 연료는 폭발을 이루지만 폭발 이후 액면에 인화되거나 연소를 유지할 만큼의 기체가연물을 생성시키지 못하므로 화염은 인화되지 않으며, 연소를 멈추게 된다.

위와 같은 이유로 실제로 누출이 발생한 방에서 다른 방으로 가연성 가스가 이동하고, 폭발이 발생하더라도 실제 누출이 발생한 방에는 가연성 혼합기가 있더라도 경로를 따라서 화염이 이동하지 않을 수 있으며 폭발이 발생하지 않을 수도 있다. 항상 화염이 누출부위를 향해서 추적하고, 누출부위에 부분적인 화염흔적이 남는다는 것은 아니라는 점을 이해하고 유의하기 바란다.

(4) 누출원인의 확인

누출원인은 여러 가지가 될 수 있다. 설계결함이나 시공불량 등 인위적인 원인에 의해서도 발생하며 예상치 못한 충격이나 마모 등에 의해서도 발생하고 관리가 적절히 이루어지지 않는 과실에 의해서도 발생할 수 있다.

유증의 확산

가연물의 확산은 기체 연료의 누출에 의해서 발생하는 경우도 많지만 비점이 낮은 액체 가연물의 증발에 의한 유증에 의해서도 발생하는데 이것들에 의한 메커니즘은 다르지 않다. 인화성 액체가연물은 항상 증발에 의한 폭발과 화재의 위험이 있기 때문에 취급에 주의가 요구된다. 사용 중에도 발생하며 사용후 밀폐조치가 미흡하여 발생하는 경우도 있다. 비점이 낮은 가연성 액체의 증발은 곧 가연성 기체의 확산을 의미한다.

바닥에 쏟아진 인화성 물질의 유증에 의한 폭발사고는 인화성물질을 이용해 방화하는 현장의 사례에서 자주 볼 수 있다. 범죄자들이 주로 사용하는 인화성물질은 휘발유, 시너 등과 같이 비점이 매우 낮은 유류가 주로 사용된다. 액체의 증발은 표면적에 비례한다. 이와 같은 인화성물질은 그 자체의 성질만으로도 증발이 빠르지만 광범위하게 살포되었을 때 증발량은 용기에 담겨있을 때에 비하여 액면의 범위가 증가된 만큼 수십, 수백배로 증가하게 된다. 만일 입구의 면적인 $15 \times 15cm^2$인 용기에 담겨 있던 인화성 액체를 바닥에 $15 \times 15m^2$의 면적에 흐르거나 뿌려진다면 증발속도는 원래 용기에 담겨있을 때에 비하여 약100배로 증가하게 된다. 매우 빠르게 증발하기 때문에 구획실 내부는 곧 연소범위에 들게 되고 폭발성 혼합기체를 형성한다. 이와 같은 사고현장에서 화재 이전 폭발이 발생하게 되는 원인은 바로 이 때문이다.

사례

2004. 3. 29. 서울 서대문구의 모 대학교에서 핵산을 이용하여 실험을 진행하던 중 폭발 사고가 발생하였다. 실험자 중 1명이 대용량 용기에서 작은 용기에 소량의 핵산을 옮겨 담던 중 바닥에 핵산을 엎지르고 말았다. 바닥에 넓은 범위로 흐른 핵산은 곧 증발을 시작하였고, 즉시 실험실에 있던 여러명이 티슈를 이용하여 분주하게 화장지로 흡수시켜 닦아 내었지만 내부에는 이미 핵산의 유증과 공기가 혼합되어 상당량의 폭발성 혼합기체가 형성되었다. 바닥의 액상 핵산을 모두 닦아 낸 후 실험자 중 1명은 바닥에 젖어 있던 핵산을 완전히 제거하겠다는 생각으로 헤어드라이기를 이용해서 건조하였다. 그는 핵산에 대한 화재 위험성과 유증에 의한 폭발 위험성을 잘 인식하고 있지만 헤어드라이기 내부에 있는 과열된 니크롬선이 점화원으로 작용할 수 있다는 것에 대하여는 인식하지 못했던 것이다. 헤어드라이기 작동 이후 수초 이내에 점화되어 폭발이 발생하였으며 실험자들은 화상을 입었다.

12.5.3. 화학적-집중 폭발

화학적-집중폭발은 크게 폭발물에 의한 폭발과, 용기 내에서의 화학적 폭발 2개로 구분할 수 있다. 이와 같은 폭발은 집중된 파괴흔적과 열에 의한 효과를 발견하는 것으로 증명할 수 있다. 일반적으로 화학적-집중폭발은 화학적-확산 폭발에 비해서 폭발 위력은 크지만 집중된 에너지의 확산이므로 집중된 에너지의 흔적 즉 폭발이 발생한 부분이 가장 압력을 크게 받아 이 부분에 부분적인 파괴흔적을 남긴다.

폭발물에 의한 폭발과 용기내의 화학적 폭발은 폭발현상으로서는 유사하다. 그러나 폭발물은 의도된 장치라는 점에서 사고에서 의해서 발생할 수 있는 용기 내 화학적 폭발과 차이가 있다고 볼 수 있다.

(1) 폭발물에 의한 폭발

폭발물은 폭발을 일으키기 위한 의도된 장치이다. 폭발물에 의한 폭발은 테러 등과 같이 고의적인 폭발인가 아니면 산업시설 등에서 취급부주의 등 과실이나 기타 이유로 예상치 못하게 발생한 사고인가를 구분하여 설명할 수 있다.

① 사고에 의한 경우

폭발물은 태생자체가 폭발을 일으키기 위해서 의도적으로 만들어진 매우 불안정한 물질과 장치이다. 따라서 이를 취급하기 위해서는 고도의 관리가 요구된다. 조사관은 관계자들의 면담과 생산자 또는 관리자의 기록을 통해서 사고가 발생한 폭발물의 구성

그림 12.25 크레용의 폭발

과 폭약의 종류, 양에 대하여는 알 수 있을 것이다. 따라서 별도로 폭발물 자체를 재구성하기 위해 노력할 필요가 없으며 폭발 당시의 관리 및 취급 상태 등을 살펴보면 폭발의 원인을 찾을 수 있을 것이다.

② 범죄에 의한 경우

일반적인 가연물이 연소하는 것에 비하여 매우 높은 온도가 발생하는 폭약은 짧은 폭발 순간에 매우 높은 열을 발생시킨다. 이러한 폭발에서도 폭약의 일부가 반응하면서 발생한 압력에 의해서 일부의 폭약은 연쇄반응이 일어나기도 전에 이미 압력에 의해 비산되어 반응이 일어나지 않은 원래의 폭약이 발견되는 경우가 많다. 이렇게 반응 전 비산되는 폭약의 일부는 폭발 이후 조사에 있어서 폭약의 성분을 검사하는 시료로 사용한다.

위 사진(그림 12.25)은 크레용 묶음 내부에 소량의 폭발물을 폭발시킨 직후의 모습을 촬영한 이미지이다. 폭발 압력에 의해서 파편이 발생하여 비산되고 있다. 파편을 모두

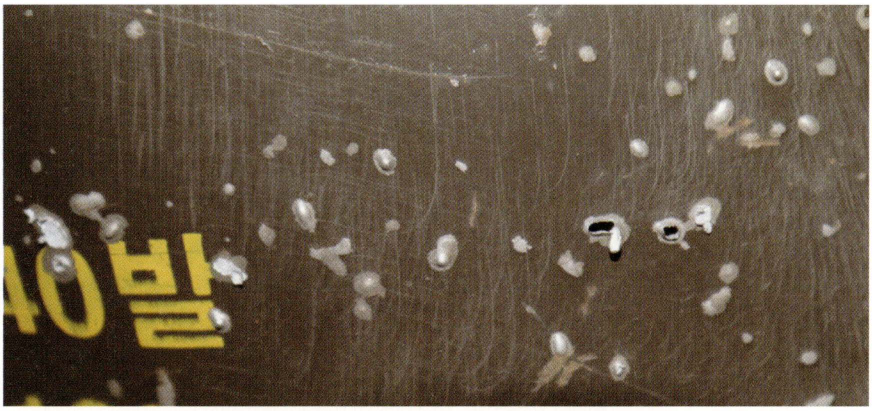

그림 12.26 1mm 철판 내의 전기뇌관의 폭발실험

살펴본다면 아마도 폭발물과 접하고 있던 부분의 파편 일부에서만 열에 의한 효과가 발견될 것이며, 외부에서 비산되는 파편에는 열에 의한 효과가 크게 나타나지는 않을 것이다.

위 사진(그림 12.26)은 1mm 철판으로 만들어진 탄약통 내부에서 전기뇌관 폭발실험을 마친 후 탄통의 외부로 뚫고 나오는 전기 뇌관 파편의 모습니다. 전기 뇌관의 관체는 알루미늄으로 제작되어 있는데 뇌관 내부의 첨장약의 폭발로 인해 관체가 용융된 상태로 비산되어 철판을 관통한 흔적이 있다. 관통흔적이나 충격 흔적이 대체로 원형을 유지하고 있다는 것은 파편이 고체가 아니라 액상 알루미늄 상태로 충격하였다는 것을 보여준다. 장약의 충전된 부위는 완전히 용융될 정도의 고온을 발생시키지만 충전되지 않은 뇌관의 전선 피복 등 윗부분에는 열적인 효과는 전혀 관찰되지 않는다(그림 12.27).

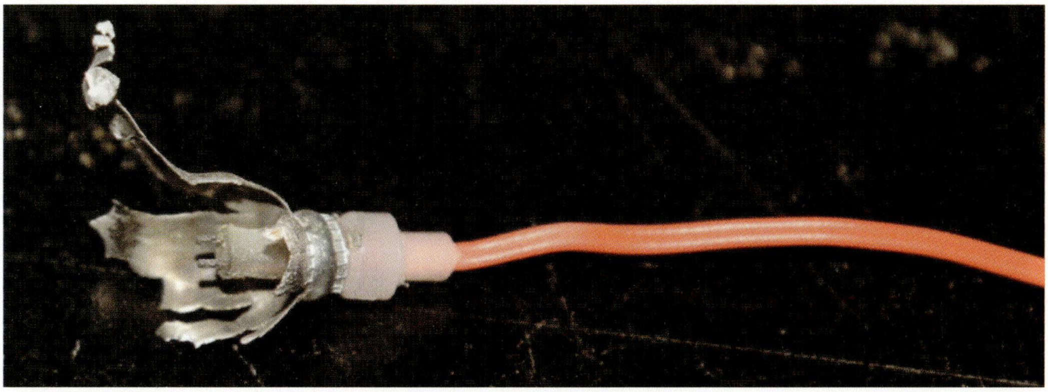

그림 12.27 폭발 후 뇌관의 모습

그림 12.28 TNT 500g의 폭발

폭발의 발생으로 인해 위 사진(그림 12.28)과 같이 폭발 위치가 화염에 휩싸이거나 파이어볼이 발생하는 경우가 있다. 그러나 사진 상 화염이 촬영된 시점에는 폭발물의 용기 등 파편이 이미 폭발 장소를 이탈한 상태이므로 폭발 조사 시 발견되는 포장 용기 등의 잔해는 열에 의해 손상을 입지 않는 경우도 많이 볼 수 있으며 이 경우 파편에는 DNA 등 범인을 식별할 만한 증거가 남아 있을 수도 있다.

하퍼(Haper)의 연구결과 지문은 200°C 이상의 온도에서도 파괴되지 않는 다는 사실을 확인했다. 지문이 약 300°C의 온도에 견딜 수 있지만 그을음이 두껍게 덮인 경우는 약700°C까지도견딜 수 있다는 것을 제시했다. 모쉬의 연구결과 건조 상태의 DNA는 130°C에서 분해되기 시작하며 180°C에 도달할 때까지 그 분해 속도가 지속적으로 증가하지만 100~110°C 사이에서는 거의 분해가 일어나지 않음을 확인했다[105].

105 경남지방경찰청 과학수사 김정학 "PBI" 강의자료에서 발췌

이와 같이 폭약의 직근에 있는 재료만 열에 의한 손상을 입고 주변의 재료는 압력에 의한 손상만을 입기 때문에 외부 포장재 등 기타 재료에 부착된 지문이나 DNA는 여전히 남아 있을 수 있으며, 채취 및 분석이 가능하다

서울지방경찰청 과학수사계에서는 지난 서울역-고속버스터미널 사제폭발물 사건(2011. 5. 12) 이후 사건과 동일한 폭발물을 제작하여 폭발실험을 하였는데 폭발 이후 구성요소에 포함되어 있던 타이머에서 신원을 확인할 만큼 뚜렷한 지문을 채취하였던 사례가 있다.

일반적으로 폭발물의 분석은 제작자의 의도와 폭발물 자체에 대한 재구성을 하는 것으로 한다. 대부분 국내에서 발생하는 폭발물은 정상적인 공정을 통해서 생산된 규격화된 폭발물이 아니라 홈메이드(homemade)가 대부분이기 때문에 작동방식이나 내부의 구성은 사건마다 다르다. 사제폭발물에는 제작자의 개성이 반영되어 이를 분석한다면 제작자의 수준이나 의도에 대하여 일부를 파악할 수 있다. 예를 들자면 폭발물에 고의적인 파편이 포함되어 있었다면 이것은 살상의도를 가지고 제작되었다고 판단할 수 있다. 폭발물의 기폭장치가 정교하고, 위력적인 폭약이 사용되었다면 폭발물에 대해 충분한 지식이 있는 자에 의해서 제작되었다는 것을 알 수 있다. 사제폭발물은 살상용으로 제작될 수도 있으며, 또는 단순히 호기심이나 사람들을 놀라게 하려고 제작될 수도 있다.

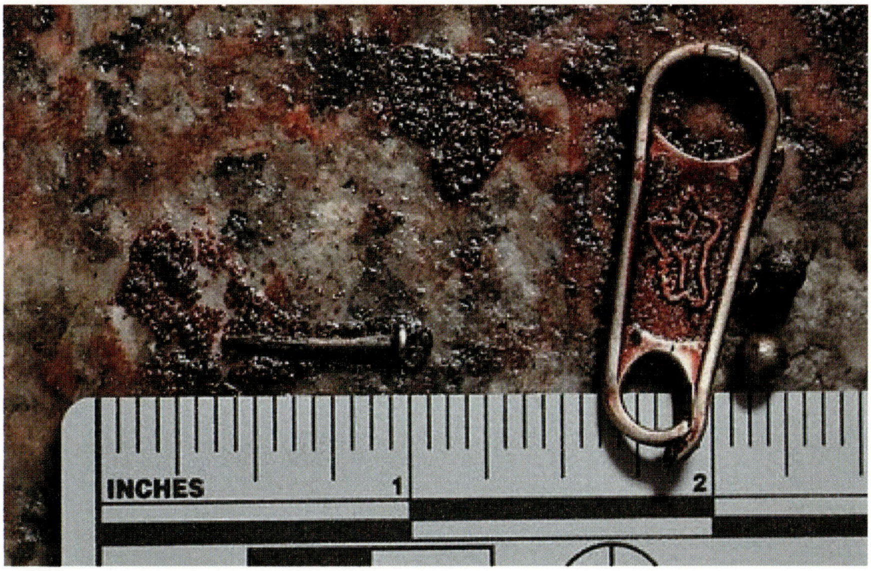

그림 12.29 보스턴 마라톤 사건 현장에서 발견된 못과 베어링볼. 폭발물이 인명살상 의도로 제작되었다는 것을 말해준다.

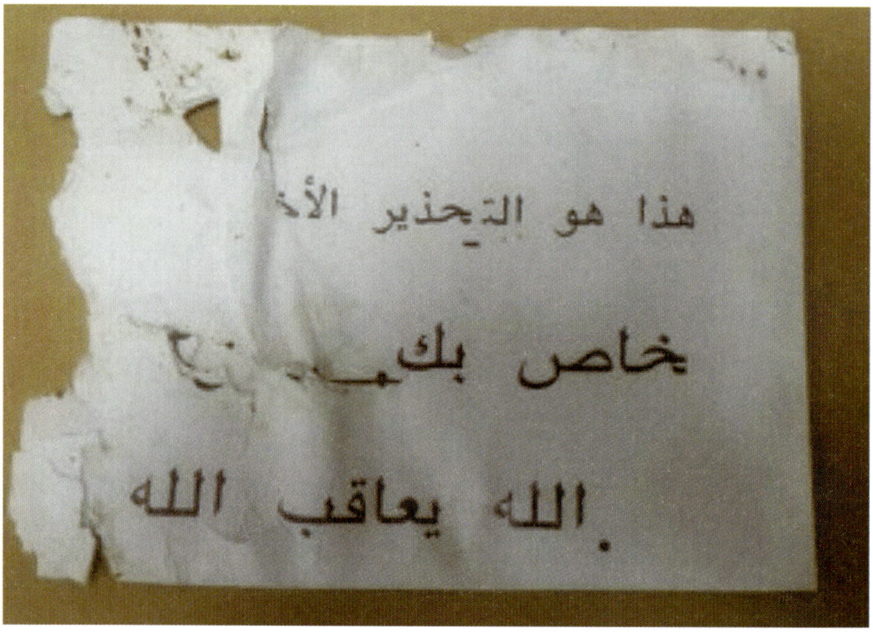

그림 12.30 인천공항 사제폭발물의 경고 문구 (국내 뉴스 사진)

2016. 1. 29. 인천공항 화장실 변기 위에서 사제 폭발물이 발견되었다. 폭발물 꾸러미 내부에는 "당신들에게 마지막 경고 신이 처벌한다."라고 경고성 문구가 적힌 메모가 있었다(그림 12.30). 메모가 작성된 용지는 A4 용지였으며 프린터로 출력된 상태였고 아랍어로 작성되었다. 경찰은 코란 문구도 없이 문법도 잘 맞지 않게 쓴 것이며, 특히 국내에서 사용하는 '한글' 워드프레스서 프로그램의 독특한 글꼴을 이용한 것이었으므로 내국인의 소행으로 추정하였다. 또 폭발물 내부에는 부탄가스 1통과 라이터용 가스 1통, 음식물, 기타 줄 3개, 전선 4조각, 건전지 4개가 포함되어 있으며 뇌관이나 폭약이 없어 실제로 폭발물의 역할을 할 수 없는 것으로 확인되었다. 폭발물의 분석을 통해 테러범을 모방한 소란이 목적이었으며, 실질적으로 폭발로 인한 인명살상이나 파괴의 의도가 없으며 외국 또는 테러 단체의 소행은 아니라는 분석결과를 발표하였으며, 범인이 검거된 이후 이와 같은 분석이 적중하였음을 확인할 수 있었다. 이에 반하여 보스턴 마라톤 사건에서의 폭발물과 같이 정확한 시간에 작동하는 타이머 기폭장치와 폭약, 베어링 볼과 나사 등 의도적인 파편이 설치 폭발물에 의해 폭발이 발생하였을 때 관계기관에서는 유사한 폭발장치가 사용되었던 과거의 사고사례를 통해서 분석하기도 하였다.

(2) 용기 내의 화학적 폭발

용기가 폭발한 경우에는 물리적 압력에 의해서 폭발한 것인지 또는 화학적 압력에 의해서 폭발한 것인지를 판단하는 것이 가장 중요하다. 일반적으로 용기의 용도와 용기 내에서 이루어지는 공정에 대하여 고려한다면 쉽게 알 수도 있지만 보일러와 같이 열교환기 등 물리적 프로세스가 이루어지는 용기와 연소실과 같이 화학적 공정이 이루어지는 용기가 결합되어 있는 기기 및 설비에 대해서는 혼란스러울 수 있다. 이 둘을 구분하는 방법에 대하여는 화학적 폭발과 물리적 폭발의 특징을 통해서 구분할 수 있다. 만일 폭발 현장에서 열변형흔적 또는 그을음이 발견되거나, 주변에 있던 사상자들에게서 화상의 흔적이 발견되거나, 폭발 당시 섬광이 목격되었거나 CCTV에 촬영되었다면 이것은 화학적 폭발이 발생하였다는 증거로 활용될 수 있다. 또 물리적 폭발의 경우에는 냉폭발이기 때문에 열변형흔적이나 그을음 등 연소생성물이 발생하지 되지 않으며, 폭발 당시에 폭발부위에 수증기의 응축현상이 목격되거나 CCTV에 촬영되었다면 이것은 물리적 폭발의 증거로 활용될 수 있다. 또 금속재 용기에는 압력에 의한 변형이 발생하므로 잔해를 검사하면 압력의 방향을 알 수 있다. 예를 들어 연소실이 팽창하였다면 연소실 내부에서 압력이 발생한 것으로 판단하고, 열교환기가 팽창하였다면 열교환기 내에서 압력이 발생하였다는 것을 판단하게 된다. 이러한 특이점으로 압력 발생부위를 판단하고, 해당 용기의 용도와 내부에서 이루어지는 프로세스를 고려하여 폭발의 유형을 결정한다.

용기 내의 화학적 폭발은 용기 내부에 연소의 3요소인 산소와 가연물의 폭발성 혼합기와 점화원이 존재할 경우 발생할 수 있다. 폭발의 원인조사는 폭발이 발생한 용기가 연소의 3요소 중 어떠한 것을 어떠한 방식으로 폭발을 제어해야했는데 제어하지 못한 것인가? 를 분석하는 것이다. 이것은 실험실이나 산업시설의 의도된 공정일 수도 있고, 부주의에 의해 혼합된 것일 수도 있다.

① 반응이 의도된 경우

의도된 공정이었다면 용기의 내력에 대한 계산이 잘못되었거나, 용기의 내력이 약해졌거나 또는 예상치 못한 격렬한 반응으로 인해 설정된 압력을 초과하는 경우 중 1개 이상의 원인이 있을 것이다.

보일러 등의 연소기, 열처리기 내에서 폭발이 발생하는 경우들을 예로 들 수 있다. 이 기기들은 적절한 시퀀스에 의해서 연료와 산소가 공급되어 혼합된 상태로 연소하도록 설계되어 있으나 부주의한 수동운전 또는 이상 작동으로 인하여 퍼지가 되지 않은 상태로 점화가 되는 경우를 예로 들 수 있다.

사례[106]

2002. 4. 27. 전남 여수의 압력용기 제조업소인 xx 기술(주)에서 LP가스를 이용하여 열처리 작업을 실시하던 중 열처리로의 분위기 온도가 Control Pannel 상에서 떨어지는 것을 다른 작업자로부터 보고받은 작업자가 열처리로에 다가가서 노 내의 연소가 불완전한 연소상태임을 확인하고 기화기 가스 출구측을 손으로 만져 온도가 떨어진 것을 재차 확인 후, 열처리 Controller의 메인 가스공급밸브를 수동으로 잠그는 순간, 열처리로 내에서 가스가 폭발하여 조립식 구조물 일부가 파손되고 작업자가 2도 화상을 입었다.

원인분석

압력용기로(LP가스 사용)에서 압력 용기 열처리작업 중 노내 분위기 온도에 따라 자동으로 연동되는 열처리로의 가스밸브가 노내의 온도가 떨어지자 밸브의 개도가 증가하여 액유출방지장치가 고장 난 기화기에서 일정시간 동안 액상의 가스가 계속 공급되어 불완전 연소가 발생하였고, 불완전 연소에 의해 노내의 분위기 온도가 떨어진 것을 작업자가 확인 후 가스밸브를 잠그는 순간, 계속 공급되는 공기와 누출된 액상의 가스가 기화하여 폭발 범위 내에서 파일럿 버너의 화염으로 폭발된 사고로 추정된다.

② 의도되지 않은 경우

일반적으로 용기 내에 점화원은 물론이며 가연물과 공기의 폭발성 혼합기체가 담기지 않도록 하여 용기의 폭발을 제어한다. 이를 함께 이용하는 작업이나 공정에서는 각 용기 또는 배관에 혈관의 판막과 같은 역할을 하는 플래시백 어레스터 등 역류를 막는 장치를 설치하도록 되어 있다. 이 장치가 고장 나거나 설치되지 않은 상태로 용기가 연결된 경우에는 압력이 높은 용기에서 낮은 용기로 이동될 수 있다. 용접 및 절단 작업 중 용기의 화학적 폭발은 이러한 메커니즘에 의해서 발생하는 폭발이다. 또 기타 안전장치가 고장 나거나 부착되지 않은 경우, 부착하였지만 잘못된 방법으로 부착하는 경우 등을 예로 들 수 있다.

용기의 용도를 구분하는 것은 매우 중요하다. 사용하는 용기가 이전에 석유류물질을 담아 사용하였는데 이 이력을 확인하지 않거나 무시하고 공기를 압축하는 경우 폭발이 발생할 수 있다. 석유류의 물질은 완전히 제거되지 않은 상태에서는 이전 사용 물질의 잔해인 석유류가 남아 있을 수 있다. 여기서 석유류 물질이란 일반적으로 알고 있는 액상의 석유화학물질 뿐만 아니라 석유로부터 추출해내는 LPG에 의한 경우도 있다. 용기뿐만 아니라 구분하여 사용하지 않는 배관에서도 동일한 메커니즘에 의해서 폭발

106 한국가스안전공사, 2002 , 가스사고연감, p.155

이 발생할 수 있다.

사례[107]

2002. 6. 17. 서울 서대문구 연희동에서 2개월 전에 구입한 동관 용접용 LPG 1회용 접합용기를 산소용기와 연결하고 용접을 하기 위해 예비조작 중 역화에 의해 LPG 접합용기가 폭발한 사고임.

사고원인

산소 용접용 압력조정기의 입구측에 일회용 LPG 용기를 임의로 연결하고 조정기의 압력계 연결구에 산소 용기를 잘못 연결한 상태에서 용접용 토치에 불을 붙이는 순간 LPG+O2 혼합가스에 점화되어 순간 LPG용 압력조정기의 출구쪽으로 일부의 화염이 역화되어 갔다. 동시에 산소조정기의 압력쪽에 연결한 산소용기 내부 압력에 의하여 산소 압력조정기, LPG 용기 및 호스에 있던 폭발성 혼합기체에 점화되어 파열된 것으로 추정되는 사고임.

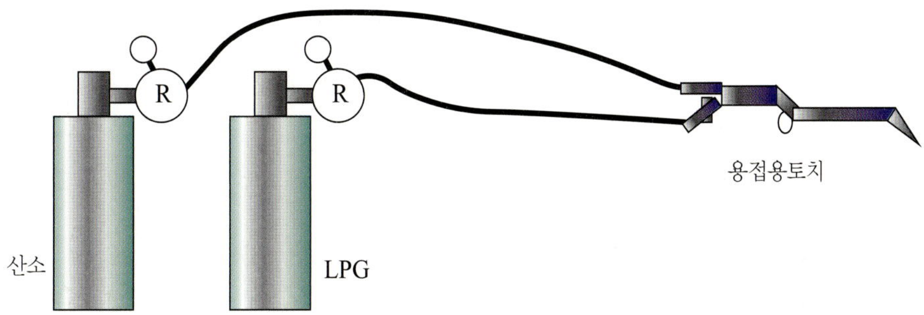

그림 12.31 정상적인 연결

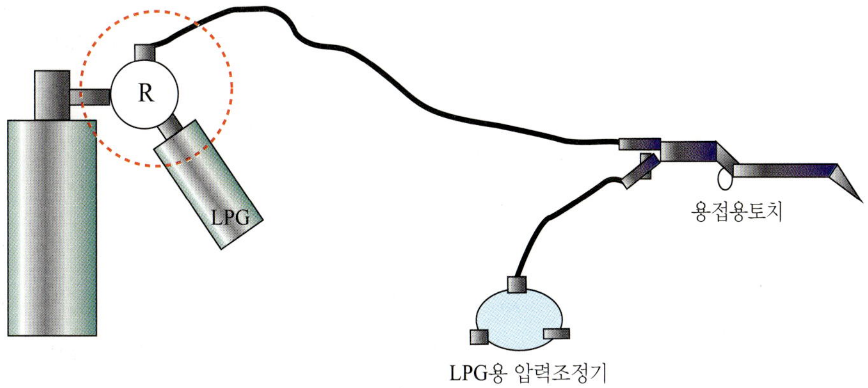

그림 12.32 사고 현장의 잘못된 연결

107 한국가스안전공사, 2002 , 가스사고연감, p.356

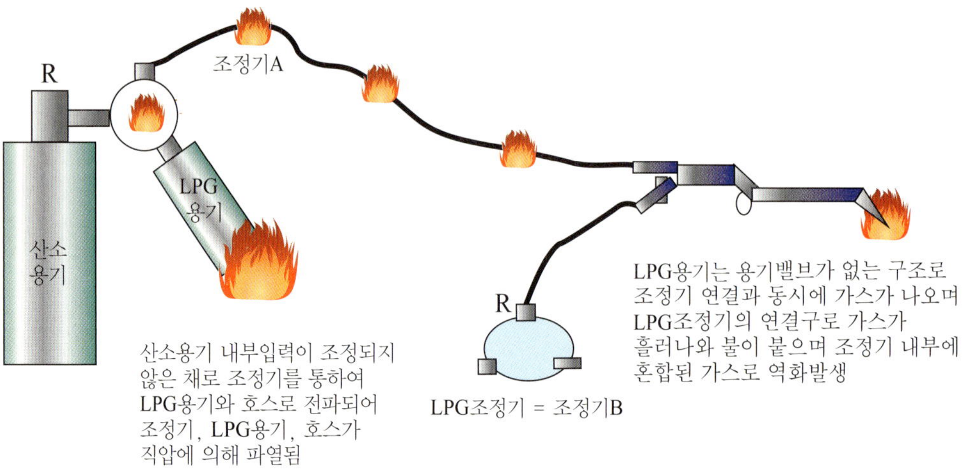

그림 12.33 폭발의 상황

산소와 가스를 이용하는 절단기 및 용접기는 각 분리된 호스를 통해 이동되어 토치의 팁에서 혼합되어 연소되도록 되어 있다. 그러나 이 사례의 연결은 1개의 압력조정기에 산소와 가스를 연결됨으로서 내부의 기체는 압력에 의해서 자연스럽게 이동하게 된다. 본 사례는 압력이 높은 산소가 비교적 압력이 낮은 LPG 용기로 흘러들어가 폭발성 혼합기체가 형성되었으며, 배관에는 혼합기체가 이동하게 되었다. 토치의 입구에서 점화되었을 때 호스와 용기의 혼합기체를 따라서 화염이 빠른 속도로 이동되었으며, 이로 인해 각 폭발한 것으로 추정된다.

(3) 화학 물질 혼촉에 의한 폭발

화학물질 혼촉에 의한 폭발은 가까운 예로 멘토스와 콜라를 섞어 콜라가 폭발하는 현상을 이야기 할 수 있다. 콜라-멘트스 폭탄은 한때 놀이로서 유행하기도 하였으며, 인터넷 사이트에서 동영상을 쉽게 찾아 볼 수도 있다.

멘토스 폭탄은 멘토스를 콜라와 같은 탄산수에 섞을 경우 과포화 상태의 이산화탄소를 폭발적으로 방출시키는 현상이 발생하는 것을 말한다. 이 현상은 멘토스만이 일으키는 현상은 아니고, 물체 표면에 미세한 홈이 있는 물질들이 과포화된 탄산수에 들어가는 경우 발생한다고 알려져 있다. 멘토스가 특히 효과가 좋은 이유는 구성성분중 하나인 아라비아고무가 물의 표면장력을 약화시켜서 이산화탄소의 방출을 쉽게 하기 때문이며 그 외에도 멘토스에 들어가 있는 멘솔 때문이기도 하다. 멘솔은 탄소가 10개나 달려있는 알코올로, 친수성 부분(히드록시기)과 소수성 부분(메틸기)를 모두 가진 계면활성제로서의 역할을 할 수 있으며, 이로 인해 기체 용해도가 순식간에 낮아진다. 이

로 불안정해진 가스 분자들이 순식간에 빠져나오면서 폭발하는 것이다.[108]

어떤 물질 단독적으로는 폭발의 위험성이 없는 경우에도 여러 화학물질들과 함께 있을 경우 조건에 따라서 화학반응이 발생할 수 있으며, 그 반응 속도에 따라서 화재가 발생할 수도 폭발이 발생할 수도 있다. 화학물질의 혼촉에 의해 압력이 생성되는 원인으로는 반응열과 반응에 의한 기체의 생성에 의한 것이다. 기체의 생성속도가 높으면 용적이 증가하게 되며 특히 가연성 기체일 경우 점화원에 의해 연소폭발이 발생할 수도 있다.

혼촉에 의한 위험 반응은 물질의 반응, 수송, 폐기처리 중일 때가 가장 위험하며 사고가 발생할 수 있는 위험한 화학조작상황은 증류조작, 여과, 증발, 추출, 결정화, 정치, 응축, 농축, 교반, 승온, 누출 과정이다[109]. 이 공정이 이루어지는 과정에서 예상치 못한 반응이 발생하거나 반응이 제어하지 못할 정도로 폭주하는 경우 사고가 발생하는 것이다.

화학물질 혼촉에 의한 폭발은 재료의 상태에 따라서 집중폭발이 될 수도 있으며 확산폭발이 될 수도 있다. 물질의 상태가 고체 또는 액체일 경우에는 대부분 용기와 같은 제한된 공간 내에서 혼촉이 이루어지기 때문에 집중폭발의 형태로 나타나며, 발생된 기체가 확산되어 폭발하는 경우에는 확산폭발의 형태로 나타난다.

① 혼촉 위험물질

화학약품의 물질별 특성에서 혼촉위험을 분류하면 다음과 같이 대표적인 혼촉 위험물질을 들을 수 있다.

표 12-1 혼합 시 발화, 폭발하는 물질(인천광역시소방본부, 2001). (계속)

물질	혼합위험물질	위험성
염소, 아염소산염 브롬(취소)	암모니아, 염화암모늄 농후액 농후 암모니아수	강한 폭발성을 지닌 NCl_3 생성, 암모니아가 과밀일 경우 NH_4Br이 발생하여 위험하지 않으나 브롬을 한꺼번에 가하거나 액이 산성이 되면 강한 폭발성을 지닌 취화질소 NBr_3r가 발생하여 위험
옥소	암모니아 또는 그 농후액	강한 폭발성을 지닌 옥화질소 NI_3가 발생하여 위험

108 나무위키 맨토스 검색 https://namu.wiki/w/%EB%A9%98%ED%86%A0%EC%8A%A4

109 경일대학교 소방방재학과 게시판, "자연발화, 혼촉발화", 작성자 정우원 등록일 2012/06/04

표 12-1 혼합 시 발화, 폭발하는 물질(인천광역시소방본부, 2001). (계속)

물질	혼합위험물질	위험성
산화은 또는 초산은	암모니아수	흑색의 풀민산은(뇌산은) 침전한다. 이 액을 가열하거나 침전을 공기 중에 방치하면 폭발
산화금 또는 염화금	암모니아수, 탄산암모늄액	건조시 폭발하는 뇌산금의 침전 생성
질산수은 산화은	알콜 마그네슘, 셀렌, 유황 및 금, 수은, 안티몬 등의 황화물	강한 폭발성을 지닌 뇌홍 생성 혼합하여 분말로 하거나 가열하면 발화 또는 폭발
산화수은	유황, 인, 차이인산	가열 · 충격에 의해 폭발
아세틸렌	습기 및 암모니아의 존재 조건에서 동, 수은, 은과 이들 금속의 염류	건조시 강하게 폭발하는 아세틸린은 동, 수은, 은의 염류를 생성
아세틸렌	염산가스, 질산, 치아염소 산수용액, 치아브롬산수용액, 짙은 표백용액	발화 또는 폭발
과산화나트륨	카바이트, 마그네슘분말, 알루미늄분말, 유황, 에텔, 초산, 젖산, 파라포름알데히드, 벤즈알데히드, 톱밥, 목탄, 코크스	폭발(습기가 있을 때 반응이 더 강함)
농후 과산화수소	금, 은, 백금 따위의 금속분말, 산화수은, 이산화망간, 산화연, 이삼산화코발트, 탄소분말	폭발
염소산 염류	유황, 목탄, 마그네슘, 알루미늄, 따위의 분말, 치아인산염, 유기물 그밖의 산 화되기 쉬운 물질	가열, 충격, 농환산의 첨가 따위에 의해 폭발
염소산 칼륨	질산은, 알루미늄염, 산화연, 아산화수은	급열, 충격에 의해 폭발하는 불안정한 염소산염을 생성
과망간산칼륨	유황, 인, 안티몬, 분탄, 탄닌산, 그밖의 가연성 물질	가열, 혼합마찰에 의해 발화 폭발. 농황산을 첨가할 경우 더욱 강
과염소산	유황, 목탄분말, 가연성 물질	급열, 충격에 의해 폭발
무수크롬산 및 중크롬산, 발열질산	목탄말, 그 밖의 가연성 물질, 옥화수소, 세렌 화수소, 인화수소, 건조황화수소, 테렌핀유, 톱밥, 유기물	가열에 의해 발화, 폭발, 발화
액체공기	에텔, 알코올, 이황화탄소, 아세톤, 석유, 설탕, 나프탈렌, 장뇌 등	폭발
히드라진 및 그 수화물	아질산 및 아질산염	질수소산, HN_3를 생성, 맹폭성
"	나트륨, 아연분말, 산화바륨, 과산화바륨, 과산화연, 무수황산동	양에 따라서는 폭발, 발화
"	염소산염, 과염소산염, 취소산염	농황산을 첨가하면 폭발
백금속	유기물질	공기에 접촉되면 폭발

표 12-1 혼합 시 발화, 폭발하는 물질(인천광역시소방본부, 2001). (계속)

물질	혼합위험물질	위험성
염소	안티몬, 비소, 창연, 동, 놋쇠, 아연, 알루미늄 등의 금속분말, 알카리금속, 알카리토금속, 적린	발화, 약간의 수분이 있을 때는 강
"	황인, 수소(일광)	폭발
취소	칼륨, 인, 유황, 비황, 아연, 안티몬, 알루미늄 등의 금속분말	발화
분말 안티몬	염소, 취소, 옥소	양에 따라 발화 폭발하며 할로겐화합물을 생성
암모니아 에텔	일산화질소, 이산화질소, 농후과산화수소수	폭발성 있는 질산암모늄을 생성. 유기과산화물을 생성하여 맹폭성

사례1[110]

2005.12.28.12:20경 경상남도 김해시 XX 테크 주식회사에서 망간브로마이드($MnBr_2$)를 생산하는 반응기가 폭발하는 사고가 발생하였다. 공정은 망간과 브롬화수소를 이용하여 망간브로마이드를 생산하는 곳으로 당시 작업자는 20m^2 용량의 반응기 내에 망간 2톤과 증류수 1.5톤을 투입 후 브롬화수소(HBr-48%) 1.2톤을 반응기 상부 맨홀에 펌프를 이용하여 투입하던 중 반응 과정에 반응기 내에서 폭발이 발생하였다. 폭발은 반응과정에서 발생한 수소가스와 공기가 폭발성 혼합기체를 형성한 상태에서 브롬화수소의 투입과정 중 발생한 정전기에 의해 점화된 것으로 추정된다.

그림 12.34 파손된 반응기

110 환경부, 국립환경과학원, 2007, 유해화학물질 사고사례집, p.93

사례2[111]

2000. 8. 24. 10:10경 전라남도 여수시 여천공단 XX케멕스(주)에서 메틸-에틸-케토톤 과산화물(MEK-PO(Methyl Ethyl Ketone Peroxide)) 공정에서 포장 작업 중 정상온도 30°C를 유지하지 못해 온도가 급상승하여 MEK-PO가 분해 폭발하였다. MEK-PO는 80°C 이상에 달하면 자유 라디칼을 형성하면서 급속히 분해되어 폭발하는 위험성이 있어 작업 후에는 중화작업을 실시해야 하나, 중화작업을 실시하지 않은 상태에서 교반기와 펌프 등을 가동하여 생성물의 저장조 온도가 상승되어 사고가 발생(추정) 사망7명, 부상 18명

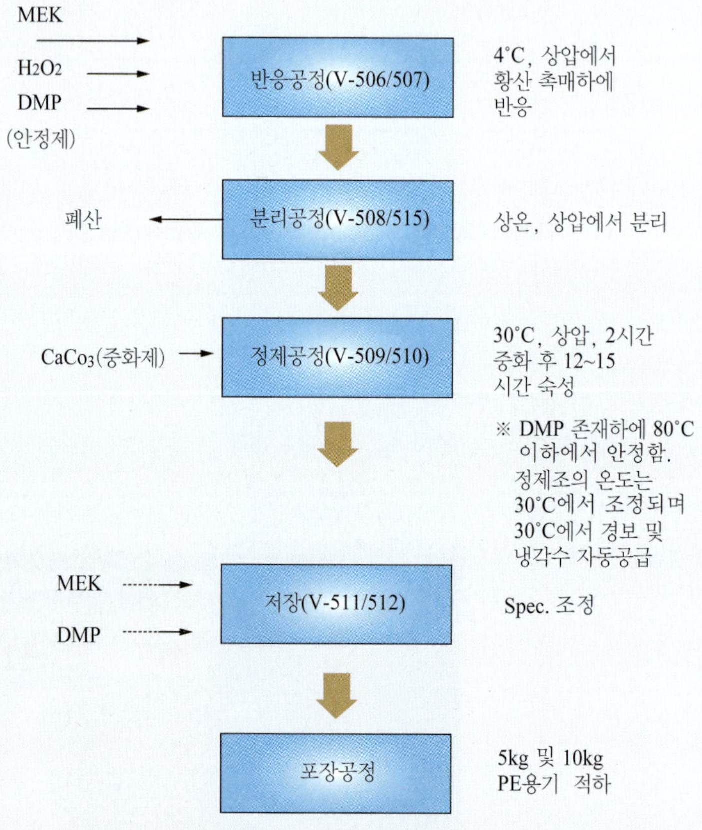

그림 12.35 사고 발생 공정 개요도

111 환경부, 국립환경과학원, 2007, 유해화학물질 사고사례집, p.24

그림 12.36 파괴된 공정 시설

12.5.4. 물리적 폭발

물리적 폭발은 대기압 상태에서는 발생하지 않으며 용기 내부에서만 발생할 수 있다. 따라서 고압을 이용하는 시설이나 장치에서 주로 발생한다. 고압을 이용하는 장치나 시설은 정상적인 경우 압력을 제어할 수 있는 방법과 장치가 고려되어 안전하게 사용할 수 있지만 사고는 부주의 또는 장치의 고장에 의해서 압력을 제어하지 못한 경우 발생하게 된다. 물리적 폭발은 주로 장치와 시설에서 발생하기 때문에 조사관은 일반적인 압력과 재료의 파괴에 대한 과학적인 이해뿐만 아니라 해당 시설과 장치에서 압력을 제어하는 프로세스에 대해서 잘 알아야만 조사가 가능하다.

물리적 폭발에 대한 조사는 해당 시설의 압력 제어 프로세스에 대하여 이해하고 있다면 매우 쉬울 수도 있다. 물리적 폭발은 어떠한 용기에서 과도한 압력이 발생한 원인(급격한 상변화, 가열, 가압) 또는 해당 용기의 파괴원인(기계적인 강도의 저하, 안전장치의 미작동 등)의 원인을 찾는 것에 포커스가 맞추어 진다.

물리적 폭발은 냉폭발이며, 집중폭발이다. 즉 열이 발생하지 않으므로 주변에 열변형 흔적이 남지 않으며, 집중된 파괴흔적을 찾을 수가 있다.

압력의 발생은 앞의 챕터에서 이미 설명하였다. 예상하지 못하게 용기의 근처에 열원이 발생하는 것을 제외한다면 시설에서 이루어지는 프로세스에 대한 이해를 통해 압력 발생의 원인을 어렵지 않게 추정할 수가 있다. 예를 들어 보일러 열교환기라면 압력이 발생할 수 있는 원인으로는 연소실에서의 연소에 의한 것일 것이다. 또 어떠한 피스톤, 유압장치 등에서 폭발이 발생하였다면 가압에 의한 것일 것이다. 이와 같이 열교환기와 피스톤 등에서의 압력발생은 일반적인 상황이다. 정상적인 경우에도 압력이 발생하지만 예상하였던 수준을 뛰어넘는다면 그로 인해 폭발이 발생할 수 있다. 그렇다면 이곳에서 폭발이 발생한 원인은 무엇일까? 그 다음으로 고민해야 하는 것은 설계 이상의 압력이 발생한 이유는 무엇인지 안전장치는 잘 작동하였는지 아니라면 안전장치의 실패 원인은 무엇인지 등에 대하여 고민해야 한다. 이것들은 폭발이 발생한 직접적인 원인들이다. 압력에 대한 안전장치의 고장과 용기의 기계적 내력이 약해지는 원인은 다양하여 모두를 다룰 수는 없지만 다음의 몇 개의 사례를 통해서 물리적 폭발의 사고의 원인에 접근해 가는 과정을 설명하고자 한다.

사례1

200X. XX. XX. 서울의 모 구민체육회관 건물의 보일러실에서 폭발이 발생하였다. 폭발로 인하여 건물 일부가 붕괴되었으며, 보일러를 관리 중이던 관리자 1명이 현장에서 즉시 사망하였고, 시설을 이용 중이던 구민 여러 명이 잔해에 깔려 상당한 부상을 입었다.

(1) 폭발의 유형 구분

폭발 현장인 체육회관에는 도시가스(LNG)를 사용하는 보일러가 운영 중이며 이곳의 온수를 통해서 건물 내의 각 구획실에 난방과 온수를 사용하고 있는 중이었다. 현장에 도착하였을 때 폭발력에 의해 이곳 주변의 구획실과 복도의 벽이 무너져 내렸으며, 그보다 멀리 있던 구획실의 유리창문 등이 폭발압력에 의해 파괴되어 있었다. 조사관은 폭발의 유형을 구분하기 위해서 폭발이 발생한 주변에서부터 위력이 가장 심해지는 중심부를 수색하며 열변형흔적이 발견되지는 지를 살펴보았다. 현장에는 가벼운 화염에도 쉽게 열변형이 되는 단열재, 비닐, 휴지 등을 중심으로 관찰하였다. 각 열변형 흔적이 관찰되지 않는 것을 확인하였다. 조사관은 그것을 근거로 하여 도시가스 누출에 의한 폭발 가능성을 현장에 도착한지 얼마가 되지 않아 배제할 수 있었다. 내부에서 확산폭발의 가능성이 배제된다면 물리적 폭발 또는 화학적-집중 폭발에 의한 현상이므로 현장의 파괴 상황을 고려하여 예상할 수 있는 잠재적인 폭발원인에 대하여 고려해 보았다. 내부에 압력용기는 대용량 에어 컴프레셔와 보일러가 있었다. 컴프레셔의 고압용기에는 파괴흔적이 관찰되지 않으므로 역시 사고의 원인으로부터 배제가 된다. 보일러는 폭발에 의해 이미 설치 장소에서 이탈되어 있으며, 일부가 변형되어 있었으므로 부분적인 파괴흔적이 관찰되었다. 보일러의 변형은 노통에서 관찰되었다. 노통 내부는 실제 연료가 연소하는 연소실과 이로 인해 물이 데워지는 열교환기가 결합된 구조이다. 구조의 변형을 관찰해 보면 물이 있는 곳에서 연소가 이루어지는 방향으로 팽창되어 있는 변형이 관찰되었다. 이것은 현장에서 열변형흔적이 관찰되지 않는 냉폭발에 대한 가설과 부합하는 흔적이다. 즉 연소실에서의 압력이 발생(화학적-집중 폭발)하였다는 가설은 배제될 수가 있었으며, 현장에서 발견되는 여러 특징들은 보일러 열교환기의 물리적 폭발이라는 가설에 모두 일치한다.

(2) 폭발사고 원인의 분석

내부에서 압력이 발생하였을 때 용기가 파괴되는 원인은 크게 3가지로 나눌 수 있다. 1. 용기 자체의 기계적 강도가 열화되는 경우, 2. 안전장치 등에 의한 압력제어가 실패하였을 때, 3. 안전장치가 제어할 수 있는 수준 이상으로 급격한 압력이 발생하였을 때로 구분할 수 있다.

① 용기의 내력이 약화되는 경우

용기의 기계적 강도는 앞 서 설명하였던 바와 같이 부식, 마찰, 열 등에 의해서 각 또는 복합적인 작용에 의해서 발생할 수 있다. 용기의 단면의 쉐브론마크 등 흔적을 추적해 보면 최초의 파괴지점을 찾을 수 있으며, 이곳에서 용기의 내력을 약화시킨 외력의 흔적을 찾을 수 있다.

② 안전장치 등 압력제어가 실패한 경우

안전장치가 설치되지 않은 경우가 있을 수도 있고, 안전장치가 설치되어 있더라도 상황에 적절하지 않은 경우도 있다. 예를 들어 용기의 내압한계가 15kg/cm인 경우 릴리프 밸브는 이보다 낮은 수준에서 작동해야지만 용기의 파괴를 보호할 수 있다. 그러나 밸브의 작동압력이 높은 것을 설치한 경우에는 용기가 파괴될 때까지도 작동하지 않을 수 있다. 또 적절한 안전장치를 사용하였더라도 잦은 고장이나 사용자의 편의를 위해서 센서를 경유하지 않고, 직접적으로 연결하여 안전장치를 무력화 시킨 경우도 있다. 사실 상 안전장치를 설치하지 않은 것과 동일하다. 이 경우 안전장치의 각개의 테스트를 거쳐 미작동 원인을 확인할 수 있다.

③ 안전장치를 뛰어 넘는 급격한 압력의 발생

안전장치는 각 해소할 수 있는 능력이 있다. 그러나 이 수준 보다 더 급격한 수준으로 압력이 발생할 경우에는 압력이 계속 증가하여 용기가 파괴될 수 있다. 예를 들자면 과열된 용기 내에 갑자기 물이 쏟아지는 급격한 상변화의 경우를 들 수 있다. 릴리프 밸브가 적절하게 작동하지만 이곳을 통해서 해소되는 속도 보다 더욱 빠른 압력의 발생은 내부의 압력을 지속적으로 상승시키고, 곧 파열에 이르게 될 수 있다. 이러한 경우에는 안전장치는 적절하게 작동한 것이므로 미작동의 원인이 발견되지 않는다. 이러한 경우에는 사고 당시의 시설과 장치의 운전 상황, 수동 작동 상황 등에 대한 정보가 요구된다.

12.6 잔해의 수집

12.6.1. 잔해의 분포 경향

일반적으로 확산폭발은 구획실의 담벼락 등이 무너져 내리는 압력이 발생하더라도 그 내부에 있는 폭발의 주원인이 되었던 물체 또는 시설(누출시설 및 점화원을 제공한 장치 등)에 부분적인 파괴가 발생하지 않으며 그 자리에서 거의 이동되지 않는다. 만일 가스배관과 같이 담벼락에 고정되어 있던 장치였다면 담벼락이 무너지거나 압력에 의해서 이동할 때 함께 이동될 수는 있다. 예를 들어 가연성 액체가 담긴 용기가 개방되어 발생한 유증이 대기 중에 확산된 상태로 폭발하는 경우에 가연성 액체가 담겨있던 용기는 그 자리에서 거의 이동되지 않는다. 또 이동식 LPG 캐비닛 히터에서 누출된 가스가 방에 확산된 상태에서 폭발이 발생한 현장에서도 이 히터는 거의 이동되지 않는다. 이것들을 찾기 위해서는 관계자들에게 사고 직전 위치를 확인하여 해당 부위를 발굴하는 것만으로도 대부분의 장치와 시설을 찾을 수가 있다.

집중폭발에서 보이는 잔해의 분포경향은 매우 다르다. 집중 폭발은 집중된 에너지가 방출되는 것이므로 압력의 방출과 함께 파괴되면서 파편 상태로 주변으로 이동될 수 있다. 위에 예를 들었던 LPG 캐비닛 히터의 LPG 용기가 물리적으로 폭발하였다면 집중폭발을 가정해 보자. 이 용기는 찢어지거나 파편이 되어 장소를 이동하게 된다. 또 특정 부위에서 파열이 발생하는 경우에는 용기의 압력이 그 부분으로 집중되면서 반작용에 의해서 용기 자체가 미사일처럼 장거리를 이동하게 되는 경우도 있다. 폭발물에 의한 폭발의 경우에도 폭발이 발생하면 폭발물을 구성하고 있던 여러 가지 부품들이 작은 크기의 파편이 되어 사방으로 비산되며 잔해의 비산 방향에 대하여는 예상할 수 없다. 집중폭발의 장치나 시설물의 잔해를 수집하기 위해서는 더욱 많은 시간과 수고가 요구된다.

집중폭발의 잔해 즉 파편은 운동이 시작된 이후 별도의 물리적 충격이 없다면 직선방향으로 이동한다. 탄도분석 방법을 고려하면 조금 더 용이하게 발견할 수도 있다.

집중폭발의 경우 우리는 집중된 파괴흔적을 통해서 폭심부의 위치를 알 수 있다. 그리고 어떤 물체가 관통된 흔적은 파편의 진행방향을 나타낸다. 따라서 폭심부와 관통지

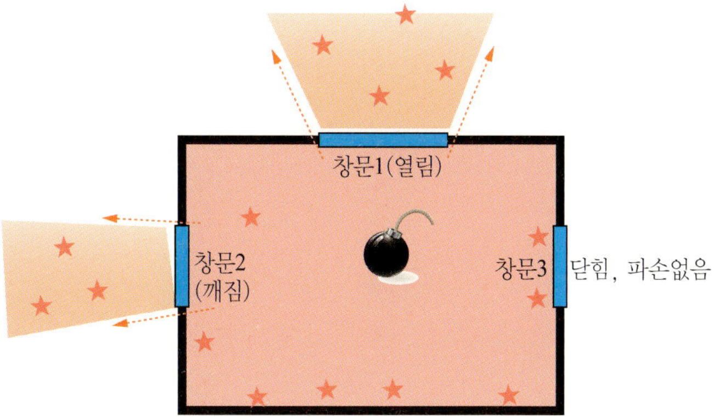

그림 12.37 구획실 내에서 집중폭발의 파편 분포 경향(창문1,2 파괴 또는 개방, 창문3 닫힘, 파손 없음)

점을 잇는 선의 연장선상에서 해당 파편을 찾을 수 있을 것이다. 만일 구획실 내에서 폭발이 발생하였지만 어떤 벽에 관통흔적이 없다면 그 벽방향으로 향했던 잔해들은 벽에 부딪힌 이후 그 아래에 떨어져 있을 것이라는 것을 알 수 있다. 따라서 구조물의 파괴형태를 통해서 잔해의 분포할만한 방향과 위치를 좁은 폭으로 축소할 수 있다.

위 그림(그림 12.37)은 구획실 내에서 집중폭발이 발생하고, 폭발물체의 파편이 비산될 수 있는 범위를 나타낸 것이다. 위 구획실에는 창문 3개가 설치되어 있는데 창문1은 열림 상태였으며 창문 2는 닫혀있었지만 파괴되었다. 창문3은 닫혀있었지만 파괴되지 않은 상태이다. 파괴되지 않은 벽과 창문3 방향으로 진행된 파편은 벽면과 창문에 충격 후 더 이상 진행하지 못한 상태로 내부에 존재하게 된다. 창문1과 창문2의 방향으로 진행한 파편은 창문을 파괴하고 더 멀리 비산될 수 있을 것이다. 그러나 파편의 직진성을 고려하면 건물 외부에서 파편을 수색하는 범위를 축소할 수 있다.

위 그림은 실제 폭발물 현장에서 파편 등 증거물의 수집위치를 표시한 그림이다. 그림에서 확인할 수 있는 것처럼 대부분의 파편이 창문 등 개방된 장소에 집중적으로 나타나는 반면 철판에 가려져 있던 부위에서도 발견되는 것을 볼 수 있다. 수색 범위를 축소하는 것은 해당 범위만을 조사해야한다는 것이 아니라 더 중요한 범위에 더 많은 노력을 집중시키기 위한 것이라는 점을 이해하기 바란다.

12.6.2. 잔해의 수색 범위 및 통제구역의 설정

잔해의 수집을 위해서 수색해야할 범위는 폭심으로부터 가장 먼 지점에서 발견된 파편과의 거리의 1.5배를 반경으로 하는 원형을 포함하도록 설정해야 한다. 만일 1.5배의 범위를 수색하던 중 또 다시 새로운 파편을 발견하면 범위는 여기서부터 1.5배로 확대하여 다시 설정하고 수색에 임한다.

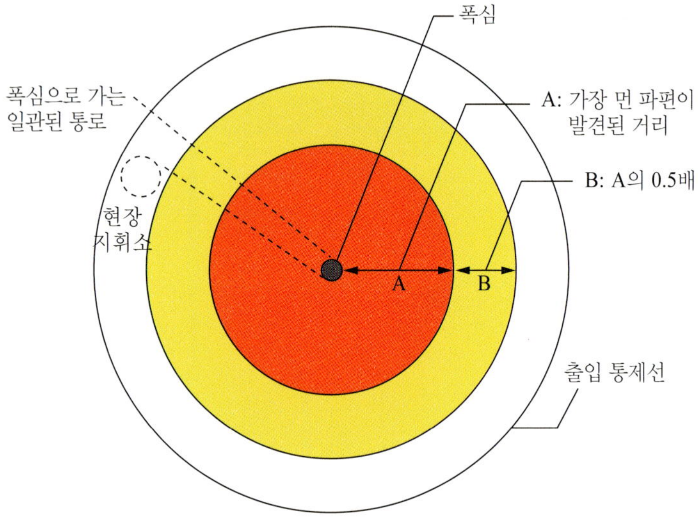

그림 12.38 현장 보존의 범위는 A+B 이다. 외곽선은 현장 출입 통제선이 된다.

현장보존 범위를 통해 폭심부에 접근할 때에는 일관된 통로를 활용해야 하며 통제본부는 현장 보존 범위의 외부에 통로와 가까운 부분에 설치하고, 수집된 증거물 또는 증거수집을 위해 필요한 장비와 시설들은 통제본부 인근에 보관하도록 한다.

12.6.3. 잔해의 수집

작은 잔해들까지 빠짐없이 수집하기 위해서는 촘촘한 그리드를 설정하고 조사관 여러 명이 교차, 반복하면서 수회에 걸쳐서 확인해야 한다. 만일 흙이나 모래와 같은 곳에서 폭발이 발생했다면 파편들이 땅속으로 파고들기 때문에 육안으로 관찰하는 것만으로는 파편을 빠짐없이 수습하는 것이 어렵다. 따라서 육안으로 관찰한 이후 부근의 흙을 채로 쳐서 작은 잔해들도 빠짐없이 발견해야 한다. 수집된 파편이 많을수록 더 정확한 재구성이 가능하다.

폭발물의 잔해

폭발물의 잔해는 폭발물의 구성요소를 완벽히 재현할 만큼 수집되어야 한다. 또 파괴되고 변형된 잔해를 통해서 원래의 모습과 작동방식을 유추할 수 있어야 한다. 불가능한 일이겠지만 완벽하게 모든 잔해가 수집되었다고 해도, 폭발 후의 잔해는 갈기갈기 찢어지고 변형되어 그 원형을 판단하는 것은 훈련되지 않은 상태에서는 쉬운 일이 아니다. 평소 어떠한 아이템의 부품에 대하여 잘 알고 있다면 조금 쉬울 수는 있다. 조사관은 가능하면 폭발의 잔해를 자주 접하면서 원형에 대하여 유추하는 훈련이 필요하다.

그림 12.39 여러 종류의 눈금 사이즈의 채를 이용하여 발견한 폭발물의 잔해(출처 : 박종욱, 김범수. 2008)

그림 12.40 현장에서 수집된 증거물 많은 양이 수집될수록 정확한 분석이 가능하다.[112]

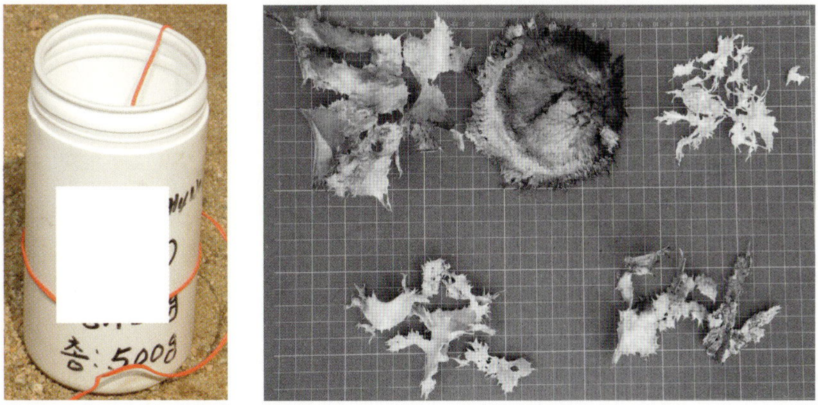

그림 12.41 용기의 원형과 잔해

112 A Simplified Guide to Explosives Analysis

12.7 파편 분석을 통한 폭심부의 확인

폭발물이나 고압용기의 물리적 폭발 등 집중 폭발의 경우 일반적으로 지면이나 어떠한 구조물의 면과 접한 상태에서 폭발이 발생한다면 폭발이 발생한 부분에는 분화구처럼 또는 다른 곳과 크게 차별되는 집중적인 파괴형태가 나타나기 때문에 별도의 노력을 하지 않는다고 하여도 폭심을 찾는 것이 어렵지 않다. 그러나 공중에서 폭발이 발생하는 경우에는 인접한 곳에 집중적인 파괴물체가 없다면 폭발의 중심부를 찾는 것이 쉽지 않다. 본고에서 논하고자 하는 것은 폭심부 발견을 위한 일반적인 방법과 공중에서 폭발이 발생한 경우 파편에 의한 흔적을 분석해서 3차원적인 공간에서 폭발지점을 추적하는 방법에 대한 것이다. 파편의 흔적을 이용해서 폭발의 중심부를 찾는 방법은 고압용기나 폭발물에 의한 폭발 등 집중폭발의 경우 효과적인 방법이 될 수 있으며 특히 비교적 균일한 형태의 파편이 발생하는 폭발물의 경우에 더욱 유용하게 사용될 수 있을 것이다. 종종 이슈가 되고 있는 사고인 군에서 발생하는 수류탄 폭발 사고의 예를 들어 보자 어떠한 병사가 방에 혼자 있는 상태에서 수류탄 1개가 폭발하여 병사가 사망하였다. 폭심 위치의 확인은 병사가 몸에 지니고 있었는지 손에 들고 있었는지, 아니면 병사의 근처 다른 곳에서 폭발이 발생한 것인지를 알 수 있게 된다. 이것은 자 · 타살을 구분하는 중요한 방법일 수도 있다. 또 심지어는 운행 중인 비행기가 공중에서 폭발하는 경우에도 폭심의 위치를 확인하는 것은 피격 여부 및 비행기의 내부적 문제로 폭발하는 경우를 확인하는 데에 도움이 된다.

파편을 분석하여 파편의 입사각을 구하고 폭심의 위치를 찾는 방법은 분석 재료에 따라서 크게 1. 파편 충격흔 분석, 2. 파편 충격흔 밀도 분석, 3. 탄도 분석을 예로 들 수 있다. 파편 충격흔 분석은 파편에 의해 파괴된 타깃 재료의 파괴 및 변형형태를 분석하는 것이며, 파편 충격흔 밀도는 평면 재료에 나타나는 충격흔의 분포 밀도를 분석하는 것이고, 탄도 분석이란 2개 이상의 관통된 흔적을 연결하여 파편의 입사각을 분석하는 것이다.

다음 그림(그림 12.42)은 지난 말레이시아 항공 여객기의 공중 폭격 사건에서 추락한 잔해에 나타난 파편흔적을 분석해서 폭발이 발생한 입체적인 지점을 확인하는 과정을 정리한 것이다.

위와 같이 파편과 충격면의 성격에 따라 구별되는 충격흔적은 폭발중심을 찾아내는 데에 매우 유용한 법과학적 증거가 된다. 파편 흔적을 분석할 때에는 단일 파편흔적을 우선적으로 분석하고, 군집된 여러 개의 파편흔적을 분석함으로써 더욱 정확한 분석이 가능하며, 여러 방법에 의해 일치하는 경우 법과학적 가치는 더욱 높아질 것이다.

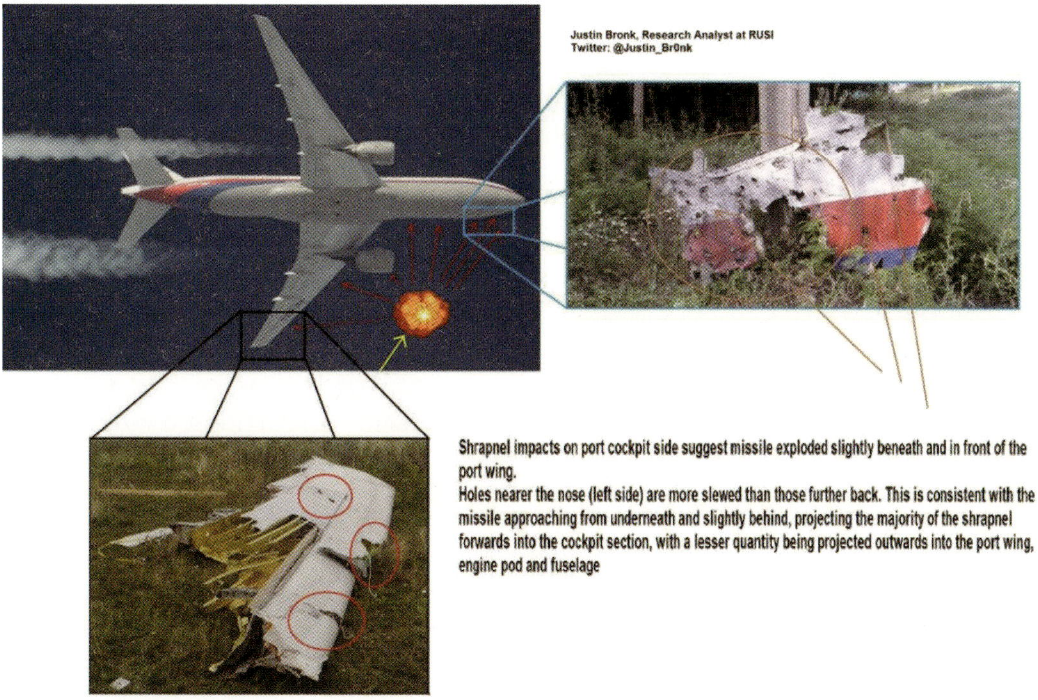

그림 12.42 말레이시아 항공 비행기의 공중 폭격에 의한 파괴 사건에서 잔해의 미사일 파편의 관통 부위의 흔적을 분석한 폭심부의 추정

그림 12.43 폭발물체의 중심에서 방사형태로 뻗어나가는 폭발위력과 파편의 형상화 이미지

그림 12.44 바닥과 접한 상태에서의 폭발 시 보이는 부분적인 파괴와 파편의 충격흔적

12.7.1. 파편의 일반적 성질

파편을 분석하는 방법을 설명하기 전에 파편이 가지는 일반적인 성질에 대하여 이해할 필요가 있다. 여타 자연적인 현상을 분석하기 위해서 오차가 크지 않은 부분을 일반화하여 간주하는 것이 필요한데 파편의 분석에서도 마찬가지이다.

(1) 파편의 운동의 방사성

파편은 폭심으로부터 발생한 압력에 의해 폭발물체를 에워싸고 있고 있던 구조물이 파괴되어 그 잔해가 비행하는 것이므로 폭심을 중심으로 방사형으로 뻗어 나간다.

위 그림(**그림 12.43**)은 폭발물체의 중심에서부터 방사형태로 뻗어나가는 폭발위력과 파편의 방향을 형상화한 이미지이다. 그림에서 보는 것처럼 3차원의 구형태로 방사된다. 만일 폭발물체가 지면위에 올려 있다면 지표를 기준으로 아래로 전달되는 위력은 차단이 될 것이며, 지상으로 반구형의 방사되는 모습을 나타낼 것이다. 바닥과 접한 부분은 3차원 구형으로 방사되는 것을 간주하였을 때 폭심으로부터 가장 가까운 표면이기 때문에 압력과 파편이 집중적으로 충격하게 되는 지점이 되므로 이 지점은 항상 분화구와 같은 집중된 파괴흔적을 나타낸다. 바닥으로부터 점차 먼 거리인 위에서 폭발할 경우에 집중된 파괴흔적은 밀도가 점차적으로 낮아지며 희미해질 것이다. 위 좌측 그림(**그림 12.44**)의 파편 흔적을 정리해 보면 다음과 같다.

1. 폭심의 외곽에서 예각으로 충격한 파편흔적은 파편의 입사방향을 향해 길게 늘어지는 흔적을 남긴다.
2. 폭심부에서 멀어질수록 파편의 충격밀도가 낮아진다.
3. 폭심부에 가까울수록 파편 충격흔적의 밀도가 높아진다.

(2) 파편의 포물선 운동

지구상에는 중력이 작용하기 때문에 폭발력에 의해 비행하는 파편은 점차적으로 운동 에너지를 잃어가면서 중력에 지배를 받게 된다. 폭발이 발생한 근거리, 근시간 내에는 폭발 위력에 따라서 직선운동에 매우 가깝게 비행을 하지만 공기의 저항, 위치에너지로 전환 등으로 운동에너지가 감소함에 따라서 중력의 지배를 받게 되며 이 시점부터는 점차 중력방향으로 하향하게 되는데 전체적인 비행궤적을 표현하자면 포물선이 된다.

폭발에 의해 발생한 파편이 어떠한 물체를 관통할 만한 에너지를 현재까지 가지고 있다면 위에서 설명한 중력에 영향을 받지 않을 정도로 충분한 에너지를 가지고 있다고 볼 수 있으므로 이 순간까지는 거의 직선운동에 가깝다. 폭발 파편흔적 분석에서는 직선운동으로 간주되는 파편의 비행궤적을 추적하는 것이다.

다음 사진(**그림 12.45**)은 보스턴 마라톤 대회에서 사체폭발물 테러 사건의 현장 사진이다. 사제폭발물에 사용되었던 압력밥솥이 수십 m 떨어진 건물의 옥상에서 발견되었다. 이 파편도 마찬가지로 폭발 초기에는 직선에 가까운 비행을 하며 하늘로 솟아올랐지만 결국 운동에너지가 위치에너지로 전환되면서 속도를 잃고, 그림(**그림 12.45**)의

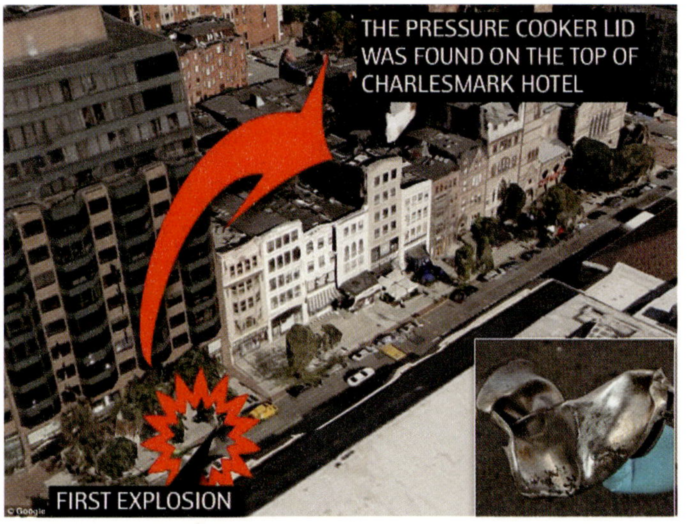

그림 12.45 보스턴 마라톤 대회의 사제폭탄 테러 사건에서 폭발물의 용기로 사용된 압력밥솥이 파괴되어 수십m를 비행한 후 건물 지붕 위에서 발견되었다.

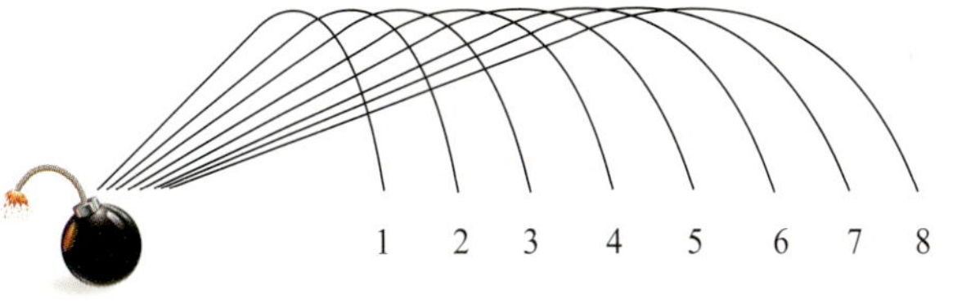

그림 12.46 파편의 포물선 운동

화살표에서 보이는 것과 같이 포물선을 그리며 다시 아래로 떨어지는 과정에 건물 옥상에 안착된 것이다.

폭발물로부터 방사되는 파편의 비산각도와 폭발의 위력에 따라서 다양한 형태의 포물선을 타나낼 것이나. 폭심부를 발견하기 위해 활용되는 범위는 직선운동 중 발생시키는 파편의 흔적으로 제한된다.

12.7.2. 파편의 분석

(1) 파편의 발견 지점을 통한 방향 역추적

부서진 파편을 폭심의 반대 방향으로 멀리 날려버리는 미사일 효과가 발생한다. 미사일이 되어 날아간 파편은 또 다른 구조물에 충격하여 2차 파괴를 발생시키기도 한다. 압력용기가 파괴되어 찢어지는 경우, 주변의 건물의 창문이 파괴되거나 건물이 붕괴되는 경우 모두 여기에 해당된다. 파편의 비행을 측면에서 보면 포물선을 그리지만 평면적으로 보면 직선운동을 하기 때문에 다양한 각도로 비산된 파편의 궤적을 평면도 상에서 직선으로 연결하면 여러 개의 직선이 교차되는 지점에서 폭발 중심부의 평면적인 위치를 확인할 수 있다. 따라서 폭발에 의해 비산되는 파편 잔해의 위치를 추적하는

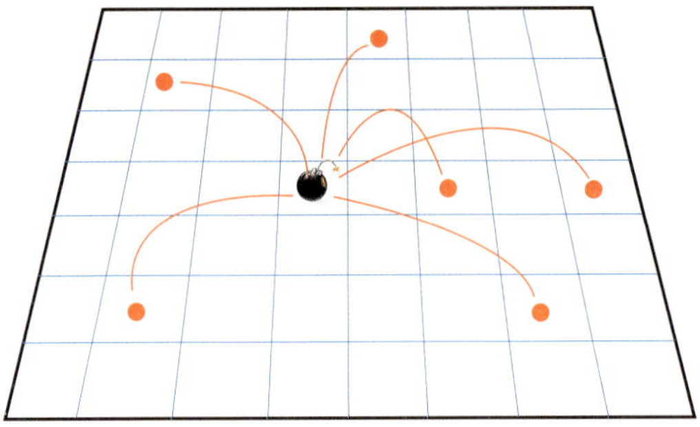

그림 12.47 파편의 비행궤적을 측면에서 관찰

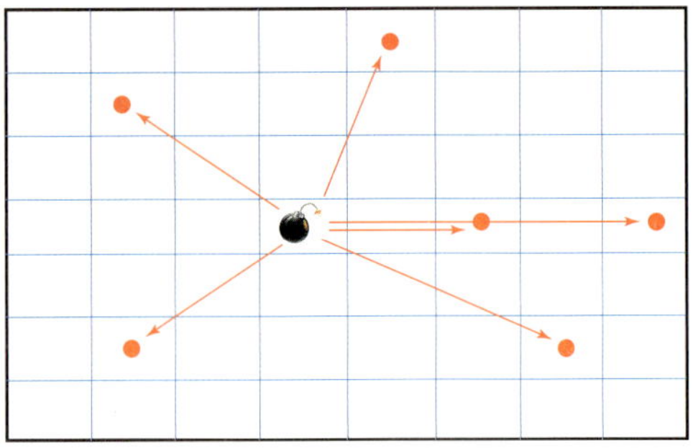

그림 12.48 파편의 비행궤적을 평면적으로 관찰

방법은 거리, 중력에 의한 파편의 이동 속도 감소 등과 무관하게 폭심의 평면적 위치를 확인할 수 있는 유용한 방법이다.

폭발이 발생하면 폭발물체는 물론 폭발물체 주변의 물체들도 함께 파괴되면서 파편이 만들어져 주변으로 방사되기 때문에 물체가 발견된 지점에서 해당물체가 폭발 이전에 존재하였던 지점으로 가상의 선을 긋는다면 이 선의 방향은 폭발 지점을 향하게 되며, 2개 이상의 직선이 교차하는 지점이 곧 폭발이 발생한 지점이라고 판단할 수 있다. 이 이유 때문에 폭발 현장을 조사할 때에 파편이 발견된 위치를 실측하고 기록하는 것은 매우 중요한 일이다.

(2) 파편 충격흔의 분석

파편이 다른 물체를 충격하는 경우에는 타깃이 되는 물체의 충격부위에 흔적을 남긴다. 이것은 물체의 상대적 위치에서 파편의 입사 각도를 알아 볼 수 있는 중요한 단서가 된다.

우선 관통되었을 경우에는 관통방향을 알 수 있으며, 조금 더 자세히 관찰한다면 파편의 관통방향은 물론 입사 각도를 실제와 근접하게 추론해 낼 수 있다.

① 관통방향 분석

관통 방향을 판단하는 것은 매우 간단할 수 있다. 파편이 타깃물체에 충돌할 때 파편이 접촉하게 되는 부위는 표면에 압력을 받게 되는 것이고, 이 에너지가 물체를 관통하게 되면 반대면에는 장력을 받게 된다. 파편이 금속과 같은 연성 재료의 물질 내부를 관통할 경우 재료는 물질 내부를 이동하는 파편을 따라서 변형되기 때문에 형태를 관찰하면 파편의 진행방향을 쉽게 확인할 수 있다. 180° 범위 내에서 관통 방향은 거의 실패 확률이 없다.

일반적으로 물체를 관통하는 경우 사입 방향에 비하여 사출방향의 변형은 더욱 크게

그림 12.49 파편이 충격하면서 관통한 흔적-변형 형태 분석을 통해 파편의 진행방향을 알 수 있다.

나타난다. 그것은 물질의 내부로 에너지가 전달되는 각도인 Hertzian cone과 관련이 높다. Hertzian cone은 원래 세라믹과 같은 취성재료 내에서 힘이 전달되는 각도를 말하지만 연성재료에 있어서도 힘의 전달은 여전히 유사한 고깔의 형태로 전파된다. 연성재료의 경우 파괴뿐만 아니라 힘의 전달방향을 따라서 물질이 밀려나거나 분자간의 연결에 의해서 그 주변도 이끌려가기 때문에 그 형태를 보면 방향을 판단하는 것은 어렵지 않다.

위 사진(그림 12.51)은 비행기의 기체에 파편이 충격하면서 관통한 흔적이다. 사진을 촬영한 부분은 기체의 내부이다. 관통부의 변형 형태를 분석하면 파편의 진행방향을 유추해 볼 수 있는데, 위 사진의 경우는 기체의 외부로부터 기체의 내부로(반대방향에서 사진을 촬영한 방향으로) 날아왔다는 것을 알 수 있는데 조금 더 자세히 관찰하면 위 쪽 보다는 아래쪽의 예각으로 날아왔다는 것을 알 수 있다. 단일 폭발에 의한 위와 같은 여러 개의 파편 관통 흔적이 관찰된다면 이들 방향의 조합을 통해서 폭발 위치를 근사하게 추정해 낼 수 있다.

(3) 관통흔적의 탄도 분석

한 개의 파편이 2개의 물질을 순차적으로 관통하거나 두꺼운 벽을 관통하였을 경우 사입과 사출구를 잇는 선은 파편의 진행 방향이 된다. 만일 이러한 선을 2개 이상 찾을 수 있다면 각 선은 1개의 지점에서 교차되는데 이 지점이 바로 폭심 부위가 된다. 이러한 탄도 분석은 주로 총기 사건에서 탄환의 발사 위치를 찾기 위해서 사용되는데, 관통이라는 점에서 동일하기 때문에 파편의 관통방향을 통해서 폭발중심을 판단하는 경우에도 유용하다.

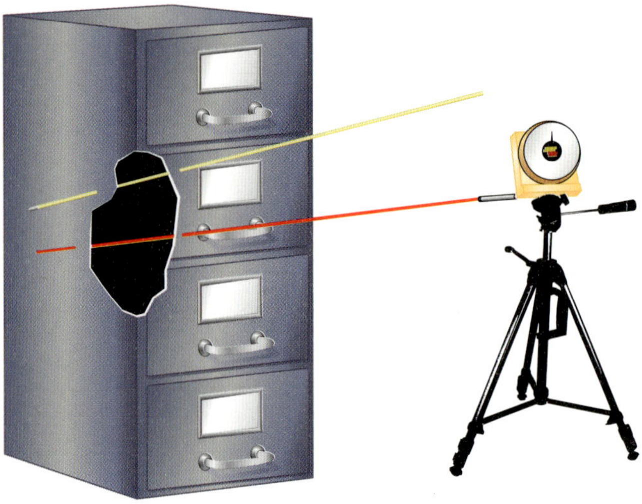

그림 12.50 캐비닛 2개면에 걸친 관통 흔적을 레이저나 직선의 막대를 관통시키며 총알의 입사각과 발사 위치를 찾는 모습.

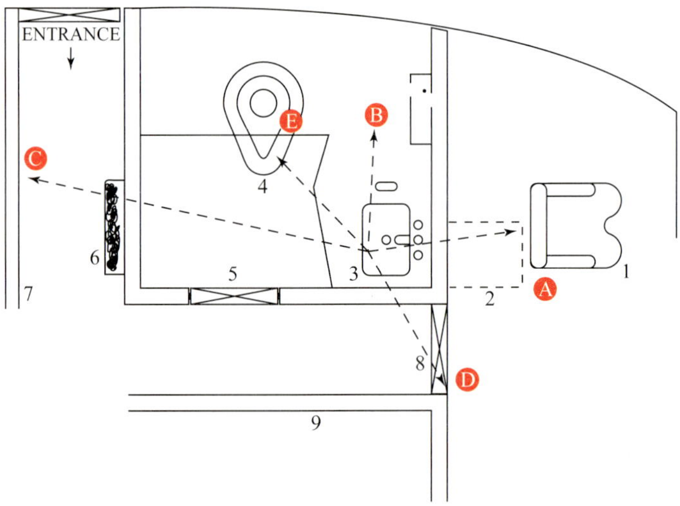

그림 12.51 Trajectories of projectiles from the center of the explosion. 1, pilot's seat; 2, observer's seat; 3, washbasin; 4, toilet bowl; 5, toilet door; 6, cabin crew seat;7, plastic panel; 8,cockpit door; 9, pantry; A, holes in the backrest of pilot's seat; B, hole in the external skin; C, hole in the plastic panel; D, holes in the door panel; E, dent in the toilet bowl.[113]

위 그림(그림 12.50)은 캐비닛을 관통한 총알의 발사 방향을 찾는 모습으로 캐비닛의 2개의 면에 걸쳐서 발생한 동일 파편의 흔적을 직선의 막대 또는 레이저로 관통 시키며 방향을 확인하는 모습이다. 만일 단일 폭발에 의해서 발생한 2개의 파편이 위 그림

113 Aircraft Accident Caused by Explosive Sabotage, R.V. Krishnan, S. Radhakrishnan, A.C. Raghuram, and V. Ramachandran, National Aeronautical Laboratory

과 같이 캐비닛을 관통하였다면 각 관통부위를 연결한 직선의 교차점은 폭발이 발생한 중심이 된다.

2개 이상의 흔적이라면 1개의 관통부와 탄착지점, 2개의 관통부, 파편의 내부 진행방향을 알 수 있는 두꺼운 재료의 단일 관통부 모두 이와 같은 분석을 할 수 있다. 이 방법은 입사각을 찾는 여러 방법 중 가장 정확한 방법이다.

(4) 충격흔적 분석

물체를 관통하지 못하는 경우나 한 개의 면만을 관통하는 경우에는 위 방법을 적용할 수 없으나 충격부위의 흔적을 분석해서 사실에 근접한 방향을 알 수 있다. 충격에 의한 관통흔적은 충격물체의 형태와 크기에 따라서 관통흔적도 다양하게 나타날 수 있기 때문에 주의가 필요하다. 주변에 있는 다수의 관통흔적이 일치하는 방향을 파편의 입사방향으로 판단하면 오류를 줄일 수 있을 것이다.

① Hertzian cone

관통흔적이나 충격흔적을 분석하기 위해서는 우선 유리 등과 같은 세라믹 재료의 내부로 충격이 전달되는 Hertzian cone에 대한 이해가 필요하다. 고체물질은 각 분자가 견고한 연결상태를 가지고 있는 것으로 어떤 지점에 전달된 에너지는 연결되어 있는 주변 분자에 에너지를 전달하게 되는데 이 전달은 충격방향을 중심으로 약 100° 의 각도를 이루며 점차 확대되며 진행된다는 것을 발견한 독일의 물리학자 Heinrich Rudolf Hertz 가 자신의 이름을 따서 Hertzian cone 이라고 명명하였다.

어떤 물체에 충격이 가해졌을 때 물질내부로 힘이 전달되는 모습은 그림 12.52, 12.53 과 같다.

Hertzian cone은 과학자에 의해서 그 원리가 깨우쳐지기 훨씬 전인 석기시대에서부터

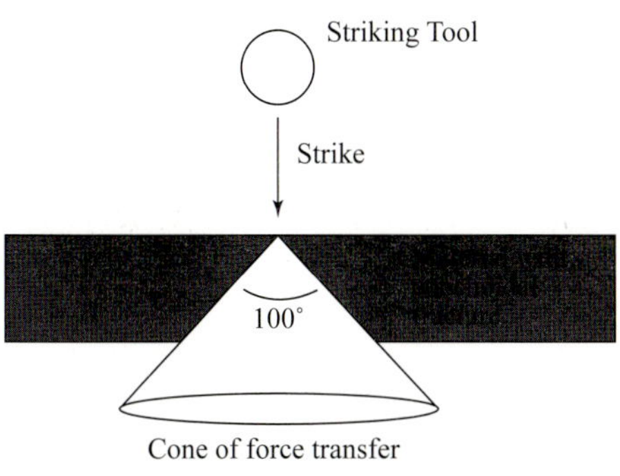

그림 12.52 Herzian cone

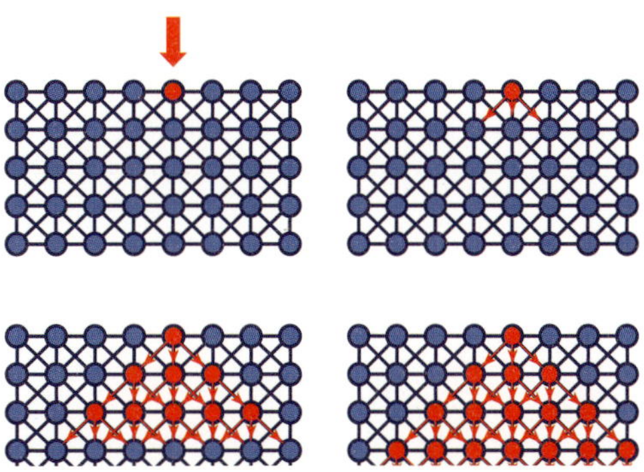

그림 12.53 연결된 입자들 간 에너지의 전달 과정

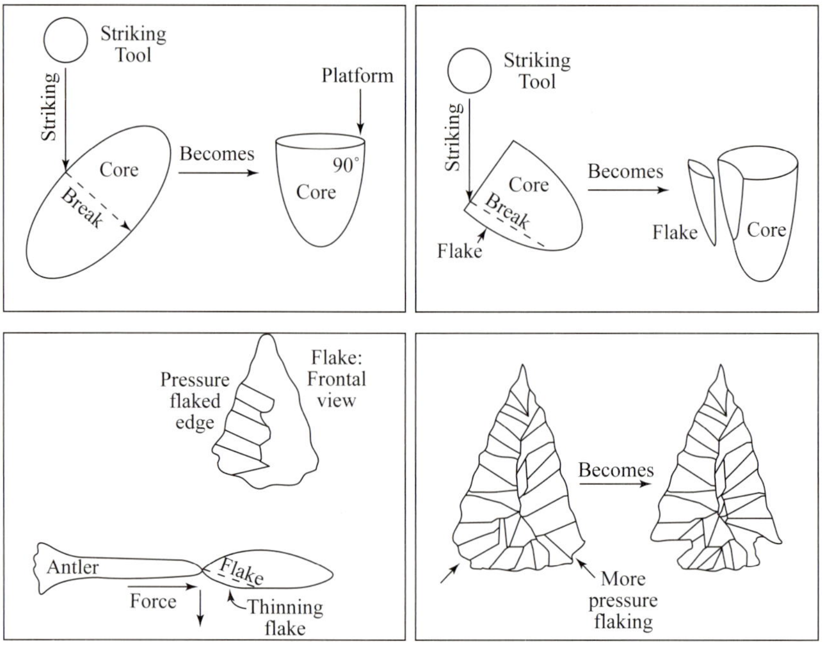

그림 12.54 신석기인들이 돌을 깨뜨려 화살촉을 만드는 과정

고대의 인류들은 그 원리를 이해하고 타제석기를 만들 때 이미 활용해 왔다. 고대의 인류는 돌을 깨뜨려 도끼, 칼, 화살촉 등 다양한 도구들을 만들어 사용하였는데 이 시기는 시작을 알 수 없지만 기원전 2000년 이전까지를 석기시대라고 부른다.

고대의 인류는 Hertzian cone에 대하여 잘 이해하고 있었다. 자신들의 원하는 형태의 석기를 만들기 위해 힘이 전달되는 각도를 고려하여 돌을 깨뜨려 다듬었다. 위 그림(그림 12.54)의 점선 부분을 제거하기 위해서 충격해야 하는 방향은 화살표와 같다. 이와 같은 방법으로 타제석기가 제작되었다.

위 그림(그림 12.54)은 큰 돌로 화살촉을 만들기 위해 원하는 모양으로 깨뜨리기 위해 다른 돌로 내리치는 충격방법을 순서대로 나열한 것이다. 지금에 와서 타제석기의 형태를 분석해서 원시인들이 돌을 깨뜨릴 때 내리쳤던 충격방향을 분석해서 보여주는 것과 같이 폭발사고에서도 취성재료의 파편에 의한 파괴 흔적을 검토해서 파편의 비행방향과 충격지점을 알아낼 수 있다.

② 파괴형태를 통한 입사각 판단

Hertzian cone은 고체물질의 분자들이 서로 붙들고 있는 연결 상태로부터 기인한 현상이다. 잘 알려진 것은 총알이 유리를 관통할 때 보이는 콘 모양의 파괴형태인데 유리 외에 기타 유사한 성질을 가지는 세라믹 등 취성재료에서 공통적으로 나타난다. 충격 방향에 의해서 물질 내부로 전달되는 에너지의 방향이 일정하므로 그로 인해 충격각도에 따라 파손형태를 예상할 수 있다. 위 타제석기를 제작하는 과정을 나타낸 이미지는 이미 석기시대에 만들어진 석기에 남은 파괴면의 흔적을 통해 원시인들이 석기를 깨뜨려 다듬었던 방향을 찾아 낸 것이다. 이처럼 비행하는 파편이 어떠한 물체를 충격하였을 때에도 이와 같은 원리에 의해서 충격각도에 따라 유사한 형태의 파손흔적을 남기게 되므로 이를 분석한다면 파편의 입사각도를 유추하는 것도 가능하다.

재료가 충격에 의해서 파괴되는 유형은 2가지로 구분할 수 있는데 그것은 취성파괴와 연성파괴이다. 돌이나 유리와 같이 탄성이 없는 단단한 물질이 분리되는 형태는 취성파괴이다. 연성파괴는 금속재료와 같이 형태가 변형되면서 발생하는 파괴이다.

③ 취성파괴

재료가 외력에 의해 거의 소성 변형을 동반하지 않고 파괴되는 것. 취성 파괴는 불안정적이며, 고속으로 진전한다. 일반적으로 고강도 재료일수록 취성적 파괴를 나타낸다. 또 철강 재료 등에서는 연성-취성 천이온도가 있으며, 그 온도보다 높은 온도에서는 연성 파괴를 나타내지만, 낮은 온도 쪽에서는 취성 파괴를 나타내므로 주의해야 한다. 연성 파괴에 대한 상대적 성격을 나타낸다.[114]

대표적인 예로 유리를 들 수 있는데, 유리는 총알이 충격하면 총알이 완전히 관통하기 전에 이미 전체적인 파괴가 완성될 정도로 파괴가 빠르게 진행된다. 파괴된 유리의 조각들을 관찰해 보면 소성변형 흔적은 발견되지 않는다. 이러한 취성파괴는 Hertzian cone의 에너지 전달방식을 따르므로 파괴의 형태를 관찰해 보면 파편의 입사각도를 분석하는 데에 유리하다. 파편에 의한 파괴 흔적을 살펴보면 위에서 타제석기의 파괴형태를 관찰해서 충격지점과 각도를 재현하는 설명처럼 파편의 비행 각도를 판단할 수 있다.

그림 12.55은 약 6mm의 쇠구슬이 비록 관통하지는 못하였지만 유리면에 충격 후 나타난 유리의 파괴형태이다. 충격방향에서는 매우 작은 형태의 구멍이 나있고, 반대 방향에서는 더욱 넓은 큰 원의 파괴가 발생하였다. Hertzian cone을 적용한다면 이 두 파괴형태가 동심원을 그리고 있는 만큼 면의 직각에서 충돌하였다는 것을 알 수 있다. 그렇다면 기울어진 각도에서 충격하였을 때에는 어떻게 될지 생각해 보자.

그림 12.58, 12.59은 비행물체의 정각과 예각의 충격각도에 따라서 타깃물체에 전달되

114 [네이버 지식백과] 취성 파괴 [Brittle Fracture, 脆性破壞] (비파괴 검사 용어사전, 2008. 1. 20., 도서출판 노드미디어)

그림 12.55 쇠구슬 충격에 의한 유리의 파괴 (전남지방경찰청 김상현 형사님 제공)

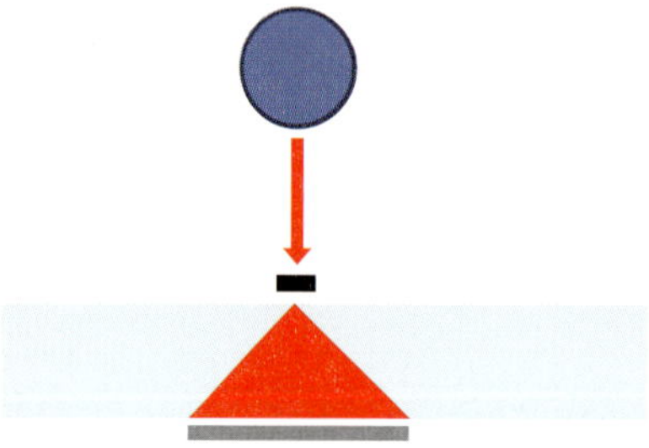

그림 12.56 직각으로 충돌하였을 경우 파괴형태

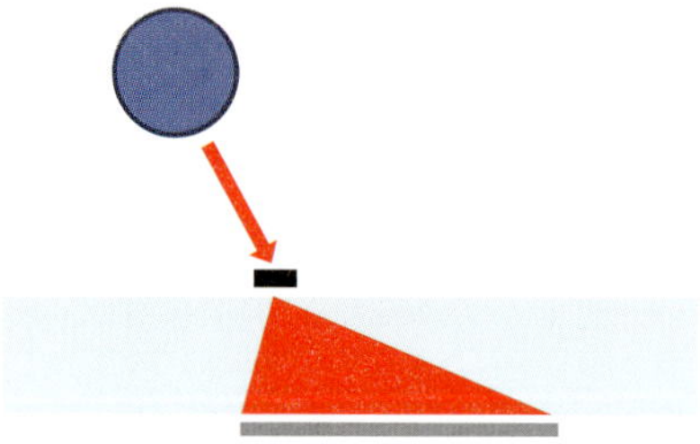

그림 12.57 예각에서 충돌하였을 경우 파괴형태

그림 12.58 직각으로 충격한 경우의 파괴흔적

그림 12.59 예각으로 충격한 경우의 파괴흔적

는 힘의 방향을 측단면에서 표현한 것이며, 타깃 물체의 충격면(검은색)과 반대면(회색)의 선은 파괴되는 면의 넓이를 나타낸 것이다. 충격면과 반대면의 파괴 범위를 정면에서 살펴보면 두 개의 파괴 부분이 중첩되게 된다. 이때 양측의 원이 동심원을 이루고 있다면 타깃 물체의 면의 정면에서 충격한 것이며, 한쪽으로 치우쳐져 있다면 그만큼의 기울어진 각에서 충격한 것으로 본다.

④ **연성파괴**

연성파괴 재료는 대표적으로 금속을 예로 들 수 있다. 금속은 충격에 의한 소성변형이 발생하는 변형형태를 통해서 그 방향을 찾을 수 있다. 연성재료의 내부로 에너지가 전달되는 방식도 Hertzian cone 과 유사하다. 연성재료의 변형형태를 통해서 cone의 형태를 유추할 수 있는 방향으로 파괴가 발생하며 연성재료의 경우 파괴뿐만 아니라 힘의 전달방향을 따라서 물질이 밀려나거나 이끌려가는 변형이 발생하기 때문에 그 형태를 분석하면 파편의 충격 지점, 파편의 입사방향을 근사하게 찾을 수 있다.

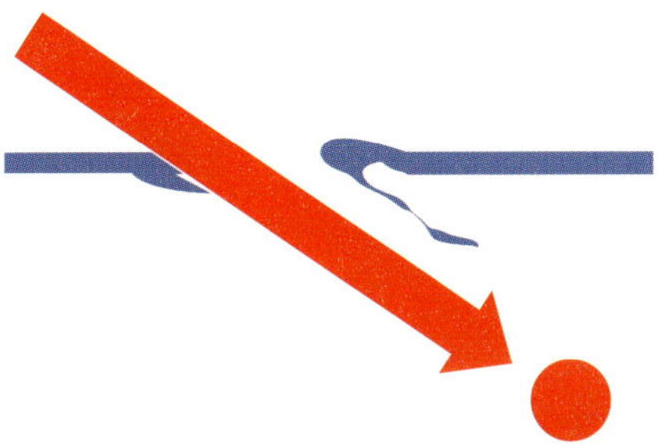

그림 12.60 관통부의 변형

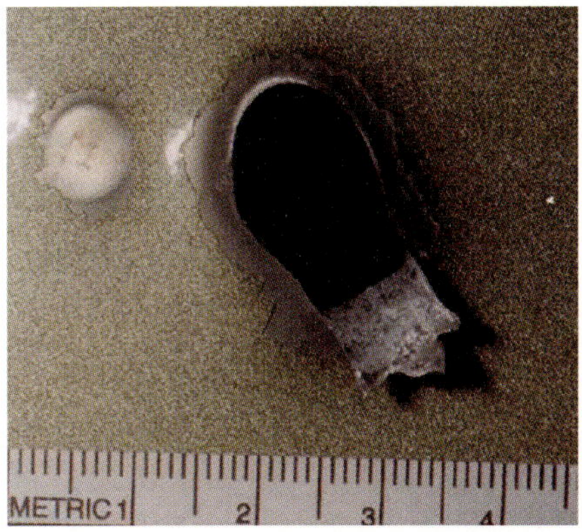

그림 12.61 맞은 편 좌상측에서 촬영한 방향 우하로 관통

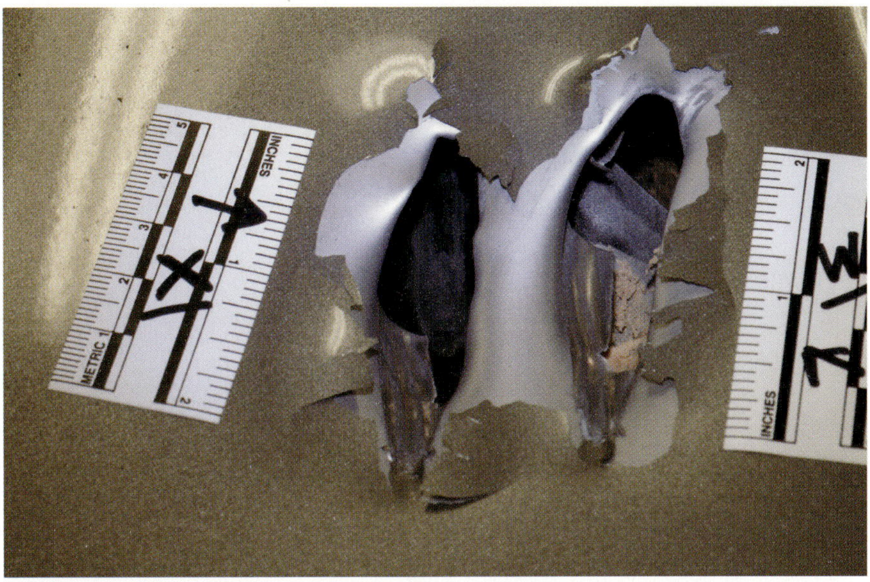

그림 12.62 자동차 도장철판에 충격한 탄환에 의한 변형 흔적, 접근방향은 촬영한 방향의 아래에서 위를 향해 관통

⑤ 곁가지 파괴흔적

예각을 이루면서 철판에 충격하게 되면 물체의 관통흔적 외에 충격부 주변에서도 변형이 일어난다. 이것은 파편은 고체의 분자들이 상호 견고하게 연결되어있기 때문에 발생한다. 파편에 직접적으로 충격하는 부분의 인접한 부분도 연결에 의해 이끌리며 변형되거나 파괴가 발생하는 것이다. 매우 예각일 경우 물체를 관통하지 못한 상태에서 단지 스크래치 정도의 흔적만을 남기는 경우도 있다. 철판의 도장면에서도 도장재의 파괴가 발생하므로 이 파괴흔적을 검사하면 입사 방향의 판단이 가능하다.

곁가지 파괴는 충격물체로부터 전달된 에너지가 주변으로 확산되어 가는 과정에 발생하는 것으로 힘의 방향을 역행하는 파괴를 발생시킬 수 없다. 따라서 대다수의 곁가지 파괴선이 지향하는 방향은 최소 180° 범위 내에서 일치함을 단정할 수 있다.

곁가지 파괴의 흔적과 관통부의 변형흔적을 분석하는 방법은 타깃 면을 기준으로 앞쪽과 뒤쪽, 그리고 평면적인 입사방향을 알 수 있지만 타깃 면에 대하여 얼마만큼의 각도로 입사되었는지 판단하기에는 워낙 다양한 재료와 상황이 존재하기 때문에 경험에 의존할 수밖에 없다.

(5) 예각 충격흔적을 통한 폭심부 판단

위 사진(그림 12.64)은 탄환이 물체에 여러 각도로 충격한 후의 흔적을 보여주고 있다. 정면으로 물체에 충격하는 경우와 예각에 의한 충격흔적은 형태적으로 다른 특징을 나타낸다. 정면으로 충격한 흔적은 파편의 형태와 크기만을 주로 반영하지만 예각으로 충격한 경우에는 충격의 평면적 방향을 쉽게 알 수 있는 흔적을 남긴다.

우선 한 개의 면에 남은 충격흔적을 살펴보자 파편이 예각으로 충격할 경우에는 평면

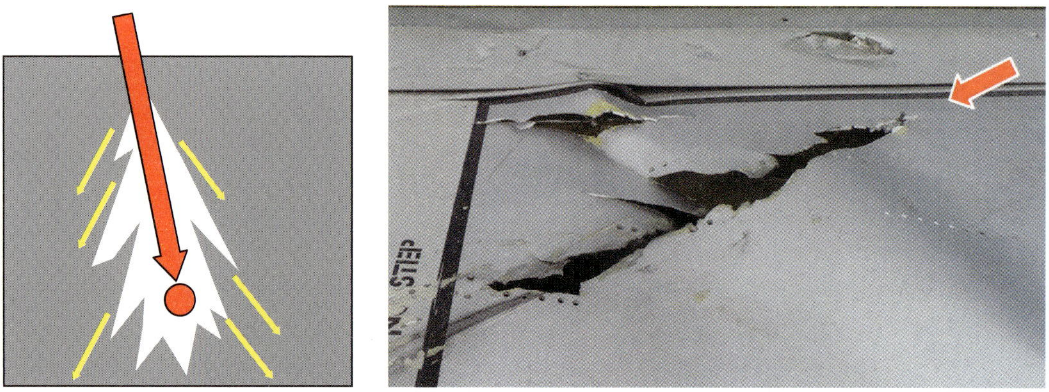

그림 12.63 입사각도에 따른 철판의 관통 흔적

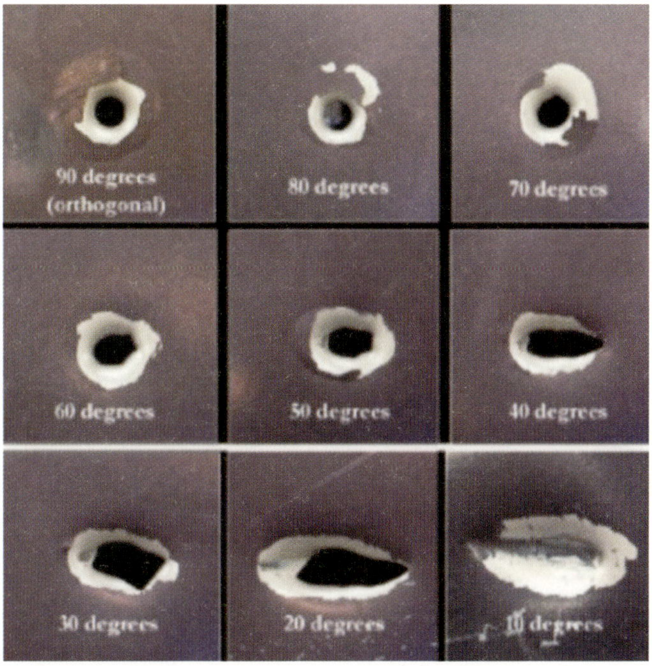

그림 12.64 입사각도에 따른 철판의 관통 흔적

적인 입사방향을 알 수 있는 타원형 또는 긴 스크래치 등의 마찰흔적을 남긴다. 이 충격흔적의 장축을 연장하는 선은 파편의 비행 방향이 되며 결국 평면적으로 관찰하였을 때 폭심은 이 선상에 위치하게 된다. 입사 각도를 구별할 수 있는 또 다른 파편의 충격흔적에서 연장된 선도 마찬가지로 폭발중심을 향하게 되는데 이 두 개의 선이 교차하는 지점이 해당 면에 있어서 폭발이 발생하였던 평면적 위치가 된다. 이 지점에서 다시 면에 대응하는 수직선을 그으면 폭발의 입체적 위치는 이 선상에 위치하게 된다. 또 다른 면에서 동일한 방법으로 연장된 수직선과 교차하는 지점은 폭발물의 입체적인 위치로 확인할 수가 있다.

1개의 예각은 파편의 평면적 입사 방향을 알 수 있으며, 2개 이상의 입사방향은 해당 면에 대응하는 폭심의 평면적 위치를 알 수 있다. 그리고 2개 이상의 평면적 위치는 정확한 폭심을 찾을 수 있으며, 또 이를 객관적으로 증명해 줄 수 있다.

위 그림(그림 12.67)에서 보는 바와 같이 2개의 예각 충격흔적을 통해서 각 연장선이 교차하는 지점은 폭심의 평면적 위치로 볼 수 있다. 폭심의 입체적인 위치는 평면적 위치에서 면에 대응하는 직각 선상에 위치하게 된다. 따라서 또 다른 면에서 동일한 분석이 이루어져 동일한 직각의 선을 구할 수 있는데 이 두 개의 직각선이 교차하는 지점을 폭심의 입체적 위치로 판단할 수 있다.

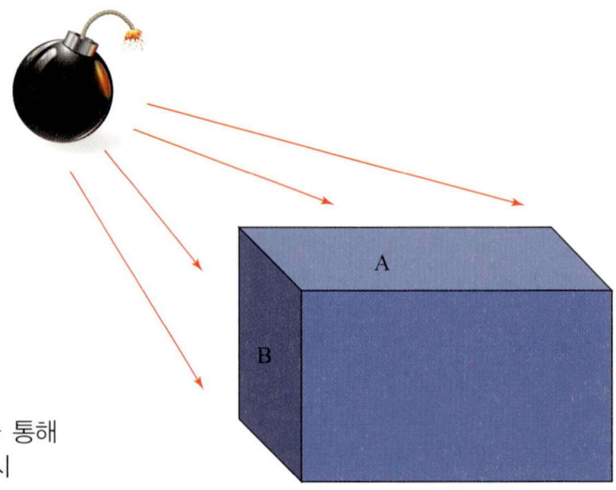

그림 12.65 예각의 충격흔적을 통해 폭심부를 찾아야하는 경우의 예시

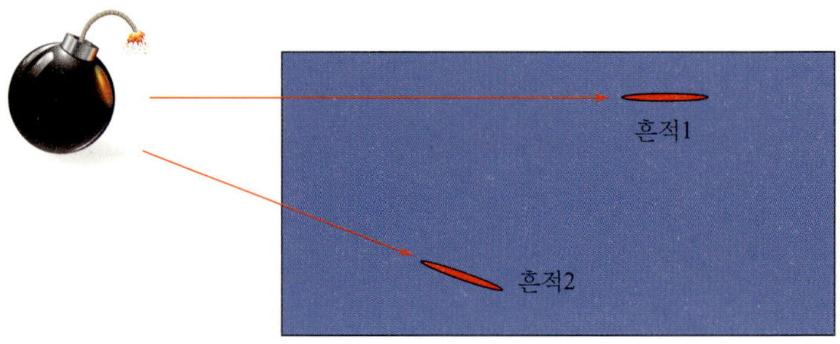

그림 12.66 위 그림 물체의 A면에 발생하게 된 충격흔적

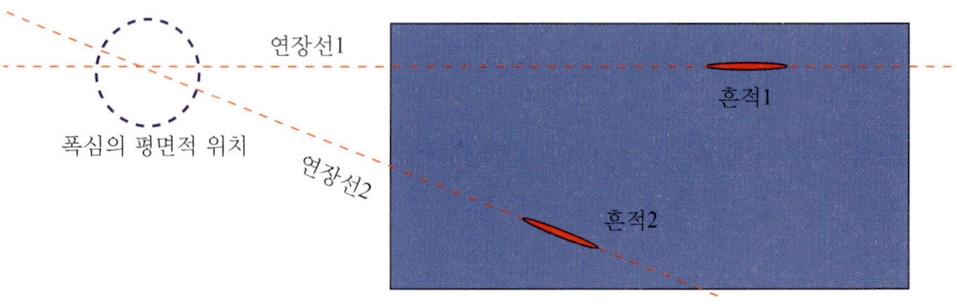

그림 12.67 2개의 예각 분석을 통한 폭심의 평면적 위치

위 그림(**그림 12.68**)은 분석과정을 나타낸 그림이다. 우선 A, B면에서 각 파편입사각을 구해 교차하는 각각의 평면적 위치를 구하고, 각 평면적 위치에서 면에 대응하는 직각선을 그으면 교차하거나 또는 교차하지는 않더라도 근접하게 지나가는 부위를 폭심의 입체적 위치로 판단한다.

혈흔패턴 분석에서 오리진을 구하는 방법은 비행하는 혈흔을 완벽한 구의 형태로 간주하여 부착된 타원형의 혈흔의 장축과 단축의 계산하여 입사각도를 찾는 방법을 사

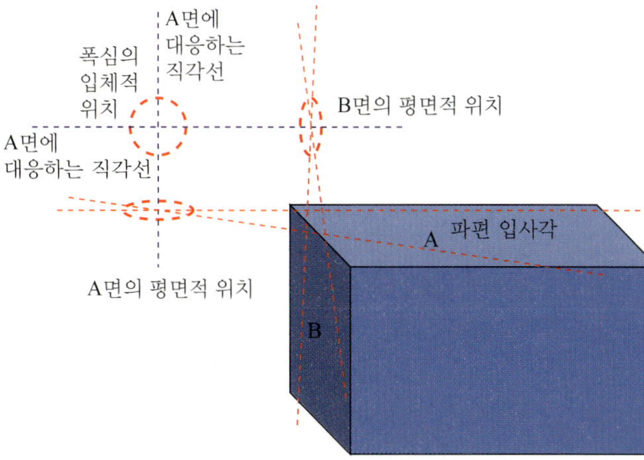

그림 12.68 2개의 면에 남은 예각에 의한 충격흔적을 통해 폭심의 입체적 위치를 찾는 방법

용하는데 파편으로 비행하는 파괴된 구조물 잔해의 형태는 일정하지 않기 때문에 이를 적용하는 것은 곤란하다. 군용 폭발물의 파편, 사제 폭발물에 사용된 베어링 볼은 일반적으로 디자인된 균일한 형태를 가지고 있지만 파이프 밤이나 용기가 파열되는 경우의 파편은 크기 또는 형태가 매우 다양하며 예측이 불가능하기 때문에 평면적으로 나타나는 파괴흔적의 수치를 측정하고 공학적으로 계산하는 것은 불가능하다. 그러나 충격면에서 나타나는 일반적인 흔적을 통해서 대략적인 입사방향을 구하는 것이 가능하며 여러개의 파편흔적들을 분석한다면 오차율을 크게 줄일 수 있다.

(6) 파편 충격흔 밀도 분석을 통한 폭심부 판단

파편흔적의 밀도를 분석해서 폭발의 방향을 판단하는 방법의 주의해야 할 점은 파편의 비행을 직선운동으로 간주하므로 이 범주 내에서 가능한 경우에만 적용이 가능

그림 12.69 펴편과 파편 충격흔의 다양한 크기와 형태

하다. 따라서 폭발 중심과 가까운 파편흔적을 분석의 재료로 사용하는 것을 추천하며, 원거리에 있는 충격흔적을 분석재료로 사용하는 것은 지양되어야 한다. 또 폭발 시 파편이 전방위적으로 방사된다는 가정 하에 활용된다. 그러므로 특별한 방향으로 파편이 진행되도록 고안된 폭발물 등의 경우에 이를 적용하는 것은 오류가 발생할 수 있다.

파편흔적 밀도

파편은 폭심으로부터 방사형태로 뻗어나간다. 폭발이 발생하였을 때 1m 거리에 있는 벽과 2m 거리에 있는 동일한 넓이를 갖는 벽이 있다고 가정해 보자. 폭발이 가까운 벽면 근처에서 발생하였다고 가정한다면 벽에 박힌 파편의 숫자는 차이를 나타낼 것이다. 동일 면적당 파편의 숫자는 거리에 따라서 반비례한다.

그림 12.70에서 파편이 폭심으로부터 방사형태로 뻗어 나갈 때 동일한 면적이 거리에 따라서 커버하는 각도를 주목해서 관찰해 보자. 거리가 가까울수록 더욱 넓은 방사각을 가로막기 때문에 더욱 많은 파편이 충격하게 된다.

또 같은 면적 같은 거리에 있는 벽이라고 하여도 폭발 중심과 이루는 각도에 따라서 면과 접촉하게 되는 파편의 수는 다르게 된다. 파편이 면에 날아가 부딪히는 각도를 입사각이라고 하는데, 동일면적 동일 거리에 있는 면도 폭심을 바라보는 각도에 따라서 벽에 박힌 파편의 숫자는 큰 차이를 나타내고 직각에 가까울수록 많은 파편이, 예각을 이룰수록 적은 파편이 충격하게 된다. 동일한 면적이지만 가까운 A면에는 많은 파편이 접촉한 반면 멀리 있는 B면에는 비교적 소수의 파편이 접촉하였을 뿐이다(그림 12.70).

그림 12.71은 면이 폭심을 향하는 각도에 따라서 방사되는 각도를 커버할 수 있는 범위를 나타낸 것이다. 직각을 이룰수록 더욱 넓은 각도를 가로막게 되므로 더욱 많은 파편이 충격하게 된다. 동일한 면적이지만 직각에 가까운 A면에는 많은 파편이 접촉한 반면 예각을 이루고 있는 B면에는 비교적 소수의 파편이 접촉하게 된다.

만일 벽과 같이 넓은 면의 중앙 부위에서 폭발이 발생하게 된다면 중앙부위는 폭심과 가깝고, 직각을 이루지만 양쪽 테두리 부위로 갈수록 폭심과 멀어지며 폭심과 예각을 이루게 된다. 따라서 중앙부위에는 많은 파편이 충격한 흔적이 발견되며, 테두리 부위로 갈수록 단위면적 당 낮은 밀도의 충격 흔적을 남기게 된다. 파편의 충격흔적의 분포 밀도를 관찰하는 것만으로 폭심의 평면적인 위치를 확인할 수 있다.

만일 폭발 현장에서 벽면에 그림 12.72와 같이 특정 포인트에서 파편의 충격흔적이 집중되는 부위를 발견한다면 이 지점이 폭발의 중심과 가장 가까우며, 해당 부분으로부터 직각을 그은 선상에 폭심이 존재할 것이라는 것을 알 수 있다. 즉 이 지점이 바로 해당면에 대한 폭심의 평면적 위치가 된다.

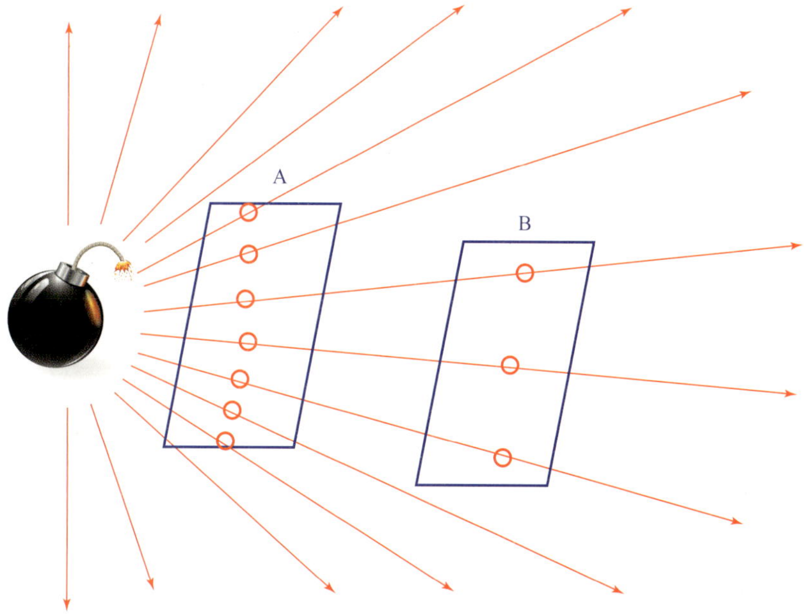

그림 12.70 동일한 크기의 면에 부딪히는 파편 충격 개소는 거리에 반비례한다.

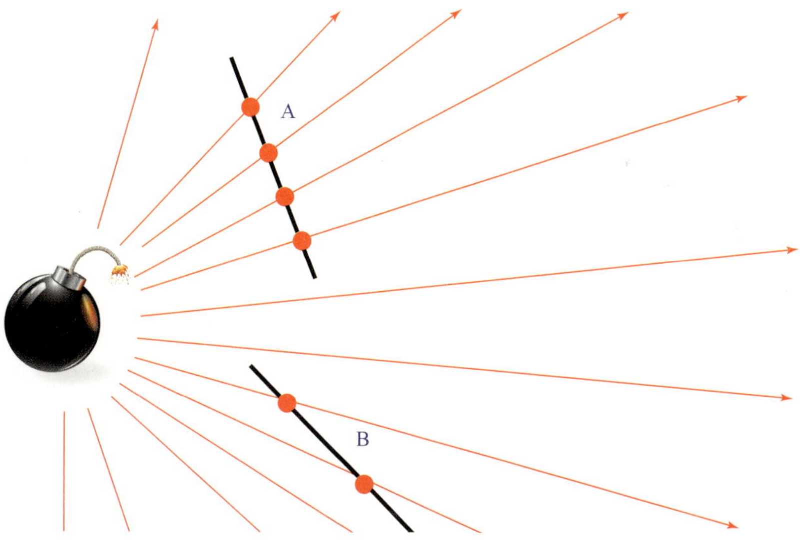

그림 12.71 폭발물과 면의 각도가 직각을 이룰수록 파편의 충격 개소는 증가한다.

그림 12.73은 폭발현장에서 차량의 문짝에 남아 있는 파편의 충격흔적을 촬영한 모습이다. 이 사진의 가운데를 중심으로 상, 하, 좌, 우로 선을 그어 4개의 구역으로 구분한다면 파편 흔적의 밀도가 가장 높은 부분은 좌–상 부위가 될 것이다. 폭발 중심부는 사진에서 보이는 좌–상부위의 면에서 그린 가상의 직각선상 또는 직각선상과 인접한

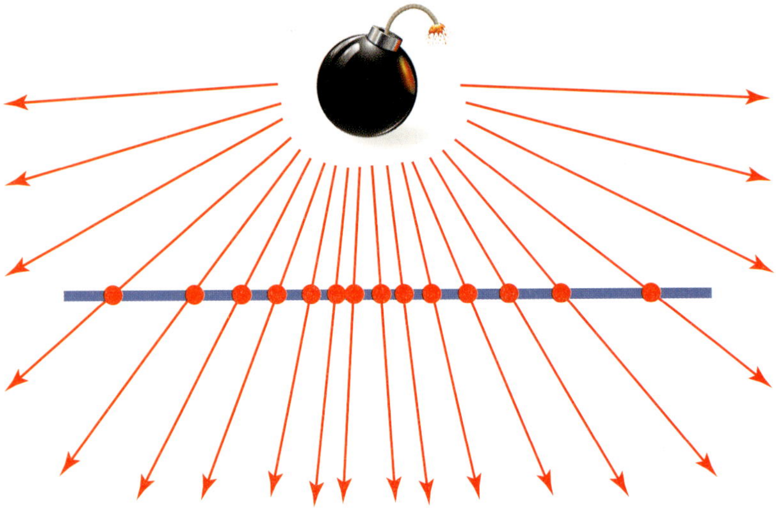

그림 12.72 단일면에서 보이는 파편 충격부위, 폭심과 직각을 이루며 가까운 부분일수록 충격흔의 밀도가 높으며 주변으로 갈수록 밀도가 낮다.

부위에서 발생하였다는 것을 알 수 있다.

만일 두 개의 면에서 위와 같은 밀집지점을 찾아낸다면 두 개의 밀집지점으로부터 파생된 직각선이 교차하는 지점을 찾을 수 있을 것이다. 이 지점이 폭심의 3차원적인 위치가 된다.

위 그림(**그림 12.74, 12.75**)은 2개의 타깃 면(벽과 벽, 벽과 천정, 벽과 바닥이 될 수도 있다.)에서 관찰되는 파편흔적의 밀도를 분석해서 가장 밀도가 높은 지점의 중심으로

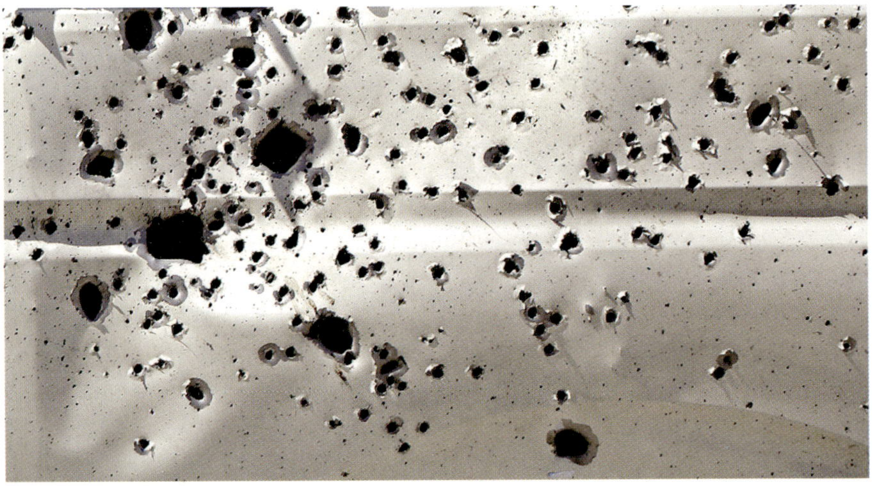

그림 12.73 폭발사고현장의 차량 문짝에 나타난 파편의 충격흔 다른 곳에 비하여 특히 밀도가 높은 파편흔적을 보이는 부위를 찾을 수 있다.

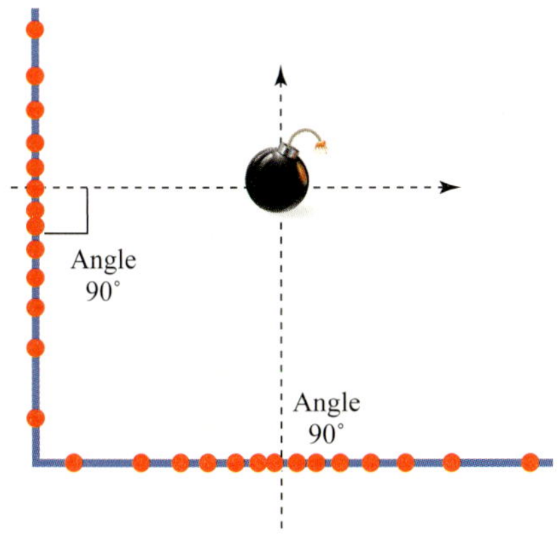

그림 12.74 2개의 벽에 파편흔 밀도 분석을 통한 위치 폭심 위치의 추적

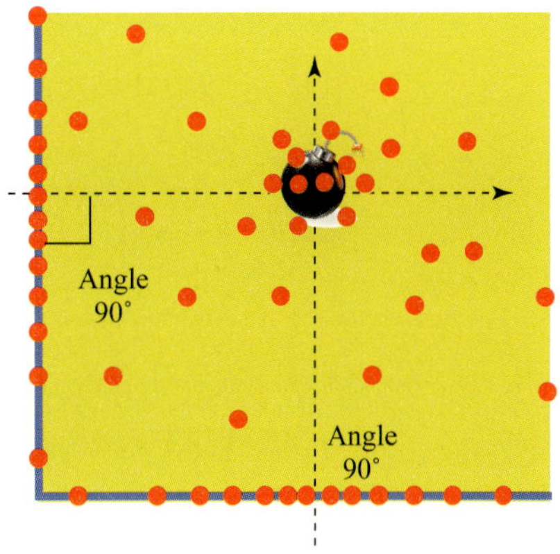

그림 12.75 바닥에 나타나는 파편흔적 밀도

부터 타깃 면에 90°에 해당하는 가상의 선을 긋고, 두 개의 가상의 선이 공간 내에서 일치하는 지점을 폭심부위로 간주하는 방법이다. 만일 바닥이 존재하였다면 오른쪽의 그림처럼 지면을 향해 직각으로 그은 가상의 선이 만나는 부분에서 집중되는 파편흔적을 볼 수 있을 것이다. 만일 두 개의 벽 중 폭심이 더욱 가까운 벽은 상대적으로 더욱 높은 밀도를 나타낼 것이다.

이러한 파편흔적 밀도 분석은 건물 내부에서 발생한 폭발의 파편흔적을 분석할 때 더욱 효과적인데 구획실 내부에서 발생한 파편흔적이 벽면은 물론 천정과 바닥 등 6면에 모두 나타날 수 있으며 각 면으로부터 연장되는 가상의 직각선은 분석의 정밀도를 매우 높일 수 있다. 먼 거리로 갈수록 확산의 영향 및 중력의 영향으로 밀집된 중심부를 찾는 것이 점점 어려워지므로 분석을 실시할 때에는 가까운 벽, 밀집도가 높은 벽에서 보이는 파편흔적에 더욱 높은 가치를 두어야 한다는 점을 주의하기 바란다.

이 방법에 의해 폭심부를 판단할 때에는 균일한 방사형의 파편이라는 전제조건이 확인되어야 한다. 만일 파편의 방사가 균일하지 않을 경우에는 타깃면의 입사각에 관계없이 밀집되는 파편흔적이 발생할 수 있다.

(7) 파편 충격흔 분석방법에 대한 비교

위에서 소개한 파편 분석방법 파편흔적 밀도 분석과 평면적 충격흔적의 입사각도 분석은 경우에 따라서 각 장점과 단점을 가지지고 있다. 현장에 적용하기 위해서는 각 분석방법의 장단점과 한계를 알고 있어야 한다.

충격흔 밀도 분석은 분석에 필요한 간단한 원리를 이해하고 있다면 현장을 관찰하는 것만으로 즉응적인 폭심부의 판단이 가능하다. 그러나 이것은 밀집부위를 확인할 수 있는 정각의 충격부위가 발견되는 경우만 가능할 수 있다는 단점이 있다. 또 수류탄과 같이 전 방위적으로 균일한 파편이 비산되는 폭발물의 경우에만 적용이 가능하다는 단점이 있다.

평면적 충격흔적의 입사각 분석은 충격흔 밀도 분석에 비하여 각 충격흔적의 실측과 분석이 요구되므로 판단을 위해서는 시간과 분석노력이 요구된다. 그러나 정각 충격흔적이 발견되지 않는 경우에도 활용할 수가 있으며, 전방위적으로 비산되는 파편이 아니라고 하여도 분석이 가능한 이점이 있다.

폭발 이후에 현장에 도착하는 조사관들은 현장에서 폭발이 발생한 물체가 균일한 전방위각으로 파편을 비산시킨 것인지, 특정 방향으로 더욱 많은 파편이 비산되도록 디자인된 것인지에 대하여는 알 수 없다. 따라서 다소 시간과 수고가 소요되더라도 2가지 방법을 모두 사용하는 것이 바람직한 것으로 사료된다. 분석 2가지는 모두 경우에 따라서 유용할 수 있으나 후자의 방법을 더욱 신뢰할 수 있을 것으로 사료된다.

12.7.3. 파편 충격흔 분석의 응용

파편에 맞아 또는 폭발의 압력에 의해서 이동하거나 방향이 변형되는 물체도 있다. 조사관이 파편의 충격흔을 통해서 입체공간의 폭심을 확인할 수 있는 분석재료는 폭발 이후에도 변형이 없는 벽면이나 바닥, 천정, 또는 그 외 폭발 이후 변형되지 않았다는 것을 담보할만한 물체의 표면흔적을 이용할 수 있다. 이미 방향, 위치가 변형된 물체의 충격흔적을 분석해서 그로 인해 도출되는 계산 결과는 말할 것도 없이 잘못된 방향과 지점을 가리키며 폭심부를 판단할 수 없다. 따라서 폭심부 판단에 활용하는 분석재료는 항상 변형, 이동되지 않은 고정물체의 충격흔적을 활용하는 것으로 한다.

변형되지 않은 벽과 천정의 충격흔적을 분석해서 폭심부를 판단하였다면 확인된 폭심과 물체의 파편 충격흔적을 통해서 폭발 이후 변형되거나 이동된 물체가 폭발 당시에 취하고 있던 방향과 위치에 대하여 분석하고 이를 증명할 수도 있다.

표 12-2 충격흔 밀도 분석과 입사각 분석 방법의 비교

	충격흔 밀도 분석	충격흔 입사각 분석
적용되는 폭발물	수류탄과 같이 전방위적 균일한 파편을 생성하는 폭발물	균일 및 비균일 여부와 관련이 없음. 다양한 폭발물 파편 흔적에 적용 가능
적용되는 충격흔	정각으로 충격한 흔적	예각으로 충격한 흔적
장점	분석이 용이하며 즉응적인 판단이 가능하다.	비교적 정확한 분석이 가능하다.

이미 변형된 물체의 위치와 방향을 판단하는 방법에는 입사각 분석, 밀도, 분석, 그림자 이론 등을 활용될 수 있다. 분석방법에 대한 간단한 설명은 다음과 같다.

빛에 의해서 그림자가 발생하는 것처럼 파편의 직선 운동을 마치 빛이 이동하는 것으로 생각해 보자. 조사되는 빛은 물체에 가려지고, 물체의 뒷면에는 그림자가 발생하는 것처럼 직진하는 파편이 물체의 한면에 충격하고, 뒷면에는 충격하지 못해 물체가 위치하였던 곳에 그림자처럼 파편에 의한 충격흔적이 발생할 수 없다는 점과 폭심부를 향하고 있던 물체의 면에 파편의 충격흔이 주로 남게 된다는 것이다.

정육면체가 한 지점에서 조사되는 빛과 정각을 이루고 있다면 정각을 이룬 면에는 더욱 많은 에너지를 받게 된다. 만일 예각을 이루고 있다면 정각을 이루는 면에 비하여 비교적 낮은 에너지를 받게 된다. 이 분석 방법에서도 마찬가지 이다. 폭심과 정각을 이루고 있는 면에는 더욱 높은 파편 충격흔의 밀도를 나타낼 것이며 예각을 이루고 있다면 비교적 낮은 파편 충격흔을 보일 것이다. 또 예각을 이루는 면의 파편 충격흔적은 폭심을 향하므로 면에서 보이는 파편의 입사방향을 이미 확인된 폭심의 위치를 향하도록 조정하는 방법으로 이동되고 방향이 변형된 물체의 정확한 위치를 확인할 수 있으며, 이를 증명할 수 있다. 3가지 방법에 의해 모두 만족하는 방향으로 재구성된 물체의 위치와 방향은 신뢰할 수 있을 것이다.

절대적 위치 변경이 없이 고정된 물체 (벽이나 고정물체, 예: GPS 좌표로 나타낼 수 있는 값)

상대적 위치 물체 상호간의 상대적인 위치(변경된 물체 등, 예: A는 B의 앞 또는 3시 방향에 5m 거리에 있다. 물체 상호간의 방향과 위치를 알 수 있지만 GPS 좌표로 나타낼 수 없다.)

1. 고정된 벽면에 남은 흔적을 통해 폭심의 상대적인 위치를 찾는다.
2. 절대적 위치인 고정된 벽면의 흔적을 근거로 벽면으로부터 산출된 폭심의 위치는 절대적인 값이 된다.
3. 폭심의 절대적인 위치값을 근거로 변경된 물체의 위치와 방향을 조정하여 파편 충격흔적을 일치시키면 이 값은 절대적인 위치와 방향으로 간주할 수 있다.

이 방법은 물체에만 적용되는 것은 아니다. 인체에 대하여도 동일한 방법의 분석을 적용할 수 있기 때문에 폭발 당시 현장에 있던 피해자들의 위치와 자세에 대하여도 매우 사실에 근접한 분석이 가능하다. 최근 발생하는 군에서의 수류탄사고와 같은 경우에는 폭발 당시 폭심으로 부터의 피해자의 위치뿐만 아니라 자세에 대하여 확인할 수 있으며, 이것은 사건의 재구성과 피해자의 자살 또는 타살을 구분하는 데에 활용할 수 있는 매우 중요한 법과학적 증거가 될 수 있을 것이다.

CHAPTER

13 폭발 사고 사례 분석

13.1 부패 등에 의한 발생 가스 폭발

식물성 유지, 동물성 유지, 기타 유기물들이 분해되는 과정에서 발생하는 가스도 가연성이므로 역시 누출되었을 때에는 폭발 사고의 가능성이 있다. 산패 (酸敗 rancidity)란 저장탱크에서 유지분(油脂分)이 장기간 방치되면 가수분해나 자연산화로 인하여 과산화지질이 생기고, 이것이 분해되어서 알데히드 · 케톤 등이 생성되고 식물이 썩을 때 발생하는 메탄 등의 탄화수소류 등 가연성물질이 발생하는 작용을 말한다. 이러한 사고는 주로 매설된 쓰레기 매립장, 정화조, 하수도 배관이나 정화시설 등에서 혼입되어 있는 유기물이 분해되면서 발생하는 메탄가스가 주변의 공기와 연소성 혼합가스를 생성하고, 주변의 점화원에 의해서 착화된다. 메탄가스는 공기보다 비중이 낮기 때문에 지하에서 발생 또는 누출될 경우에도 토양의 공극을 통해서 점차적으로 상부로 상승하게 되고 대기 중으로 확산된다. 상승 경로 중에 암반이나 인공구조물에 의한 공간을 만나게 되는 공간에서 일정 양으로 모여 있을 수 있다. 흔히 탄광에서 가스폭발사고가 발생하는 것이 바로 이러한 것이다. 암반 사이에서 확산되지 못하고, 갇혀있던 메탄가스가 굴착 작업 등에 의해서 누출되면서 정전기나 전기시설 등 별도의 점화원에 의해 폭발하는 것이다.

공간 내에서 외부로 충분한 환기가 이루어지지 않는다면 메탄가스가 갇혀 존재하면서 그 공간 내에 점화원이 주어지는 순간 폭발 사고가 발생할 수 있다. 또 애초부터 탱크의 내부나 콘크리트 구조물과 같은 정화조 등 공간에서 메탄가스가 발생할 경우에는 환기가 충분하지 않을 때에는 내부에 채류하게 된다.

분뇨, 음식물 쓰레기 등에서 발생하는 메탄가스는 우리가 일반적으로 난방이나 조리를 할 때 연료로 사용하는 도시가스와 같은 것이다. 시내버스 등 자동차를 움직이는 연료인 압축천연가스와도 같은 것이다.

메탄가스가 발생할 것으로 예상되는 상황에서는 환기 또는 포집 시설 등 폭발을 막기 위한 장치와 시설이 설치 운영되는데, 이로 인한 사고가 발생하는 사례를 살펴보면 메탄가스의 발생을 전혀 예상하지 못한 경우, 환기 또는 포집시설이 고장 난 경우, 전혀 관심이 없이 방치된 경우 등에 발생하는 폭발이 주를 이룬다.

사례 1 | 식물성 유지류의 산패

2006년 9월 ○일 경남 밀양시 소재 ○○공장 내 옥외 탱크(지름 3.5m, 높이 7.5m, 용량 80톤)에는 폐식용유가 저장되어 있었으며, 장시간 사용하지 않은 상태로 방치되어 있었지만 사건 당일 용기의 재가동을 위해서 상부에서 레벨게이지 설치작업을 위해 용접작업 및 드릴 천공작업을 하는 중 폭발이 발생하였는데, 이 사고로 작업자 3명이 사망하였다. 사고의 원인으로는 탱크의 해치는 개방된 상태였는데, 저장탱크의 내부에는 식물성 유지가 산패작용 등으로 발생된 가연성가스가 체류되어 있는 상태에서 작업 중 발생한 용접불티 등이 탱크의 내부로 비산되어 폭발이 발생한 것으로 추정된다.

안전보건 공단 사고사례

사례 2 | 매립지 분해가스

1996. 12. 26. 오전 10:14경 인천 서구경서동 수도권 쓰레기 매립지 2블록에서 메탄가스가 폭발해 이곳에서 흙파기를 하던 굴삭기 운전기사가 얼굴과 팔 등에 2도 화상을 입었다. 이날 날 사고는 매립지 내에서 발생하는 메탄가스를 처리하기 위해 메탄가스 수평포집관을 뜯기 위해 땅을 파던 중 굴삭기 엔진부위에서 일어난 불꽃이 땅속 쓰레기 더미 속에서 새어나온 메탄가스에 옮겨 붙으면서 발생하였다.

한겨레 1996.12.24

과거 쓰레기 매립장이었던 곳에서 공사 중 메탄가스 누출 사고가 발생했다. 특히 이곳은 관리 대상 지역에 포함돼 있지 않은데다 도내에 유사한 곳이 얼마나 되는지 파악조차 되지 않은 것으로 드러나 안전관리에 비상이 걸렸다. 2013. 04. 03. 오전 7시50분께 삼척시 교동 삼척초교 실내체육관 공사현장에서 가스가 유출돼 불꽃이 튀자 경찰과 한국가스안전공사가 조사를 벌였다. 이날 공사현장 지하 22m 지점에서 철재 파일을 용접하던 근로자가 불꽃이 튀자 119에 신고했는데 다행히 불꽃은 3초간만 이어져 피해는 없었다. 소방 당국과 경찰 조사 결과 해당 공사 현장은 30여년전 쓰레기 매립장이었지만 학교측과 공사업체 모두 전혀 알지 못했다. 주변에 가스배관 등 폭발 위험시설은 없는 점으로 보아 지하를 굴착하면서 매립되었던 쓰레기의 분해가스인 메탄가스가 흘러나와 용접기의 불꽃에 옮겨 붙은 것으로 보고 있다.

강원도는 삼척초교 체육관 부지가 시 · 군이 관리하는 비위생 매립장에 등록조차 되지 않은 수십톤 규모의 소규모 쓰레기 매립지인 것으로 보고 있다. 도내에 사용이 종료된 비위생 매립장은 80곳으로 각 지역마다 수천 톤 규모의 쓰레기가 매립돼 있다. 이들 매립장은 1980년대 말과 1990년대 초에 운영됐는데 도와 시군 등이 매년 2차례 안전점검과 시설 개선 등을 진행하고 있다. 하지만 춘천 7곳, 홍천 10곳 등의 비위생 매립장에는 가스배출시설이 설치되지 않는 등 도내 비위생 매립장 상당수가 예산 부족 등을 이유로 정비가 미뤄지고 있다. 더욱이 이번 사고가 발생한 삼척초교 체육관 부지처럼 등록되지 않은 수십톤 규모의 소규모 매립지는 현황 파악조차 이뤄지지 않고 있다. 가스 누출 사고를 조사하는 삼척소방서는 현장에서 가스를 포집, 국립과학수사연구원에 성분 검사를 의뢰했다. 도소방본부 관계자는 "쓰레기 매립장의 경우 가스 폭발과 지반 침하 등 사고 위험이 높은 만큼 안전사고를 예방하기 위해 공사 전에 부지에 대한 확인 절차를 거쳐야 한다"고 강조했다.

강원일보 2013. 4. 4.

사례 3 | 정화조 분해가스

2012. 4. 3. 10:05경 경상남도 산청군 단성면 남사리 모 축사에서 분뇨 액비 정화조가 폭발, 4명이 부상하는 사고가 발생했다. 3일 경찰에 따르면 이날 오전 10시 5분께 산청군 단성면 남사리 모 축사에서 분뇨 처리장 신축을 위한 용접작업을 하다가 불꽃이 인근 분뇨 액비 정화조에서 발생한 가스에 옮겨 붙어 분뇨 액비 정화조가 폭발했다. 이 사고로 분뇨처리장 신축 공사를 하던 공사관계자 J (42) 씨 등 4명이 머리 등에 상처를 입고 인근 진주시 경상대학병원으로 이송돼 치료 중이다. 정화조 및 이를 처리하는 공정에서는 유기물의 분해가 이루어지면서 메탄가스가 발생할 수 있다.

경남도민일보 2012.04.04

2010. 8. 13일 0시38분께 대전시 동구 홍도동 홍도아파트105동 지하 정화조에서 메탄가스가 폭발하는 사고가 발생했다. 이 폭발로 정화조의 맨홀 뚜껑이 깨져 나가면서 정화조 옆에 있던 김모(18)군 등 2명이 다리에 파편을 맞아 다치고, 주변에 주차 중이던 무쏘의 유리창이 깨지는 등 차량 2대가 파손됐다.

헤럴드생생뉴스 2010.08.13

2007. 8. 23 대구의 한 아파트 지하 정화조가 폭발했습니다. 일단 가스 폭발로 추정되는데 정화조 위의 지반, 그리고 아파트 진입로까지 폭삭 내려앉았습니다. 아파트 진입로가 폭격을 맞은 듯 폭삭 내려앉았습니다. 아스팔트는 갈기갈기 찢겨 나갔고 승용차는 무너진 지반을 경

계로 위태롭게 걸려 있습니다. 정화조 입구를 막고 있던 철제 뚜껑은 5미터 이상을 날아올라 차량 지붕을 덮쳤습니다.

"문영복(사고 차량 운전자) : 지반이 벌써 갈라져 있더라고요. 많이 놀랐죠. 처음에는 천둥, 벼락 맞은 줄 알았습니다."

마치 지진이라도 일어난 것처럼 땅바닥은 맥없이 주저앉았습니다. 사고가 난 것은 어젯밤 8시쯤 대구시 신천동 주공아파트에서 가스 폭발로 보이는 사고가 발생해 진입로 230제곱미터가 2미터 아래로 내려앉으면서 차량 8대가 부서졌습니다. 경찰과 소방당국은 무너진 지반 바로 아래가 아파트 정화조 시설이었던 점으로 미뤄 지하에 가득 차있던 메탄가스가 폭발한 것으로 보고 있습니다.

"김경언(대구 동부소방서 진압대장) : 정화조 뚜껑 2개가 날아가 하나는 승합차 지붕을 덮친 것으로 보고 있습니다."

대구시와 동구청도 추가 붕괴 위험에 대비해 사고 현장을 통제하고 아파트 구조물에 대한 정밀 안전진단에 나설 계획입니다.

SBS 뉴스 2007. 08. 24.

그림 13.1 폭발 당시의 모습 : 주차장 지하의 오폐수 정화시설의 메탄가스 폭발로 인해 지상은 마치 지진이 난 듯 아스팔트가 갈라지고 침하되었다.

이 아파트에는 아파트 지하에 매설되어 있었으며, 10여전 전부터 사용하지 않은 오폐수 정화시설이 있었다는 진술 등으로 보아 정화시설 내에서 분해에 의해 발생한 메탄가스가 고립되어 있던 상태에서 불상의 점화원에 의해 폭발이 발생한 것으로 추정된다.

13.2 대구목욕탕 보일러실 폭발 사고

이 사례는 보일러가 설치된 곳에서 폭발 사고가 발생하였기 때문에 사건 초기언론에서는 보일러가 폭발한 것으로 보도되었었다. 그러나 현장을 감식한 경찰관서에서는 폭발이 발생한 곳에 설치된 보일러에서 부분적인 파괴흔적이 식별되지 않았고, 현장은 확산폭발의 파괴형태를 보이고 있었다. 따라서 보일러 폭발에 의한 가능성을 배제할 수 있었다. 다음은 경찰의 브리핑 내용을 토대로 작성된 신문 기사이다.

> 대구 수성경찰서는 4일 감식결과 브리핑을 통해 "기름탱크 주위에서 생긴 유증기가 지하 공간에 쌓여있다 불꽃 등과 접촉하면서 폭발한 것으로 추정된다."고 밝혔다.
>
> 경찰은 또 "가장 큰 폭발이 일어난 폭발의 중심(폭심)은 유증기가 가장 많이 쌓여 있었을 가능성이 높은 기름탱크실이며, 사고 발생 직후 폭발 지점으로 알려졌던 보일러실은 감식결과 폭발지점이 아닌 것으로 확인됐다"고 덧붙였다. 이어 "기름탱크가 터지는 등 큰 훼손이 없는 것으로 미뤄 폭발은 탱크 내부의 물리적 원인으로 폭발한 것이 아니라 탱크 외부에 고여있던 유증기에 화기와 같은 화학적인 원인이 더해지면서 이뤄졌을 것으로 보인다"고 설명했다.
>
> 경찰은 대용량의 기름탱크 내부에서 생긴 유증기를 외부로 배출하는 장치에 틈새 등 결함이 생겨 유증기가 건물 외부로 빠져나가지 못하고 건물 안에 쌓였을 것으로 보고 있다.
>
> 또 당시 폭발 규모를 볼 때 상당시간 계속해 유출된 유증기가 지하층 전체에 가득했었을 것으로 추정하고 있다. 합동 감식결과 탱크 내부에서 생긴 유증기를 건물 밖으로 빼내는 배출장치 배관에 수 cm 간격의 틈새가 있었고 땜질을 한 흔적까지 발견된 것으로 확인됐다. 그러나 경찰은 기름탱크에서 보일러로 기름을 보내는 배관에서 생긴 결함으로 새어나온 경유가 기화해 유증기가 생성됐을 가능성을 조사하고 있다.

그림 13.2 목용탕 보일러실 등유의 유출과 발생한 유증기에 의한 폭발 사고 현장 – 일반적인 가스의 확산폭발 현장의 모습과 다르지 않다.

이 사례를 소개한 이유는 대부분의 확산폭발이 가스나 비점이 낮은 액체가연물이 누출되면서 발생하는 것으로 알려져 있으며, 등유는 비점이 150~260°C로 상온에는 좀처럼 유증이 좀처럼 발생하지 않는 것으로 알려져 있다. 이 사례는 등유의 유증에 의한 폭발로서 일반적인 가스 누출에 의한 폭발과 다르지 않다는 점을 설명하고, 비점이 상온을 월등히 상회하는 물질도 상온에서 유증을 발생시켜 폭발의 원인이 될 수 있다는 점을 설명하기 위해서이다. 등유뿐만 아니라 더욱 비점이 높고, 인화성이 낮은 물질인 벙커유, 자동차 폐윤활유 등도 상온에서 유증을 발생하며 식물성 기름을 저장하는 탱크 내부에서도 산패작용에 의해 알데히드 · 케톤가 발생하며 분해에 의한 메탄가스 등 가연성 기체가 발생할 수 있다. 이 경우 연료-공기 혼합기에 점화원이 주어진다면 폭발이 발생한다. 위 사고의 경우에는 등유의 유증에 의해서 폭발이 발생한 것으로 그 파괴의 형태는 결과적으로 다른 가스폭발 현장의 파괴모습과 다른 점이 없다.

13.3 액상이 남아있는 경우와 모두 증발한 경우

탱크 내부에 액상이 남아있는 경우와 모두 증발한 경우 점화원이 주어졌을 때 어떻게 다를지 떠올려 보자. 용기가 개방된 상태로 있다고 하더라도 액상이 조금 남아있는 상태에 점화원이 주어진다면 어떻게 될까? 탱크 내부에서는 남아있는 액상의 물질로부터 계속해서 증발이 발생하고 있는 상태이기 때문에 큰 차이는 아니지만 용기 내부의 압력은 외부의 대기압 보다 높다. 대기압 보다 높은 상태이기 때문에 용기가 개방되어 있다고 하여도 외부의 공기가 탱크 내부로 침투하는 것은 어려운 조건이 된다. 따라서 이 경우 별도의 환기가 이루어지지 않는 이상은 용기 내부에는 유증이나 가스로 가득 차게 되고, 연소하기 위해서는 산소가 부족한 상태이다. 점화원이 주어졌을 때 폭발이 가능한 연료-공기 혼합기는 대기의 흐름에 의해서 개구부 주변에서만 부분적으로 형성될 것이다. 여기에 점화원이 주어진다면 부분적으로 형성된 혼합기는 급격히 연소할 것이지만 그 혼합기의 양이 크지 않으므로 짧은 급격한 연소 이후에 나머지 유증들은 확산연소를 할 것이다. 따라서 큰 폭발은 발생하지 않는다. 점화당시 폭발이 가능한 혼합기의 양이 비교적 적기 때문에 비교적 위험성이 크다고 볼 수 없다. 다만 점화에 의해 잔류물질에 착화되는 화재의 위험성이 있다.

탱크 내부에 액체가 완전히 증발한 이후에 점화원이 주어진다면 어떻게 될까? 액상이 완전히 증발한 후에 탱크의 내부는 외부의 대기압과 평형을 이루는 상태가 되는데 이 때는 외부의 공기도 자연스럽게 탱크의 내부로 침투가 가능해진다. 내부가 연료-공기 혼합기로 가득 차게 되고, 이 때 점화원이 주어진다면 위에 설명하였던 액상이 일부 남아있을 때와는 비교할 수 없을 정도로 큰 폭발을 이루게 될 것이다. 대부분의 사람들은 연료가 많이 남아있을 수록 폭발의 위력이 크다고 생각할 수 있겠지만 사실 상 폭발의 위력은 단순히 연료의 양과는 큰 관계가 없으며 연소범위 내로 혼합되어 있는 연료-공기 혼합기의 양에 따라서 그 크기가 비례하기 때문에 액상의 연료가 많이 남아있는 경우에 비하여 액상이 모두 증발된 이후의 폭발위력이 더욱 크다고 볼 수 있다.

(이부분에 대하여 조금 더 자세히 설명하자면 다음과 같다. – 일정한 용적을 가지는

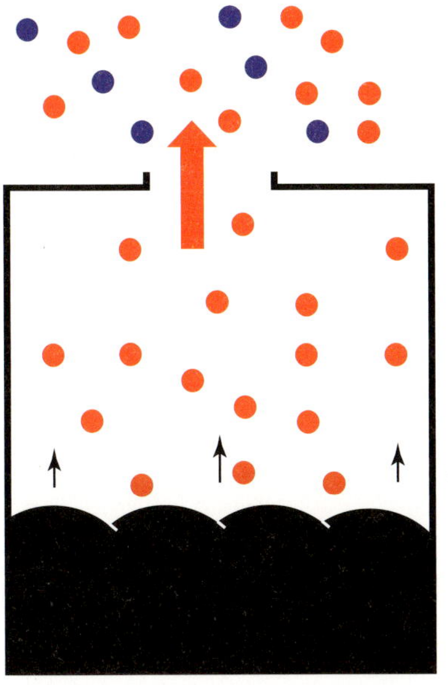

그림 13.3 용기내 액상이 남아 있는 경우 증발에 의해 내부는 대기압보다 약간 높은 압력을 유지하게 되며 외부의 공기는 내부로 침입하기 어렵다.

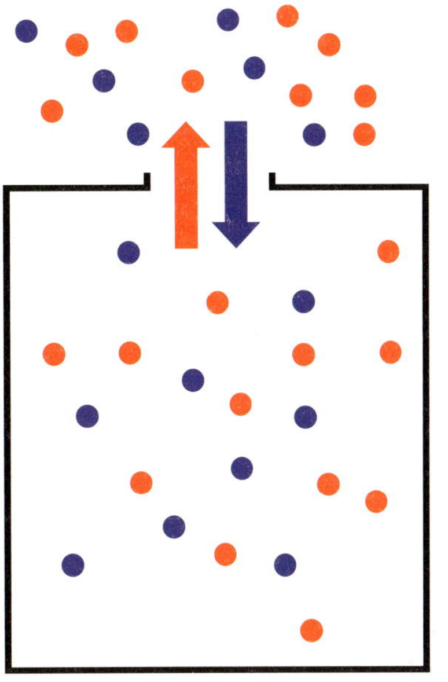

그림 13.4 용기 내 액상이 완전히 증발된 경우 용기 내부의 압력은 대기압과 같아져 외부의 공기의 이동이 자유로워진다. 용기 내부에 연료–공기 혼합기가 조성된다.

용 기 내에 액상이 남아 있을 경우 해당 가연물의 증기가 100%가 용기 포화증기압 상태로 내부를 채우고 있을 수 있다. 용기의 밸브가 개방되어 내부에 압력이 낮아진다면 액상으로부터 지속적인 증발이 발생하므로 공기가 용기 내부로 흡입될 수 있는 개연성이 매우 낮다. 용기에 액상이 모두 증발한 상태로 용기가 개방되어 있는 상태라면 초기에는 용기 내부에 가연성 기체 100% 상태라고 하여도 대기압의 변화에 따라서 용기와 용기외부의 호흡이 이루어져 자연스럽게 공기와 혼합 상태를 이루게 된다. 다시한번 더 폭발의 위력은 폭발성 혼합기의 양에 따라서 비례한다는 점을 강조한다. 즉 다음 그림 중 유증이 남아 있는 좌측 용기는 용기 내부에서 연소폭발이 발생할 수 없다, 일부 혼합기를 형성하여 폭발이 발생한다고 하여도 전체적으로 혼합기를 형성하고 있는 우측 용기(그림 13.4)의 폭발 위력이 더욱 강할 것이다.)

13.3.1. 용기 내 가연성 기체의 잔류

공기보다 비중이 높은 물질은 용기의 상부를 개방시킨다고 하여도 충분히 환기되지 않는다. 실제 사고의 사례를 살펴보면 입구를 개방한 상태로 2–3년이 경과된 탱크에서 남아있던 잔류 가연물질에 의해서 폭발이 발생하는 경우도 있었다. 공기보다 비중이 낮은 수소, LNG 같은 물질은 상부의 해치를 개방한 상태로 방치한다면 자연스럽게 개구부를 통해 확산될 것이다. 그러나 현재 주로 연료로 사용하고 있는 LPG 또는 석유, 등유, 벙커C유, 휘발유 등 액체가연성물질의 유증은 공기보다 비중이 높기 때문에 상부의 해치를 개방해 둔다고 하여도 좀처럼 확산되지 않고, 탱크 내부에 남아 있게 된다. 별도의 환기조치를 취하지 않은 이상은 오랫동안 방치되었다고 하여도 자연스럽게 확산되어 사라지는 것을 기대할 수 없다. 특히 실내에 설치된 용기의 경우는 더욱 그러할 것이다.

해치가 개방된 탱크 내부에서 가연성 물질이 확산되어 가는 상황을 떠올려보자. 개방된 상태로 탱크가 보관되었을 때 탱크 내부는 해당 온도의 포화증기압 이하로 낮아질 것이다. 따라서 액체상태의 연료는 액면에서 지속적인 증발이 일어날 것이며, 증발된 유증은 개방된 해치를 통해서 계속 대기로 확산될 것이다. 만일 비점이 낮은 시너 같은 경우에는 잔류량에 따라서 다르겠지만 수 시간 내에 모두 증발하여 내부에는 육안으로 관찰하였을 때 마치 연료가 남아있지 않은 것처럼 보일 수 있다. 그러나 이곳에는 기상의 연료가 남아있는데, 이는 공기보다 비중이 낮기 때문에 탱크 상부의 해치가 개방되어 있다고 하여도 자연스럽게 탱크의 외부로 확산되지 못하고, 낮은 곳에 고여 고립된 채로 오랜 시간 동안 남아 있게 된다.

용기 내부의 기체가 용기의 윗부분에 설치된 개구부로 확산될 수 있는 방법은 오직 대기압 변화에 의해 탱크의 개구부에서 이루어지는 미미한 호흡(용기 외부의 기압차에 의해 미량의 대기가 개구부를 통해 내, 외부로 이동 및 교환된다.)뿐인데 이것마저도 상단부에서만 이루어지기 때문에 탱크의 낮은 부분에 채류하고 있는 비중이 높은 물질은 오랫동안 남아있을 수 있으며, 이 때문에 2~3년 동안 개방된 상태로 있던 탱크에서도 고립되어 오랫동안 남아있던 기체 연료에 의해 화학적 폭발 사고가 종종 발생한다.

13.3.2. 사례 1 | 드럼 절단 작업 중 폭발[115]

지게차 운전기사인 재해자가 시너를 보관했던 폐드럼을 난방용 화로로 제작하기 위해 산소용접기로 절단작업 중 폐드럼 내부에 잔류했던 시너가 폭발하여 화상을 입고 사망한 것으로 이 사고의 재해발생원인으로는 용단작업 불량, 무자격자의 용단작업 실시 등과 더불어 인화성물질(시너)의 잔류상태 미확인으로 지목되었다.

이 경우 사실 상 육안으로 드럼 내부의 잔류상태를 확인하는 것만으로는 기상의 연료가 남아 있는 것을 확인할 수 없기 때문에 탱크의 용접이나 절단 작업에 대한 안전을

115 출처 : 안전보건공단 사고사례

보장할 수 없다. 대형 탱크와 같이 하부에 드레인 밸브가 설치되어 있다면 이것을 개방한 상태로 두는 것이 내부에 존재하는 비중이 공기보다 높은 기상 연료를 배출하는 데에 큰 도움이 될 것이다. 그러나 위 사고사례와 같이 드레인 밸브가 설치되지 않은 드럼이나 소형 탱크의 경우에는 상부 뚜껑을 개방한 상태로 뒤집어 놓는 다면 드레인 밸브를 열어 놓은 것과 유사한 효과를 얻을 수 있을 것으로 사료된다.

13.3.3. 사례 2 | 유류저장탱크 용접 중 폭발[116]

2012. 10. 30. 10:15경 경북 경산시 ○○○공단로 ○○-○○ ○○정밀화학 옥외에 설치된 유류저장탱크(높이 10.9m, 직경 5.9m의 원형 탱크)로 제1석유류(휘발유, 벤젠, 톨루엔 등)를 보관해 왔으며, 사고 전 1년 이상 탱크를 비우고, 해치를 개방해 둔 상태로 방치하였던 시설로 사고 당일 새로이 사용하기 위해 하부에 설치된 배관을 교체하면서 용접작업을 하던 중, 유류저장탱크가 폭발한 것으로 용기 하부경판이 파열되고, 상부경판이 약 300m를 비행하여 인근 들판에 착지한 것임.

이 사례는 현장을 조사할 때 장시간 개방된 상태로 방치되었다는 것만을 이유로 내부에 인화성 연료가 모두 확산되어 없었을 것으로 단정한다면 실제로 폭발원인에 대하여 미상이라는 견론을 내릴 수밖에 없었을 것이다. 그러나 개방된 상태에서는 단순히 절단 토치나 용접기를 가져다 댄다는 것만으로는 물리적 폭발이 발생할 수 없기 때문에 물리적인 폭발 가능성이 배제되며, 탱크 내부에 별도의 가연성 가스나 유증이 발생할 수 있는 조건이 없었다면 이는 1년 전부터 잔류하고 있던 유증에 의해 화학적 폭발을 일으킨 것을 입증할 수 있다. 이 사례는 위에 설명하였던 인화성물질의 기체가 탱크 내부에서 고립된 상태로 장시간 보존될 수 있다는 것을 단적으로 보여주는 사례가 될 것이다. 이 경우 개구부의 조건이 직경 50cm로 비교적 큰 형태이며, 내부의 물질 또한 제1석유류로 비점이 비교적 낮은 물질이었음에도 불구하고, 약 1년 이상이 경과된 시점에도 여전히 기상의 연료가 완전히 확산되지 않았고, 폭발이 가능한 연료-공기 혼합기를 형성하고 있었다는 점을 알 수 있다. 본 사건의 경우 탱크 외부의 배관을 작업하던 중이었기 때문에 탱크 내부에서 직접적인 점화원이 주어진 것은 아니지만 금속배관의 열전도 현상에 의해 가열된 탱크 또는 배관내부의 온도가 상승하면서 그 열이 점화원으로 작용한 것이다.

이와 유사한 사고를 예방하기 위해서는 가연성 연료를 담았던 탱크의 사용을 정지하는 경우, 가연성물질을 완전히 제거한 상태로 보존하며 기상의 연료가 남아있을 수 있

116 울산해양경찰서 최춘일 형사님 제공

그림 13.5 원통형 유류 저장 탱크의 폭발, 상부경판은 300m 비행 후 인근 들판에 착지함.

그림 13.6 유류저장탱크 하부 경판의 파열모습

그림 13.7 사고현장으로부터 약 300m 비행 후 인근 들판에 착지한 상부경판. 개구부의 크기는 직경 50cm의 원형임. 1년 이상 개방된 상태로 방치되었다는 관계자들의 진술임.

으므로 탱크는 상부개구부 뿐만 아니라 하부에 부착된 드레인 밸브(Drain valve)까지도 개방한 상태로 보존해야 한다. 비중이 높은 물질은 하부의 드레인 밸브를 통해 자연스럽게 탱크의 외부로 흘러나올 수 있을 것이다. 또한 작업을 하고자할 때에는 시작하기 전 가연성 기체의 잔류여부를 검사하고, 작업 시작직전 또는 작업과정 중 지속적으로 가연성 기체가 내부에서 체류할 수 없도록 마땅한 환기조치가 이루어져야 할 것이다. 이와 같이 작업 중 발생하는 사고를 예방하기 위해서는 작업 전 탱크내의 인화성물질의 제거, 불활성 가스 치환을 실시해야 하는데, 이러한 조치를 취한 이후에도 탱크내부의 유분, 슬러지 등에 흡착되어 있던 유증이나 가스가 지속적으로 발생할 수 있으므로, 작업 중간에도 지속적인 확인과 예방 조치를 취해야 한다. 실제로 탱크 내에 가연물과 불활성가스 치환작업을 모두 마친 후 산소 및 가스의 농도를 측정하여 안전을 확인 한 후 내부에서 작업을 시작하였으나 작업 중 유분이나 슬러지로부터 유증이 다시 발생하여 폭발사고가 발생하였던 사례도 있다.

위에서 액상이 남아 있는 경우와 완전히 증발된 경우를 비교한 내용은 탱크 내에 액상이 남아있는 경우 폭발이 발생할 수 없다는 것을 말하고 있는 것은 아니다. 물질의 증발속도 및 입구측의 환기나 대기압 등에 의해 영향을 받을 수 있다. 또 여기에 설명한 내용은 증발한 기체연료가 공기보다 비중이 낮은 경우에만 해당되는 논리라는 점을 명확히 인식해주길 바란다. 기체연료의 비중이 공기보다 높은 연료의 일반적인 경우 액상이 남아있는 경우에 비하여 유증이 완전히 증발된 이후의 폭발 위험성이 더욱 크다는 것을 설명하기 위한 것이므로 이 구절을 통해 액상이 남아 있는 경우는 화학적 폭발이 발생하지 않는다는 단정적인 판단은 오류를 범할 위험성이 있다.

비중이 높은 기체의 두 경우에서 폭발 위력과 점화원에 의한 착화가능성을 비교해본다면 후자인 액상이 모두 증발한 경우에서 더욱 크고, 높게 나타날 것이라는 점을 설명한 것이며, 이것은 실제 실험을 해보지 않아도 기존의 연구를 통해 충분히 설명될 수 있을 것이다.

13.4 폐수정화약제 생산공장 폭발

2013. 8. 2. 오전 11시 55분께 경기도 화성시 팔탄면에 있는 폐수정화약제 생산공장 H사에서 용접작업중 폭발사고가 발생했다. 탱크 상부경판 위에서 용접작업을 하던 2명의 작업자는 탱크 내부에서 폭발이 발생한 압력으로 상부 경판이 분리되면서 튕겨져 나가 폭발지점으로부터 1명은 10m, 다른 1명은 100m를 비행하여 다른 건물의 벽면과 땅바닥을 충격 후 사망하였다. 작업 중이던 옥외탱크(6만ℓ 규모, 높이 5m) 내부에는 폐수정화약제인 솔디움 알루미네이트 2만ℓ가 담겨 있었다. 소디움 알루미네이트

그림 13.8 폭발현장 및 탱크의 파괴 상황

(sodium aluminate)[117]는 열이 가해지면 수소가스가 발생해 불꽃이 튈 경우 폭발이 일어날 수 있다고 경찰은 설명했으며, 최근의 높은 기온으로 인해 탱크 내부에서 수소가스가 발생한 것으로 추정하고 있다.

소디움 알루미네이트를 제조하기 위한 공정에서는 수소가 발생하는 반응식은 다음과 같다.

$$2NaOH + 2Al + 2H_2O \rightarrow 3H_2\uparrow + 2NaAlO_2\downarrow$$

수산화나트륨 + 알루미늄 + 물 → 수소 + 소디움 알루미네이트(Sodium aluminate)

이 사례의 폭발 위력을 살펴보면 탱크 내부의 연료가 혼합된 상태에서 화학적으로 폭발한 것을 의심해 볼 수 있다. 그렇다면 지속적으로 증발 또는 기체연료가 발생하고 있는 상황에서 어떻게 탱크 내부에 폭발 가능한 연소범위를 이룰 정도로 공기가 침투할 수 있었는가에 대하여 생각해 보아야 하는데, 여기서는 발생가스가 수소라는 점에 주목할 필요가 있다. 수소는 공기보다 비중이 낮기 때문에 생성되었을 때 상부에 환기구가 있다면 이곳을 통해 대기로 배출된다. 또 배출되는 수소의 부피만큼 탱크의 내부는 저기압상태가 되므로 그 공간을 채울만한 정도의 수소가 추가적으로 생산되지 않는다면 외부의 공기가 탱크의 내부로 침투하게 되며 자연스럽게 탱크 내부에도 혼합기를 형성할 수 있게 된다. 또 이미 탱크 내부에 공기가 있는 상태에서 수소와 같이 비중이 낮은 물질이 생성되었을 때 그 생성속도가 매우 빠르다고 하여도 넓은 공간에 분포되

117 형식적으로 알루민산의 염으로 여겨지는 조성 $NaAlO_2$ 및 Na_3AlO_3의 화합물을 이르지만 보통은 전자를 지칭하는 경우가 많다. 물에 잘 녹는다. 물에 녹으면 가수분해하여 알칼리성을 나타내고 수산화 알루미늄을 침전시키는데 알칼리를 첨가해두면 안정하다. 공업적으로는 수산화 알루미늄을 수산화나트륨 진한 수용액에 가열 · 용해하여 여과한 후 필요에 따라 탈수하여 분말로 하고 있다. 백반과 같이 물의 정화제 · 연화제로 쓰이고, 제지업 · 요업 등에서도 쓰인다. (화학용어사전, 2011.1.15, 일진사)

어 있는 생성가스보다 비중이 높은 공기의 전부를 밀어 올려 밖으로 배출시키는 것은 불가능할 것이다. 위 사례를 고려해 본다면 공기보다 가벼운 수소는 공기를 밀어 올려 배출시키기 보다는 무거운 공기 입자의 틈사이로 새어나오듯이 빠져나와 공기는 그대로 탱크 내부에 채류하며, 수소만 개구부를 통해 배출될 것이다. 따라서 탱크의 내부는 물론 개구부를 통해 확산되는 수소까지 전부 폭발이 가능한 연소범위 내에 존재할 가능성이 높다.

13.4.1. 소결

폭발성 기체연료의 확산폭발 사고에 대하여 원인을 분석하거나 현장을 조사할 때에는 해당 물질의 비중을 고려하는 것은 기본적인 과정이며 다른 분석보다 우선적으로 고려되어야 한다. 비중을 고려하지 않는다면 정확한 원인을 찾는 것은 어려움이 따를 수 있을 것이며, 원인을 결정한다고 하더라도, 결론에 대하여 스스로 자신을 가질 수 없기 때문에 결론에 대한 확신을 나타낼 수 없고, '가능성을 배제할 수 없음' 정도로 매우 낮은 수준으로 나타낼 수밖에 없을 것이다.

실제로 전자의 사례는 모 기관에서 현장을 조사한 후에 기상연료의 채류 가능성을 인식하지 못하고 폭발원인에 대하여 미상의 결론을 내렸던 적이 있다. 단순히 개방된 상태로 장시간이 지났다고 해서 모두 확산되었을 거라고 생각하거나, 개방된지 얼마되지 않은 경우라고 해서 연료가 내부에 남아있을 것이라고 생각하는 것, 액체가 남아있을 경우에도 연료가 더 많은 것이기 때문에 비어있는 것보다 폭발의 위력이 더욱 클 것이라고 생각하는 것, 액체가 모두 증발한 상태이기 때문에 폭발의 위험성이 없을 것이라고 생각하는 것 모두 사고를 초래할 수 있으며, 폭발의 원인을 조사하는 업무에서도 그 원인을 찾는데 있어서 부적절하며 비과학적인 선입견일 수 있다.

13.5 용접 및 절단 작업 중 역화에 의한 폭발사고

가스를 이용해서 용접이나 절단 작업을 수행하는 동안 가스가 산소용기로 이동되거나 산소가 가스용기로 이동되었을 때 용기와 호스 내부에는 폭발이 가능한 연료-공기의 혼합기를 형성하게 되며 화염이 혼합가스를 따라 전파되어 탱크가 폭발하는 사고가 발생하며 사고는 주변 작업자들의 인명피해를 발생시키는 것이 일반적이다.

작업중 발생하는 역화를 설명하기 위해서는 토치의 구조에 대한 이해가 필요하다. 다음 사진은 일반적으로 가스-산소 용접기, 가스-산소 절단기에 사용되는 토치의 모습이다. 용접기와 절단기는 유사한 형태이나 절단기는 절단을 위한 절단용 산소 파이프가 별도로 설치되어 있어 파이프가 3개이며, 이를 컨트롤 하는 절단 산소용 밸브가 설

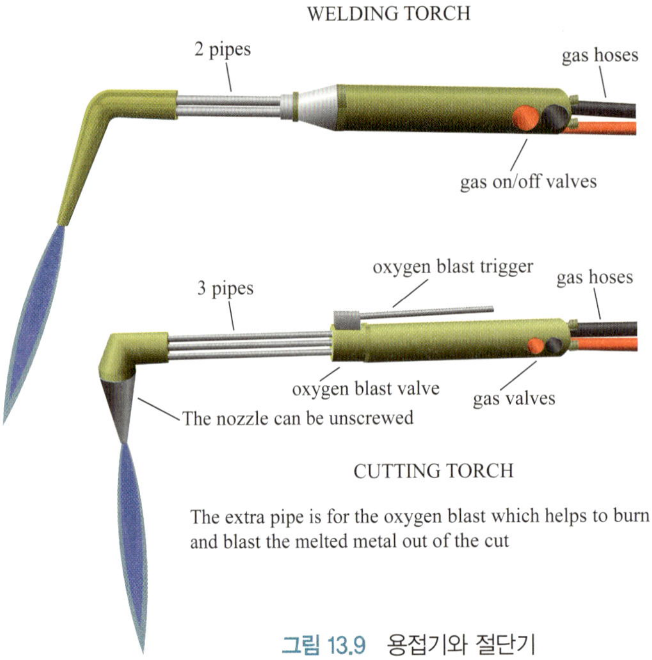

그림 13.9 용접기와 절단기

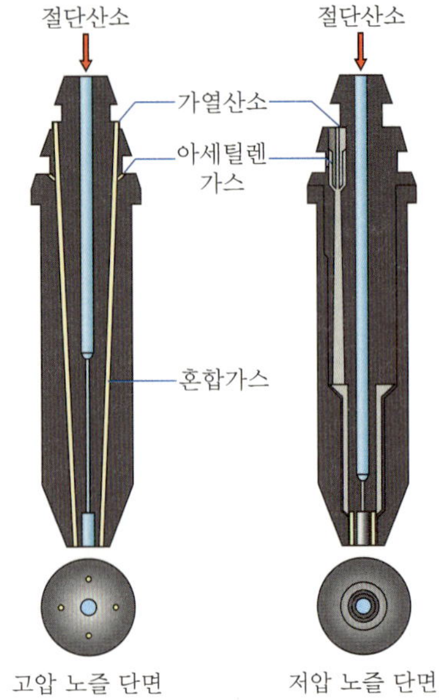

그림 13.10 고압노즐과 저압노즐

치되어 있는 것이 특징이다. 가스 및 산소 밸브가 각 연결되어 있으며, 밸브 이후에는 각 파이프를 통해 토치의 끝에 위치하는 노즐부위에서 혼합되도록 디자인되어 있다.

가스 또는 산소가 이동하게 되는 원동력은 바로 압력차이다. 정상적인 경우 노즐이 양쪽 탱크의 압력을 모두 배출시켜서 가스 또는 산소가 다른 용기로 이동되는 것을 막지만 노즐의 구멍이 이물질 등으로 막히는 경우에는 충분히 배출되지 않는다.

그림 13.10의 저압노즐의 단면을 살펴보면 입구를 공유하도록 설계되어 있다. 이 때 입구측이 막히게 되면 양쪽 용기의 압력차에 의해서 상대적으로 높은 압력 용기의 기체가 다른 용기로 이동된다. 노즐이 막히는 이유는 용접이나 절단 작업 시 발생하는 금속 용융물 슬러지가 부착되는 경우가 많으며, 기타 불순물에 의해 화구의 전부 또는 일부가 막힐 수 있다. 노즐이 완전히 막히지 않더라도 일부가 막혀 노즐로 분출되는 가스의 양보다 탱크로부터 공급되는 산소 또는 연료의 양이 많을 경우 역류할 수 있다. 또는 노즐이 막혀있지 않더라도 두 용기 중 한쪽 용기의 압력이 현저하게 낮은 경우에는 노즐로 배출되기 보다는 높은 압력의 용기의 내용물이 낮은 압력의 용기로 이동되어 폭발 가능한 연소범위 내로 혼합되는 폭발성 분위기를 조성할 수 있다.

산소용기는 고압가스이므로 압력조정기가 설치되지 않으면 상대적으로 저압인 LPG 또는 아세틸렌 용기에 침투될 수 있는데, 산소용기에 압력조정기가 설치된 경우에도 조정압력의 차이가 크거나 압력조정기가 고장 난 경우에도 역시 LPG 또는 아세틸렌

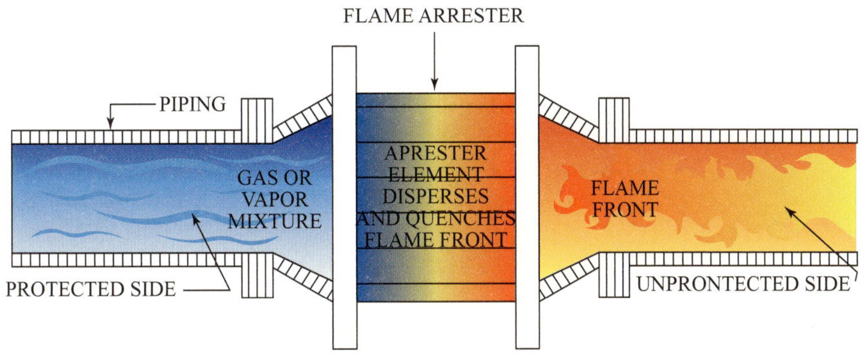

그림 13.11 플레임 어레스터의 구조

용기로 침투될 수 있다. 또 반대로 산소의 소진으로 인해 압력이 낮아질 경우 LPG 또는 아세틸렌이 산소용기 내부로 침투될 수 있으며, 이로 인해서 산소용기가 폭발하는 사고도 종종 발생한다.

13.5.1. 플레임 어레스터

위와 같은 이유로 용기나 파이프 내에 폭발성 혼합기가 존재하게 되면 토치 입구의 화염 또는 기타 화염에 의해 착화되었을 때 파이프 또는 호스 내부의 폭발성 혼합기를 따라서 화염이 전파되며 궁극적으로 탱크 내부에 까지 전파되어 탱크가 화학적으로 폭발하는 사고가 발생한다. 이 때문에 위와 같은 폭발성 혼합기가 조성되더라도 화염이 탱크에 까지 전파되는 것을 막기 위해 플레임 어레스터 장치를 사용한다. 플레임 어레스터는 금속망에 의한 소염효과를 이용한 것으로 파이프의 중간에 또는 용기의 입구에 설치하게 되어 있다.

플레임 어레스터의 내부에는 열전도 효과가 좋은 금속으로 미세한 망이나 간격이 좁은 판을 여러겹으로 만들어 표면적이 넓은 형태를 이루고 있다. 파이프라인을 통해 화염이 이곳을 통과할 때 금속에 의해 열을 빼앗아 연쇄반응이 멈추도록 하는 장치로 쉽게 말하자면 열흡수장치이다. 플레임 어레스터는 열을 흡수하기 위해 표면적을 넓힌 금속판 또는 금속망과 이를 지지하고 있는 하우징으로 구성되어 구조는 매우 간단하다.

이장치는 용접뿐만 아니라 인화성물질이 유동되는 공정의 파이프라인 및 인화성물질의 배기시키는 배기라인의 중간 등 설치하여 역화를 막는다. 만일 플레임 어레스터가 설치되어 않다면 파이프라인은 물론이며, 대형 탱크 등의 폭발할 수 있으며, 이와 연결된 다른 설비들까지 연쇄적으로 파괴될 수 있다.

플레임 어레스터는 소염을 시키는 목적 외에도 플레임 어레스터의 직전까지 진행된

그림 13.12 대형 설비에서의 플레임 어레스터

그림 13.13 가스 용접기 등에 사용되는 플레임 어레스터

폭발의 압력을 견뎌야하는 기계적인 강도 또한 필요하다. 위 그림에서 보이는 플레임 어레스터는 큰 압력이 발생하였을 때 외부로 해소시킬 수 있는 안전밸브가 설치되어 있다. 이러한 사고를 예방하기 위해서는 산소 · 아세틸렌화염을 사용하는 시설의 배관에 설치하도록 규정하고 있는 플레임 어레스터 장치를 산소 · LPG 배관 및 용기에도 적용하는 것이 필요하다. 플레임 어레스터는 통상적으로 고압산소가 LPG 또는 아세틸렌 등 연료물질로 유입되는 경우가 많기 때문에 연료물질이 담긴 용기측에 부착하는 것이 일반적이지만 산소의 압력이 낮아지는 경우에는 연료물질이 산소용기로 유입되어 산소탱크에서 폭발이 발생하는 경우도 있기 때문에 안전을 위해서는 산소 용기측에도 플레임 어레스터를 설치하도록 해야 한다.

13.5.2. 사고의 양상

역화에 의해 폭발이 발생한 현장에서는 화염이 전파된 경로를 따라서 폭발된 용기는 물론 호스 내에서도 연소의 흔적이 발견되며, 대부분 파열되는 형태로 현장에서 발견된다. 고무호스뿐만 아니라 고정식 강철 배관이 사용된 경우에도 파이프 내의 폭발에 의해 배관의 전부 또는 일부가 파편으로 주변에 날리는 효과가 발생한다. 폭발에 의해 파괴된 가스용기 또는 산소용기의 파괴형태는 물리적으로 폭발하는 경우에 비하여 현저하게 파괴정도가 심하게 나타난다. 일반적으로 화재현장에서 화염에 의해 물리적 폭발에 의해 파괴되는 용기의 모습은 용접부 또는 강판 일부가 부풀어 오르며, 단일 개소의 연성 파괴를 초래하는 반면 용기 내부의 화학적 폭발은 용기가 갈기갈기 찢어지며 주변으로 멀리까지 파편을 날리는 등 강력한 폭발력의 흔적을 볼 수 있다. 역화에 의한 폭발은 화학적 폭발이므로 열을 발생시키며 순간적인 플래시화염을 일으키고, 자연적으로 소화되는 경우도 많지만 주변에 연소하기 쉬운 물질이 있는 경우에는 화재로 진행되는 경우도 많다. 화재가 발생하지 않더라도 주변 곳곳에서 화염에 의해 부분적으로 탄화되거나 열변형되는 등 열과 연소의 흔적을 발견할 수 있으며, 인근의 작업자들은 화상을 입을 수 있는데 이러한 흔적은 화학적 폭발의 증거로써 가치가 있다.

13.5.3. 사례[118]

2011. 6월 경북의 한 제조회사에 다니고 있는 임씨는 사무실 옆 보일러실 출입구 밖에서 형강 절단작업을 위해 LPG-산소 용접기 토치에 라이터로 점화를 시도하였으나, 점화가 잘 이루어지지 않았다. 여러차례에 걸쳐서 재 점화를 시도하던 중 토치에 착화가 되었으나 평소의 불꽃모양과 다른 모습을 보였다. 불꽃 모양이 평상시와 다르다고 판단한 임씨는 LPG 라인의 가스밸브를 잠그는 순간, 작업장 내에 있던 LPG 용기가 폭발했다. 그로 인해 임씨는 물론 주변에서 작업지휘를 하고 있던 근로자 4명이 화상을 입고 병원에서 3개월 이상 치료를 받게 되었다.

사고 당시 LPG-산소용접기 토치 끝단부 화구가 용융물 등에 의해서 막히거나 좁아진 상태였다. 이런 상황에서는 LPG보다 고압인 산소가 LPG 용기 내부로 역류할 수 있으며, LPG 용기 내부 압력이 낮을수록 그 가능성이 크다. 재해자인 임씨가 LPG 용기는 언제 교체한지 기억이 나지 않고, 산소 용기는 최근에 교체했다고 진술한 점으로 판단할 때, 사고 당시 LPG 용기 내부에는 거의 압력이 존재하지 않은 상태였던 것으로 보인다. 특히 당시 LPG 및 산소용기에 설치된 압력게이지는 고장난 상태로 용기 내부의 이상유 무를 확인할 수 없는 상태였다. 때문에 산소의 역류로 인해 폭발분위기가 형성된 것을 모르던 임씨는 LPG-산소 토치에 물리하게 불꽃을 점화시킨 것으로 보인다. 결국 토치 화구에 점화된 불꽃이 LPG 호스를 타고 용기 내부로 역화되면서 LPG 용기가 폭발한 것으로 추정된다.

13.5.4. 용도별 시설의 구분 사용

호스는 용도에 맞게 일정한 호스를 사용해야 하며 용도를 혼용해서 사용하면 폭발 또는 화재 사고가 발생할 수 있다. LPG 가스는 사용 중 호스 내부에 잔류가스와 유분을 남길 수 있는데, 차후에 이 호스를 산소탱크와 연결하여 사용하게 되면 잔류가스와 연소성 혼합기를 형성할 수 있으며, 유분의 산화발열에 의해 화재가 발생하거나 역화의 원인이 될 수 있다. 관련된 장비는 용도의 구분이 가능하도록 표시가 되어 있어야 하며, 산소는 녹색, 연료물질은 빨간색으로 구분된 사용을 하도록 해야 한다. 이는 호스뿐만 아니라 용기는 물론 압력조정기, 압력계 등 설비 전반적으로 구분되어야 하는 것은 마찬가지이다.

---

118 출처 : 안전보건공단 블로그 http://blog.naver.com/koshablog/10116672915

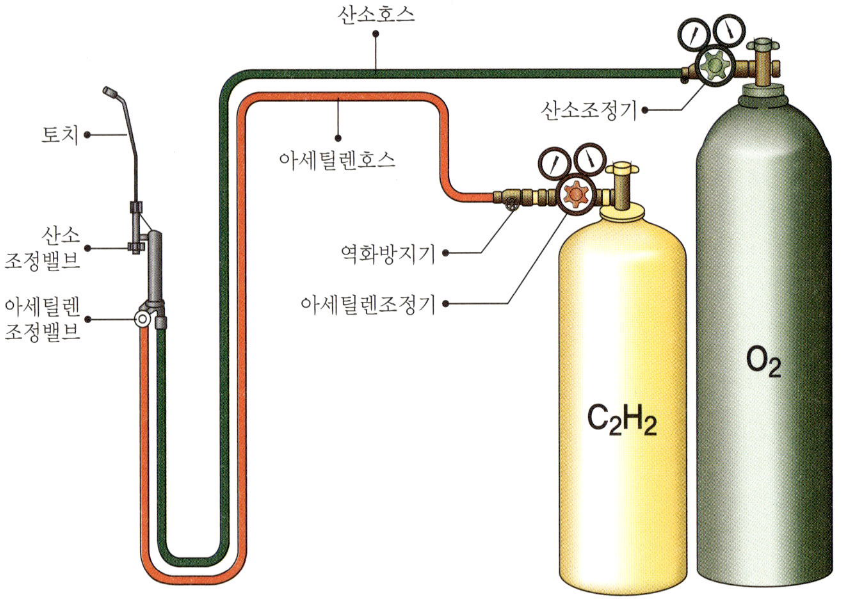

그림 13.14 일반적인 산소–아세틸렌 작업의 계략도 – 각 용도별로 색상을 구분해 사용해야 한다.

13.6 구미 벙커B유 탱크 폭발

구미시 오태동에 위치한 한국광유 구미영업소에서 7일 오전 8시 21분쯤 옥외 저장탱크 4개 중 20만ℓ의 벙커B유 저장탱크에서 원인을 알 수 없는 폭발사고가 발생했다. 당시 저장탱크에는 4000ℓ의 벙커B유가 남아 있었던 것으로 알려졌다. 중질유로 분류되는 벙커–B유는 인화점이 70°C 이상, 연소점이 297°C 이상, 발화점이 756°C 이상인 점도가 높은 기름이다.

사고는 이날 오전 저장탱크에서 중유(벙커–B유)를 옮겨 실은 탱크로리가 출발한 후 5분 정도가 지난 후 '꽝' 하는 소리와 함께 옥외탱크의 윗부분에서 불이 붙었다. 현장에는 직원 등 3명이 있었으나 인명 피해는 없었다.

13.6.1. 혼합기 생성 과정에 대한 분석

탱크의 폭발상황을 살펴보면 탱크 내부에서 화학적 폭발이 발생하였다는 것을 알 수 있다. 탱큰 내부는 비점이 높은 벙커B유가 보관되어있는데 어떻게 연료–공기 혼합기가 형성되었을까? 벙커B유는 여타 석유계 연료 중에서도 비점이 매우 높기 때문에 유증이 좀처럼 발생하기 쉽지 않은 것으로 알려져 있다. 또 석유류를 장시간 보관하는 탱크에는 이 석유류의 유증으로 가득 차 있어 혼합기가 형성되기 곤란한 상태이다. 그러나 본 사건 직전의 작업 상황을 고려해 본다면 혼합기 형성에 대한 의문은 쉽게 풀릴

또 구미... 이번엔 벙커B유 저장탱크 폭발

중유 4000리터 폭발, 인명피해는 없어... 자칫하면 대형사고로 이어질 뻔

13.03.07 09:26 l 최종 업데이트 13.03.07 14:32 l 조정훈(tghome)

그림 13.15 사고 현장의 모습

수 있을 것이다. 20만ℓ의 벙커B유를 탱크로리에 옮겨 실었는데, 이 과정에서 액면이 점차적으로 낮아졌을 것이며 줄어든 연료의 용량만큼 외부의 공기가 내부로 이동되어 내부에 잔여하고 있던 벙커B유의 유증과 혼합된 것이다.

13.6.2. 점화원에 대한 분석

대용량의 보일러에는 사고의 탱크와 같이 벙커유를 연료로 사용하기 위해 위와 동일한 탱크를 사용하여 보관하는 경우가 있다. 대형보일러의 연료는 주탱크에 보관하면서 필요한 량을 작업탱크로 보내고, 작업탱크를 거쳐 버너로 이동된다. 벙커B유는 점성이 높기 때문에 배관을 통해 전달하기 위해서는 온도를 높여 점성을 낮추는 작업이 필요하다. 이 때 예열하는 방법에는 전기적 방법과 수증기를 이용한 방법이 있는데 이 사건의 경우에는 전기적 방법인 시즈히터를 사용한 가열방법을 사용되는 탱크이다. 시즈히터는 온도센서를 이용해서 유체의 온도를 일정한 수준으로 유지할 수 있지만 연료의 소비 등의 이유로 액면이 낮아져 센서가 연료의 밖인 대기 중에 노출되면 연료의 온도를 감지하지 못해 히터는 계속해서 작동해 히터가 적열될 정도로 과열된다. 또 센서가 액중에 있다고 하여도 히터가 대기 중에 노출된 경우에도 센서는 가열되지 않는 연료의 온도가 낮은 상태를 감지하고 있으므로 히터는 계속해서 가열된다. 이온도는 대부분의 연료-공기 혼합기에 충분한 점화원을 제공해 줄 수 있다.

13.7 보일러 폭발 사고

00 호텔 지하에 설치된 보일러 3대 중 1대가 폭발하여 지하 보일러실 천정이 붕괴되고, 호텔로비 천정까지 일부 파손되었으며, 보일러실 근로자 3명이 중경상을 입었다. 사고 보일러는 장시간 동작시키지 않던 보일러를 다시 정비하여 사용하던 중 작동개시 30분 만에 폭발이 발생하였다. 보일러 본체 내부에 저수위가 발생하였으나 고저수위조절장치의 작동 불량으로 노통이 계속 가열되었고, 이때 작동 중임에도 스팀이 나오지 않는 것을 확인한 근로자가 수동으로 급수펌프를 개방하자 가열된 노통의 열에너지가 순간적인 증기팽창 압력으로 전환되어 열교환기가 파괴되면서 사고가 발생하였음.

보일러의 운전상황을 살펴보면 가동 후 30분 동안 연소가 지속되었다. 연소실 내에서의 폭발은 보일러의 변형상태를 통해서도 쉽게 알 수 있지만 30분 동안 연소가 지속되었고, 계속해서 폭발 직전까지 화염연소 중이었다면 연소실 내에서의 화학적 폭발 가능성은 배제된다.

이 보일러의 안전밸브, 압력제한 스위치 등 안전장치를 검사하였을 때 정상적으로 작동할 수 있는 상태였으므로 정상작동 중 과압에 의해 폭발되었을 가능성은 배제된다.

사고조사기관에서는 이 사건을 급수가 중단된 상태로 계속 가열된 보일러에 갑자기 급수가 이루어지면서 순간적 비등에 의한 폭발 사고로 결론지었다. 근로자의 당시 상황에 대한 진술을 검토해 보면 노통의 과열이 과열되었고, 스팀이 나오지 않았다는 것은 보일러 내의 급수가 원활하지 않은 상태였다는 것인데, 이 경우 수동조작에 의한 급수 밸브 조작과 같이 급작스럽게 급수가 된다면 순간적인 비등에 의한 수증기 폭발이 발생할 수 있으며, 안전밸브, 압력 차단기 등은 이와 같은 급작스런 압력상승을 해소시키지 못할 수 있다.

13.8 폭발과 백드래프트(Back draft)

일선에서 화재나 폭발을 조사하다보면 압력에 의해 창문이 깨지면서 파편이 비산되거나 창틀이 밖으로 이탈되는 등 압력의 흔적들이 발견되는 경우가 있다. 이러한 현상들이 충분히 설명될 수 있다면 좋겠지만 그 중 일부는 안타깝게도 현장 조사를 통해 얻은 제한된 정보로 압력이 발생했던 원인을 충분히 설명할 수 없는 경우도 있다. 이 경우 일부 조사관들은 화재 진행 중 발생할 수 있는 백드래프트라는 현상을 통해서 압력의 상황을 설명하려고 시도하는 경우가 종종 있는데 오히려 잘못된 퍼즐은 현장 재구성을 완전히 망쳐버리게 된다. 이번 기회에 관련된 사례를 통해 백드래프트 현상을 조금 더 자세히 알아보도록 하자.

백드래프트 현상은 일반적으로 화재현장에서 흔하게 발생하지는 않는다. 소방대원들이 평생을 근무하면서도 한 번도 경험하지 못하는 경우도 많으며 현장에서 직접 경험하는 경우는 많아봐야 1회 정도의 수준에 그칠 만큼 매우 드문 현상이다. 자주 발생하지는 않지만 그 위험성 때문에 많은 연구가 진행되어 왔으며, 여러 교육 프로그램에서도 실험을 진행한다. 영화 분노의 역류(원제: Back draft)를 통해서 일반인들에게도 어느 정도 알려져 있으며 또 인터넷 유튜브에서 검색해 보는 것만으로도 수십개의 실험과 실제 사고 동영상을 어렵지 않게 볼 수 있을 것이다.

13.8.1. 사례

20××. ××. ××. 서울의 모 아파트에서 화재가 발생하였다. 내부에 있던 피해자의 진술에 의하면 "방에서 잠을 자던 중 연기가 나서 깨어보니 주방 부위에 화염이 있는 것을 목격하고, 발코니를 통해 피난하였다"라고 진술하며 일반적인 화재현장의 상황으로 당시를 묘사하고 있다. 사고원인을 조사하면서 관련자들의 진술을 신뢰할 수 있다면 큰 도움이 될 것이다. 그러나 관련자들은 사고에 대한 책임 등의 압박으로 인해서 거짓으로 진술하는 경우가 많다. 또 당사자가 의식적으로 진실을 이야기하는 경우에도 당시의 급박했던 상황에서 객관적인 사실을 진술하는 것은 기대하기 어렵다. 따라서 원인 분석을 실시하는 조사관은 진술에 대하여 참고를 하되 항상 과학적인 근거가 뒷받침되는지 검증을 통해 신뢰성을 확보해야 한다. 이 사례에서도 마찬가지다. 피해자는 일반적인 화재 상황을 진술하였지만 조사관들이 현장을 감식하였을 때 화재의 연소와는 무관하게 창문이 압력에 의해 파괴되어 주변 7m 까지 비산되었으며, 창문은 레일에서 이탈되어 밖으로 밀려있는 등 소규모 폭발의 흔적들이 발견되었다. 2명의 피해자 중 1명은 사망하였고, 나머지 1명은 심각한 중태로 폭발 여부 등에 대하여 더 이상 추가적인 질문과 답변이 불가한 상황이다.

한 현장에서 화재와 폭발 2가지의 이벤트가 함께 발생하였을 때 어떠한 이벤트가 선행되었으며, 또 다른 이벤트를 이끌었는지를 판단하는 것은 사고의 원인을 규명하는 데에 제일 중요한 문제가 된다. 만일 화재가 먼저 발생한 것이 확인된다면 조사의 포커스는 화재원인에 맞추어 진행되어야 하지만 폭발이 먼저 발생한 것이라면 폭발성 가연물의 생성 및 누출 등 폭발 원인에 대하여 집중되어야 한다.

이 사건에서 화재가 먼저 발생하였다고 가정한다면 내부에서는 창문이 파괴되는 등의 압력을 발생시켰을 만한 압력용기 등 물리적 폭발흔적이 발견되어야 한다. 그러나 이 현장에서 압력을 발생시킬 만한 어떠한 용기도 발견되지 않았다. 따라서 이 가설을 통해 압력 발생원인에 대하여 설명하기 곤란하며 현장의 상황과 부합하지 않으므로 화재가 먼저 발생하였다는 가설 자체가 과학적으로 검증될 수 없다. 반대로 화학적 폭발이 먼저 발생하였다고 가정하여 본다면 이는 폭발 시 발생하는 반응열에 의해서 주변 곳곳에 착화되어 자연스럽게 화재가 발생할 수 있기 때문에 오히려 현장의 상황과 충돌하지 않으며 사실에 근접한 가설이 될 수 있다.

함께 현장을 조사하였던 우리 중 일부는 화재가 먼저 발생한 후 피해자가 탈출과정에 발코니 창문을 열면서 외부의 신선한 공기가 유입됨으로써 백드래프트 현상이 발생하였을 것이라는 가설을 세웠다. 즉 화재진행 과정 중 백드래프트 현상에 의해서 창문이 깨지고, 창틀이 밀려나는 등 압력이 발생한 것이라고 주장하였다. 과연 이 가설대로 현장의 압력에 의한 흔적들은 백드래프트에 의해서 발생한 것일까?, 화재실에 있던 피해자가 창문을 열면서 백드래프트 현상이 발생하였을까?, 백드래프트 현상이 발생할 수 있는 상황에서 인간이 생존 상태로 남아 있을 수 있을까?

위의 가설을 검증하기 위해서는 우선 백드래프트에 대해서 충분히 이해하고 있어야 한다. 백드래프트 현상에 대한 정의는 여러 자료를 통해서 찾아 볼 수 있으나, 그 중 상당수는 부분적으로 잘못된 설명도 포함되어 있으므로 자료의 선택에 주의를 기울이는 것이 필요하다.

13.8.2. 백드래프트의 메커니즘

성화기에 접어든 구획실내에서 환기조건이 충분하지 않다면 왕성한 연소 후 산소가 소진되어 연소가 원활히 연소하지 못할 수 있게 된다. 이때 이미 구획실내의 열분해 가스 등 가연성 증기의 온도는 충분히 가열되어 있음에도 불구하고 산소의 부족으로 연소할 수 없는 상황이 되는데 현장에서 발생한 가연성 기체는 연소하지 않으므로 내부에 축적되는 상태가 된다. 이때 문의 개방, 창문의 파손, 벽의 균열 등으로 인해 개구부가 발생한다면 이를 통해 산소가 유입된다면서 내부의 미연소가스들과 혼합되어 폭발성 산소-가연물 혼합기체를 형성하게 된다. 폭발성 혼합기체는 내부에 있던 점화원에 의해서 점화될 수 있는데 구획실내에서 발생한 연소반응은 기체의 부피를 팽창시키고 실내의 압력을 높여 내부에 체류 중인 미연소 가연성 가스를 외부로 분출시키며 분출된 가스는 외부의 공기와 혼합되고 내부로부터 전파된 화염에 의해 급격하게 연소반응을 일으키며 마치 파이어볼을 연상시킬 만큼 큰 불기둥을 발생시킬 수 있다.

백드래프트 현상의 조건은 가연성 가스의 온도가 이미 발화점을 초과한 상태이어야 하며 환기 재배형 화재에서 발생하는 것이므로 구획실 화재단계 중 플래시오버 현상 이후 단계에서 주로 발생한다. 백드래프트 현상은 화재과정 중 축적되었던 고온의 가연성 가스들이 연소하면서 만들어내는 일종의 화학적 폭발현상으로 간주된다.

그림 13.16 백드래프트 현상

(1) 백드래프트 발생과정

구획실 화재의 성장 → 기체연료의 온도 상승 → 산소의 부족 → 기체연료의 실내 축적 → 외기의 유입 → 실내의 미연소가스와 가연성 혼합기체를 형성 → 내부의 훈소현상 등에 의해 점화 → 실내에서 연소 및 연소에 의한 기체 팽창 및 압력 발생 → 미연소가스를 외부로 분출 → 외부로 분출된 가스의 연소

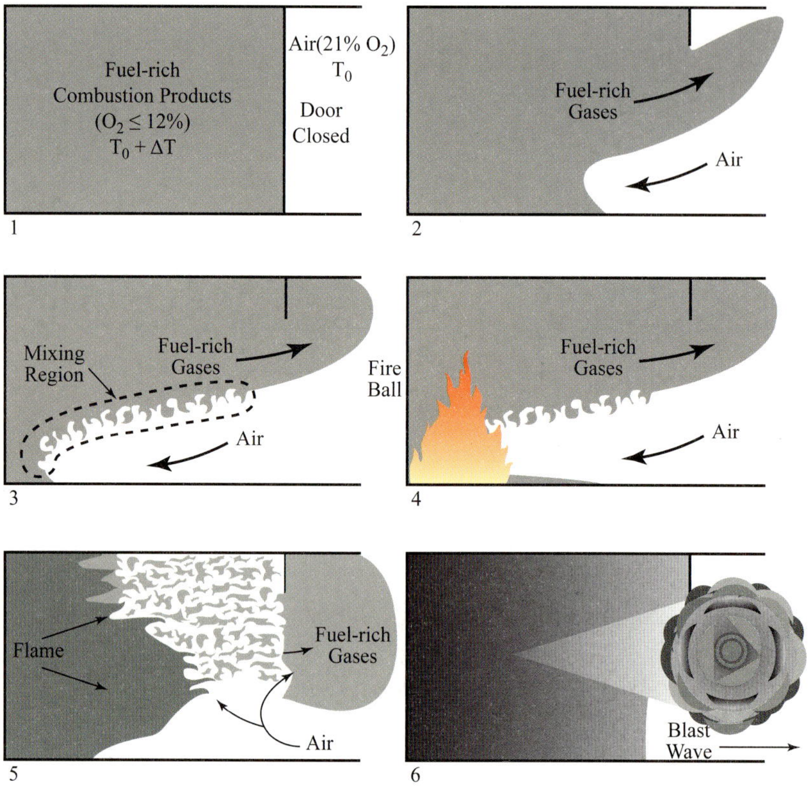

그림 13.17 백드래프트 현상의 전형적인 발생과정 (출처 : Gottuck, D.)

백드래프는 현상이 발생할 때는 심한 경우 음속에 가까운 또는 초과하는 화염전파속도를 보이며 이에 따른 압력과 충격파를 발생시켜 구조물을 파괴시킬 수 있으며 소방대원들에게 매우 위험한 현상으로 '소방관살인현상'이라고도 불린다.

만일 내부의 가스가 고온상태라고 할지라도 산소의 유입이 되지 않을 경우에는 훈소로 전환되어 소극적인 연소가 진행되고 계속해서 공급되지 않을 경우에는 소극적인 연소 끝에 서서히 냉각되다가 질식소화 되고 백드래프트 현상이 발생하지 않는다. 미연소가스가 냉각되면 그 이후에 개구부를 통해 신선한 공기가 유입된다고 하여도 백드래프트 현상은 발생하지 않는다.

13.8.3. 재실자의 생존 가능성에 대한 고찰

(1) 구획실 내 가스농도 측면

백드래프트 현상이 발생하는 메커니즘이 구획실 내부에서 산소 부족으로 의해 연소하지 못하고 미연소가스가 축적된다는 점에서는 이견이 없다. Gottuck, D의 설명을 보면 백드래프트 현상 발생 직전 실내의 산소는 농도는 12% 이하이며 또한 불완전 연소의 생성물 즉, 인체에 치명적인 독성가스로 가득 차 있는 것을 볼 있다. 이점만 살펴보더라도 백드래프트가 발생할 수 있는 구획실에서 인간이 생존해 있을 가능성은 0%에 가깝다는 것을 알 수 있다.

(2) 구획실 내 온도 측면

백드래프트와 관련된 문헌을 참고하여 보면 가연성 기체가 냉각되었을 때에는 상태에서는 발생하지 않으며, 고온으로 가열되었을 경우(Super heated), 또는 여전히 열분해가 가능한 정도의 온도(temperatures are typically still high enough to sustain pyrolysis of the combustibles located within the compartment)에 만 가능하다는 것을 나타내고 있다. 여기서 특정한 온도를 지목하여 나타내고 있는 자료를 확인하지는 못하였지만 일반적으로 구획실 화재에서 열분해되는 가연물인 목재의 열분해 온도는 400°C 이상인 점을 감안한다면 실내 온도의 측면에서 고찰한 바에 의해서도 백드래프트 현상이 발생할 수 있는 조건에서 인간이 생존해 있을 가능성은 0%에 가깝다.

13.8.4. 결론

재실자의 창문 개방에 의한 백드래프트 발생 가설의 검토는 구획실 내의 가스적인 측면과 온도적인 측면에서 검토하였을 때 이 현상의 발생 직전 상황까지 인간이 생존해 있는 것 자체가 불가능한 상황이므로 구획실 내부의 재실자에 의한 개구부 발생은 불가능한 것으로 판단된다. 따라서 사례의 현장에서 확인된 창문의 압력에 의한 파괴선 또 파편의 비산 등 압력에 대한 지표에 대하여 백드래프트 현상으로 설명하려는 가설은 성립될 수 없다.

위의 검토와 같이 화재 진행 중 백드래프트 현상에 의한 폭발 또는 압력의 발생가능성은 배제되었다. 그렇다면 사례를 조금 더 합리적으로 설명할 수 있는 가설은 무엇이 있을까?

압력과 화재가 발생한 현장에서 어떠한 증거와도 충돌하지 않는 가설은 화재 이전 화학적 폭발이 발생하였을 것이라는 가설이다. 화학적 폭발은 폭발 시 발생한 압력에 의해 창문과 창틀의 파괴 등 현장에서 보이는 압력의 증거들을 생성할 것이며 폭발과정에서 발생한 높은 반응열은 곳곳에 착화시켜 화재로 진행할 수 있게 될 것이다. 일반적인 주택에서 화학적 폭발이 발생할 수 있는 가연물로는 가스의 누출이나 유증의 발생이 될 수 있으므로 그 원인에 대하여 초점을 맞추고, 현장을 조사하는 것이 올바른 접근이 될 것으로 사료된다.

13.9 수중절단 작업 중 폭발

연소폭발 사고가 발생한 현장에는 일반적으로 사고 이전부터 폭발성 가스나, 분진, 액적 등 폭발성 가연물을 취급하거나 보관하는 환경 또는 공정에서 주로 사고가 발생한다. 그러나 폭발성 가연물을 전혀 취급하지 않는 곳에서도 연소폭발이 발생하는 경우가 있는데, 이러한 사고는 매우 특이한 경우에 속하며 사고가 발생하였을 때에도 사고발생 이전의 현장조건을 통해서는 폭발이 발생한 가연물의 종류를 유추할 수 없기 때문에 원인조사에 있어서도 큰 어려움을 겪을 수 있다.

다음의 사례는 폭발성 가연물이 전혀 없는 곳임에도 불구하고 어떠한 작업상황 속에서 폭발성 가연물이 발생하고 폭발로 이어진 사례이다.

수중에서 전기적 아크 절단 작업을 실시하던 중에 폭발 사고가 종종 발생한다. 수중에서의 절단 작업은 가연성 가스를 사용하지 않기 때문에 폭발이 발생하였을 때 어떠한 가연물이 폭발한 것인지를 판단하지 못해 어려움을 겪기도 한다. 수중 아크 절단 작업은 수중에 있는 절단해야 할 금속 재료에 음극(−)을 접지시키고, 양극(+)의 튜브 형태의 용접봉을 가까이 가져가 아크를 발생시키고, 금속재료가 아크에 의해 용융되었을 때 산소 밸브를 열어 튜브 형태의 용접봉을 통해 산소를 고압으로 분사시켜 용융 금속을 산화시키면서 재료로부터 밀어내어 분리하는 방법으로 절단 작업을 실시한다.

수중에서의 통전은 전기분해를 일으켜 음극에서 수소를 발생시키는데, 발생되는 수소가 물 밖으로 배출되지 않고, 재료의 구조에 따라서 특정 부위에 포켓을 형성하여 고이

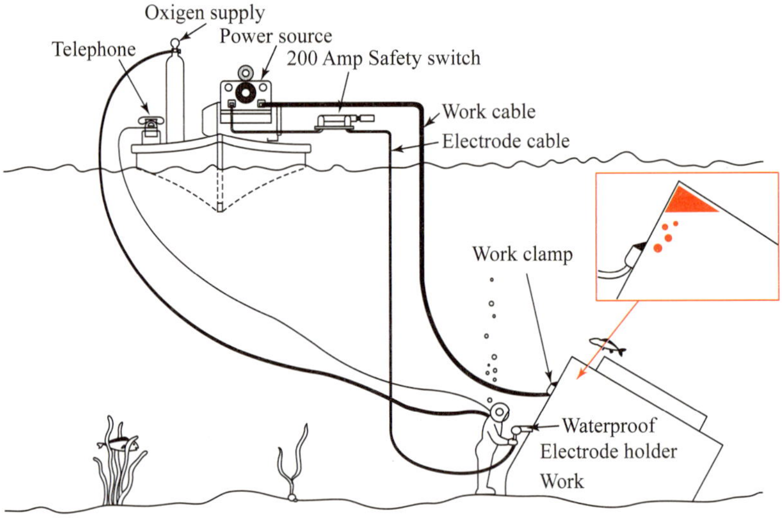

그림 13.18 수중에서의 아크 절단 작업과 수소 포켓의 형성

[세월호 참사] 수중 산소 절단 작업, 위험성 논란

침몰한 세월호의 선체 절개 작업 중이던 잠수사가 30일 사고로 숨지자 수중 절단 작업의 위험성 여부에 대한 논란이 일고 있다.

범정부 사고대책본부에 따르면 이날 오후 2시 20분께 선미 4층 외판을 잘라내던 잠수사 이모(44)씨가 펑하는 충격소리와 함께 부상을 입어 병원으로 옮겼으나 숨졌다. 사고가 나자 같이 잠수했던 잠수사와 팔팔바지선 위에 대기하던 잠수사가 이 씨를 구조해 병원으로 옮겼다. 이 씨는 구조 당시 눈과 코에 출혈 현상을 보였고 병원은 외부압력으로 인한 폐손상을 원인으로 보고 있다. 앞서 이 씨는 사고 당시 산소아크 절단 작업을 진행 중이었던 것으로 알려지면서 폭발성 충격음과 뒤이은 이 씨의 사망원인에 대해 논란이 일고 있다. 한 잠수사는 "선체아크 산소절단 작업은 기포와 가스가 동시에 발생할 수 있고 산소를 쓰기 때문에 기포 중 뭉친 산소에 불꽃이 닿을 경우 폭발할 수 있는 위험한 일"이라며 "경력이 오래된 잠수사가 투입돼야 하지만 경력자도 정도의 차이만 있을 뿐 수중의 상황에 따라서 위험해지기는 마찬가지다"고 설명했다. 특히 "수중에서 폭발이 있을 경우는 육지에서보다 인체에 더 강한 강도로 느껴진다"면서 "수중 작업 중 폭발이 일어났다면 잠수사는 심각한 부상을 피할 수 없게 된다"고 덧붙였다. 사고 당시 바지선 위에서도 펑하는 충격음과 함께 기포가 올라오는 광경이 목격됐으며 함께 물속에 들어간 잠수사도 소리와 오른쪽 안면부에 충격을 느꼈던 것으로 알려져 이 같은 폭발 가능성을 충분히 뒷받침하고 있다.

전문가들도 수중 선체 절단 작업은 매우 위험한 일이라고 주장하고 있다. 한 전문가는 "수중 절단 작업 중 바지선 위는 콤프레셔와 발전기와 같은 장비들의 엔진소리가 울리고 수면에는 산소와 가스 기포가 끊임없이 발생하는 것만 봐도 얼마나 위험한지를 직시할 수 있다"고 설명했다. 특히 "절단 시 사용되는 산소와 호흡하며 내뱉는 기포로 잠수사의 시야가 가리게 되면서 아크절단에 필요불가결한 산소와 절단과정에서 발생하는 가스가 채워질 경우 그만큼 폭발가능성도 높아 매우 위험해진다"고 지적했다. 또 "이때 만약 가스가 뭉친 곳이나 개방되지 않은 곳에 절단 토치를 갖다 대면 그 순간 폭발이 일어날 수도 있으며 실제로 수중절단 작업을 하다 많은 잠수사들이 이 같은 위험한 상황을 당하고 있다"며 사례를 제시했다.

기사등록 일시 2014-05-30 19:58:55 최종수정 일시 2014-05-30 20:08:19

[진도=뉴시스] 김석훈 기자 kim@newsis.com

게 될 수 있는데, 절단 작업이 수소 포켓 부위에 근접하게 되면 고압으로 분사되는 산소와 혼합기를 형성하게 되고, 아크에 의해 점화되어 폭발이 발생하게 된다. 절단 작업뿐만 아니라 전기를 사용하는 아크 용접도 구조물 내에 존재하던 에어 포켓과 혼합기를 형성하게 되면 동일한 메커니즘에 의해 폭발 사고가 발생할 수 있다.

13.10 진공폭발

일반적인 물리적 폭발이 용기의 내압상승에 의해서 폭발되는 반면에 진공폭발은 높은 진공상태의 용기에 균열이 발생하면서 폭발한다. 균열이 발생하면 외기가 진공용기의 내부로 급속히 빨려 들어가는데 결국 외기 이동의 관성에 의해서 진공용기의 내부는 대기압보다 더욱 높은 압력의 과충전 상태가 될 수 있는데 이때의 압력이 용기의 내압 한계를 초과하게 되면 물리적인 폭발이 발생하게 되는데 이를 진공폭발이라고 한다. 예를 들어 CRT 모니터에 들어가는 브라운관의 내부는 진공상태인데 화재 시에 열기에 의해 균열이 발생하면서 종종 폭발하는 일이 발생한다.

과거의 신문기사를 살펴보면 이와 같은 사건 발생하여 피해자들이 상처를 입게 되었는데 관련업체에서는 브라운관은 진공상태이기 때문에 폭축[119]은 발생할 수 있으나 외부로 파편이 발생하는 등 폭발은 발생할 수 없다고 주장하며 제품의 폭발가능성에 대하여 부인하였다고 하였다. 그러나 국립과학수사연구원 남정우 박사의 실험에 의하면 실제 브라운관을 토치로 가열하는 실험을 하였을 때 수회실험에서 균열만 발생시키는 경우도 있고, 낮은 수준의 폭발현상도 관찰되었으며 최고 수준의 경우 균열과 동시에 "펑"하는 소음[120]과 함께 폭발하여 그 파편이 멀리 약 10m까지도 주변으로 비산되는 것을 확인하였다고 한다 과거 TV 브라운관 폭발의 메커니즘과 관련된 자료[121]를 살펴보면 화재가 발생하였을 때 진공상태의 브라운관에 균열이 발생하고 진공에 의해 주변의 가연성 혼합기체가 내부로 흡인되어 채워진 다음 계속해서 가열되었을 때 내부에 가연성 혼합기체의 온도가 발화점 이상으로 상승하여 화학적으로 폭발하는 압력이 발생하는 것으로 알려졌으나 위 남정우 박사의 실험(단지 토치로 가열하는 실험)에 의하면 주변에 브라운관 내부로 흡인될 만한 가연성 기체가 존재하지 않은 상태에서도 폭발이 발생하였으며, 균열과 동시에 폭발이 발생하는 점으로 볼 때 이러한 가설은 부정된다. 가열과 관계없이 충격에 의해 파괴되는 경우에도 진공폭발이 발생할 수 있다.

독자들 중에는 어린시절 수명을 다한 백열전구를 던져 깨뜨리던 개구쟁이도 있을 것이다. 필자도 그들 중 한명이었으며 그 때의 기억을 상기해 보면 깨뜨렸던 전구 중 일부는 내부에서 상당한 압력이 발생한 듯 "퍽"하는 큰 소음과 파편들이 멀리 퍼져 날아갔던 것도 있었다. 규모는 작지만 이러한 작용은 진공폭발의 메커니즘과 동일하다.

119 폭축(爆縮) : 급격하게 수축되는 현상

120 실험 시 준비한 최대 130dB까지 측정이 가능한 소음측정기의 정격을 넘어서 측정하지 못한 정도의 큰 소음이 발생하였다.

121 Yereance Robert A. Electrical fire analysis

13.11 분해폭발

이는 화학적 분해반응에서 분해열이 발생하는 물질에서 주로 발생하는 폭발현상으로 화학적으로 볼 때 분해반응으로 변화가 생기는 반응이므로 화학적 폭발의 범주에 해당될 수 있으며 산소와 결합하는 연소폭발과는 연소반응이 아니므로 연소반응과는 다르다.

아세틸렌을 공업적으로 사용하기 시작하면서 이 물질의 압축 액화용기에서 많은 폭발이 발생하였으며 연구결과 1.4atm 이상에서는 산소가 없는 상태에서도 폭발이 가능하다는 것을 알게 되었다. 그 후 분해과정에서 반응열을 발생시키는 성질이 있는 가스는 이러한 폭발성 분해반응을 일으킬 수 있다는 것이 발견했다.

아세틸렌의 분해반응은 다음과 같다.

$$C_2H_2 \rightarrow 2C(s) + H_2 + 54\text{kcal/mol}$$

아세틸렌의 분해폭발은 고체탄소(그을음)와 수소를 발생시킨다. 마치 연소폭발과 같이 배관 내에서 화염을 발생시키며 미연소 부분으로 화염을 전파시킨다. 화학적으로는 산소가 없는 공간에서 가능하며, 화학적 분해반응에 의한 현상이지만 외관적 메커니즘은 연소폭발과 다를 바가 없다. 분해폭발의 활성화 에너지는 화염, 스파크, 가열 등의 열원에 의한 경우가 대부분이지만 단열압축에 의해 발화하는 경우도 있다. 높은 압력상태에서는 물론 대기압 상태에서도 적절한 활성화 에너지가 주어지면 폭발할 수 있다.

아세틸렌의 연소범위는 2.5~81%이지만 분해반응에 의한 폭발위험성을 고려한 폭발범위는 2.5~100%가 된다. 그 외 위의 아세틸렌과 같이 폭발성 분해반응을 일으키는 분해폭발성 가스는 비닐아세틸렌, 메틸아세틸렌, 에틸렌, 불화에틸렌, 프로파디엔, 하이드라진(Hydrazine, N_2H_4), 오존(O_3), 아산화질소(미소가스), 산화질소 등이 있다.

연소반응을 빛과 열을 수반하는 급속한 산화반응이라고 정의한 것을 생각해 보았을 때 빛과 열을 수반하는 분해반응에 대한 정의가 혼란스러울 수 있다. 연소범위와 폭발범위는 다양한 분야에서 거의 동의어처럼 사용되어 왔지만 위 아세틸렌과 같은 경우는 분해반응에 의해 빛과 열을 발생하며 폭발하는데 연소반응과 외관상 동일한 모습을 가지지만 산화반응이 아니라 분해반응이므로 연소와는 당연히 구분되어야 한다. 따라서 연소범위와 폭발범위의 용어는 명확히 구분된 사용이 필요하다.

찾아보기

ㄱ

ㄴ

국 문

찾아보기

국 문

찾아보기

찾아보기

A

B

C

D

E

F

찾아보기

저자: **이승훈** (e-mail: storm374@empas.com)

- 서울경찰청 과학수사계 근무
- 경찰청 과학수사 Working group 화재분과 이사
- 사단법인 한국화재조사학회 기술이사
- 국제방화조사관협회(IAAI) 한국지부 이사

- 화재조사 전문수사관(경찰청)
- 화재감식평가기사(산업인력관리공단)
- 미국화재폭발조사관(CFEI-NAFI)
- 국제방화조사관(CFI-IAAI)
- 한국화재조사자(KCFI-KIFI)

- **주요저서**: 〈화재조사 이론과 실무〉, 〈화재과학〉, 〈Real CSI〉

폭발의 이해와 조사실무 정가 29,000원

발　행 2016년 6월 20일 초판 1쇄
저　자 이승훈
발행인 정우용
발행처 도서출판 **동화기술**
경기도 파주시 광인사길 201(문발동, 파주출판도시)
Tel (031)955-4211~6 donghwae@kornet.net
Fax (031)955-4217 www.donghwapub.co.kr
(등록) 1977년 12월 19일/9-16호

ISBN 978-89-425-9086-5